"十三五"国家重点图书出版规划项目

交通运输科技丛书·水运基础设施建设与养护

山区河道型水库滑坡涌浪特性及其对通航影响与预防技术

王平义　王多银　喻　涛　杨成渝　陈　里　等　著

内 容 提 要

本书针对山区河道型水库滑坡涌浪特性及其引起的次生灾害等主要技术难题,结合三峡水库,通过野外调研、理论分析、数学模型计算、物理模型试验及基于 ArcGIS 的系统开发等多途径相结合的技术方法,研究了库区滑坡涌浪实验室模拟技术、滑坡涌浪的三维数值模拟及可视化技术,揭示了土质及岩质滑坡涌浪特性,给出了涌浪对船舶航行及停泊安全的影响范围和程度,提出了滑坡涌浪对直立式码头墩柱作用力的确定方法及直立式码头船泊允许系泊的条件,建立了基于 ArcGIS Engine 和 Skyline 的滑坡涌浪对船舶航行安全影响的预防评估技术信息系统等。

本书介绍的山区河道型水库滑坡涌浪特性及对通航影响与预防技术不仅适用于三峡库区港口、航道工程的运行维护及船舶航行的安全管理,对其他山区河道型水库受滑坡涌浪影响的水利水运工程也具有借鉴意义。本书可供大专院校、科研单位、工程设计和管理部门相关人员参考使用。

图书在版编目(CIP)数据

山区河道型水库滑坡涌浪特性及其对通航影响与预防技术 / 王平义等著. — 北京 : 人民交通出版社股份有限公司, 2018.11

ISBN 978-7-114-14278-9

Ⅰ.①山… Ⅱ.①王… Ⅲ.①山区—水库—滑坡—涌浪—影响—通航—研究 Ⅳ.①TV697.3

中国版本图书馆 CIP 数据核字(2017)第 258931 号

"十三五"国家重点图书出版规划项目

交通运输科技丛书 · 水运基础设施建设与养护

书　　名:山区河道型水库滑坡涌浪特性及其对通航影响与预防技术

著 作 者:王平义　王多银　喻　涛　杨成渝　陈　里　等

责任编辑:尤　伟

责任校对:张　贺

责任印制:张　凯

出版发行:人民交通出版社股份有限公司

地　　址:(100011)北京市朝阳区安定门外外馆斜街 3 号

网　　址:http://www.ccpress.com.cn

销售电话:(010)59757973

总 经 销:人民交通出版社股份有限公司发行部

经　　销:各地新华书店

印　　刷:北京市密东印刷有限公司

开　　本:787 × 1092　1/16

印　　张:16.75

字　　数:396 千

版　　次:2018 年 12 月　第 1 版

印　　次:2018 年 12 月　第 1 次印刷

书　　号:ISBN 978-7-114-14278-9

定　　价:98.00 元

总　序

科技是国家强盛之基，创新是民族进步之魂。中华民族正处在全面建成小康社会的决胜阶段，比以往任何时候都更加需要强大的科技创新力量。党的十八大以来，以习近平同志为总书记的党中央作出了实施创新驱动发展战略的重大部署。党的十八届五中全会提出必须牢固树立并切实贯彻创新、协调、绿色、开放、共享的发展理念，进一步发挥科技创新在全面创新中的引领作用。在最近召开的全国科技创新大会上，习近平总书记指出要在我国发展新的历史起点上，把科技创新摆在更加重要的位置，吹响了建设世界科技强国的号角。大会强调，实现"两个一百年"奋斗目标，实现中华民族伟大复兴的中国梦，必须坚持走中国特色自主创新道路，面向世界科技前沿、面向经济主战场、面向国家重大需求。这是党中央综合分析国内外大势、立足我国发展全局提出的重大战略目标和战略部署，为加快推进我国科技创新指明了战略方向。

科技创新为我国交通运输事业发展提供了不竭的动力。交通运输部党组坚决贯彻落实中央战略部署，将科技创新摆在交通运输现代化建设全局的突出位置，坚持面向需求、面向世界、面向未来，把智慧交通建设作为主战场，深入实施创新驱动发展战略，以科技创新引领交通运输的全面创新。通过全行业广大科研工作者长期不懈的努力，交通运输科技创新取得了重大进展与突出成效，在黄金水道能力提升、跨海集群工程建设、沥青路面新材料、智能化水面溢油处置、饱和潜水成套技术等方面取得了一系列具有国际领先水平的重大成果，培养了一批高素质的科技创新人才，支撑了行业持续快速发展。同时，通过科技示范工程、科技成果推广计划、专项行动计划、科技成果推广目录等，推广应用了千余项科研成果，有力促进了科研向现实生产力转化。组织出版"交通运输建设科技丛书"，是推进科技成果公开、加强科技成果推广应用的一项重要举措。"十二五"期间，该丛书共出版72册，全部列入"十二五"国家重点图书出版规划项目，其中12册获得国家出版基金支持，6册获中华优秀出版物奖图书提名奖，行业影响力和社会知名度不断扩大，逐渐成为交通运输高端学术交流和科技成果公开的重要平台。

"十三五"时期，交通运输改革发展任务更加艰巨繁重，政策制定、基础设施建设、运输管理等领域更加迫切需要科技创新提供有力支撑。为适应形势变化的需要，在以往工作的基础上，我们将组织出版“交通运输科技丛书”，其覆盖内容由建设技术扩展到交通运输科学技术各领域，汇集交通运输行业高水平的学术专著，及时集中展示交通运输重大科技成果，将对提升交通运输决策管理水平、促进高层次学术交流、技术传播和专业人才培养发挥积极作用。

当前，全党全国各族人民正在为全面建成小康社会、实现中华民族伟大复兴的中国梦而团结奋斗。交通运输肩负着经济社会发展先行官的政治使命和重大任务，并力争在第二个百年目标实现之前建成世界交通强国，我们迫切需要以科技创新推动转型升级。创新的事业呼唤创新的人才。希望广大科技工作者牢牢抓住科技创新的重要历史机遇，紧密结合交通运输发展的中心任务，锐意进取、锐意创新，以科技创新的丰硕成果为建设综合交通、智慧交通、绿色交通、平安交通贡献新的更大的力量！

杨传堂

2016年6月24日

前言

目前,我国水电建设投资正处于新中国成立以来投资规模最大的时期,水电工程数量和规模前所未有,但随之而来的各种技术问题也日益突出。一批大型重点水电工程如三峡、彭水、向家坝、溪洛渡、小湾、洪家渡、瀑布沟、拉西瓦、紫坪铺等水电站水库蓄水后,由于高库水位及水库运行效应的影响,库区内均存在严重的边坡稳定和滑坡涌浪问题。滑坡、崩塌体落入江河之中形成的巨大涌浪,不仅能够推翻或击沉水中船只,造成人身伤亡和经济损失,而且可以使水标、岸标、整治建筑物、港口及航道设施受损,恶化航道通航条件,击毁对岸建筑设施和农田、道路;落入水中的土石有时形成激流险滩、堵塞航道,威胁过往船只、影响或中断航运。

保护航道的实质就是保护航道的通航条件和船舶的安全航行。航道管理部门在实施航道保护的工作中,主要是尽可能抗御和减少自然灾害对航道(通航条件和船舶航行)所造成的损毁,因为自然灾害对航道造成的损失往往是巨大的、不可预估的。为减少山区河道型水库库区不同部位、不同尺寸的潜在滑坡体可能引起的滑坡涌浪及其灾害,必须掌握滑坡涌浪的主要特征及其对通航条件和船舶航行的影响,适时科学地进行滑坡涌浪灾害的预报和防治等,为航道管理部门有效抗御和减少滑坡涌浪对航道通航条件和船舶安全航行所造成的损毁提供科学依据。因此,开展山区河道型水库滑坡涌浪特性及滑坡涌浪对通航的影响与预防技术的研究具有重要意义。

为此,交通运输部在2011年批准由重庆交通大学承担、交通运输部天津水运工程科学研究院和长江重庆航道局等单位参加,开展"山区河道型水库滑坡涌浪对航道危害及预防技术研究"项目的研究工作。项目组采用野外调研、理论分析、数学模型计算、物理模型试验及基于ArcGIS的系统开发等多途径相结合的技术方法,以三峡库区岩质滑坡为研究对象,对山区河道型水库滑坡涌浪特性、滑坡涌浪数值模拟及可视化技术,滑坡涌浪对船舶航行安全的影响及预测技术,以及滑坡涌浪对码头墩柱和船舶系缆作用力等进行了系统深入的研究。该项目较为系统和完整地提出了三峡库区滑坡涌浪实验室分类模拟方法,解决了库区岩体滑坡和陡岩体滑坡涌浪实验室模拟技术;获取了涌浪在弯曲河道中传播和衰减规律,并建立了弯曲河道不同区域滑坡涌浪波高衰减的经验计算公式；给出了船舶安全航行极限横摇角度和最大横摇角度的计算公式、实船频率响应函数和实船运动谱函数；首次研究了滑坡涌浪作用下代表船型船舶安全极限浪高值；较为完整地给出了涌浪作用下对岸、同岸码头船舶系缆力和撞击力的变化时域图；提出了系泊船舶码头作业的额定波高值，修正了涌浪作用下对岸、同岸码头撞击能的计算公式；给出了滑坡涌浪作用下架空直立式码头正向波压和码头平台上托力变化规律，得到了码头平台初始最大上托力均值经验估算公式；建立了滑坡涌浪三维数学模型；开发了一套C/S结构的滑坡涌浪对航道危害程度预防评估系统。

此外，重庆市科学技术委员会于2009年委托重庆交通大学开展"山区河道型水库滑坡涌浪特性及其对航道影响的研究"项目的研究工作。项目组通过野外调查、水槽模型试验、数值计算和理论分析相结合的技术手段，解决了土质滑坡涌浪的实验室模拟技术，分析了滑坡涌浪的主要特性及传播规律，给出了最大初始涌浪与沿程涌浪的关系系数、固流能量交换系数及沿程涌浪衰减系数的计算公式，确定了涌浪对船舶航行安全的影响范围和程度，分析了涌浪对航道整治建筑物的破坏机理，提出了整治建筑物安全稳定性评价方法，开发了滑坡涌浪对航道通航条件影响程度的评估信息系统。以上两个项目研究成果已初步应用于长江三峡库区港口航道工程运行维护和船舶安全航行管理，对港口规划、航道整治、航标配布和船舶航行的安全管理等具有重要意义。

本书内容为上述两个项目的主要研究成果及正在进行的国家自然科学基金项目"山区河道型水库弯曲段滑坡涌浪特性及对通航影响机理研究"的部分成果。全书共分7章：第1章"概述"，包括研究背景及目的，国内外研究概况等；第2章"三峡库区滑坡工程地质特征及分布"，主要介绍了三峡库区水文地质条件、库区滑坡的分布特征及其分类等；第3章"概化模型试验设计与数据处理"，介绍了土质及岩质滑坡涌浪模型试验设计的依据、试验布置、试验方案及试验的模拟技术等；第4章"土质滑坡涌浪特性及对航道影响"，主要介绍了土质滑坡涌浪特性及传播规律、涌浪对航道和船舶的影响程度及其评估系统等；第5章"陡岩体滑坡涌浪特性"，介绍了陡岩体滑坡涌浪的波形、初始浪高、最大溅高、波高衰减特性及爬高等成果；第6章"岩体滑坡涌浪特性及对船舶和码头的影响"，包括岩体滑坡涌浪特性、滑坡涌浪对船舶航行安全的影响及预测技术、滑坡涌浪对码头墩柱和船舶系缆作用力的影响等；第7章"滑坡涌浪数值模拟及可视化"，包括滑坡涌浪的数学模型建立及验证、长江上游万州河段滑坡涌浪数值计算、涌浪传播可视化技术等。

参加项目研究及本书编写的人员主要有：重庆交通大学的王平义、王多银、杨成渝、喻涛、陈里、林孝松、胡小卫、门永强、王梅力、王高山、韩林峰、张秀芳、苏伟、张可、何庆、张帆、张琰琰、杨振华、杨艳、杨锐、李明龙、路鼎、杨渠锋、杜飞、李晓玲、牟萍、张婕、贺仁品、张晴晴、谭天琪、仁晶轩、胡杰龙、郭根庭等，交通运输部天津水运工程科学研究院的张明进、张华庆、王建军、康苏海、李华国、王晨阳、刘万利、朱玉德、黄美玲等，长江重庆航道局的毕方全、蒋明贵、张劲松、闻光华、刘作飞、祝梦伟等。项目研究得到了交通运输部科技司、交通运输部西部交通建设科技项目管理中心、交通运输部水运局、长江航道局、交通运输部三峡办、长江航道规划设计研究院、南京水利科学研究院等单位的领导和专家的关心和大力支持，在此深表感谢。

鉴于撰写时间仓促，且限于作者和研究者水平，本书难免存在错误和不足之处。敬请有关专家和广大读者批评指正。

编　者

2017 年 7 月

目　录

第1章　概　　述

1.1　研究背景及目的

我国是一个多山的国家,国土面积的三分之二为山地,由于自然因素和人类活动的影响,滑坡、泥石流和崩塌形成的泥沙灾害相当严重。据不完全统计,我国每年发生的滑坡数以万计,有泥石流沟一万多条,受到威胁的城市70多座、县城460多个。因崩塌、滑坡、泥石流造成的直接经济损失巨大,年均死亡200多人,公路、水运、铁路、水库和水电站等受到严重威胁。

滑坡是指斜坡上的土体或岩体,受河流冲刷、地下水活动、地震及人工切坡等因素的影响,在重力作用下沿着一定的软弱面或者软弱带,整体或分散地顺坡向下滑动的自然现象。滑坡具有一定的形态及要素(图1.1-1、图1.1-2),研究了这些形态、要素,对寻找滑坡、研究和处理滑坡是很有帮助的。一个发育完全的典型滑坡,一般由以下要素组成:滑坡体、滑坡床、滑动带、滑坡周界、滑坡壁、滑坡台阶、滑动面、滑坡舌、滑坡湖、封闭洼地、滑坡陡坎及反向台坎、局部坍塌、鼓丘和土垄,以及滑坡裂缝系统(由压性、张性、扭性裂缝组成)、滑坡轴、水泉湿地及滑动擦痕等。

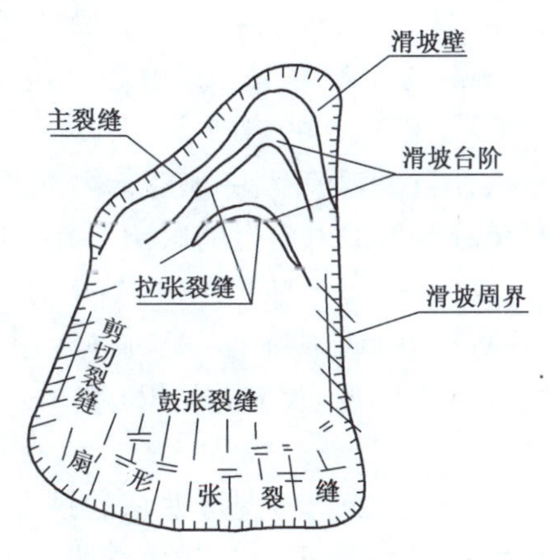

图1.1-1　滑坡示意图

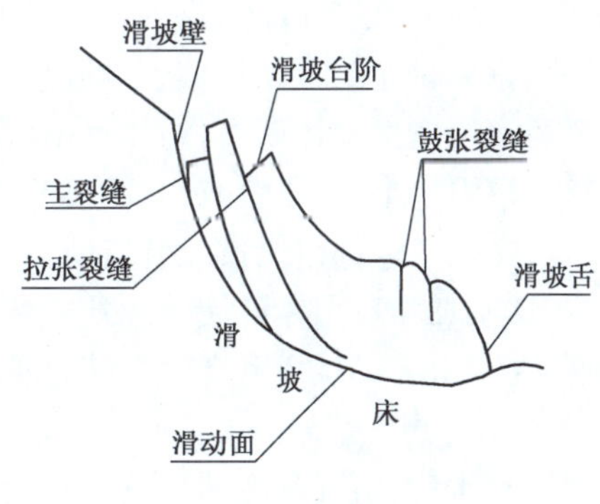

图1.1-2　滑坡要素分布剖面示意图

水利水电工程中,水库库岸滑坡时有发生,滑坡在水库中激起的涌浪有可能给水利工程及附近地区造成较大的危害。大型滑坡可以产生巨大的涌浪,这些涌浪不仅随时对其波及水域的一切造成即时性危害,更重要的是随着涌浪的传播和叠加,有可能造成溃坝等水库失事事故。典型的如1961年3月6日发生于湖南拓溪水库,近坝库区右岸$1.65 \times 10^6 m^3$的塘岩光大型滑坡。该滑坡高速落入水库后,形成21m高的涌浪直冲对岸,3.6m高的涌浪越过正在施工的坝顶造成重大损失。再者就是人们所熟知的湖北新滩滑坡,涌浪造成60艘船被毁、9人死亡的灾难事故。更为著名的是1963年发生于意大利瓦依昂水库左岸 $2.4 \times 10^8 m^3$ 的巨大滑坡,该滑坡飞速滑入库区后,激起250m巨浪,涌浪传至1.4km外的坝址时,立波仍高达70m,造成震惊世界的瓦依昂水库失事事件。这一事件除使经济上蒙受重大损失外,还造成大量人员伤亡,为世人特别是工程界人士所铭记。

滑坡涌浪是涌浪中的一种,它的波前间断性使其具有很大的破坏性。滑坡涌浪所造成的灾害一般涉及以下四个区域:

(1)滑坡体区域。一旦潜在滑坡体失稳下滑,首先受灾害的是滑坡体上及处于滑坡体与江面之间的区域。此区域为滑坡体破坏区。

(2)涌浪产生区及滑坡体对岸。滑坡体入水激起巨大的涌浪,产生极大的横向流速,此区域水面船只及滑坡体对岸将受到涌浪的直接冲击而造成损毁。

(3)滑坡体上、下游水域。涌浪向上、下游传播,加大横向流速,形成局部回流和倒流,恶化了沿程航道水流条件。

(4)坝区。涌浪传至坝区,一方面,挟带较大动能的水体冲击坝体,对坝身的稳定构成威胁;另一方面,如涌浪爬高超过坝高则形成漫顶,对坝身和坝下游地区都将造成较大危害。

随着航运事业的发展,我国山区通航里程和航行船舶在不断增加。滑坡、崩塌体落入江河之中形成的巨大涌浪,不仅能够推翻或击沉水中船只,造成人身伤亡和经济损失,而且可以使水标、岸标、整治建筑物、港口及航道设施受损,恶化航道通航条件,击毁对岸建筑设施和农田、道路;落入水中的土石有时形成急流险滩、堵塞航道,威胁过往船只、影响或中断航运。如1982年长江鸡扒子1000万 m^3 大滑坡,180万 m^3 的泥石滑坡坠入长江,把600多米长的深水河槽填高30余米,使枯水期的过水断面由 $2700m^2$ 缩小到 $320m^2$,最大流速增至7.5m/s,局部水面比降达到1.04%,船舶航行十分困难;1992年4月30日,乌江上边滩左岸鸡冠岭发生大面积大方量滑坡岩崩自然灾害,乌江上边滩岩崩总方量约530万 m^3,其中倾入河道约86万 m^3,形成两个岩崩堆积体,其顺流方向总长320m,河道中断;2009年5月18日,长江巫山龚家坊河段发生山体崩塌,约2万 m^3 泥石滑入长江,产生巨大涌浪,将一座浮标掀翻,且导致航道变窄百余米,河段禁航5h,严重阻碍航道。为尽量减少滑坡对航运的影响,2010年11月12日,交通运输部组织长江航道局等有关单位在巫山成功举行了三峡库区山体滑坡水上应急演习,切实加强对山体滑坡等地质灾害事故险情的预防和快速反应工作,提高应急处置能力,确保在水上人民生命财产安全和通航环境受到威胁时能做出快速反应并组织有效救助,以避免或减少人员伤亡。

水库蓄水后,由于高库水位及水库运行效应的影响,库区内大量潜伏地质隐患的斜坡可能会因此而最终暴露成灾,导致大面积的边坡塌滑和库水涌浪。在水库库区内发生滑坡时,由于巨大山体在短时间内高速滑入水中,必然激起巨大的涌浪和爬高,当涌浪传至坝前波浪高度接近或超过坝顶时,必然造成坝顶漫水。库区涌浪的爬高可以摧毁库区港口码头结构及水面以上的建筑物,在瞬间坝顶大量漫水会给下游造成巨大水灾,同时涌浪波会在瞬间给坝体附加一个巨大的水平推力,影响坝身稳定安全。因此水库岸坡塌滑激起的涌浪,对大坝的安全以及下游广大人民群众的生命和财产安全,都带来极大的危害。

统计资料表明,我国最大型的山区河道型水库——三峡工程水库库区稳定性较差的库岸长441km,全库区20个区、县(市)共有崩塌、滑坡、泥石流4719处。在2003年6月三峡工程第一期蓄水后(135m),水库岸坡变形破坏便已非常明显,不仅发生了影响巨大的千将坪滑坡(死亡和失踪24人),且已有上百处古滑坡出现复活的迹象(如八字门滑坡、石榴树包滑坡、白衣庵滑坡等),同时还有多处库岸段在蓄水后已产生非常明显的变形破坏迹象(如秭归的郭家坝库岸段)。2015年6月24日,巫山县龙门街道龙江村2社大宁河左库,发生总方量约23万m^3的大规模滑坡滑移。因滑坡滑移速度快,一次性入江体量大,形成了5~6m高的涌浪,造成停靠在江岸的1艘14m的海巡艇沉没,7艘小渔船和5艘自用船翻沉(13艘船只均无人员作业);造成江边游泳的6人伤亡,11处码头钢缆不同程度受损,1处80m^2的简易棚房垮塌。尽管在三峡库区二期、三期地质灾害防治工程中,通过工程治理手段对受蓄水影响且危害较大(主要是指直接危害)的滑坡进行了整治处理(二期治理198处,三期治理372处,共计570处),但是,仍有数千处崩塌滑坡被列入搬迁避让和监测预警范围,并不能保证这些没有经过治理的滑坡(尤其是搬迁避让类滑坡)在今后的蓄水或水库正常运营过程中不产生大规模整体下滑。另一方面,由于滑坡成因及地质条件的复杂性,在三峡库区5300km长的库岸中,更不能保证在三峡库区今后蓄水运营过程中,发生类似于千将坪滑坡的大型、高位能新生型滑坡。因此,在三峡库区,滑坡涌浪问题显得较为突出,正确预测库区可能的滑坡涌浪,是航道、港口等工程可行性论证的一个重要内容。

综上所述,随着经济的发展,我国在山区河流上实施的水电建设也逐步增多。山区河道型水库水利水运设施、船舶航行和江河沿岸人民的生命财产安全都将受到滑坡以及滑坡所产生的涌浪的威胁,而涌浪研究本身存在许多技术难题,现有的理论也只是针对某一特定的课题进行研究,没有形成一套完整的理论体系。目前,国内外对滑坡形成的机理和预防措施的研究非常多,对滑坡形成的涌浪的特性及其影响因素的研究尚无完整的理论与计算方法。此外,滑坡体及水库底面具有非规则形状,由滑坡体产生的初始涌浪本身具有间断性,这些决定了滑坡涌浪具有明显的非线性流动结构,因此,滑坡涌浪的研究对于进一步揭示水动力学中的非线性波动规律,对丰富水动力学、计算流体动力学,还具有学术意义和理论价值。所以,为科学、有效地预防和减少滑坡涌浪对航道造成的灾害损失,开展滑坡涌浪特性及其对航道影响的研究是非常必要的。

1.2 国内外研究概况

1.2.1 水库滑坡成因及灾害研究现状

外力因素和边坡本身不利的力学条件是诱发库区滑坡的主要因素。比如水库的蓄水和运行(水位的涨落)、库岸区域大面积的降雨或暴雨、相关区域的地震,以及相邻区域的滑坡引发的震动等,这些外力因素都可能引起大范围的滑坡。中村浩之(1990)经过对水库滑坡的分析及其实测研究认为,浸水、库水位急剧下降和降雨,是水库滑坡形成的主要因素。王思敬(1996)将水库滑坡分为两种:一种是在水库的水岩作用影响下产生的滑坡;另一种是天然滑坡。王士天(1997)等认为水库滑坡有两种:一种是库水位达到敏感水位后滑体内孔隙水压力分布达到新的平衡过程中产生的滑坡;另一种是发生在库水位消落,特别是快速消落期的滑坡。邓伯强、程昌华(1996,2000)曾开展了影响库岸坍塌的水动力特性研究,并选取三峡工程重庆段库岸为原型，通过模型试验研究，分析了库岸坍塌变形与波高、岸坡坡度、岸坡土质等要素间的关系，指出建库后由于库区高水位浸泡时间增长，水下岸坡受影响面增加，水域宽度增加，将加剧对岸坡的侵蚀；波浪对新形成的水库港的最大危害是剥蚀造成的失稳。蔡耀军(2002)认为，水库诱发岸坡变形与失稳可归结为三个方面的因素：一是材料力学效应；二是水力学效应；三是水力机械作用。严福章(2003)通过对清江隔河岩水库茅坪滑坡的研究，认为该滑坡在水库蓄水后发生持续的缓慢滑移，其根本原因是水库蓄水产生的材料力学效应和水力学效应综合作用的结果；其次是滑体发生变形后，滑带抗剪强度随变形而降低的应变软化作用。库水位的骤然升降特别是骤降对滑坡变形影响显著，暴雨对滑坡变形的影响比水库蓄水前明显增强。

为了防止和减轻滑坡带来的巨大破坏，科技工作者做了大量卓有成效的工作。近年来，国内外对滑坡灾害的研究主要表现在滑坡机理研究、滑坡稳定分析理论和方法研究、滑坡灾害影响研究，以及滑坡治理技术研究等。19 世纪以前，岩土工程基本上依赖于工程师的经验。1959 年法国 Malpasset 拱坝岩基失稳导致溃坝和 1963 年意大利瓦依昂水库库岸滑坡的惨痛教训，推动了岩石力学的发展，形成了研究岩体在荷载作用下的应力、变形及破坏理论和应用的岩石力学学科体系。进入 20 世纪 60 年代以后，随着计算机技术的发展，采用理论体系更为严密的数值分析方法进行滑坡稳定分析成为可能。同时，由于采用数值分析方法受滑坡几何形状及材料不均匀性的限制较小，因此，数值分析方法成为比较理想的分析滑坡应力、变形和稳定性的方法。岩土工程数值计算技术的发展，使滑坡稳定定量分析水平有了快速提高。20 世纪 80 年代以来，随着岩土工程建设的发展，滑坡稳定问题日益突出，从而推动了岩石力学与地质科学、环境科学相互交叉渗透，逐渐形成了环境地质学、环境岩土工程学等学科体系。目前，已形成的比较成熟的分支学科有：环境工程地质学、环境水文地质学、灾害地质学等。近年来，环境地质研究已普遍运用遥感、全球定位系统、地理信息系统和先进的物探及测试技术等高新技术，并正在向环境地质调查、评价、预测、决策与成果发布的全程计算机化方向发展。

1.2.2 滑坡涌浪研究现状

1)国外滑坡涌浪研究现状

数值计算分析方面，随着数值计算技术和理论的发展，采用数学模型模拟滑坡激起涌浪得到了发展。数学模型根据控制方程的不同主要分为四类，其中基于 Boussinesq 方程、二维浅水方程以及势流方程的数值模型被广泛应用。前两类数值模型是基于水深平均的二维模型，无法给出沿水深物理量的变化；另外一类模型是基于流动无旋的假设推导出来的，只能模拟无旋运动。Navier-Stokes 方程作为三维水流的控制方程同样可以模拟滑坡涌浪问题，而且通过封闭紊流模型，这类模型可以更为准确真实地模拟滑坡涌浪过程，更为重要的是随着计算机性能的不断提高，基于 Navier-Stokes 方程的数值模型应用于工程实际已成为可能。

(1)基于浅水长波方程的模型。原始的浅水方程包括了底摩擦项和非线性惯性项。涌浪在深水中传播时底摩擦很小是可以忽略的，非线性的作用也较小也可以忽略，线性的浅水方程即可以较好地模拟涌浪的传播(Iwasaki，1997)。然而当涌浪在浅水区传播和爬高时，底摩擦和非线性项的影响较大，需要采用非线性的浅水波方程模拟(袁晶，2008；Imamura，2006；姜治兵，2005；郭洪巍，2000)。采用浅水模型模拟滑坡涌浪通常需要采用初始涌浪公式给出模型初值(Iwasaki,1997;IMAMURA,2006)。袁晶等(2008)通过时空坐标变换对滑坡涌浪进行模拟,并对 Heinrich(1992)的试验进行了模拟,该方法能较好拟合移动中的滑块。姜治兵等(2005)通过经验公式计算滑坡的滑程和滑速,对长江新滩滑坡涌浪进行了模拟。浅水长波模型能够较有效和较好地模拟涌浪传播,然而由于浅水模型不能模拟涌浪的频散效应,模拟的爬高通常高于实际。

(2)基于 Boussinesq 方程的模型。相比较于浅水长波模型,经典的 Boussinesq 方程包括了弱的非线性和频散效应。然而经典的 Boussinesq 方程模型仅局限于弱的非线性相互作用,在很多实际情况中,非线性效应作用却很大。如:涌浪在浅水传播和爬高时,涌浪处于快速演化的状态,此时的涌浪具有与其他情况生成的长波类似的特点,这时弱的非线性 Boussinesq 方程模型就不再有效了(姚远等,2007)。因此,经典的 Boussinesq 方程现在多应用于对跨洋传播的海啸频散研究中(Tanioka 等,2001)。Lynett 和 Liu(2002)采用改进的完全非线性的 Boussinesq 模型模拟了水下滑坡涌浪,表明对于水深较浅滑坡涌浪,模型能够较好地模拟涌浪的波高和爬高,然而对于水深较大的滑坡涌浪依然有较大的偏差,此外模型的计算相当费时。

(3)基于完全非线性势流理论的模型。当滑坡涌浪接近浅水或爬高时,小振幅、弱非线性的假设就不再有效,为了模拟涌浪的高度非线性,通常采用完全非线性势流理论的模型进行模拟(Verriere,1992;Enet,2003;Grilli,2005)。非线性势流模型的基本假设是水流的无黏和无旋,因而模型不能对涌浪的破碎和滑坡体附近的涡旋进行模拟,不适合河道滑坡涌浪模拟。

(4)基于 Navier-Stokes 方程的模型。该类模型通常对水槽试验进行模拟,主要研究滑坡激起涌浪及滑坡体周围的水流运动,模型可以对滑坡体形成涌浪的过程进行较细致的模拟。根据求解方法,该类模型主要分为 SPH(Smoothed Particle Hydrodynamics)模型、VOF(Volume of Fluids)模型和 MAC(Marker and Cell)模型等。如:杜小弢等(2006)采用 SPH 模型对水下滑坡激起的涌浪过程进行了二维数值模拟;Liu (2005)、Yuk(2006)、Abadied(2008)等采用 VOF 模型以及大涡模拟湍流模型对滑坡体附近的流场进行了精细的模拟;任坤杰等(2006)采用 MAC 模型对涌浪进行了垂面二维模拟。与前三类模型相比,基于 Navier-Stokes 方程的模型只需给出滑坡体的运行过程,不需要给出初始涌浪,模拟精度高,然而该类模型复杂计算量较大,因而多对水槽内的滑坡进行模拟。求解 Navier-Stokes 方程的难点之一就是非线性自由表面的计算。现有的应用较广的计算自由表面的方法主要有:MAC 方法,VOF 方法,SPH 方法以及 Level-Set 方法。上述这几种方法可以计算复杂的自由表面问题(如波浪翻滚等),但是高昂的计算代价限制了它们的应用。对于自由表面变化不太剧烈且没有重叠的问题,可以利用自由表面的运动学边界条件沿水深积分连续方程,将得到的水深平均的连续方程作为水位的控制方程来计算水位。这种计算自由表面的方法降低了计算量,也已广泛应用于三维 Navier-Stokes 方程的求解中。

物理模型试验分析方面,J. W. Kamphis 和 R. J. Bowering (1971)以概化模型试验为基础,建立了滑坡涌浪稳定浪高、滑坡体的单宽体积及弗劳德数的无量纲计算式,分析了涌浪最大高度和稳定高度之间的关系,提出滑坡涌浪高度的大小由滑坡体的体积和弗劳德数决定。Rudy Slingerland 和 Barry Voiglrt (1979)根据实际工程建立模型,得到了初始浪高和无量纲动能的经验计算公式。H. M. Fritz 等 (2003)以不同参数下滑坡涌浪的三维物理模型试验为基础,研究了涌浪作用下水体流场的特征。Rita Fernandes de Carvalho(2007)以涌浪影响因素的模型试验为基础,分析了涌浪对库岸波压力的特征。B. Atale-Ashtiani (2008)建立了滑坡涌浪周期与振幅的经验公式。Valentin Heller 和 Willi H. Hager (2008)主要探讨了滑坡涌浪模型试验中的尺度效应,指出尺度效应影响了相对波幅。M. Di Risio、P. De Girolamo 及 G. Bellotti(2009)以圆形岸边的库区滑坡涌浪模型试验为基础,研究了涌浪在圆形岸坡的爬高规律。Marcello Di Risio、Giorgio Bellotti 及 Andrea Panizzo (2009)的模型试验以摄像手段为基础,深入分析研究了滑坡涌浪的三维流场。

2)国内滑坡涌浪研究现状

国内早期涌浪预测计算方法大部分引自国外,随后,经过许多学者多年的潜心研究,特别是在物理模型试验、解析计算求解等方面,取得了较好的发展。

在物理模型试验方面,黄种为等 (1983)通过模型试验,提出涌浪的最大高度与滑体体积、滑速的无量纲关系式,并指出滑体空隙率对涌浪高度影响不大。庞昌俊基于物理模型试验研究了涌浪的形态特点、波高和爬高特性,建立了首浪高度和涌浪稳定高度的经验计算公式。王育林等(1994)在模型试验方面重点讨论了峡谷型河道陡岩体滑坡的静态和动态破坏,研究了峡谷型河段滑坡涌浪的特性及其对航道、船舶和建筑物的危害,建立了涌浪估算的公式。陶孝铨(1994)、余仁福(1995)基于物理模型试验探讨了不同滑体入江时涌浪高度与滑体滑速关系。水利部 (1995)详细制定了关于滑坡涌浪物理模型试验工作规程,明确规定在试验中所需的研究设备、测量仪器及物理模型设计、模型制作与安装、模型试验内容、研究方法及资料计算分析方法。赵根等(2006)以三峡工程中围堰的倾倒为研究对象,进行了物理模型试验(模型比尺为 1:100),通过试验数据的分析,得出了涌浪特征、首浪高度和涌浪的传播规律。

在经验计算公式方面,潘家铮 (1980)基于 E. NODA 的涌浪计算公式,通过模型试验研究,考虑了水平和垂直两种极限运动状态,首次提出了滑坡涌浪的计算方法,为后续研究的开展奠定了基础。哈秋玲等(1987)运用分段方法,研究分析了孤立波传播过程中的反射特性,考虑了在时间上波浪传递过程的相位差。王育林等 (1994)基于因次分析方法,得出了适合于峡谷型河道的滑坡涌浪高度计算的经验公式。殷坤龙、汪洋等(2003)通过运用运动学原理、动量定理和滑坡的动力学原理,提出了滑坡涌浪初始高度的计算公式,主要考虑了滑坡在水上和水下运动传播过程中的连续性和受力特征。在《三峡库区三期地质灾害防治工程地质勘察技术要求》中,三峡地质灾害防治工作指挥部(2004)指出了滑坡涌浪计算分析的公式,主要包括无量纲动能法及组合法和潘家铮计算公式法。殷坤龙、汪洋在滑坡初始涌浪的计算仿真分析方面取得了突破性进展,包括滑坡涌浪运动的分布模式和涌浪的传播及衰减规律,理论研究以牛顿定理和运动学原理为基础,通过滑坡运动过程的受力分析,得出了滑坡运动下滑的速度和加速度,在此基础上,通过流场中的黏滞阻力公式解出了入水过程中的水阻力值、速度和时间。胡小卫、王平义等(2013)通过概化物理模型试验,分别选取三峡库区土质滑坡和陡岩滑坡为研究对象,通过因素分析得出了滑坡涌浪的经验计算公式和能量交换系数。任坤杰等(2012)以散体滑坡体为研究对象,分析了滑坡涌浪影响因素,建立了散体滑坡涌浪的经验计算公式,通过计算结果和已有的整体经验计算公式进行了对比。

1.2.3 涌浪对结构物作用力研究现状

研究滑坡涌浪对架空直立式码头桩柱的直接影响,必须分析确定出滑坡涌浪直接作用于码头结构的荷载作用力。尽管黄锦林研究了库岸滑坡涌浪对坝体的影响，构建了1:150的大比尺物理模型，通过物理模型试验测试了鹅公带滑坡涌浪在乐昌峡水库大坝前的涌浪压力，提出了涌浪压力计算模型，但关于滑坡涌浪对结构物作用影响方面的研究文献仍然较少，在计算分析时仍主要参考海港部门的研究成果。流体与结构物的相互作用是一个复杂的问题，它依赖于流体的雷诺数、K_c数，结构物的尺度、外形和相对粗糙度等因素。早期的海工结构上波浪力的确定主要依靠半经验公式和物理模型试验。在波浪力解析分析方面，Havelock、MacCamy等对无限水深和有限水深中均匀直立圆柱作了研究，得到了波浪绕射问题的解析解。Malenica等采用特征展开的方法得到了无限水深上波浪和流联合作用下垂直桩的绕射和辐射情况的半解析解。朱大同应用柱面上阻抗型边界条件分析单桩和圆柱群上波面高度和总波浪力的分布规律。张玲重点探讨了利用Morison方程计算波浪荷载的方法，讨论了应用该方程计算波浪力过程中的一些主要影响因素，如拖曳力和惯性力系数的确定、波浪理论的选取等，同时结合物理模型实测数据对采用不同系数确定方法和不同波浪理论的计算结果进行了验证，得出了较合理的系数处理方法。

20世纪70年代以来，随着计算机和计算方法的迅速发展，用数值模拟的方法计算波浪力已取得很大进展。吴京荣研究了高桩码头中所用桩的动力特性及其在波浪作用下的动力响应问题，运用有限元法对单桩在波浪作用下的动力响应作了计算和分析，绘制出了桩在波浪作用下的最大位移与最大内力图。李世森、张伟等以线性波浪绕射理论为基础，通过有限元—无限元耦合求解，数值模拟了大直径圆筒结构上的波浪荷载，并开发了相应的软件；同时对处于不同位置的大直径圆筒在不同工况下的波压强分布及波浪力进行了系统的模型试验研究；基于回归分析，考虑淹没、越浪、波陡、相对水深和相对筒径等的影响，给出了作用在大圆筒上的波浪力和波浪力矩的计算公式。杨艳增、陈兵采用Beji和Nadaoka改进的Boussinesq方程，用有限元法模拟了波浪在不同情况下对大圆筒结构的作用力，并与公开发表的物理模型试验成果进行了比较，符合较好。赵晖对波浪和涌潮荷载作用下排桩和排桩丁坝的动力响应问题作了比较系统的研究，探讨了大尺度桩、小尺度弹性桩的波浪受力问题，对大尺度桩建立了"势流—弹性桩—土"解析模型，分析了桩身刚度等参数对桩顶位移和桩身弯矩的影响；并对钱塘江涌潮压力进行了现场测试，最终对排桩丁坝分别进行了静力和动力有限元分析。黄津等运用有限元分析软件Ansys建立了沿海高桩码头模型，研究了波浪力对高桩码头结构的影响，认为高桩码头相对于海洋平台各阶固有频率较低，对于波浪等荷载的动力效应不明显，在设计计算时可只进行静力计算，无须考虑动力分析。王晨利用Fluent软件对100年一遇的最大波浪通过桩柱的过程进行了数值模拟，求得作用在桩柱上的总波浪力历时过程。谭慧等也采用Ansys软件对巨型框架平台波浪荷载的影响因素进行了分析，研究表明：巨型梁位置和巨型柱直径都对平台所承受波浪荷载有重要的影响；巨型柱直径对平台受力的影响大于巨型梁位置的影响。

1.2.4 面板受波浪上托力影响研究现状

面板受波浪上托力的研究开始于20世纪60年代，几十年的研究显示，波浪对面板的作用是一个极其复杂的过程，研究主要从理论公式推导、物理模型试验和数值模拟等几方面进行。

国外方面，1963年El Gharmry在波浪水槽中对码头面板上托力进行了试验研究。研究表明,波压力时程曲线不是正弦形曲线,而是存在不同最大正负上托力值的曲线,同时他还指出上托力最大值主要与入射波的波高和周期有关。1967 年日本的合田良实对透空式栈桥面板的波浪上托力进行了研究,他认为波浪上托力是冲击性荷载,在上托力作用区域内,其压强是均布荷载,分布宽度采用 $L/4$,同时他还给出了波浪上托力的经验公式。1978 年谷本胜利等考虑了水体空气层影响,采用势流理论对水平板波浪上托力进行了研究,他们提出了上托力由两部分组成,即冲击压力和静水压力,还分别对平板下没有空气层、有封闭空气层和有不封闭空气层三种情况进行了分析,并提出了对应的冲击压力函数式。1992 年 Kaplan 等采用同处理小尺度水平圆柱类似的方法研究了海洋平台水平板波浪上托力,给出了上托力的垂直分量计算公式,1995 年他们又在考虑了平板淹没长宽比对上托力影响情况下,给出了垂直分量修正公式。1992 年 Shih 分别研究了规则波和不规则波对大尺度平台波浪上托力的影响,同时也分别提出了较为简单的计算公式。2000 年开始 Baarholm、Stansberg 等人忽略水体黏性和表面张力等因素的影响,采用势流理论,给出了海洋平台甲板底部波浪冲击力理论公式。

国内方面,1994 年由交通部第一航务工程勘察设计院主编人民交通出版社出版的《海港工程设计手册》(中)里提出了当有码头上部结构时,上部结构底面所受波浪上浮力计算公式。1997 年李炎保对开敞码头上部结构进行波浪力试验研究,分析了上托力的若干特点,探讨了上托力基于波高和波面高为主要因素的计算方法,还对上托力进行了统计分布类型分析。同年宋礽、白立兴在前人研究成果的基础上,提出经验公式,并对受空气层影响的上托力计算给出了建议。2001 年后周益人、陈国平等人对诸如高桩码头面板、透空式水平板、斜坡封闭水平板等各类型结构受波浪上托力影响情况进行了详细的试验和理论研究,他们的研究表明:高桩码头面板受码头上部结构纵横梁系和桩基桩帽结构影响较大,上托力计算公式难以准确给出,而上托力分布具有冲击型和均布型两种情况,面板底部最大冲击压强和最大总上托力并不总是同时发生;同时分析了影响上托力的各影响因素,并提出了透空式水平板压强分布计算公式和斜坡封闭水平板最大总上托力计算公式。尔后,陈国平等还研究了斜坡接岸式高桩码头面板尾部开缝和面板开孔对上托力的影响,研究表明面板尾部开缝对冲击压强的影响较大,对总上托力仅有有限影响,而板上开孔对减小冲击压强的效果也并不明显,所以他并不建议用面板开孔的形式来减小波浪的上托力。

1.2.5 船舶系缆力研究现状

国外于 20 世纪 70 年代中期开始利用数学模型预报码头系泊船舶在风浪流作用下的运动、系缆力及防护舷的作用力。荷兰海工研究所的奥特默森博士比较完整地提出该方面理论和方法,并进行了模型试验。以后,日本港湾技术研究所上田茂等相继发表了多篇相关论文。国外开发的码头系泊船舶缆绳张力计算的程序主要有 TemSim(荷兰 MARIN),PcSmart(美国 Exxon Researeh and Engineering),Ootimoor(美国 Tension Technology International,TTI)。它们的共同特点是均只考虑缆绳静张力,而不考虑波浪的激励作用,因为一般港口波浪是不大的,系泊船舶受力主要来自水流和风。

国内对于船舶系缆力的研究相对较晚,始于 20 世纪 90 年代后期,主要采用了物理模型试验、数值模拟的方法对影响船舶系缆力的海洋动力因素、船舶因素进行了相关研究。于洋等从静力学二维角度在不考虑缆绳拉伸变形时对缆绳张力进行了分析;向溢等采用蒙特卡洛算法、混沌解法对码头系泊船舶缆绳张力进行了数值模拟,并与试验结果进行了对比,得到较好的一致性。邹志利等利用系泊船运动方程和相关的国际通用公式研究了风、浪、流作用下系泊船的系缆力,讨论了不同水位和不同风浪流夹角对系缆力的影响,得到以下结论:①高潮位时缆绳拉力较大,但差别不是很大;②在风、浪、流不同方向的组合中,三者同向时产生的缆绳力较大;③船舶压载比满载时运动幅度值较大,缆绳力较大。采用数值模拟方法进行系泊船缆绳张力的计算都只是针对受较小的波浪作用的半开敞水域。物理模型试验方面,主要有上海交通大学船舶与海洋工程学院、大连理工大学海洋工程研究所、南京水利科学研究院从事了一些相关方面的工作。向溢等对码头系泊船舶在五个风浪流方向、五个不同的规则波及五个不同的风流速度下,在开敞水域进行物理模型试验,从试验结果得出:系泊缆绳张力与水流大小、方向、波浪大小、方向以及风速风向都有着重要的关系,相比较而言,对缆绳张力大小的影响次序为:流向、波高流速、波浪方向与风速。其中水流与波浪方向对缆绳张力影响很大。外力主要由横缆承受,其可能是由于横缆相对较短的原因。

1.2.6 船舶撞击作用研究现状

波浪作用下码头的系泊船舶撞击作用是码头结构的重要荷载之一。早在 20 世纪 60 年代,国外已经开始进行这方面的研究。国内在这方面的研究起步稍晚,到 20 世纪 70 年代初,国内学者开始对该问题进行大量的研究。至目前为止,对于波浪作用下系泊船舶对码头撞击作用的研究,已经取得了一些重要成果。纵观已有的研究,撞击能量的研究工作主要有理论分析法、经验分析法和数值计算法。S. NAGAI. K. ODA 等通过理论分析得到撞击力的解析解;高明、李玉成等多位学者通过物理模型试验资料得到了各种撞击能量的计算公式;Herman、邹志利等发展了数值计算方法。

经验分析法即以能量转换和动力分析为理论基础,从合理的及便于应用的观点出发,经过某些假定,进而推导出系泊船舶对码头的撞击能量的计算公式,再由物理模型试验资料确定其中的参数。

谢世楞、刘衍荣等通过物理模型试验资料建立起来的撞击能量计算公式与《海港工程设计手册》里的公式结构基本一致,即

$$E = \frac{1}{2}C_m M v^2 \tag{1.2-1}$$

式中:E——船舶的撞击能量(kJ);

v——系泊船舶对码头的法向速度(m/s);

C_m——船舶的附加质量系数;

M——船舶质量(t),按与船舶装载度对应的排水量计算。

但对于式中的系泊船舶对码头的法向撞击速度 v 的计算和 C_m 的取值各不一样。

谢世楞等在对国外试验资料分析的基础上,提出了撞击速度的计算公式:

$$v = \partial \frac{H}{T}\frac{L}{B} \tag{1.2-2}$$

式中:∂——经验系数,建议取 0.7;

H——波高;

T——波浪周期；

L——波长；

B——船宽。

C_m 取 1.00，刘衍荣根据能量转换的观点，经过一系列分析推导，得出：

$$v = (0.86 \sim 1.18) \times 0.2 \frac{HL}{T} \sqrt{\frac{1}{BD}} \tag{1.2-3}$$

式中：0.86 ~ 1.18——系数，在半载或水深较大时取上限值 1.18，满载或水深较浅时取下限值 0.86；

D——吃水深度；

其他符号意义同前。

C_m 为船舶的附加质量系数，$C_m = 1.10 + \left(\frac{D}{c}\right)^2$，$d$ 为水深。

《海港工程设计手册》中给出的船舶法向撞击速度的经验公式为：

$$v = \partial \frac{H}{T} \frac{L}{B} \frac{d}{D} \tag{1.2-4}$$

式中：∂——系数，取为 0.22。

空载时 $C_m = 1.1$，半载时 $C_m = 1.3$，满载时 $C_m = 1.5$。

式(1.2-4)适用于：满载船舶 $d/D \leqslant 1.6$；压载船舶 $d/D \leqslant 4.5$；对于波周期较长的涌浪不适用。

20 世纪 70 年代末，李玉成等在对各个可能影响系泊船舶撞击能量因素的分析基础上，结合各种影响因素的系列试验资料，提出适合不同吨级、不同装载度条件下系泊船舶对靠船设施撞击能量的计算公式：

$$\frac{E}{H^2} = \partial_1 \partial_2 \partial_3 \partial_4 k \left(1.4 - 2.7 \frac{D}{d}\right) \frac{L_{OA}}{260} T^{2.5} \tag{1.2-5}$$

式中：T——船舶的自振周期；

k——频率响应系数，与船舶吨级有关；

D——与船舶的计算装载度对应的吃水深度；

∂_1、∂_2、∂_3、∂_4——意义及取值见文献。

《港口工程荷载规范》(JTJ 215—1998)中规定在横浪作用下，系泊船舶的有效撞击能量可按下式计算：

$$E_{WO} = \partial C_m MgH(H/L)(L/B)^2 (d/D)^{2.5} \tanh\left(\frac{2\pi}{L} d\right) \tag{1.2-6}$$

式中：E_{WO}——横浪作用下系泊船舶有效撞击能量(kJ)；

∂——系数，取为 0.004；

C_m——船舶附加水体质量系数；

M——船舶质量；

g——重力加速度。

1.2.7 波浪对船舶航行安全的影响研究现状

Wendel 指出了当船舶遭受一个波长和速度与其一样的随浪作用时，波峰在船中时船舶复原力矩损失相当大这一现象并给出了复原力矩损失量的计算方法。之后,Amdt 和 Roden 考虑了波浪中水质点轨圆运动影响的 Smith 效应对 Wendel 的计算方法进行修正,从而使计算结果更加接近于试验结果。Paulling 等人进一步发展了这种计算法,并推导了一组计算公式。Kure 和 Bang 研究了斜浪中的稳性问题,他们把斜浪影响分成两个分量:一个分量按随浪来计算,另一分量则看成船舶左右舷引起的压力差从而可以归结为一个波浪扰动力矩。Martin 和 Ku 应用李雅普诺夫处理动力系统稳定性的方法提出了用直接法来处理横浪—横风中和随浪航行时船舶稳性的思想。1952 年,Grim 研究了随浪航行船舶复原力矩随时间变化对横稳性的影响,解决了水线面周期变化引起的稳性高度周期变化而产生的参数共振问题,使参数共振成为船舶翻沉的物理模型之一。1953 年 Denis 和 Pierson 开创了船舶随机稳性方面的研究。他们把不规则的波浪看作一个随机过程。利用响应函数来表示船舶在海浪上的运动,从而把概率统计方法引进了船舶运动的研究。Hassel man 和 Vassilpoulos 介绍了随机扰动力矩下如何处理非线性系统的问题。英国的 Roberts 利用 Markov 过程和随机平均法研究了不规则波浪中船舶非线性横摇的随机理论,他还研究了确定船舶稳性的横摇运动概率模型。加拿大的 Haddara 应用功率谱研究非线性横摇运动。Nekrasov 研究了船舶非线性横摇运动的稳定性,讨论了随机风浪激励下的船舶倾覆的基本机理。Y. I. Nechaev 基于统计试验(Monte - Carlo)方法、Fokker-Plank-Colmogorov 方程和力矩法等方法考虑了船舶在极端海况下的稳性的概率分析问题。

董艳秋、纪凯、黄衍顺(1994)采用瞬时湿表面的时域分析法,研究波浪中的船舶横摇稳性。当船舶在波浪中航行时,由于船舶与波浪的相互作用,船舶的姿态及吃水是随时间变化的。船舶的位置、姿态及吃水,直接影响船舶的排水体积,从而影响船舶的恢复力矩及稳性。通过实例计算和分析,发现由于波浪的存在,不同横摇角对应的恢复力矩与静水中的恢复力矩相比较存在很大的差异,尤其是当波峰出现在船中位置时差异更大。林焰、邢殿录、纪卓尚、杨植(1994)利用 Llapunov 理论,研究了船舶在规则波浪中运动的稳性;利用摄动理论,求解出船舶运动响应;并讨论了船舶横摇与垂荡运动频率、最大横摇角和波浪要素对稳性曲线 GZ 的影响,以及流体动压力对稳性曲线的修正,从而给计算船舶在随浪中的稳性提供了一种方法。孔祥金、曹振海应用摄动法提出了一种尾斜浪中复原力计算的方法,选取四艘船舶,对处于各种船—波相对位置的船舶复原力进行大量计算,其中包括波高、波长对复原力的影响。计算表明:当波高或波高与波长之比不变时,波长在 $0.8L \sim 1.2L$ 之间变化对稳性影响不大,但当波长或波长与波高之比不变时,波高同等量级的变化对稳性影响要比前者大得多。

当船舶在随浪和尾斜浪中航行时,容易发生倾覆。倾覆的主要原因是,在某些波浪和航速条件下,船舶会发生横甩,此时船舶失去控制,突然发生横转,同时产生大角度横倾,继而发生倾覆。因此,研究船舶在随浪中的横甩现象是分析船舶倾覆的基础,具有重要意义。

相关的国内外研究呈现出以下几个特点:

(1)近几年来,滑坡涌浪研究的经验计算公式、数值分析与模拟方法都有所进展,但关于各公式中参数的选取问题、边界条件假设的合理性、公式适用性的研究并不多。

(2)国内的模型试验几乎都是只针对某个具体工程实例,不能代表不同类型滑坡涌浪的特点。国外的模型试验都是在规则的矩形或圆形水池中进行,河道模型过于理想化,而且所考虑的是简化的单向流问题,与实际情况不符,此外,在传播规律及爬坡浪高度方面的研究还比较薄弱。

(3)国内外关于滑坡涌浪的研究大多只针对涌浪固有的一些特性,而忽视了涌浪的产生对航道、船舶航行及码头等结构物影响的研究,特别是对水位变幅比较大的大型山区河道型水库滑坡涌浪对船舶航行安全的影响范围和直立式码头墩柱和船舶系缆的作用力的研究比较少见。

(4)国内外对于滑坡涌浪的研究大多只着眼于问题研究的本身,而没有能够建立一套系统将其与相关部门衔接起来,做到提前发现潜在隐患并采取及时有效的措施。如果能够建立一个信息系统将国土、航道与海事部门联系起来,充分利用目前对滑坡预测较为成熟的技术,提前预知可能产生的滑坡,结合航道部门的相关资料(水文、地形等),利用该系统迅速预测滑坡涌浪对航道及码头结构物的影响程度及范围,第一时间通知航道海事部门采取有效的对策,可大幅减少或避免滑坡涌浪所引起的灾害。

第2章　三峡库区滑坡工程地质特征及分布

2.1　库区工程地质环境条件概况

2.1.1　自然地理及气象水文概况

1)自然地理

三峡工程库区位于长江上游的宜昌三斗坪至重庆江津间,是一座典型的狭长河谷型水库,其干流长约690km。库区淹没涉及重庆的22个县(市、区)和湖北省4个区县,水位抬升近百米,见图2.1-1。

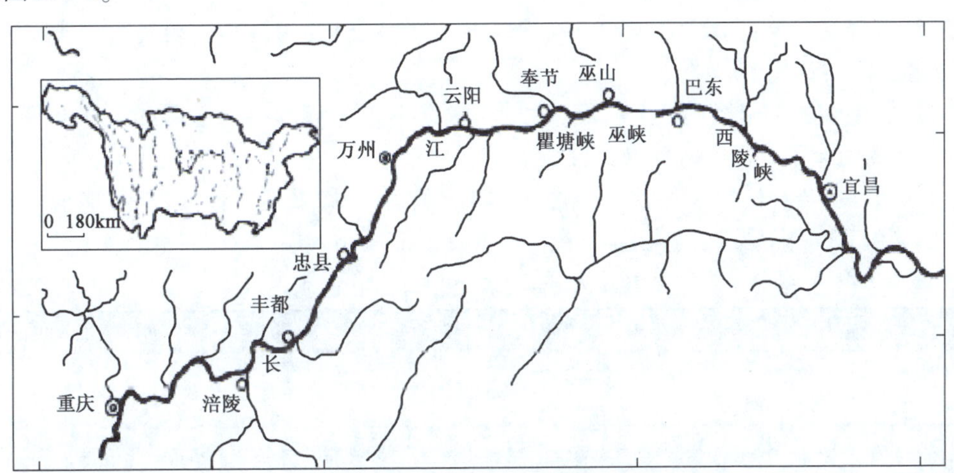

图2.1-1　三峡库区河段位置图

2)气象水文

三峡工程库区地处亚热带气候区,具有平均气温高、空气湿润、降雨充沛、少冰雪严寒等特点。据沿江各气象站记录,三峡段的多年平均气温为16.7~18.4℃,四川盆地多年平均气温为18.1~18.7℃。相对湿度在66%~81%之间,总体上具有下游向上游增大的趋势。多年平均降雨量在996.7~1204.3mm范围,大体上也具有由下游向上游逐渐增多的规律,库区从云阳至重庆段是降雨强度高值区。

由于河道窄段的阻滞作用,库区河段枯洪季节水位各地变化幅度不一。如万州变化幅度约40m,万州以上河谷展宽变幅一般小于30m;万州以下河谷变窄,变幅大多在50m以上,历史上多次发生过特大洪水。据记载,1870年农历六月中的一次特大洪水,起因于连降大雨,忠县、巫山等地连降7天7夜大雨,江水在20天内陡涨,其最高水位:奉节为146.9m,云阳为

150.3m，万州为156.04m，长寿达189.09m；并据万州资料，洪水持续了3天以上才退却，短时间内水位涨落幅度达30～70m，这一现象在库岸稳定性评价中是值得重视的。

2.1.2 区域地质概况

1)地层岩性

三峡库区出露的地层较齐全，自震旦系至第四系均有出露(表2.1-1)，大致以重庆市奉节县为界分为东西两部分。西部为中生代侏罗系红色碎屑岩类，局部出露三叠系嘉陵江灰岩；东部以古生代、中生代碳酸盐类地层为主，夹红色碎屑岩(秭归盆地)及煤层，黄陵背斜出露震旦系碳酸岩及碎屑岩类、前震旦系变质岩及岩浆岩。三峡库区缺失古生代志留系上统、泥盆系下统、石炭系上统。三斗坪至庙河段出露前震旦系结晶岩；庙河至香溪为震旦系至三叠系至侏罗系地层；牛口至观武镇三叠系中、下统大面积出露；观武镇以西至库尾近400km的库区，侏罗系地层分布广泛，仅在背斜核部出露三叠系及少量二叠系地层。第四系堆积物零星分布于河流阶地、剥夷面及斜坡地带。分布比较集中、体积较大的第四系堆积体大都是崩塌、滑坡体。区内地层按其岩相建造和岩体结构特征可分为四种工程地质岩类：

(1)块状结晶岩类：包括前震旦系块状岩浆岩及混合化的中、深变质岩。仅分布在庙河—三斗坪段。

(2)层状碎屑岩类：主要为三叠系中、上统及侏罗系红层，为区内主要易滑岩类。主要分布于香溪至秭归、奉节至库尾。

(3)层状碳酸岩类：震旦系上统、寒武系、奥陶系下统、石炭系、二叠系和三叠系下统。较集中分布于庙河至奉节的干支流及乌江段。

(4)松散松软岩(土)类：为第四系松散松软堆积，多为斜坡地带的残坡积、崩滑堆积和城镇区人工堆积，为区内易滑岩(土)类。

三峡库区地层简表(欧正东等，1992)　　表2.1-1

系	统	组(群)名称	代号	厚度(m)	岩性简述
第四系			Q		棕红色、棕灰色黏土、亚黏土、砂土、砂卵砾土、含碎石土
白垩系	上统	罗镜滩组	K_2L	273～801	灰红、棕红色巨厚层砾岩夹砂岩、粉砂岩
	下统	石门组、五龙组	K_1	2076	砖红色厚层砾岩为主，夹灰黄色石英砂岩、砂岩、泥质砂岩
侏罗系	上统	蓬莱镇组	J_3P	620～1600	紫红色、灰白色长石砂岩、石英砂岩与泥岩不等厚互层，下部夹段续煤线
		遂宁组	J_3S	370～678	紫红色、灰紫色泥岩、泥质粉砂岩与砂岩、钙质粉砂岩互层
	中统	上沙溪庙组	J_2S	1152～1600	紫红色、灰黄色厚层长石砂岩与泥岩、粉砂质泥岩互层
		下沙溪庙组	J_2XS	350～944	紫红色、青红色泥岩、粉砂质泥岩与长石砂岩不等厚互层
		新田沟组	J_2X	240～360	灰黄、灰绿色砂质页岩、泥岩与石英砂岩、粉砂岩互层
	下统	自流井组	$J_{1-2}Z$	165～189	灰、深灰、灰绿色页岩、粉砂质页岩、泥岩、泥质粉砂岩、灰岩、含磷铁矿
		珍珠冲组	J_1Z	250～361	灰、黄灰、灰绿色石英砂岩、泥质粉砂岩、粉砂质泥岩、页岩、含薄煤层与菱铁矿

续上表

系	统	组(群)名称	代号	厚度(m)	岩性简述
三叠系	上统	须家河组/沙镇溪组	T_3xj/ T_3s	87～458	灰、灰绿色薄～厚层石英砂岩、粉砂岩、含砾砂岩夹黏土岩、炭质页岩、煤层
	中统	巴东组/雷口坡组	T_2b/ T_2l	378～1310	灰、紫红、灰黄色黏土岩、水云母黏土岩、页岩与泥灰岩、泥质白云岩、灰岩
	下统	嘉陵江组	T_1j	152～248	浅灰、灰色薄～厚层灰岩、白云质灰岩、盐溶角砾岩、含石膏
		大冶组/飞仙关组	T_1d/ T_1f	50～576	灰色、肉红色中厚层灰岩、泥质灰岩和黄绿色页岩、炭质页岩
二叠系	上统	长兴组/大隆组、吴家坪组/龙谭组	P_2	47～281	浅灰～灰黑色薄～厚层燧石结核灰岩、灰岩、灰黑色页岩、硬砂岩和煤层、黄铁矿
	下统	茅口组、栖霞组、马鞍组/梁山组	P_1	248～455	灰、灰黑色薄～巨厚层灰岩、燧石结核灰岩、钙质页岩、硅质页岩,灰绿、灰黑色页岩、黏土岩、砂岩,含煤层、铝土矿层和赤铁矿
石炭系	中统	黄龙组(群)	C_2H	<38.4	灰、灰白色巨厚层灰岩、白云质灰岩、白云岩,底部角砾状灰岩,白云岩和砂岩
	下统	岩关组	C_1Y	21～24	杂色、紫红色粉砂岩、细砂岩、页岩、深灰色生物灰岩
泥盆组	上统	写经寺组、黄家磴组	D_3	50～120	灰色中厚层石英砂岩,黄绿、灰绿色页岩、泥岩、粉砂质页岩,灰黄色生物灰岩、泥灰岩、白云岩,含赤铁矿层
	中统		D_2	8～50	灰白色厚层状石英砂岩,底部含砾砂岩、砾岩
志留系	中下统	纱帽组、罗惹坪组、龙马溪组	S_{1+2}	1286～1406	灰、灰黄、黄绿色页岩为主,含粉砂岩、泥质粉砂岩、砂岩和生物灰岩
奥陶系	上统	五峰组、临湘组	O_3	10.1	灰、黄绿色中厚层瘤状泥质灰岩、硅质灰岩,黑色炭质、硅质页岩
	中统	宝塔组、庙坡组	O_2	21.17	青灰、紫红色中厚层龟裂纹灰岩、泥质灰岩,灰黑色页岩
	下统	枯牛潭组、大湾组、红花园组、分乡组、南津关组	O_1	173	灰、深灰色厚层灰岩、白云质灰岩、生物灰岩,灰绿、黄绿色页岩
寒武系	上统	三游洞群	$\in_3$	56.1	灰、深灰色厚层细晶白云岩、白云质灰岩、灰岩、角砾状灰岩及页岩
	中统	谭家庙群	$\in_2$	131～204	灰、褐灰色薄～中厚层硅质白云岩、泥质灰岩,角砾白云岩、砂岩、页岩
	下统	石龙洞组、天河板组、石牌组、水井沱组、岩家河组	$\in_1$	373～561	灰色灰岩、白云岩、角砾状白云岩,灰绿色粉砂岩、黑色炭质页岩,含磷铁矿层和磷质结核
震旦系	上统	灯影组、陡山沱组	Z_2	248～626	灰黑灰白色厚层白云岩、白云质灰岩、灰质页岩、炭质页岩、磷灰岩、磷质结核
	下统	南沱组、蓬沱组	Z_1	106～153	黄绿、紫红色中厚层石英砂岩,长石石英砂岩、砾岩和灰绿色冰碛砾岩、水云母黏土岩
前震旦系		神农架群	P_1sh	>2800	板岩、白云岩夹砂岩、砂砾岩、细碧岩,含赤铁矿
		崆岭群	P_1kn	>5418	黑云角闪奥长、斜长混合岩,斜长片麻岩,花岗片麻岩,黑云角闪、黑云母、石英、石墨片岩和大理岩

三峡库区沿长江两岸的河流阶地或山麓平台有零星分布的第四系冲洪积、崩坡积、风化残积层、古滑坡和古崩塌堆积层。根据新滩、马家坝、鸡扒子等地的钻孔揭露，其最大厚度达80cm以上。

与崩塌滑坡有关的软弱夹层有高阶地灰白黏土层(Q_P)，侏罗系砂泥岩互层中的泥岩层(J_1—J_3)，三叠系须家河组的页岩夹煤层(T_3)，巴东组(T_{2b})泥灰岩、砂岩夹泥岩，二叠系(P)炭质页岩夹煤层，志留系(S)页岩等。

2)地质构造

三峡库区跨越川鄂中低山峡谷及川东平行岭谷低山丘陵区，北屏大巴山脉，南依川鄂高原。地质构造上包括新华夏构造体系第三沉降带之川东褶皱带，第三隆起带之黔湘鄂隆起褶皱带及大巴山弧形褶皱带和淮阳山字形构造体系的盾地和砥柱。根据区域资料得知，巨大的晋宁运动使三峡库区及外围的前震旦系地层发生褶皱和变形，并伴以大规模的岩浆活动，从而奠定了川东鄂西地质构造发展的基础。印支运动结束了川东鄂西的海洋环境，并继续沿中生代沉降带接受巨厚的陆相红色沉积。燕山运动是区内一次规模巨大的造山运动，它使震旦系以来的沉积覆盖层发生强烈的褶皱和断裂，同时又改造、干扰和破坏了前震旦系古老的地质构造形态，并结束了四川盆地和秭归盆地的沉积历史。燕山运动以后，区内表现为大面积间歇性的差异抬升，地壳日趋稳定。

(1)川东褶皱带：展布于七曜山背斜以西，由一系列底平翼陡宽度大的屉状向斜和紧凑狭长的高背斜相间排列，组成隔挡式构造。构造总体方向在重庆一带约东15°北涪陵、丰都一带北15°~40°东，至忠县襄独场以东，由北北东逐渐转变成近东西向，消失于七曜山背斜北西翼巴东组地层内。

(2)川鄂湘潜隆起褶皱带：展布于七曜山背斜以东至湖北巴东县。构造总体方向为北北东，于黄陵背斜南部、秭归向斜的西部转为近东西向。其形迹以斜列褶皱为主，北端逐渐收敛，过秭归盆地后，褶皱微弱，与淮阳山字形西翼反射弧发生重接复合。

(3)淮阳山字形西翼反射弧：分盾地和砥柱两部分。盾地——秭归向斜构造盆地，构造形迹微弱，构造轴向北10°~20°东，由于受新华夏系构造的干扰，轴线发生“S”变形。砥柱——黄陵背斜，轴向北东17°，全长120km，东西宽85km，南北两端倾没角小于15°。据现今长江河谷两岸发育有10级阶地和近期水准测量资料，黄陵背斜一直处于间歇性抬升，其上升速度为2~4mm/a。

(4)大巴山弧形褶皱带：位于三峡库区东段北部，褶皱轴线为近东西向或北西向，弧顶向南突出，轴面多向北和北东倾斜，南翼岩层倾角可达30°~45°。

3)地形地貌

三峡水库由三斗坪坝址至终点江津化红堡，地形起伏高差大，地形地貌明显受地质构造和岩性控制，山脉走向大致与构造线一致。斜坡形态多为凹形坡和折线坡。山体多为岭脊状、垄岗状或台状。山体周边多形成陡坡，库区以深谷、中低山地貌为主，沟谷发育，地形切割强烈，多形成峡谷。根据地形地貌特征的不同，三峡库区长江河谷以奉节为界，分为东西两大地貌单元。

奉节以东，区内地貌以大巴山、巫山山脉为骨架，形成以震旦系至三叠系碳酸盐岩组成的川鄂褶皱山地，属于以侵蚀为主兼有溶蚀作用的中山峡谷间夹低山宽谷地貌景观。山脉总体为近东西向,局部为南北向,长江多斜切或横切,因而河谷多为斜向或横向谷。山顶海拔多在1000~2000m,相对高差1000m左右。河谷狭窄,岸坡陡峭,江面宽度一般为200~300m。山脉走向亦受构造控制,大巴山脉呈北西—北西西向耸立于库区之北,主峰大神农架海拔3050m,为长江和汉江的分水岭。长江河谷深切,两岸山峰耸立,河谷狭窄,水流湍急,形成了著名的长江三峡。该段地貌的另一特点是层状地貌明显,从分水岭到长江河谷,呈现阶梯状逐级下降过渡,可见两期四级夷平面。长江两岸支流发育,北岸支流为北西向,南岸支流为北东向。

奉节以西属四川盆地的东部,主要是以侏罗系碎屑岩为主组成的低山丘陵宽谷地形,山脉受构造控制,形成了一系列北东—南西向平行展布的窄条状低山(向斜丘陵),形成了独特的平行岭谷景观。总体地势自盆地边缘向中心逐渐降低,在奉节一带海拔近千米,至长寿附近逐渐降为300~500m;高耸突起的带状山梁由坚硬的石灰岩与砂岩组成,山脊的海拔一般为700~800m;低缓丘陵则多由砂岩、黏土岩组成,山顶海拔一般为300~600m。长江蜿蜒于向斜谷地,形成开阔平缓的宽谷,局部地段横切背斜时,常形成短小峡谷。

4)水文地质

三峡库区区域水文地质条件严格受长江自身的发育所控制。在背斜的轴部,背斜的倾没端、断层带、几组构造或断裂交接复合的部位,夷平面或阶地之间的折坡陡坎地带,第四系松散堆积层与基岩交接接触带是地下水富集的场所。主要有河谷潜水、崩坡积层潜水、坡积残积潜水、基岩裂隙潜水和岩溶潜水。

(1)河谷潜水

河谷潜水分布于长江及其支流两岸的Ⅰ~Ⅱ级阶地,直接由大气降水补给,径流于河谷阶地砂卵石层之中,排泄在长江。其水位水量极其不稳定,一般在雨季水位上涨,水量增大;旱季水位下降,水量明显减少。这种周期性地下水位的涨落对库岸滑坡的发育产生了巨大影响。

(2)崩坡积层潜水

崩坡积层潜水分布于沿江Ⅲ级阶地及其以上,直至剥夷面的折坡地带,这些部位重力崩塌作用强烈,其下又以阶地面或侵蚀平台为堆积场所,故堆积物较厚,一般可达10~20m。在崩坡积层与基岩面的接触部位往往是地下潜水云集的地方,这类地下水运动与块石风化黏土之间,多以孔隙储水为主。在坡体因重力失稳产生变形挤压或拉裂时,含水层遭受破坏,地下水流露受阻,水压会突然上升,从而将产生巨大的超孔隙水压力,使滑坡的发展进程加快。

(3)坡积残积潜水

坡积残积潜水主要分布于川东高阶地的台阶后缘及斜坡低洼处,含水岩性为风化黏土、黏土砾石。其中以灰白色黏土含水层最具有滑坡成因意义,这类含水层的持水能力强,透水能力差。由于水位、水量随季节变化,每当雨季,大量降水渗入,使灰白色黏土层强度指标迅速下降,构成坡体的软弱结构面易引起坡体失稳而导致滑坡产生。

(4)基岩裂隙潜水

基岩裂隙潜水分为风化带网状裂隙潜水和构造裂隙潜水。

风化带网状裂隙潜水主要分布于长江两岸斜坡地段,含水层由三叠系、侏罗系砂泥岩组成,地貌上呈丘陵台地。因历次受构造变动轻微,砂岩泥岩产生一定深度的风化裂隙带,风化带深度10~30m,有利于地下水富集。这类地下水受季节变化影响特别大,多以泉水的方式出露在台地边缘的砂岩、泥岩接触地带上。这些风化带网状裂隙含水层上往往有部分第四系残坡积、崩坡积层覆盖,容易产生基岩风化带连同上覆堆积层一起滑动的滑坡。

构造裂隙水主要分布于川东鄂西背斜向斜的两翼,地貌上呈现单面山、方山、低山丘陵,含水层为砂泥岩互层。一般近背斜轴部构造裂隙发育,易于大气补水补给,沿砂岩泥岩交接面上以泥岩作隔水底板,向下运动,排泄于坡体两侧或坡体前缘深切割的溪河沟谷之中,其水位流量多不稳定。这类含水层受构造的控制,在近背斜或单面山中上部,裂隙发育,是含水层接受大气降水补给的良好通道,加之川东鄂西降水随海拔高度增加而增大的特点,所以一般在坡体的中上部易崩塌,易产生由后向前的推移式基岩顺层滑坡。

(5)岩溶潜水

三峡库区奉节以下至庙河以上,碳酸盐类地层分布广泛,构造上属大巴山弧、川东褶皱带和鄂西隆起带交接复合部位,因此这些地带构造复杂,裂隙发育,岩溶地貌普遍。主要有岩溶洼地、溶洞、落水洞、溶隙等,地下水赋存其间。这些岩溶水经历漫长地质年代的溶蚀,起着分割完整基岩的作用。特别是峡谷岸坡重力卸荷作用,加速了岩溶化的进程,从而促进了岩溶崩塌、陷落的发展。

5)地震活动

根据《中国及邻国地震区、带划分工作报告》,三峡库区位于华南地震区的长江中游地震带。该地震带活动性相对弱,属于弱震带。关于水库诱发地震的问题,据国务院长江三峡工程地质地震专题论证专家组《长江三峡工程水库诱发地震危险性初步分析报告》(1988),三峡水库诱发地震的可能性存在,但最高震级不会超过6级,最危险的地段是庙河—奉节段内的九湾溪和仙女断裂一带。根据这一预测结果,如果在这一带发生水库地震,影响到三峡库区的最高烈度也不会超过Ⅵ度。另外,根据《中国地震动参数区划图》(GB 18306—2001),三峡库区地震动峰值加速度为0.05g(相当于地震烈度为Ⅵ度),地震动反应谱特征周期为0.35s。

2.1.3 人类工程活动

三峡库区近岸地带城镇多沿江分布,城镇建设的发展,不合理的挖方、弃土、弃渣和排水日益增多,是造成一些老滑坡复活的一个重要人工诱发因素。库区某些库段在斜坡地带筑路(主要是公路),存在大量的开挖边坡与弃土填方,这也不可避免地破坏斜坡的稳定性。滑坡体等松散堆积物上的堰塘和渠道渗漏,亦是造成堆积物失稳的重要原因之一。总之,三峡库区随着人类工程活动增加,如不严格管理,将会诱发滑坡和崩塌的发生。

2.2 库区滑坡分类

目前滑坡的分类极不统一,过去对滑坡的分类方式主要是基于灾害的性质、规模、防护推力和支护抗力的目的,采用了十分简单的方式进行分类。这对于后续研究,如滑坡的运动、其力场分布的变化、不同类型介质的耦合、能量的富集、传递和交换等诸方面的研究,就显出不足。

滑坡(涌浪)研究的就是固、流交换能量的问题。因此,在研究滑坡(涌浪)时,很有必要对滑坡重新进行更为具体细致的分类。

考虑到滑坡涌浪的特点和机制,以及后续相关研究的可能性及其进展,通过全面的分析比较和仔细研究后,根据滑坡自身特性和相关行业可能的后续研究目的与方法,拟将滑坡作如下分类,以供同仁参考。

总体上,根据滑坡性质和机制特征可从下述十六个方面来进行分类,即:①地质成因;②产状形态;③构成性质;④力学状态;⑤滑坡规模;⑥组成方式;⑦所居位置分布状态;⑧近水情况;⑨运动类型;⑩滑舌几何形态;⑪滑体完整性;⑫滑速类型;⑬能量(作用)交换方式;⑭有无水;⑮滑坡阶段;⑯出现险情的时间。

2.2.1　按地质成因分类

1)原生地貌变形

原始沉积胶结后,由于板块运动或局部火山、地震、人类社会活动以及气象变迁等因素的作用,原地貌逐渐发生改变,致使现地貌处于不利的物理力学状态,最终导致失稳并出现险情。可分为四类:

(1)原生沉积土滑坡:滑坡体主要为素土(黏土、砂黏土、粉黏土等),含少量砾石,物理力学指标和水系不利,φ 角较小。原地貌容易变形,一般为蠕变下滑,剪出口不清晰。

(2)崩坡积土滑坡:滑坡体土、石混合,有较大直径孤石。力学指标和水系不太有利,φ 角往往较小。原地貌容易变形,运动过程中孤石有可能与滑体分离,多为蠕滑,剪出口不清晰。

(3)人工弃积土滑坡:滑坡体土质成分复杂,淤泥、腐殖物较多,土石比不明,力学指标和水系不利,c、φ 值较小,原地貌易变形。多为蠕滑,剪出口不清晰。

(4)原生岩体滑坡:原地质有软弱层面(层理)或裂隙,多出于力学指标和水系不利情况,滑体沿软弱层面发育,遇扰动有突发性。下滑形式以块体集群滑(滚)动式和跌落为主,一般具有突出的较大块径。

2)人工地貌变形

原本处于稳定甚至基于非常稳定的地貌,由于人类工程建设和采矿等工程扰动行为,使其发生较突发的改变,导致原地质结构的某些内(外)部力学指标发生改变,从而导致滑坡的发生。此类滑坡大多具有明显的开挖临空面和突发性,其规模一般不大,后果往往不可轻视。但其实大多数都具有一定的可预见性。一般可分为四类:

(1)原生沉积土开挖滑坡:物理力学指标不利,有明确的开挖临空面,剪出口明确清晰。小规模滑塌,其剪出口多在临空面基部附近,规模较大时,其剪出口都在临空面基部下游,有时在其基部下游较远处。大多处于蠕变加速状态。

(2)崩、坡积土开挖滑坡:力学指标不太有利,有明确的开挖临空面,剪出口可能不够清晰,时有孤石塌落,其余与(1)相同。

(3)人工弃积土开挖滑坡:力学指标较不利,有明确的开挖临空面,剪出口不清晰,剪出口多在临空面基部及以上。

(4)原生岩体开挖滑坡:原生岩体地质结构不太有利,有软弱层面或不利裂隙,并因开挖使其处于力学不利状态。对扰动敏感,大多数具有突发性。下滑形式以块体集群滑(滚)动和跌落为主,一般有突出的大块径。以中小规模较多。

3)人类集群社会活动诱发变形

原本基于稳定的地貌,由于地质构造上具有较隐蔽的缺陷,未被发现。随着社会经济生活的发展和人类集群活动扰动,改变了地貌上的负载(如水系恶化、地貌变化和地貌荷载),使其在力学平衡上处于不利情况,导致原地貌(基)内部应力发生改变而变形(滑坡)。此类滑坡多为逐渐缓慢变形下滑(蠕变滑动),规模大小都有,但往往破坏性和影响较大。多发于城市发展和人群密集区域。以土质滑坡为主,主滑面常在基岩面附近。规模较大时,滑体土成分复杂,地下水系混乱,主、次滑面互动;规模较小时,可参照原生地貌变形分类。

4)自然灾害诱发变形

原本基本稳定或临界稳定的地貌,由于地质、地貌构造和形态上存在缺陷,在地震或特殊气象条件的扰动和诱导下,导致地貌失去力学平衡,出现剧烈变形,规模不可确定。此类滑坡均具有突发性和相邻险地区的群发性特性,破坏性及其影响都较大,可预见性较差,具体分类:自然地貌变形参照原生地貌变形,有工程开挖情况的参照人工地貌变形。

5)战争和其他政治动乱诱发变形

原本基于稳定或经工程处理后基本稳定的地貌,由于地质构造和地貌形态方面存在缺陷,战术上居于不利地位或目标处在战争或动乱中多种暴力扰动作用下,致使原地貌失去原有的力学平衡,出现剧烈变形,规模一般不大,以陡峻地貌多见,此类滑坡均具有突发性,可预见性差。具体分类可参照自然灾害诱发类。

2.2.2 按产状形态分类

1)(滑面呈)圆弧形滑坡

此类滑坡其滑动面呈圆弧形或近似呈圆弧形,滑体一般为素土质或土石混合,大孤石较少,对水敏感,规模一般不很大,多数为单层面滑面,少数有次生滑面,但其作用较小,主要受其工程地质结果和地貌形态控制,此类滑坡变形发生发展的时程与滑程相对较短,往往与人类的工程行为和特殊气象有关,具体可分为以下几类:

(1)原始地貌圆弧形变形

力学指标不利,原地貌稳定性不高,受到扰动容易产生变形,滑坡的发生发展时程和滑程较短。

①原生沉积土圆弧形滑坡。

②崩、坡积土圆弧形滑坡。

③人工弃、积土圆弧形滑坡。

④工程加载或人类集群负载圆弧形滑坡。

(2)人工开挖地貌圆弧形变形

原地貌稳定,力学指标不高,受人工气象等因素扰动而变形滑动,有明确的开挖临空面,具有一定的人为性和突发性,有一定的可预见性,发生发展的时程、滑程较短,但往往其影响不可小视。

①新近人工地貌变形(卸荷)。

a.人工开挖原生沉积土圆弧形滑坡。

b. 人工开挖崩、坡积土圆弧形滑坡。

c. 人工开挖弃、积土圆弧形滑坡。

②远期(稳定)人工开挖地貌圆弧形变形(加载)。

除与新近人工开挖地貌有相似之处外,其上游具有近邻负载变化与地下水系变化,临空面往往具有支护结构破坏物。

a. 原生沉积土变形圆弧形滑坡。

b. 崩、坡积土变形圆弧形滑坡。

c. 人工弃、积土变形圆弧形滑坡。

2)(滑面呈)折线形滑坡

此类滑坡其滑动面呈折线形。土、石均有,滑体为土石混合时,均伴有大孤石,规模常常较大,多层滑面互动,一般情况下最底层滑面在基岩面上,起主控作用;滑体为石体时,裂隙发育,层理应后倾斜向下,有软弱层面,并沿软弱层面呈直线形滑面,下滑往往具有脉动性和突发性,岩体下滑速度较大,有一定的可预见性。分为以下几类:

(1)原生沉积土折线形滑坡。

(2)崩、坡积土折线形滑坡。

(3)人工弃、积土折线形滑坡。

(4)岩体直线形滑坡。

(5)土、岩层直线形滑坡。

(6)岩、土混合折线形滑坡。

3)直线下坠型滑坡

此类滑坡在陡峻岩貌区域多见,活跃部分矿山或地质年代相对年轻地貌也常有发生。滑体的岩体多见,地貌陡峻干旱地区也有土体坠滑滑体为直陡斜体普通工程,多数因其岩体构造条件存在隐患,遇扰动而突发滑变,具有突发性,可预见性较差。下滑历时短,滑速很快,动能很大。可分为:

(1)高峻原岩地貌下坠型滑坡。

(2)人工高峻岩貌下坠型滑坡。

(3)高峻土貌下坠型滑坡。

(4)高峻冰山(川)下坠型滑坡。

2.2.3　按构成性质分类

滑坡体,原则上是一个相对运动的近似连续的运动体,可由不同的运动介质构成。而不同的运动介质在相对运动和能量的迁移传递以及李德相互作用过程中,表现出的力学特征(性)各有所不同。因此,有必要按不同运动介质来对滑坡进行具体的分类,便于对其进行方便有效的力学分析。根据常见滑坡体的构成介质可分为下述几类:

(1)土质滑坡。

①原生沉积土滑坡。

②崩坡积土滑坡。

③人工弃积土滑坡。

(2)石质滑坡(散状)。
(3)岩体滑坡(近似整体状)。
(4)土、石混合滑坡(散状块体权重大)。
(5)冰体滑坡。
(6)泥石流类滑坡。
(7)水石流类滑坡。

2.2.4 按力学状态分类

(1)整状固体滑坡。
(2)散状固体滑坡。
(3)塑状体滑坡。
(4)流塑体滑坡。
(5)流体滑坡(如泥、水石流)。

2.2.5 按滑坡规模分类

(1)大型滑坡。
(2)中、小型滑坡。
(3)特大型滑坡。

2.2.6 按组成方式分类

(1)单一滑坡。
(2)集群式滑坡。
(3)滑坡群。

2.2.7 按所居位置分布状态分类

(1)独立滑坡。
(2)区域分布滑坡。
(3)带状分布滑坡。
(4)相邻分布滑坡。

2.2.8 按近水情况分类

(1)非邻水滑坡。
(2)邻水滑坡。
①剪出口远离水边线上的滑坡。
②剪出口在水边线附近的滑坡。
③剪出口在水下的滑坡。
④上界(末端)在水上的滑坡。
⑤(滑体在)水下滑坡。

2.2.9　按运动类型分类

(1)局部变形式滑坡。
(2)缓慢连续滑式滑坡。
(3)慢加速滑坡。
(4)脉动下滑式滑坡。
(5)连续加速式滑坡。
(6)突发快加速式滑坡。
(7)跌落冲击式滑坡。
(8)快速下坠式滑坡。
(9)滚动式滑坡。
(10)滑—滚式滑坡。

2.2.10　按滑舌几何形态分类

(1)锥坡式滑坡。
(2)散状滑舌式滑坡。
(3)滑舌为完整临空(临水)面式滑坡。

2.2.11　按滑体完整性分类

(1)滑体连续。
(2)滑体分段。
(3)滑体离散。

2.2.12　按滑速类型分类

(1)极低速滑坡。
(2)低速滑坡。
(3)中速滑坡。
(4)变速滑坡。
(5)落体式滑坡。

2.2.13　按能量(作用)交换方式分类

(1)缓慢交换(作用)。
(2)脉动、间歇式(作用)交换(注:能法用交换;力法用作用)。
(3)快速交换(作用)。
(4)突发(冲击)交换(作用)。

2.2.14　按有无水分类

(1)无水(地下水)滑坡(以岩体,石体为主)。

①连续式滑坡。

②分段式滑坡。

③散状体滑坡。

(2)有水(地下水)滑坡。

①土体滑坡。

②岩(石)体滑坡。

2.2.15 按滑坡阶段分类

(1)受扰变形阶段的滑坡(临界状态)。

(2)下滑(运动)阶段的滑坡(失稳、缓慢)。

(3)下滑破坏阶段的滑坡(开裂、沉降—解体)。

(4)破坏完成,逐渐倾稳的滑坡。

2.2.16 按出现险情的时间分类

(1)古滑坡。

(2)长期变形(缓动)滑坡。

(3)新近滑坡。

(4)突发滑坡。

鉴于问题本身的复杂性和篇幅,上述各点仅对部分分类方式的特征特点作简单的介绍,其余均不作细述,本次研究主要模拟的是带有蠕变特征的滑坡体下滑的过程。

2.3 库区滑坡分布特征

滑坡发育受地区地层岩性、地质构造和地貌及其组合关系等条件控制,造成了空间分布的明显差异(图2.3-1)。

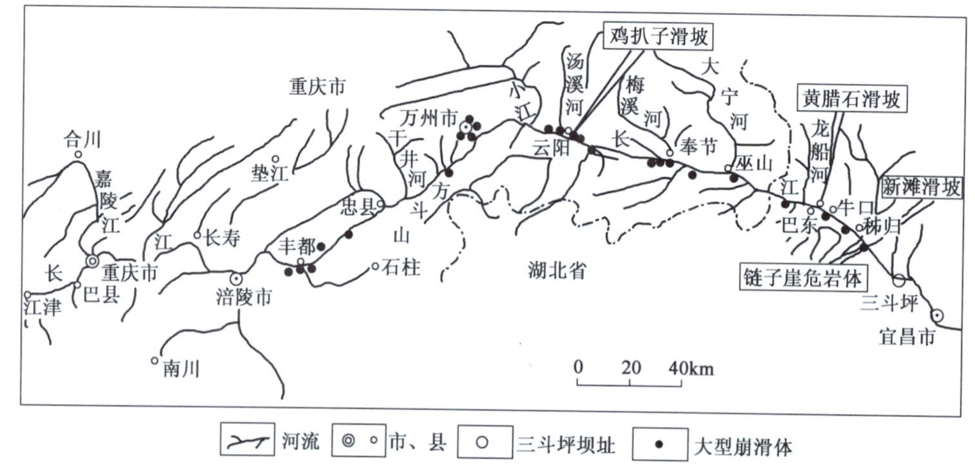

图2.3-1 三峡库区滑坡体分布图

2.3.1　滑坡地域分布特征

已有统计资料表明，三峡库区库岸崩塌主要集中于奉节以东地区，以巴东、奉节滑坡分布的地面密度最大，分别达8%和7.6%。

据中国科学院成都山地所1990年的调查，从三峡大坝至重庆市，长约600km的长江两岸，统计的214个滑坡崩塌，面积约50km^2，滑坡崩塌体总量达13.52×10^{8}m^3，其中崩塌47个，体积1.173×10^{8}m^3，滑坡167个，体积12.35×10^{8}m^3。崩塌占总崩滑总数的21.96%，占崩滑总体积的8.6%。滑坡占崩滑总数的78.04%，占崩滑总体积的91.4%（表2.3-1）。河谷平均每千米有滑坡0.36个，体积225.32×10^{4}m^3。

滑坡崩塌统计表　　表2.3-1

区　间	河谷长（km）	滑坡		崩塌		滑坡崩塌累计		滑坡所占百分比	
		数量（个）	体积（×10^{8}m^3）	数量（个）	体积（×10^{8}m^3）	总数（个）	总体积（×10^{8}m^3）	总数（%）	体积（%）
重庆—三峡大坝	600	167	12.35	47	1.173	214	13.52	78.04	91.4

上述统计表明，库区长江河谷岸坡破坏形式以滑坡为主。

据国土资源部三峡库区滑坡指挥部调查，三期规划阶段(2003年10月~2009年9月)，在库区范围内共发现地质灾害4683个，其中崩滑体4663个，崩滑体总体积133.0130×10^{8}m^3（表2.3-2）。

三峡库区内地质灾害汇总统计表（国土资源部三峡库区滑坡指挥部，2003）　　表2.3-2

区　域	崩滑体		泥石流	塌陷		地裂缝		合计
	处	体积（×10^{4}m^3）	条	个	面积（×10^{4}m^2）	条	长度（m）	
夷陵区	39	1141.7	1					40
秭归县	389	99169.2	2	1	6			392
兴山县	181	15323.4	1		0			182
巴东县	340	34895	10					340
巫山县	347	598327	8	1	6			355
巫溪县	40	1431.97						40
奉节县	369	109498	7					376
云阳县	308	6693.6						308
万州区	621	248200	4					625
开县	156	41953.8				2	0.3	158
忠县	248	28411.6						248
石柱县	110	10182						110
丰都县	244	33666.5		1	9			245

续上表

区　域	崩滑体		泥石流	塌陷		地裂缝		合计
	处	体积（$\times10^4m^3$）	条	个	面积（$\times10^4m^2$）	条	长度（m）	
武隆县	141	22161		1	0.003			142
涪陵县	396	22772						396
长寿区	159	8721	1					169
渝北区	56	664	1					57
巴南区	98	2692						98
主城区	316	40567	1			1	0.7	316
江津市	105	3660		1	4.5			104
三峡库区合计	4663	1330130.8	36	4	19.503	3	1	4683

上述统计表明，库区长江河谷岸坡破坏的形式以崩滑体为主。根据国土资源部长江三峡地质灾害防治指挥部的界定，滑坡体积大于 $1000\times10^4m^3$ 为特大型滑坡。从大型、特大型滑坡崩塌在地域上的分布特点来看，大体上以万州为界，分为东西两段。西段滑坡崩塌分布较为稀疏，滑坡崩塌体积相对较小，东段分布较为密集，滑坡崩塌体积相对较大。西段河谷长 317km，占总河谷长的52.8%，大型、特大型滑坡崩塌1个，平均每千米有 $31.81\times10^4m^3$ 的滑坡崩塌堆积物。东段河谷长 283km，占河谷总长的 47.2%，计有大型、特大型滑坡崩塌 7 个，总体积 $0.97\times10^8m^3$，平均每千米内有滑坡崩塌堆积物 $34.44\times10^4m^3$。

2.3.2　滑坡高程分布特征

长江干流库区岸坡的失稳设计的最低高程大体上对应各段的Ⅰ级阶地和Ⅱ级阶地的阶面高程，而崩滑体后缘高程主要集中在 300m 及其以下。换句话说，他们基本上是 $Q_2^3\sim Q^3$ 的产物。另外一种情况是发生在万州和重庆市一带的枇杷坪和重庆钢铁公司等滑体，主滑带高程差约 20m，但高程区间（188～250m）对应Ⅲ级阶地面高程区间，地面高程则对应Ⅳ级阶地地面高程。三峡库区滑坡体前后缘高程的分布图如图 2.3-2 所示。

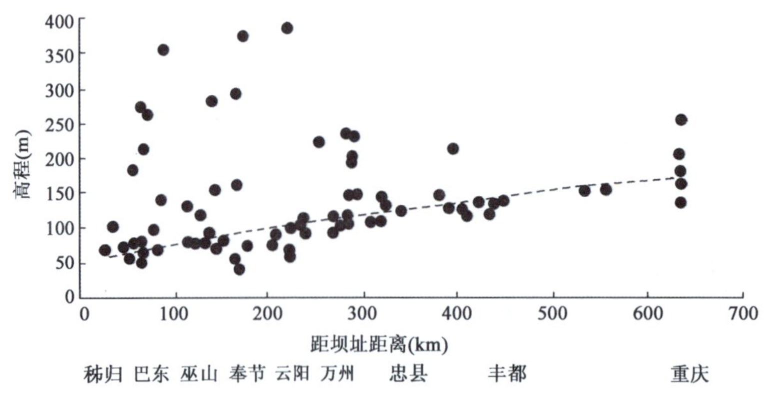

图 2.3-2　三峡库区滑坡体前后缘高程的分布图

典型大型滑坡的前缘高程集中分布在60～90m、115～140m、170～200m共3个高程段上。从图2.3-2中可以看出,大量的滑坡分布在巴东、巫山、奉节、云阳、万州数市县境内,以及丰都附近的河段内;而且,滑坡数随滑坡剪出口高程降低而增加;绝大部分滑坡的前缘高程落在当地的长江多年平均水位的高程上下(图中虚线为长江多年平均水位),有将近一半落在长江多年平均水位以下。由于坡脚部位是剪应力最集中的部位,因此大型滑坡的前缘高程通常位于河床的高程附近。滑坡前缘高程分布特征表明三峡地区地史期的滑坡发育具有时段性。

第3章 概化模型试验设计与数据处理

3.1 土质滑坡涌浪概化模型试验设计

3.1.1 试验方案

1)模型平面布置

滑坡涌浪试验在重庆交通大学国家内河航道整治工程技术研究中心自行设计的长25m、宽3m、高1m的矩形水槽中进行(图3.1-1)。滑坡产生涌浪虽不是标准点石击波,但基于是概化试验,本试验中假设是点石击波并对其进行研究。在一定长度一定宽度水域内产生的点石击波是圆弧断面波,基于这点,模型平面布置时将测桥集中布置在一个滑坡入水点附近90°角度范围内,每隔30°角度布置一根测桥,即Ⅰ、Ⅱ、Ⅲ和Ⅳ四根测桥,四根测桥相交于水槽墙壁上一点P,作为滑坡的入水点,也是试验中将产生的扩散圆弧断面波的中心点,而在Ⅰ、Ⅱ和Ⅳ三根测桥上间隔1m布置两只传感器,即传感器1号、2号、3号、4号、7号、8号,在Ⅲ测桥上间隔3m布置两只传感器,即传感器5号、6号。水深则由水位测针控制。具体布置见图3.1-2。

图3.1-1 模型试验水槽

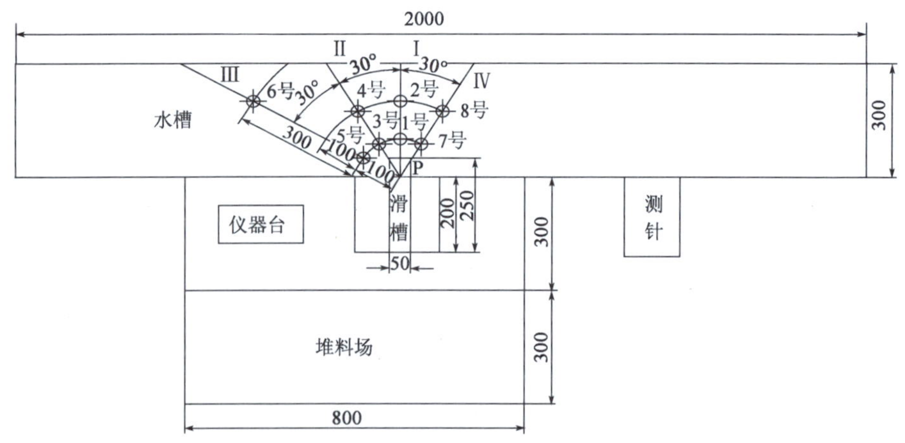

图3.1-2 滑坡涌浪模型试验平面布置图(尺寸单位:cm)

2)点石击波简介

点石击波产生的是圆弧波,波浪由击波点以圆弧的形式向外扩散(图 3.1-3),它的特性是处在同一圆弧上的波具有相同的波高,不同圆弧上的波具有相同的周期和波长但波高由击波点附近向外逐渐减小,也即单宽波峰线长度平均波能减小。为证明点石击波的扩散与击波物的形状、运动方向无关,进行了一个小小的试验,做法是选用一些不同形状的碎砖块和完整砖块(图 3.1-4),将他们从不同方向抛入水中,观察其产生的波现象,证明不同形状的击波物以不同方向击水产生的浪都是圆弧扩散波。

图 3.1-3 点石击波现象

图 3.1-4 点石击波试验选用的击波物

3)试验方案设计

(1)方案设计原理

滑坡入水,产生涌浪,实际上是固、流作用交换能量的一种结果,涌浪的大小就取决于能量源的大小和能量交换时的充分程度。影响能量源大小的因素有很多,主要包括滑坡特征(位置、规模、几何形态、滑带抗剪参数、滑面形状、物质组构等)、地形地貌(滑坡区河谷形态、河道弯曲分叉、水下地形等)、水文条件(河水深度、水面宽度、库容量等)等。影响能量交换程度的因素主要有固流有效接触面积、富裕水深、水下岸坡和交换时间等。考虑到时间和问题本身的复杂性,试验选择了三峡库区土质滑坡进行了研究,并最终选取了如下三个因素,即:滑坡的坡度 β、固流有效接触面积 S 和水深 h 来研究它们与涌浪特征、涌浪大小之间的关系。

(2)方案参数选取的依据及确定

通过收集整理三峡库区 24 个典型土质滑坡,对它们的纵长、厚度、前后缘高程、剪出口位置、主滑方向和平面形态进行了统计,见表 3.1-1。在统计过程中,对滑床的坡度进行了近似的计算,即根据滑坡前后缘高差及其纵长去计算。由表 3.1-1 可以看出,大多数滑坡其剪出口都是位于水下,且水下部分前后缘高差占滑坡整体前后缘高差的百分比在 20% ~70% 不等,取表中已知此百分比的10个滑坡进行计算并取其平均值,大约为40%;滑坡主滑方向大多数为垂直或近垂直于河岸。故在试验中,对滑坡的剪出口位置模拟为位于水下40%,滑坡主滑方向取垂直于河岸。

三峡库区典型土质滑坡参数统计

表3.1-1

滑坡名称	纵长(m)	厚度(m)	前缘高(m)	后缘高(m)	高差(m)	坡度(°)	剪出口	主滑方向(°)	平面形态
童家坪	700	27.6	91	340	249	20.8	水下40%		鸭掌状
高观塘	143	25	195	260	165			107	宽短扇形
大石板	640	23	125	285	160	14	水下31.3%	335	长条形
淌里	800	20	90	400	310	23	水下27.4%	90	圈椅形
何家湾	350	30	125	260	135	23	水下37%		圈椅形
江阳坪	520	22	222	447	225	26		259	宽短扇形
生基包	1940	21	95	390	295	9	水下27.1%	350	撮箕状
电厂滑坡	340	9	125	260	135	23	没于水下	240	长条形
泄滩	780	30	60	380	320	24	没于水下		长舌状
新滩	2000	35	65	900	835	25	江边	180	牛角形
八字门	520	20	139	280	151	16.2	水下24%	110	扇形
后坝	500	32.35	280	349	69	8		122	长条形
白水河	600	30	70	410	340	34.5	没入库水		长条形
独生基	103	7.6	267	285	18	10			圈椅状
凉水井	310	35					水下50%		舌形
耿家坪		12~30	100	280	180		水下58%		
白家堡		50	70	270	200		水下71%		
白马滩		17	100	300	200		水下64%		
油坊沟	720	40	235	428	193	16		76	长舌状
武隆		15~35							扇形
喻家坝	450	6	174	293	119	15	前缘涉水	178	U形
黄泥包	650	18	132	220	88	7.78		160	圈椅状
枇杷坪	530	18	145	275	130	14.2	河床之下	252	四边形
豆芽棚	150	1~32	150	200	50	19.47		30	

①β选取的依据

三峡库区以中、低山为主,峡谷地貌明显,其中滑坡及陡峭斜坡所占比例较小,较陡峭斜坡占据主要部分(表3.1-2)。

地形分布统计表

表3.1-2

坡度(°)	采样样本(个)	面积(km^2)	占总数比例(%)
平面	22768	14.23	0.33
<10	426170	266.35	6.03
10~20	1647092	1029.43	23.32

续上表

坡度(°)	采样样本(个)	面积(km^2)	占总数比例(%)
20~30	2585765	1616.10	36.61
30~40	1755600	1097.25	24.85
40~50	507487	317.17	7.18
50~60	100630	62.89	1.42
60~70	16407	10.25	0.23
70~80	1455	0.90	0.03
>80	11	0.06	0.00
总计	7063385	4414.47	100

一般来说,峡谷区平均坡度大于60°时,多为坚硬的灰岩地层,岩性完整,不利于发生滑坡。而缓坡的重力地形条件也不利于发生滑坡。滑坡主要分布在较陡地形。从表3.1-2可以看出,20°~50°是主要斜坡地形。

试验研究的主要是土质滑坡,一般而言,土质滑坡坡度不会超过35°,这从表3.1-1也可以看出。

基于以上两点,在试验中选取如下四个坡度:20°、24°、28°、32°。

②w 选取的依据

从表3.1-1所统计的滑坡可以看出,大多数滑坡的平面形态呈扇形、舌形和长条形,对于平面形态为扇形和舌形的滑坡来说,固、流能量交换的主要部位为滑坡平面上的中央部分,这也就是说对于平面形态为扇形和舌形的滑坡来说,固、流接触面其实也是一矩形,而对于平面形态为长条形的滑坡来说,接触面显然是矩形。所以,试验选取滑坡平面形态为长条形,通过固定固流接触面的宽度而改变滑坡体的厚度来达到面积的不同取法。一开始试验拟采用固定宽1m,但在试做的过程中发现模型过大,人工操作起来比较的费力且对试验其他一些设备强度要求很高。所以最后确定改成固定模型滑坡体宽度为50cm,并同时固定模型滑坡体长度为2m。土质滑坡堆积体厚度 w 从6m到35m不等(表3.1-1),在试验中通过滑坡体厚度的分布范围确定模型的几何比尺 λ_1 为100,最后选取了如下四个模型厚度 w:8cm、16cm、24cm、32cm。

③h 选取的依据

水深对涌浪大小的影响,其实归根到底应该是富裕水深对涌浪大小的影响。在滑床坡度为最大值32°时,滑床末尾垂直高度约106cm,加上一个最大滑体厚度32cm,则滑体末尾表面距水平地面高度约138cm。由前面所述剪出口位于水下40%可算出此种情况下滑坡体剪出口离水面高度约56cm。经分析知,只要保证在这种最大厚度最大坡度情况下有富裕水深,那么其他任意坡度与厚度组合下都将有富裕水深,这也就是说方案选择的水深应大于56cm。结合后面滑槽和滑架的设计,经计算若取最小水深为60cm,则当坡度最大厚度为8cm、16cm、24cm、32cm时所对应的富裕水深分别为11cm、8cm、5cm、3cm;若取最小水深为65cm,则当坡度最大厚度为8cm、16cm、24cm、32cm时所对应的富裕水深分别为16cm、13cm、10cm、8cm;若取最小水深为70cm,则当坡度最大厚度为8cm、16cm、24cm、32cm时所对应的富裕水深分别为21cm、18cm、15cm、13cm。比对之后,最终确定最小水深取70cm。最大水深则由模型水槽高度

(1m)控制，最终确定最大水深取85cm。选取的模型水深为如下四个：70cm、75cm、80cm、85cm。

试验方案总共64组，组次见表3.1-3。

试验工况组合表　　表3.1-3

试验工况编号	β(°)	h(cm)	w(cm)	试验工况编号	β(°)	h(cm)	w(cm)
01	20	70	8	33	28	70	8
02	20	70	16	34	28	70	16
03	20	70	24	35	28	70	24
04	20	70	32	36	28	70	32
05	20	75	8	37	28	75	8
06	20	75	16	38	28	75	16
07	20	75	24	39	28	75	24
08	20	75	32	40	28	75	32
09	20	80	8	41	28	80	8
10	20	80	16	42	28	80	16
11	20	80	24	43	28	80	24
12	20	80	32	44	28	80	32
13	20	85	8	45	28	85	8
14	20	85	16	46	28	85	16
15	20	85	24	47	28	85	24
16	20	85	32	48	28	85	32
17	24	70	8	49	32	70	8
18	24	70	16	50	32	70	16
19	24	70	24	51	32	70	24
20	24	70	32	52	32	70	32
21	24	75	8	53	32	75	8
22	24	75	16	54	32	75	16
23	24	75	24	55	32	75	24
24	24	75	32	56	32	75	32
25	24	80	8	57	32	80	8
26	24	80	16	58	32	80	16
27	24	80	24	59	32	80	24
28	24	80	32	60	32	80	32
29	24	85	8	61	32	85	8
30	24	85	16	62	32	85	16
31	24	85	24	63	32	85	24
32	24	85	32	64	32	85	32

3.1.2　模型设计

由于时间、资金及问题本身复杂性等原因，结合本试验的主要目的，模型在概化时没有对河段的地形、水流等进行模拟，而主要是对滑坡方面进行了模拟设计。

1）模型设计理论依据

为了获得原型和模型中的物理现象相似，首先必须先满足三个相似条件，即几何相似、运动相似和动力相似。几何相似系指两个体系彼此所占据的空间的对应尺寸之比为同一比例常数。运动相似指两个几何相似体系的速度场也几何相似，相似指标是：$\frac{\lambda_v\lambda_t}{\lambda_l}=1$。动力相似指两个几何相似体系中对应点上的所有作用力方向互相平行，大小成同一比例，即 $\lambda_{F1}=\lambda_{F2}=\cdots=\lambda_F$。滑坡下滑是以重力作用为主的运动现象，故模型按重力相似准则设计，则应有：

$$\frac{\lambda_v^2}{\lambda_g\lambda_t}=1 \tag{3.1-1}$$

$$\lambda_v=\sqrt{\lambda_l} \tag{3.1-2}$$

$$\lambda_t=\sqrt{\lambda_l} \tag{3.1-3}$$

$$\lambda_F=\lambda_m=\lambda_l^3 \tag{3.1-4}$$

式中：λ_l、λ_v、λ_t、λ_F、λ_m、λ_g——几何比尺、速度比尺、时间比尺、力比尺、质量比尺和重力加速度比尺，其中 $\lambda_g=1$。

2）模型比尺的确定

（1）模型几何比尺 λ_l 的确定

模型的几何比尺主要是由滑坡几何尺寸确定的，土质滑坡堆积体厚度 w 从 6m 到 35m 不等，出于试验条件及试验可操作性考虑，将几何比尺 λ_l 确定为 100。

（2）模型物理比尺 λ_f 的确定

由滑坡受力情况，有：$f=\frac{F}{N}$，其中 F 为沿斜面向下的合力，N 为垂直斜面向上的合力，由动力相似应有 $\lambda_F=\lambda_N$，故模型物理比尺 $\lambda_f=1$。

3）滑坡体、滑槽及滑架的设计

（1）滑坡体的设计

滑坡体的设计主要是原料土样的制备，其关键就是确定土样的土石比、含水量、碎块石粒径及压实度等物理指标。这些物理量都是参照所选取的原型三峡库区典型土质滑坡（表 3.1-4、表 3.1-5）按几何比尺及物理比尺来确定的。

①模型土石比的确定。

由表 3.1-4 可以看出，滑坡的组成物质大体上有黏土、粉质黏土、碎石、块石，基于本试验研究的是岩土混合型滑坡，并结合实际经验，选取了表 3.1-4 中如下四个土石比 7:3、3:1、13:7、6:4 进行计算，取其平均值为 2.4:1。

②模型碎块石粒径的确定。

由表 3.1-4 可知碎块石土最小粒径 0.5cm、最大粒径 5m，则模型选用粒径为 0.5～50mm。

三峡库区典型土质滑坡体组成物质统计　　表3.1-4

滑坡名称	滑体土石比及粒径
童家坪	上部:粉质黏土夹碎石(土石比7:3,粒径2~14cm);中部:块石夹粉质黏土层(土石比4:6,块径20~60cm);下部:块石堆积层
高观塘	上部:粉质黏土层(厚度7.4m);下部:碎块石土层(土石比1:4~3:7,粒径10~30cm,厚度16m)
大石板	黏性土夹碎块石土(土石比13:7~3:1,粒径10~50cm)
何家湾	表部:砂质黏土;中部:滑坡堆积碎石土(碎石土为主,局部夹块石和砾石土);下部:三叠系巴东组灰岩、泥灰岩、泥岩
江阳坪	上部:残坡积黏土;中部:碎石土、块石土(土石比2:8~5:5,块径多为1~5cm,个别达30~50cm);下部:碎裂岩
生基包	碎块石土夹黏性土
电厂滑坡Ⅰ	上层:黏土、粉质黏土及含碎石粉质黏土;中下层:碎石、块石土
泄滩	上部:粉质黏土夹碎块石(土石比15:1~8:1,直径1~30cm;厚度2~3m);下部:碎块石土(土石比6:1~1:5,直径2~22cm,大者30~40cm,土体为可塑状黏土和粉质黏土,碎石成分以粉砂岩、砂岩、粉砂质泥岩为主;平均厚度约30m)
某滑坡	残破积碎石土(土石比6:4~8:2,碎石直径0.5~2cm)和滑坡堆积块石(块石直径小于0.5cm)
新滩	崩(坡)积碎块石夹黏土为主
八字门	上部:粉质黏土夹碎块石;中下部:碎石土层(碎块石粒径一般5~10cm)
后坝	表层:黏土或黏土夹碎石(0~5m);以下:碎石土
油沟坊	块石土夹粉土及粉质黏土
武隆	表层主要为粉质黏土,块、碎石土,其下为滑动岩块
喻家坝	中后部:块碎石土夹粉质黏土;前部:人工填筑土、块碎石土、中细砂和粉质土
黄泥包	表层:人工填土;其下:粉质黏土夹碎块石及块石土(粒径一般1~15cm,土石比8:2~6:4)
枇杷坪	主要为块碎石土、粉质黏土和黏土(常见块径20~50cm,土石比7:3~8:2)

三峡库区典型土质滑坡物理特性统计　　表3.1-5

滑坡名称	滑带土									滑体			
	c (kPa)	φ (°)	含水率 (%)	孔隙比	天然重度 (kN/m^3)	饱和重度 (kN/m^3)	饱和度 (%)	塑限 (%)	液限 (%)	天然重度 (kN/m^3)	饱和重度 (kN/m^3)	含水率 (%)	饱和度 (%)
童家坪	45~94	18~22	18.2										
高观塘	13.2	18.3		0.816	19.5	20.2	86.23	17.9	28.3	22.5	23.4	19.45	
大石板	25	13.2											
淌里	21	16.4	24.6		18.36	20.23	88.12	16.81	29.4			20.54	79.6
何家湾	19	12.8	18.63										
江阳坪	40	21		0.792	20.21	21.6	90.11	17.62	27.65	21.5	22.1	22.1	82.4
生基包	15	10.6											
青草背	20	9		0.851		20.41	86.1	16.91	30.4	20.5	22.0		
电厂滑坡Ⅰ	29	26								19.8	20.13	11.7	62.3

续上表

滑坡名称	滑带土									滑体			
	c (kPa)	φ (°)	含水率 (%)	孔隙比	天然重度 (kN/m^3)	饱和重度 (kN/m^3)	饱和度 (%)	塑限 (%)	液限 (%)	天然重度 (kN/m^3)	饱和重度 (kN/m^3)	含水率 (%)	饱和度 (%)
泄滩	31.5	18.2	19.25		19.21	20.87	87.21	16.8	37.2	21.5	22.1	18.5	95.81
新滩	35.3	19											
八字门	17.6	18.5	15.46	0.48	20.6	20.88		18.21	32.23	20.9	21.6		
海排	15	18	12.6				83.4	17.0	29.8				
后坝	24.9 ~ 37.8	7.8 ~ 16		0.825	19.6	21.0				18.9	21.84	19.32	90.41
独生基	21 ~ 28	12.8 ~ 14.8			16.96					21.2	22.5		
油沟坊	36.3	12.7								19.8	20.5	20.4	86.5
武隆	13.6	15.1	17.96	0.61	19.17	22.01	84.99	18.2	30.11				
喻家坝	16.83	16.68			18.3					20.2	20.6		
黄泥包	26.71	11.27	24.54	0.708	20.46	20.69		18.22	29.91	20.9	21.18	21.06	

③其他物理指标。

在所统计的典型滑坡中滑坡组成物质的含水量 w、孔隙比 e、塑限 w_{p}、液限 w_{L}、重度 γ 等指标见表 3.1-5。

依据表 3.1-5，对于原型滑带土取得平均值如下：$c_{\mathrm{p}}=25.8\mathrm{kPa}$，$\varphi_{\mathrm{p}}=15.58°$，$w_{\mathrm{p}}=18.91\%$，$e_{\mathrm{p}}=0.726$，$\gamma_{\mathrm{p天然}}=19.24\mathrm{kN/m^3}$，$\gamma_{\mathrm{p饱和}}=20.88\mathrm{kN/m^3}$，$S_{\gamma\mathrm{p}}=86.59\%$，$w_{\mathrm{Lp}}=30.56\%$，$w_{\mathrm{pp}}=17.52\%$；对于原型滑体有如下平均值：$\gamma_{\mathrm{p天然}}=20.7\mathrm{kN/m^3}$，$\gamma_{\mathrm{p饱和}}=21.63\mathrm{kN/m^3}$，$w_{\mathrm{p}}=19.13\%$，$S_{\gamma\mathrm{p}}=82.84\%$。

依据重力相似准则，在模型上，滑体含水量取 $w_{\mathrm{m}}=19.13\%$，$\gamma_{\mathrm{m天然}}=20.36\mathrm{kN/m^3}$，$\gamma_{\mathrm{m饱和}}=21.42\mathrm{kN/m^3}$，$S_{\gamma\mathrm{m}}=82.84\%$；滑带土 $c_{\mathrm{m}}=0.258\mathrm{kPa}$，$\varphi_{\mathrm{m}}=15.58°$，$w_{\mathrm{Lm}}=30.56\%$，$w_{\mathrm{pm}}=17.52\%$。

试验中土样级配见图 3.1-5，本实验室曾经用这个土样模拟过三峡库区边坡，研究成果表明土样比较符合库区实际情况。图 3.1-6、图 3.1-7 分别为配比前与配比后的土样图，图 3.1-8、图 3.1-9 为制作好的一个滑坡体。

(2)滑槽的设计

滑槽的设计，主要是确定滑坡体的几何尺寸以及滑带模拟方法。

①滑槽的几何尺寸。

依据试验方案，确定将滑坡体制成定长 2m、定宽 0.5m、最大厚度为 0.32m 的长条形形状。为使滑坡下滑时后部有足够的推力并留有一定空间用来加载，试验中将滑槽的净长设计为 2.5m。在现实中，滑坡体的两侧应该是零摩擦的，为在试验中模拟到这点，将滑槽的净宽设计为 0.52m，多余的 2cm 用来在滑槽的两侧各放置一块厚 1cm 的水泥板(图 3.1-10)。滑槽的高度根据所买的材料设计成净高 50cm。

土样筛分表

	分计筛余土质量百分数(%)											
孔径(mm)	30	20	10	5	3	2	1.25	0.5	0.25	0.1	0.074	筛余
级配土样	0.0	9.1	15.4	20.3	12.7	5.4	10.9	10.7	4.9	5.6	1.3	3.1

	小于某粒径的土质量百分数(%)											
孔径(mm)	30	20	10	5	3	2	1.25	0.5	0.25	0.1	0.074	
级配土样	100.0	90.9	75.5	55.2	42.5	37.1	26.2	15.4	10.5	4.9	3.6	

土样筛分曲线

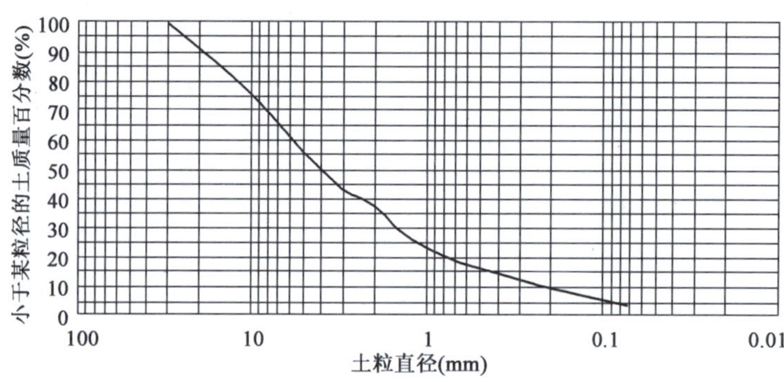

图3.1-5　试验土样级配

图3.1-6　配比前的土样

图3.1-7　配比后的土样

图3.1-8　一个厚度 $w=32\text{cm}$ 的滑坡体

图3.1-9　一个厚度 $w=8\text{cm}$ 滑坡体

②滑槽底部材料的确定。

由滑带特征，试验一开始选用粉黏土抹底模拟滑带（图 3.1-11），但发现这层薄薄的抹面在滑坡下滑底部加水的过程中很容易被破坏以至底部摩擦系数过大阻止滑坡下滑。而后改用玻璃板作为滑坡下滑的滑面（图 3.1-12），但发现由于玻璃板与土体之间水的存在会产生吸附现象，从而阻止滑坡下滑。最后将滑面改为铁皮（图 3.1-13），试做几组后非常成功。

图 3.1-10　底部为水泥抹面的滑槽

图 3.1-11　底部为黏土抹面的滑槽

图 3.1-12　底部为玻璃板的滑槽

图 3.1-13　底部为铁皮的滑槽

（3）滑架的设计

滑槽在模型上的摆放位置见图 3.1-14，即让滑槽前缘伸出水槽墙壁前端 50cm，滑槽后缘则紧挨外凸于水槽的直槽后壁。在滑槽末端正上方以及距滑槽前缘 50cm 处的正上方架两根可以上下活动的横钢杆，通过调整这两根横杆的高度来控制滑坡的坡度。滑槽是可以前后上下活动的。试验中在滑槽上选择了两个控制点 A、B，见图 3.1-15，通过控制这两个点的高度来达到所需要的滑坡坡度，也就是说滑架设计的关键是求出图中的 P_5、P_6（分别为滑槽顶部 A、B 两点距河床底部的高度）。计算过程如下：$P=200\sin\beta$；$P_1=P+w\cos\beta$；$P_2=P_1\times 40\%$；$P_3=h-P_2-5\cos\beta$；$P_4=100\sin\beta$；$P_5=P+(h-P_2)+49\cos\beta$；$P_6=P_4+(h-P_2)+49\cos\beta$；$P_7=(w/\sin\alpha)\sin(\alpha+\beta)+P_3+5\cos\beta$。其中：$P_2$ 为滑坡体前缘淹没水下前后缘高差 40% 的高度，P_3 为滑坡有效吃水深度，P_1 为滑床高度加上滑坡体厚度后的高度，h 为水深。

图 3.1-14　模型滑架整体示意图

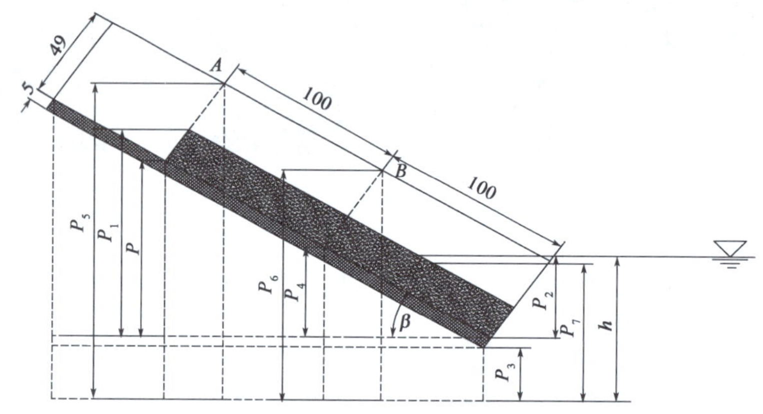

图 3.1-15　滑床附上滑体后滑槽剖面示意图(尺寸单位:cm)

3.1.3　试验观测内容

试验主要观测各种方案下产生的原始波与合成波的波高 H 和周期 T,数据采集仪器应用的是多点波浪采测系统,该系统硬件方面由传感器、放大器和记录器组成(图 3.1-16、图 3.1-17),软件方面主要由三个自行编制的程序控制,即调试程序、标定程序和采样程序,调试程序主要是检测各传感器信号接通与否以及各传感器处水面是否静止;标定程序主要是标定出电信号与波信号的一个转换系数;采样程序就是获取试验所需的数据。系统灵敏度为 1mm。

图 3.1-16　数据采测系统组件——放大器、记录器

图 3.1-17　数据采测系统组件——传感器

3.2　岩质滑坡涌浪概化模型试验设计

3.2.1　模型比尺的确定

根据模型相似准则,为了满足模型和原型中的物理相似,首先必须满足所需的相似条件,主要的相似条件有:几何相似、运动相似和动力相似。

本次研究将滑坡入水的整个过程看成一个整体,滑坡体依靠自身重力而产生运动的过程应主要考虑的是重力相似,故模型按重力相似准则进行设计,具体见式(3.1-1)~式(3.1-4)。

考虑试验的力学条件和可操作性,将岩体滑坡涌浪及对航道影响的物理模型试验的几何比尺确定为1∶70。则试验各项比尺如下:

几何比尺 $\lambda_l=70$;面积比尺 $\lambda_s=\lambda_l^2=70^2$;体积比尺 $\lambda_v=\lambda_l^3=70^3$;重力比尺 $\lambda_g=1$;比重比尺 $\lambda_\sigma=1$;速度比尺 $\lambda_\gamma=\sqrt{\lambda_l}=\sqrt{70}$;时间比尺 $\lambda_t=\sqrt{\lambda_l}=\sqrt{70}$;质量比尺 $\lambda_m=\lambda_l^3=70^3$;力比尺 $\lambda_F=\lambda_l^3=70^3$;能量比尺 $\lambda_E=\lambda_l^4=70^4$。

3.2.2　滑坡涌浪试验方案

1)陡岩滑坡涌浪试验因素的选取及方案的确定

(1)滑体几何参数选取

根据资料统计,陡岩滑坡体的形态以长条形最为常见,模型采用长条形模拟滑体整体形态。陡岩滑坡的体积范围主要集中在300~7000m^3,厚度集中在1~20m,按照1∶70的几何比尺,结合试验操作的易控性,试验拟采用固定宽度0.16m;由于体积分布范围跨度较大,确定两种滑体长度:0.2m和0.4m;固定坡面坡度90°,即滑体整体形状为长条体;通过不同滑体厚度对滑体体积控制,具体方案见表3.2-1。

概化滑体几何参数表　　表3.2-1

方案1	模型尺寸	原型尺寸	方案2	模型尺寸	原型尺寸	方案3	模型尺寸	原型尺寸
长(m)	20	14	长(m)	20	14	长(m)	20	14
宽(m)	16	11.2	宽(m)	16	11.2	宽(m)	16	11.2
厚(m)	3	2.1	厚(m)	6	4.2	厚(m)	9	6.3
体积(m^3)	960	329	体积(m^3)	1920	658	体积(m^3)	2820	987
方案4	模型尺寸	原型尺寸	方案5	模型尺寸	原型尺寸	方案6	模型尺寸	原型尺寸
长(m)	40	28	长(m)	40	28	长(m)	40	28
宽(m)	16	11.2	宽(m)	16	11.2	宽(m)	16	11.2
厚(m)	6	4.2	厚(m)	12	8.4	厚(m)	24	16.8
体积(m^3)	3840	1317	体积(m^3)	7680	2634	体积(m^3)	15360	5268

(2)滑坡裂隙和块体方案

从统计中可知,裂隙发育这一现象在岩性滑坡体中普遍存在,采用散体方式模拟滑体较整体模拟方式更为准确。裂隙大小不一,离散程度较大,为了将其准确地体现在块体大小上,借鉴泥沙粒径级配原理，将裂隙按照横向、纵向、垂向分别绘制级配曲线（图 3.2-1 ~ 图 3.2-3），从其级配曲线中选取特征值，作为块体几何尺寸的依据。

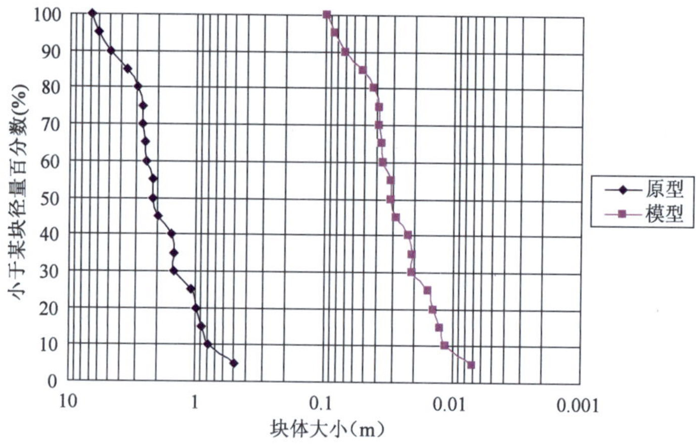

图 3.2-1　横向裂隙级配曲线

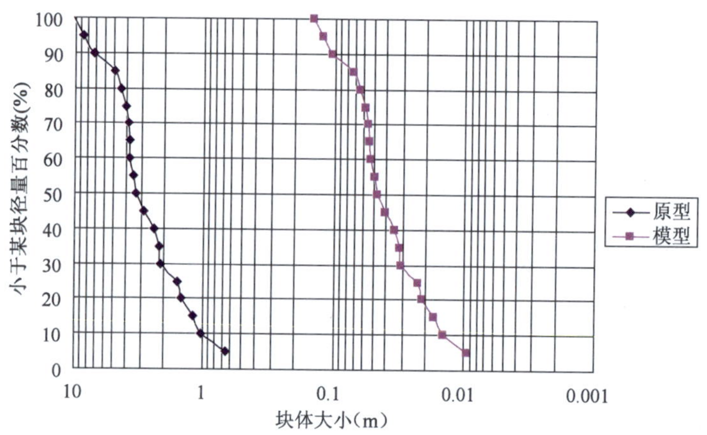

图 3.2-2　垂向裂隙级配曲线

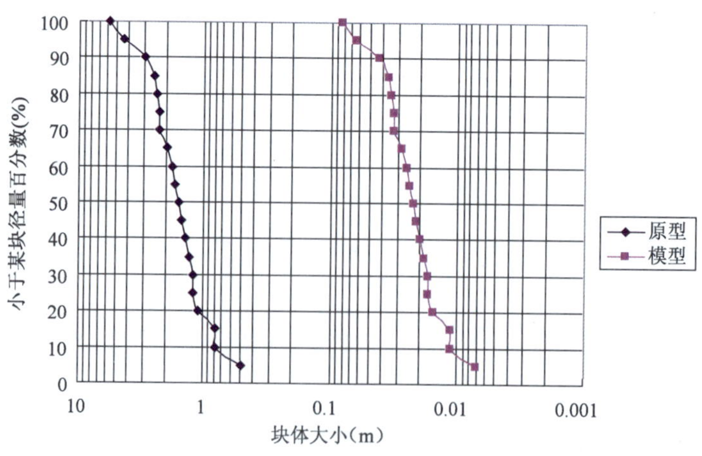

图 3.2-3　纵向裂隙级配曲线

滑坡体有大小,块体有大小,在选取块体大小特征值时,还要考虑选取的块体尺寸组合起来能够满足滑坡体的整体尺寸要求,即每个小块体的长度、宽度和厚度要满足1:0.667:0.333的比例,按照这个模数配比的小块体才能组合成想要的滑体整体尺寸。从裂隙级配曲线中选取模型块体的特征值有均值(D60)、一倍标准差(D80、D40)和两倍标准差(DMAX、D10),特征值的长、宽、厚分别是DMAX(18:12:6)、D80(9:6:3)、D60(6:4:2)、D40(4.5:3:1.5)、D10(3:2:1),单位为厘米。为试验前准备好块体,对每个滑体方案中所需块体的级配方案及数量进行计算和配比,如表3.2-2、表3.2-3所示。

块体配比方案(方案1、2、3) 表3.2-2

块体方案		模型
DMAX	长(m)	18
	宽(m)	12
	厚(m)	6
	体积(m^3)	1296
	数量	0
D80	长(m)	9
	宽(m)	6
	厚(m)	3
	体积(m^3)	162
	数量	2(4/6)
D60	长(m)	6
	宽(m)	4
	厚(m)	2
	体积(m^3)	48
	数量	5(10/15)
D40	长(m)	4.5
	宽(m)	3
	厚(m)	1.5
	体积(m^3)	20.25
	数量	14(28/42)
D10	长(m)	3
	宽(m)	2
	厚(m)	1
	体积(m^3)	6
	数量	19(38/57)

滑体几何尺寸方案中,方案1、2、3长度和宽度相同,厚度分别为3cm、6cm和9cm,这样计算好方案1的级配方案,方案2和方案3乘以相应的倍数即可。同样,对于方案4、5、6,以方案4为基准,方案5和方案6乘以相应的倍数。

块体配比方案(方案4、5、6)　　表3.2-3

块体方案		模型
DMAX	长(m)	18
	宽(m)	12
	厚(m)	6
	体积(m^3)	1296
	数量	1(2/4)
D80	长(m)	9
	宽(m)	6
	厚(m)	3
	体积(m^3)	162
	数量	4(8/16)
D60	长(m)	6
	宽(m)	4
	厚(m)	2
	体积(m^3)	48
	数量	5(10/20)
D40	长(m)	4.5
	宽(m)	3
	厚(m)	1.5
	体积(m^3)	20.25
	数量	16(32/64)
D10	长(m)	3
	宽(m)	2
	厚(m)	1
	体积(m^3)	6
	数量	53(106/212)

试验因素有坡度、水深和厚度,坡度的水平为4,水深的水平为3,厚度的水平为6,这样单因素排列共72组工况,块体用砂浆配合石子制成,在试验中虽然会有所毁坏,但是大多数可以重复利用,因此,对所有工况所需块体数量计算,试验前准备能满足一半试验组次的块体数量即可(表3.2-4)。

块体数量总表　　表3.2-4

方案	DMAX	D80	D60	D40	D10
1	0	24	60	168	228
2	0	48	120	336	456
3	0	72	180	504	684
4	12	48	60	192	636

续上表

方案	DMAX	D80	D60	D40	D10
5	24	96	120	384	1272
6	48	192	240	768	2544

(3)滑面的模拟

陡岩滑坡的滑面与自然边坡的起伏度、下滑速度、运动形式等密切相关,而并非是一个固定面,在下滑初期,滑体与滑动面紧密接触,滑面为水分饱和状态,摩擦力接近零,岩体迅速向下运动,运动过程中,受地形起伏度的影响,岩体开始翻滚或者跳跃,此时滑面是一些碰撞接触点。地形起伏度概化为竖向高于横向0.6m,成直角形态,垂直地面高度为1～6m,平均高度0.6m。综合考虑,对滑面及其坡度的模拟采取以下方案:滑面整体坡度取60°、70°、80°、90°,坡度为60°和70°时,考虑地形的起伏度,坡度为80°和90°时,滑面直接概化成直面。滑坡坡度如图3.2-4所示。

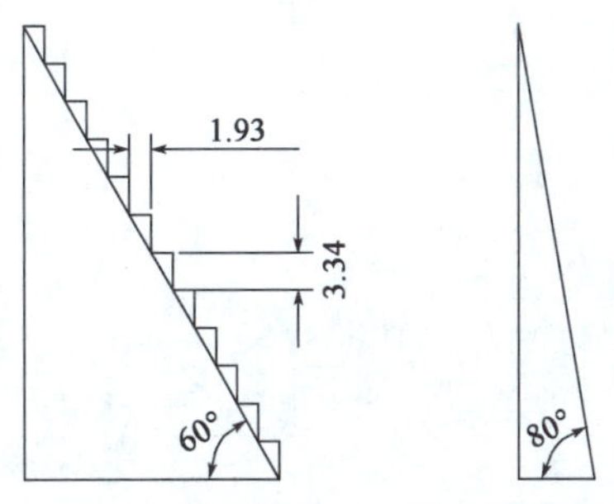

图3.2-4　滑坡坡度示意图(尺寸单位:cm)

(4)滑坡体临水状态的选取

一般滑坡体前缘剪出口存在水下、临水和水上三种情况,对于危岩体滑坡绝大多数为水上,出露高程多在170～500m之间,其中以170～350m之间高度危岩发育最为集中,重心平均高程282m,试验段河底平均高程93.55m,结合试验比尺,试验将根据不同水深、入射角度,固定模型滑体重心高度2.6m。

试验中固定滑体重心高程为2.6m,是基于河道高程确定的。之前很多学者在确定滑体重心时采用重心高程基于水位而定。对于同一滑坡体,其重心基于水位而定,这样保证了不同水深的情况下,滑坡体入水时的动能是相同的,但是滑坡体的势能不同,在入水之后的能量交换的充分程度不同;基于河底高程而定,保证了滑坡体的处于静止时的势能相同,但是水位的变化会导致滑坡体入水时的动能不同,也会影响能量的交换程度。这两种方法无法兼容,在只有水位变化的情况下,滑坡体的势能与入水时的滑坡体动能两者无法同时保持不变。本次试验采取的是滑体重心基于河底高程,这样更贴合实际,在实际中水位由于降雨等原因发生了变化,但是滑坡体的重心不会基于水位变化。在分析水位变化对能量交换的影响时,要注意由于水位的变化而引起的入水时滑坡体动能的变化。

(5)滑坡体物理指标

滑坡体密度的选取,岩体的常见密度为2.3～2.8g/cm^3,库区滑坡体多为泥岩和砂岩,砂岩天然密度2.2～2.7g/cm^3,泥岩天然密度2.45～2.65g/cm^3,取其平均密度2.5g/cm^3作为模型滑块的密度指标。

(6)库区水深的选取

同岩体滑坡的水深依次为:0.74m、0.88m、1.16m三个水平。

(7)试验工况

试验组次为72,组次如表3.2-5所示。

试验工况表

表3.2-5

工况	坡度(°)	水深(cm)	块体(长-宽-厚)(cm)	工况	坡度(°)	水深(cm)	块体(长-宽-厚)(cm)
1	90	116	20-16-3	37	70	116	20-16-3
2	90	116	20-16-6	38	70	116	20-16-6
3	90	116	20-16-9	39	70	116	20-16-9
4	90	116	40-16-6	40	70	116	40-16-6
5	90	116	40-16-12	41	70	116	40-16-12
6	90	116	40-16-24	42	70	116	40-16-24
7	90	88	20-16-3	43	70	88	20-16-3
8	90	88	20-16-6	44	70	88	20-16-6
9	90	88	20-16-9	45	70	88	20-16-9
10	90	88	40-16-6	46	70	88	40-16-6
11	90	88	40-16-12	47	70	88	40-16-12
12	90	88	40-16-24	48	70	88	40-16-24
13	90	74	20-16-3	49	70	74	20-16-3
14	90	74	20-16-6	50	70	74	20-16-6
15	90	74	20-16-9	51	70	74	20-16-9
16	90	74	40-16-6	52	70	74	40-16-6
17	90	74	40-16-12	53	70	74	40-16-12
18	90	74	40-16-24	54	70	74	40-16-24
19	80	116	20-16-3	55	60	116	20-16-3
20	80	116	20-16-6	56	60	116	20-16-6
21	80	116	20-16-9	57	60	116	20-16-9
22	80	116	40-16-6	58	60	116	40-16-6
23	80	116	40-16-12	59	60	116	40-16-12
24	80	116	40-16-24	60	60	116	40-16-24
25	80	88	20-16-3	61	60	88	20-16-3
26	80	88	20-16-6	62	60	88	20-16-6
27	80	88	20-16-9	63	60	88	20-16-9
28	80	88	40-16-6	64	60	88	40-16-6
29	80	88	40-16-12	65	60	88	40-16-12
30	80	88	40-16-24	66	60	88	40-16-24
31	80	74	20-16-3	67	60	74	20-16-3
32	80	74	20-16-6	68	60	74	20-16-6
33	80	74	20-16-9	69	60	74	20-16-9
34	80	74	40-16-6	70	60	74	40-16-6
35	80	74	40-16-12	71	60	74	40-16-12
36	80	74	40-16-24	72	60	74	40-16-24

2)岩体滑坡涌浪试验因素的选取及方案的确定

(1)滑体体积的确定

滑坡入水进行能量交换形成涌浪,交换程度与滑坡体入水面的几何形态有密切关系,选取滑坡体宽度、厚度、坡面坡度作为滑坡入水接触面控制参数。

根据岩质滑坡体几何形态统计表和实际试验条件限制,试验操作的方便性,试验拟采用滑坡体固定长1m,通过不同滑体宽厚比对滑体体积控制,并结合库区滑坡体长宽比的统计,将选取如下不同的三种宽度和厚度,如表3.2-6所示。

概化滑坡体几何参数表 表3.2-6

宽度(m)	0.5	1.0	1.5
厚度(m)	0.2	0.4	0.6
长度(m)	1	1	1

(2)滑面倾角的选取

通过对库区滑坡区域滑面坡度的资料统计,岩体滑坡滑面坡度分布在20°~60°,其平均值为36°。因此,滑面倾角选取20°、40°和60°三个水平作为岩体滑坡滑面坡度。

(3)滑坡体入水处河床坡度的选取

由于实际滑坡体入水处河床坡度大小不一,因此将入水处河床坡度考虑最不利坡度为90°情况。

由于滑坡体剪出口角度作为滑坡入水接触面,其对涌浪的产生有一定的影响。因此,在固定滑坡体长宽厚的情况下,将滑坡剪出口坡面坡度作为单独控制因素进行四组试验。

(4)滑坡体临水状态的选取

滑坡体前缘剪出口存在水下、临水和水上三种情况,考虑实际情况并给予滑坡体在水面以上一定势能,试验将根据不同水深、入射角度,固定滑坡体前缘距水面的范围为0~50cm。

(5)滑坡体物理指标

滑坡体密度的选取,岩体的常见密度为2.3~2.8g/cm^3,库区滑坡体多为泥岩和砂岩,砂岩天然密度2.2~2.7g/cm^3,泥岩天然密度2.45~2.65g/cm^3。

(6)滑坡构造统计

由于岩质滑体的结构的复杂性以及下滑过程中的散体化的不确定性,本次试验只从结构形式的统计上进行简单的模拟,概化5种不同尺寸的块体(表3.2-7),对每个滑体方案中所需块体的方案及数量进行计算和配比。如表3.2-8所示。

概化模型滑坡体块体尺寸(单位:cm) 表3.2-7

块体编号	长	宽	厚
A1	21	14	6
A2	18	12	5
A3	15	10	4
A4	12	8	3
A5	9	6	2

模型试验滑坡体组成及方量　　表 3.2-8

滑　体	A1	A2	A3	A4	A5	滑体尺寸(cm)(长×宽×厚)	滑体方量(cm^3)
1 号	23	19	33	35	93	100×50×20	10000
2 号	45	37	67	69	185	100×100×20	20000
3 号	45	37	67	69	185	100×50×40	20000
4 号	68	56	100	104	278	100×50×60	30000
5 号	68	56	100	104	278	100×150×20	30000
6 号	91	74	133	139	370	100×100×40	40000
7 号	136	111	200	208	556	100×100×60	60000
8 号	136	111	200	208	556	100×150×40	60000
9 号	204	167	300	313	833	100×150×60	90000

(7)库区水深的选取

根据三峡库区的145m,155m,175m 三级水位及概化河道的底部平均高程93.55m,模型按照1:70的比尺进行三个水深的设计;水深依次为:0.74m、0.88m、1.16m 三个水平(表3.2-9)。

岩质滑坡体试验几何参数方案统计表　　表 3.2-9

因素	水　平		
滑面坡度(°)	20	40	60
水深(m)	0.74	0.88	1.16
宽度(m)	0.5	1.0	1.5
厚度(m)	0.2	0.4	0.6

(8)试验工况的确定

试验采用单因子试验方案设计,共81组,具体工况如表3.2-10所示。

岩质滑坡体试验工况表　　表 3.2-10

工　况	滑床角度(°)	水深(cm)	长×宽×厚(m×m×m)
1 号	20	74	1×0.5×0.2
2 号	20	74	1×0.5×0.4
3 号	20	74	1×0.5×0.6
4 号	20	74	1×1×0.2
5 号	20	74	1×1×0.4
6 号	20	74	1×1×0.6
7 号	20	74	1×1.5×0.2
8 号	20	74	1×1.5×0.4
9 号	20	74	1×1.5×0.6
10 号	20	88	1×0.5×0.2

续上表

工　况	滑床角度(°)	水深(cm)	长×宽×厚(m×m×m)
11 号	20	88	1×0.5×0.4
12 号	20	88	1×0.5×0.6
13 号	20	88	1×1×0.2
14 号	20	88	1×1×0.4
15 号	20	88	1×1×0.6
16 号	20	88	1×1.5×0.2
17 号	20	88	1×1.5×0.4
18 号	20	88	1×1.5×0.6
19 号	20	116	1×0.5×0.2
20 号	20	116	1×0.5×0.4
21 号	20	116	1×0.5×0.6
22 号	20	116	1×1×0.2
23 号	20	116	1×1×0.4
24 号	20	116	1×1×0.6
25 号	20	116	1×1.5×0.2
26 号	20	116	1×1.5×0.4
27 号	20	116	1×1.5×0.6
28 号	40	74	1×0.5×0.2
29 号	40	74	1×0.5×0.4
30 号	40	74	1×0.5×0.6
31 号	40	74	1×1×0.2
32 号	40	74	1×1×0.4
33 号	40	74	1×1×0.6
34 号	40	74	1×1.5×0.2
35 号	40	74	1×1.5×0.4
36 号	40	74	1×1.5×0.6
37 号	40	88	1×0.5×0.2
38 号	40	88	1×0.5×0.4
39 号	40	88	1×0.5×0.6
40 号	40	88	1×1×0.2
41 号	40	88	1×1×0.4
42 号	40	88	1×1×0.6
43 号	40	88	1×1.5×0.2
44 号	40	88	1×1.5×0.4
45 号	40	88	1×1.5×0.6

续上表

工　况	滑床角度(°)	水深(cm)	长×宽×厚(m×m×m)
46号	40	116	1×0.5×0.2
47号	40	116	1×0.5×0.4
48号	40	116	1×0.5×0.6
49号	40	116	1×1×0.2
50号	40	116	1×1×0.4
51号	40	116	1×1×0.6
52号	40	116	1×1.5×0.2
53号	40	116	1×1.5×0.4
54号	40	116	1×1.5×0.6
55号	60	74	1×0.5×0.2
56号	60	74	1×0.5×0.4
57号	60	74	1×0.5×0.6
58号	60	74	1×1×0.2
59号	60	74	1×1×0.4
60号	60	74	1×1×0.6
61号	60	74	1×1.5×0.2
62号	60	74	1×1.5×0.4
63号	60	74	1×1.5×0.6
64号	60	88	1×0.5×0.2
65号	60	88	1×0.5×0.4
66号	60	88	1×0.5×0.6
67号	60	88	1×1×0.2
68号	60	88	1×1×0.4
69号	60	88	1×1×0.6
70号	60	88	1×1.5×0.2
71号	60	88	1×1.5×0.4
72号	60	88	1×1.5×0.6
73号	60	116	1×0.5×0.2
74号	60	116	1×0.5×0.4
75号	60	116	1×0.5×0.6
76号	60	116	1×1×0.2
77号	60	116	1×1×0.4
78号	60	116	1×1×0.6
79号	60	116	1×1.5×0.2
80号	60	116	1×1.5×0.4
81号	60	116	1×1.5×0.6

实验过程中为有水滑动,重点研究由暴雨等引起的滑坡类型。

3.2.3　模型设计

1)河道模型

根据依托工程万州江南沱口码头河段情况、研究目的,模型采用1∶70的几何比尺,拟模拟河段,上起航道里程336km,下至航道里程330km,长约6km;模型采用断面法制作并对河底地形进行概化。概化段平面图如图3.2-5所示。模型段面制作如图3.2-6所示。

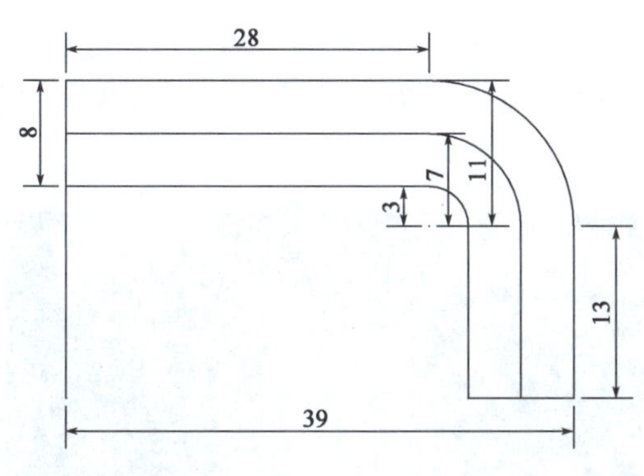

图3.2-5　概化段平面图(尺寸单位:m)

图3.2-6　模型段面制作

2)滑坡体、滑槽和滑架

(1)滑坡体

采用水泥、砂、石子作为原材料,按照统计资料中块体的密度配置砂浆,根据模型块体的几何尺寸制作模具,将配好的砂浆倒入模具,制作块体。如图3.2-7所示,根据每个方案块体的参数表,用制作好的块体堆积成整体,模拟滑体的裂隙发育、离散程度和块体组成。

(2)滑槽

①岩体滑坡滑槽:采用铁质材料,制作滑槽,底部铁板模拟滑面。滑槽长度为2m。两侧为可变宽度挡板。可变范围为0.5~1.5m。滑体入水点斜坡地形对于其能量交换也有影响,确定滑槽入水直至河床底部,模拟滑体入水时水下斜坡对滑体的作用过程。岩体滑坡滑槽如图3.2-8所示。

图3.2-7　块体制作

图3.2-8　岩体滑坡滑槽

②陡岩体滑坡滑槽:采用木质材料,制作滑槽,模拟滑道和地形起伏度。根据试验方案,将滑坡体制定成长40cm、宽16cm、最大厚度24cm的长条形,为约束滑坡体在滑道中尽可能地整体下滑,避免过于离散,确定滑槽的宽度为18cm;滑坡体重心高度2.6m。滑体入水点斜坡地

形对于其能量交换也有影响，确定滑槽入水直至河床底部，模拟滑体入水时水下斜坡对滑体的作用过程。为满足不同水深、不同滑坡坡度、不同块体几何尺寸下滑坡体重心高度一致，确定滑槽长度为4m。滑槽底部采用较厚的木板，确保整体强度达标，木板表面粗糙，模拟滑面对滑坡体的阻力，滑槽两壁采用较光滑的木料，且在其内表面上订制铁皮，减小摩擦，降低两壁对滑坡体能量的消耗。在滑槽的两侧订制刻度尺，用于观测滑坡入水前的速度。陡岩体滑坡滑槽如图3.2-9所示。

为保证涌浪传播过程因素影响的一致性，不同方案中滑坡体入水点必须相同，即不同水深和不同滑坡坡度下，滑槽与水面线的交点平面坐标一致。

对于考虑地形起伏度的试验方案，试验前将制作好的三角形长条木料订制到滑槽底部，模拟滑带上地形的起伏，这样滑坡体在下滑过程中会与滑面发生碰撞，产生跳跃和翻滚等贴合实际的运动轨迹。滑槽起伏度如图3.2-10所示。

图3.2-9 陡岩体滑坡滑槽

图3.2-10 滑槽起伏度

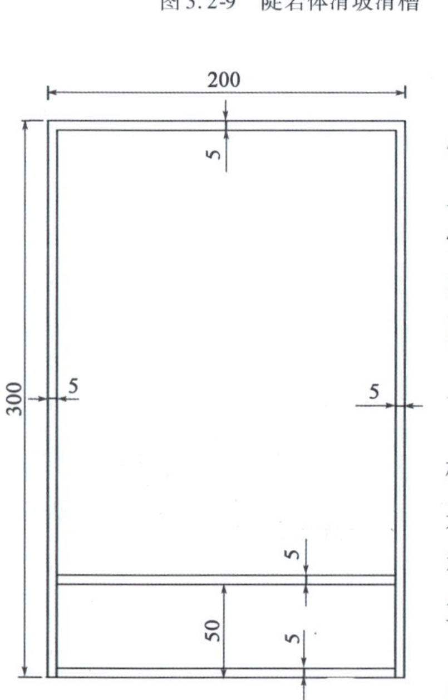

图3.2-11 滑架平面图(尺寸单位:cm)

(3)滑架

虽然试验中滑坡体的体积和重量不是很大，但是滑坡体的重心较高，滑坡坡度和坡度变化范围较大，还要在滑架上实现观测、照相等功能，这对滑架的安全性和操作的方便性提出很高的要求。拟采用型号为20的槽钢作为构建架子的材料，滑架高2m，宽2m，长3m，具体尺寸见图3.2-11～图3.2-13。实物图见图3.2-14。

3)码头的模拟

根据模型比尺，将原型253m长的码头按比尺制成码头模型，前排墩柱直径为2.28cm，间距为10cm。大直径圆筒采用塑料制作。制作两个码头模型分别位于滑坡处正对面和同岸，距滑坡入水点距离均为6.37m。码头面板两端放置两个系船柱。码头长度为船模的一个泊位长。

本试验选取15榀码头排架，长105m，约一个泊位长度，整个码头采用塑料制作，根据模型几何比尺1:70，将码头制成模型，前排桩柱直径实际为1.6m，模型设计为

2.28cm，间距为10cm。码头模型如图3.2-15所示。

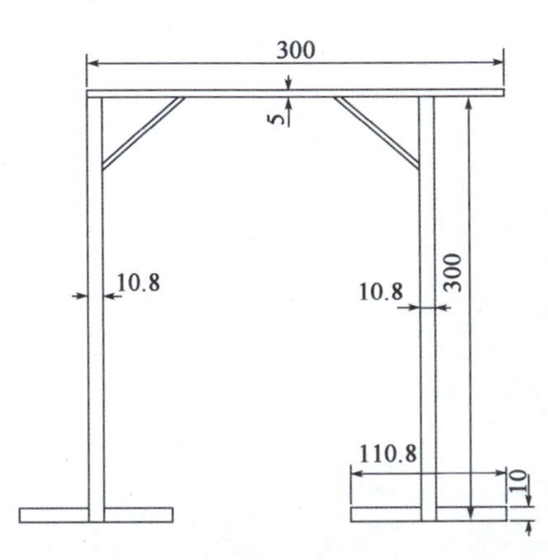

图3.2-12 滑架立面图（尺寸单位：cm）

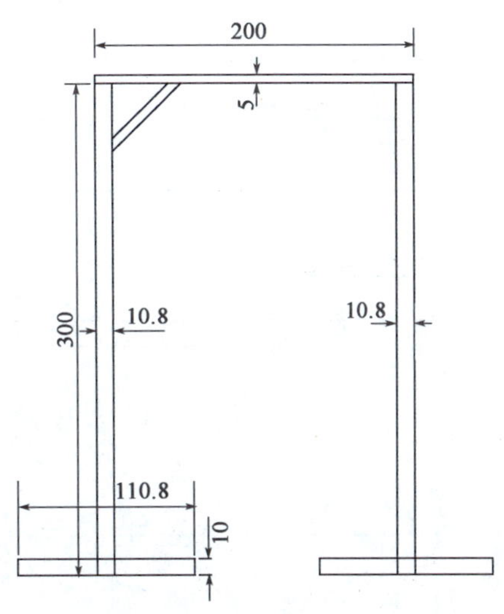

图3.2-13 滑架剖面图（尺寸单位：cm）

图3.2 14 滑架实体图

图3.2-15 江南沱口码头模型图

4）船舶的模拟

根据几何相似、重力相似和运动相似，按照1:70的比尺进行船模设计，试验船型选择三峡库区3000t甲板驳船。实船和船模的主尺度及有关参数如表3.2-11所示。

船舶参数　　表3.2-11

船型参数	实船	船模	船型参数	实船	船模
船长（m）	90	1.28	设计吃水（m）	3.3	0.047
型深（m）	4	0.057	方形系数	0.8	0.8
型宽（m）	16	0.228	满载排水量	3000t	8700g

根据船模参数和母型船的线形关系，绘制船模的平面展开图和甲板图，如图3.2-16、图3.2-17所示。

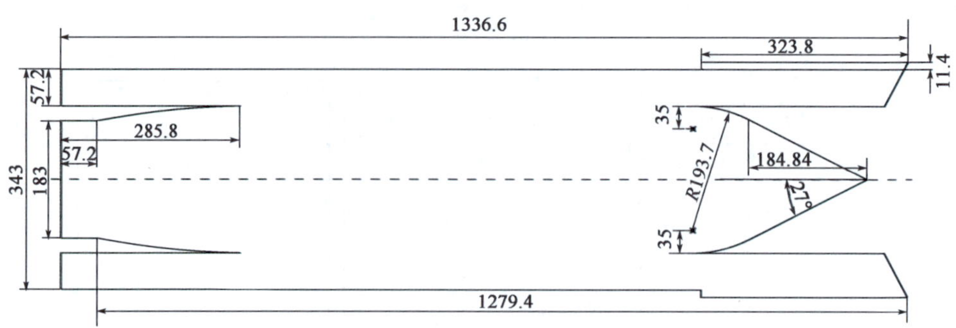

图 3.2-16　平面展开图(尺寸单位:mm)

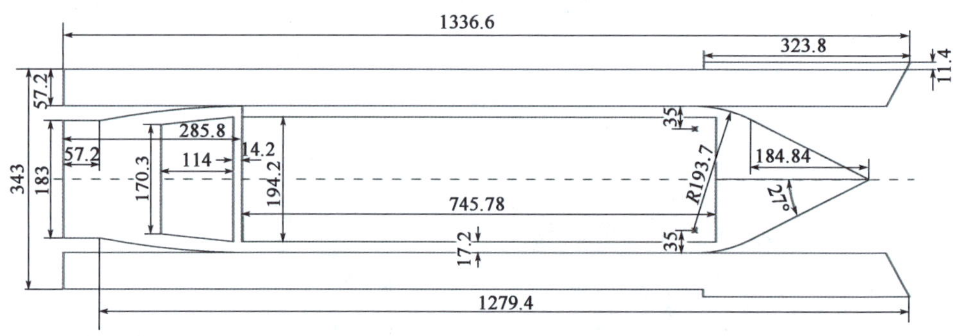

图 3.2-17　甲板图(尺寸单位:mm)

为满足船模的重力相似,采用厚度为 0.8cm 的铁皮制作船体,根据平面展开图的参数在铁皮上放样,裁剪后,弯制而成。采用焊锡对缝隙处焊接,焊接完成后将初期船模放置在水中,一段时间后取出,查看船体是否有漏水现象,对漏水处重复焊补。船模制作流程图如图 3.2-18 所示。

a)放样和裁剪

b)弯制船体

图　3.2-18

c)加载甲板

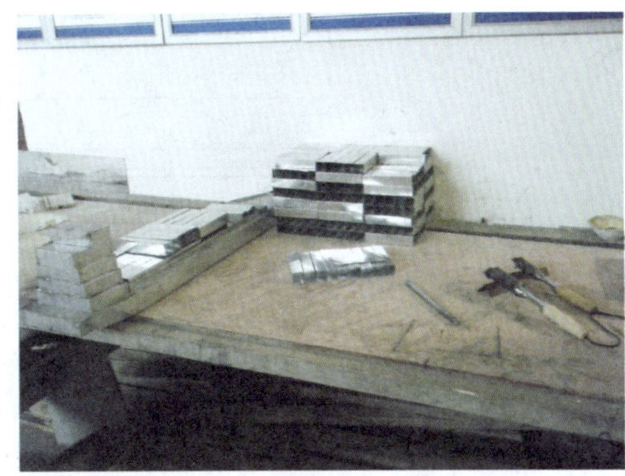

d)焊接

e)查漏和喷漆

f)配重和试水

图3.2-18　船模制作流程图

船舶在停泊行驶中分为空载、半载、满载三种情况，船体满载情况下，航行安全性相对空载而言较低，考虑航行中安全性最不利的情况作为试验研究的重点，研究船模满载集装箱的情况下，涌浪对船舶安全行船的影响。选择40GP普通箱，模型按照比尺用铁皮制作，内部采用泡沫材料按照集装箱国际标准配重。集装箱参数见表3.2-12。

集装箱参数　　表3.2-12

集装箱参数	原　型	模　型	集装箱参数	原　型	模　型
长(m)	12	0.171	高(m)	2.35	0.034
宽(m)	2.35	0.034	配重	22t	63.1g

5)缆绳的模拟

缆绳的模拟采用几何相似、重力相似和弹性相似，系缆布置采用八字缆首2根，首、尾缆打缆角度均为30°。试验时，认为系缆设施具有足够的刚度及强度。模拟采用35mm尼龙缆。具体布置如图3.2-19所示。

6)锚链的模拟和设计

采用定位锚泊系统，双侧锚泊方式，首位各两根，共四根锚链。模拟原型船舶锚链链径为$d=40$mm，船舶锚链长度考虑较不利状态下系泊方式$L=2.5H$。具体布置如图3.2-20所示。

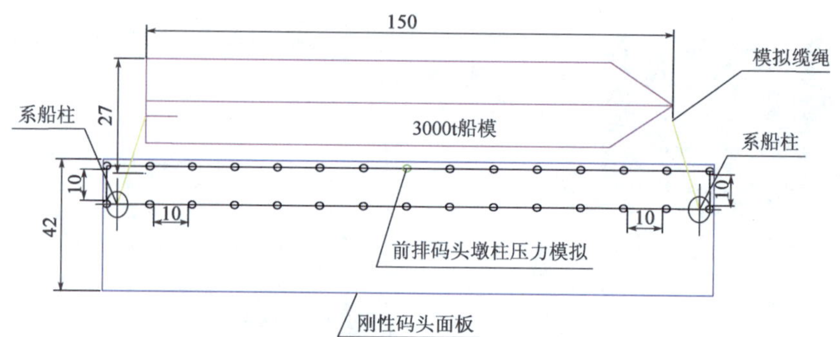

图 3.2-19　缆绳模拟布置图(尺寸单位:cm)

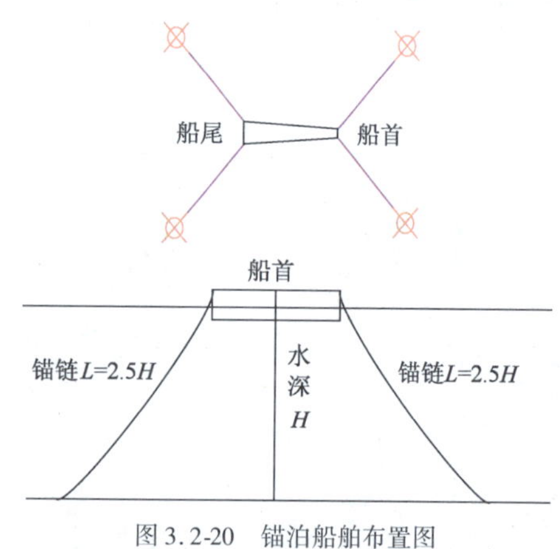

图 3.2-20　锚泊船舶布置图

根据涌浪测量方案以及依托工程弯曲河道模型的特点,分别在滑坡入水点附近、河道远端和弯道处布设锚泊船舶,距滑坡入水点的距离分别为 5m、18m、9m。在滑坡涌浪 81 组工况下,观测弯曲河道不同区域处涌浪作用下锚泊船舶锚链拉力的大小。具体布置见图 3.2-21。

7)码头墩柱波浪力采集分析系统的制作和安装

码头压力传感器的型号为 CYG1145T,测量范围为 6kPa,精度为 0.5 级。压力传感器布置在前排码头墩柱。根据不同水深等间距布置三个压力传感器。测力环制作图如图 3.2-22 所示。波浪力和系缆力采集系统如图 3.2-23 所示。

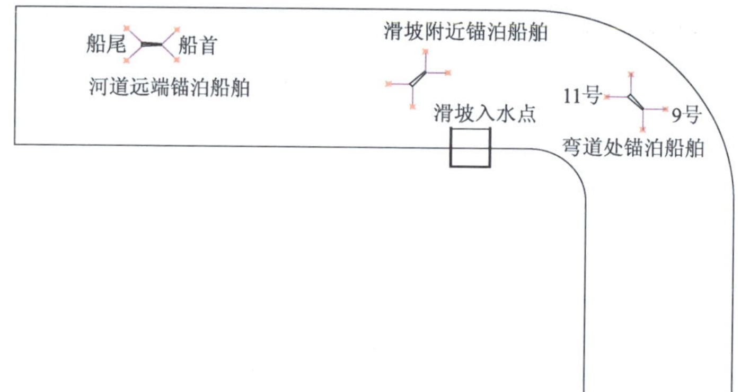

图 3.2-21　锚泊船舶平面布置图

8)船舶系缆力和船舶撞击力采集分析系统的制作和安装

缆绳的模拟主要考虑几何相似和弹性相似,模拟时将舷缆、舷娓倒缆中的各根缆合并进行模拟。缆绳拉力的模拟测量主要在码头系船柱上安装应变片,建立电桥,通过转换卡和数据采集软件测量。护舷模拟的主要相似条件是原型和模型的护舷受力变形曲线相似,其上设置高度与原型护舷高度几何相似的刚性受力点,并使与原型护舷中心的受力点位置相同。在上端贴应变片,建立电桥,通过转换卡和数据采集软件测量。应变片的型号为BE120-2AA。本章主要进行了水工物理概化模型试验设计,对码头结构受滑坡涌浪作用即正面波压力和平台上托力进行了测量。

图3.2-22　测力环制作图

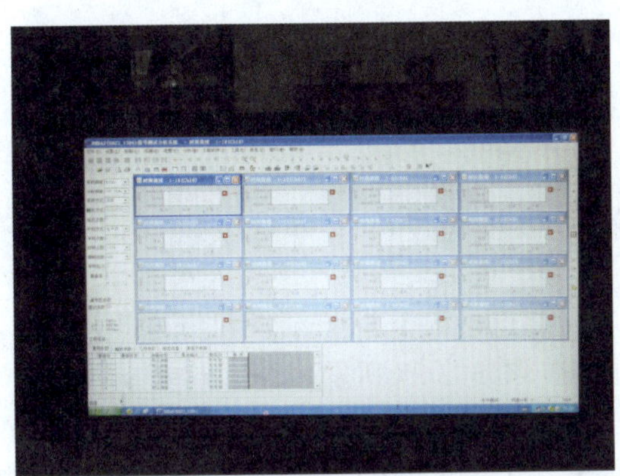

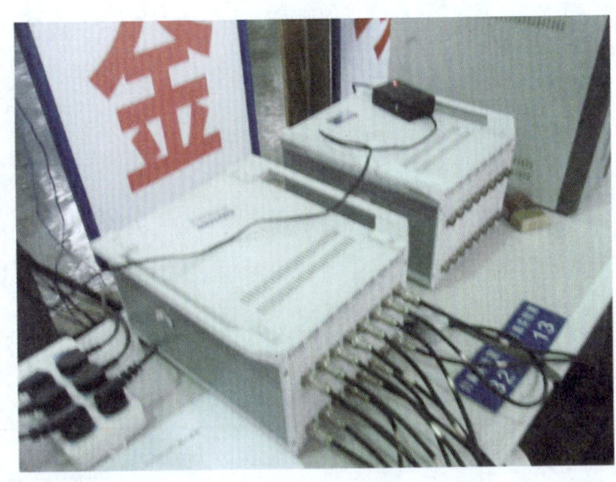

图3.2-23　波浪力和系缆力采集系统

3.2.4　量测技术及仪器设备

1)波高和周期的观测

采用重庆西南水运工程科学研究所自主研发的超声波浪采集分析仪(图3.2-24、图3.2-25)。

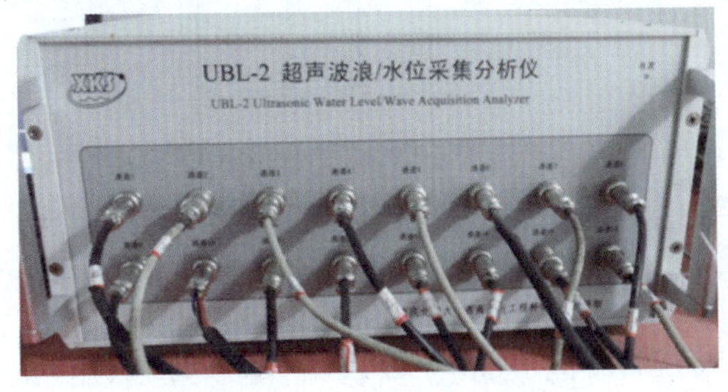

图3.2-24　数据采测系统组件

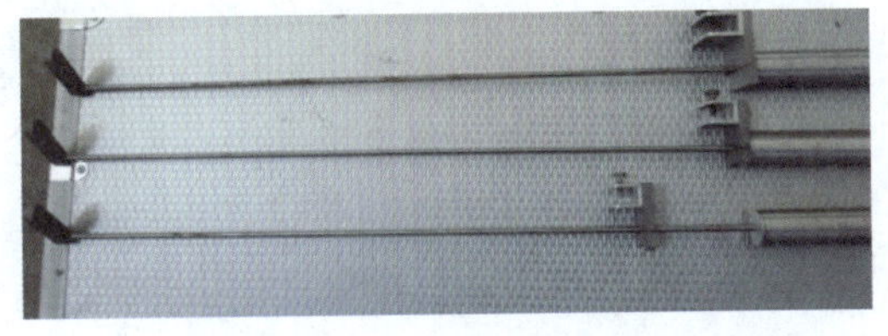
图3.2-25　数据采测系统组件——传感器

(1)岩体滑坡涌浪:波高测点共16个测点,分别量测初始涌浪和沿程涌浪,主要测量区域包括直道区域、直道远端区域、弯道区域和过弯后区域,测点布置平面图如3.2-26所示。数据采集系统主要采集不同区域的波高数据和周期数据,采集时间一般为200s,采集频率为50Hz。

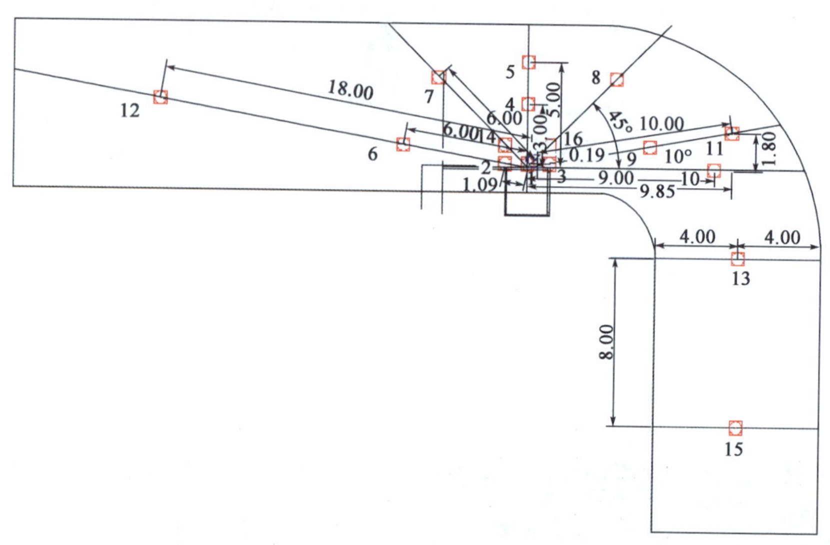

图3.2-26　岩体滑坡涌浪测点平面布置图(尺寸单位:m)

(2)陡岩体滑坡涌浪:波高测点分为八个测量断面,共16个测点,靠近入水点的三只传感器测量初始涌浪,为了不影响涌浪形态并保护仪器,确定这三只传感器距离入水点0.5m。外围测点用于测量沿程涌浪,采用圆形布置方式。爬高测点共四个,分布在滑坡入水点的对岸、邻岸、对岸弯道处、模型弯道最远端,测点布置平面图如图3.2-27所示。

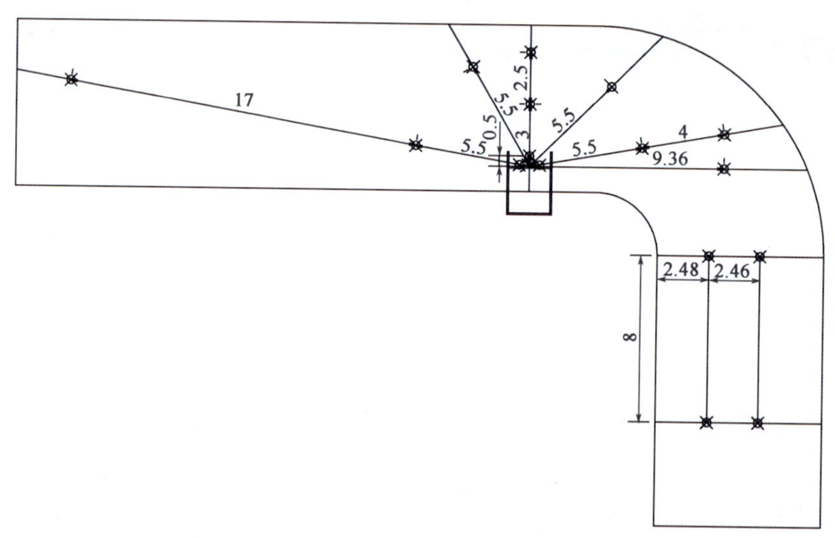

图3.2-27　陡岩体滑坡涌浪测点平面布置图(尺寸单位:m)

试验主要观测各种方案下产生的原始波与合成波的波高 H 和周期 T、滑体入水前的速度、溅高高度和面积、爬高高度。实现以上观测内容,需要多个仪器相互协调,布置方案要合理。

2)锚泊船舶作用力的量测

锚链拉力传感器由测力环制作,且环状传感器不受方向的影响。锚泊船舶锚链拉力传感器的型号为 CYG1145T,测量范围为 6kPa,精度为 0.5 级。

锚泊船舶锚链拉力采集系统的精度为 100Hz,所有数据利用计算机进行处理和统计。

3)船舶横摇的量测

对于船舶横摇,采用高清摄像机实时拍摄,在摄像的对面安放白色坐标网格和蓝色背景布(图 3.2-28),确保拍摄效果清晰。摄像机放置在自制的架子上,根据水深变化和拍摄需要,可适宜地调整高度和位置。

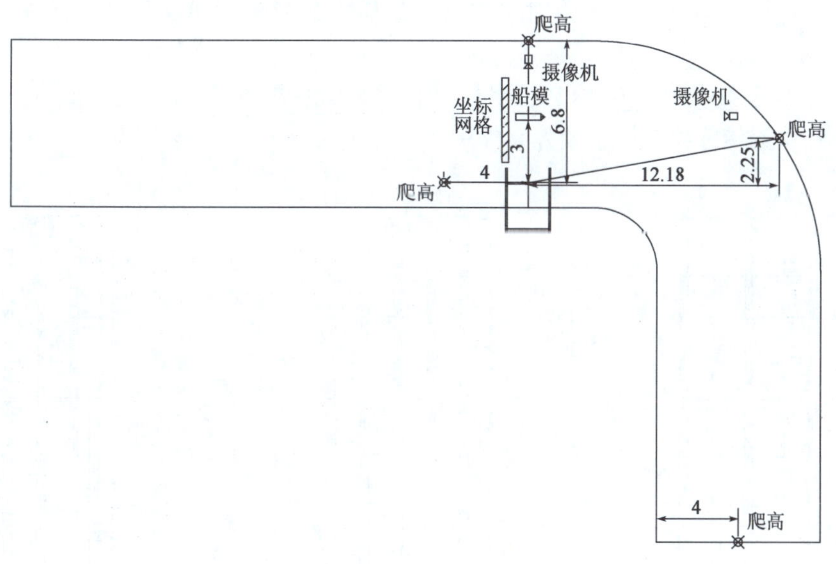

图 3.2-28　船舶横摇摄影背景和布置(尺寸单位:m)

4)码头布置及受力量测

(1)码头平面布置

在河道中对岸和同岸分别布设两个码头,滑坡体对岸码头中心与滑坡体中心在同一直线上,码头前沿距离入射点距离为 6.37m;滑坡体同岸码头中前沿与滑坡体入水点在同一直线上,码头侧缘距离入射点距离为 6.37m。原型码头面板顶部高程为 175.5m,设计水位 173.46m,码头顶部高出高水位 2.1m。因此选取模型顶板高程高出高水位 3cm。码头平面布置图如图 3.2-29 所示。

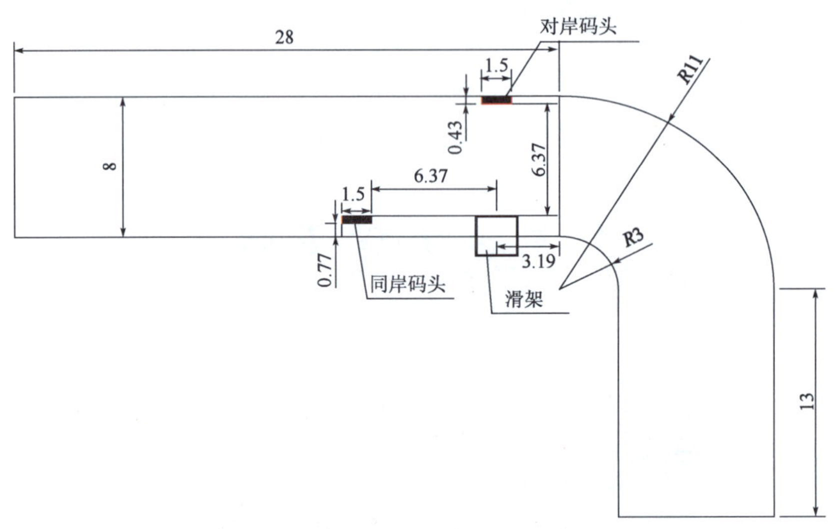

图 3.2-29 码头平面布置图(尺寸单位:m)

(2)波压力测点布置

通过不同滑坡方案测量涌浪在三个水位下,涌浪对码头桩柱波压力的测量,具体工况共 81 组,通过 81 组不同方案测出涌浪对码头立柱波压力的影响规律。测量设备采用波压力传感器,布设 3 个测点。

压力传感器的型号为 CYG1145T,测量范围为 6kPa,精度为 0.5 级。

波压力各水深传感器具体布置方案如图 3.2-30 所示。

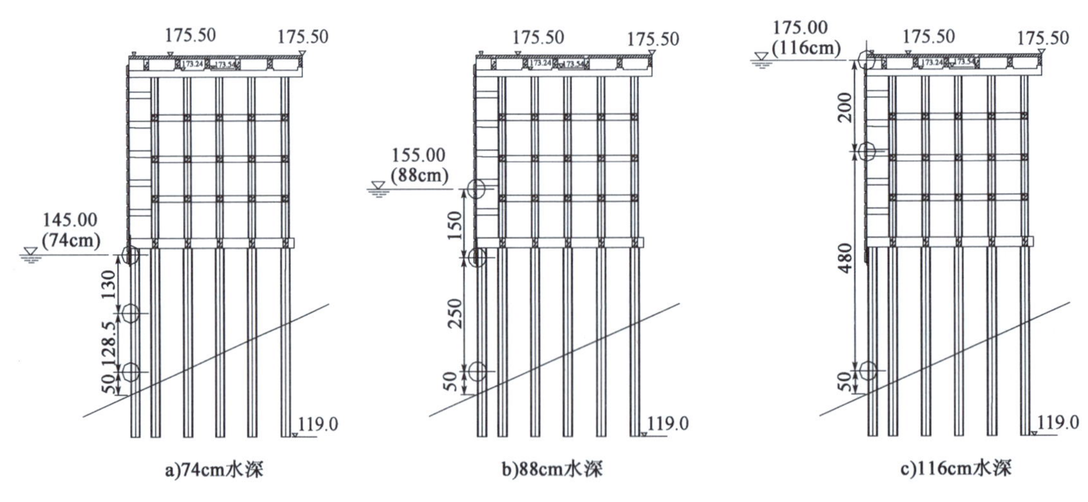

图 3.2-30 波压力传感器侧面布置图

(3)码头平台上托力测点布置

码头前方平台实际宽 30m,现通过在 175m 高水位下不同滑坡方案测量涌浪对码头面板的上托力,具体工况共27组,通过这27组不同方案找出涌浪对码头面板上托力的变化规律。滑坡涌浪对岸码头面板顶托力布置3个测点,码头测点间距为111mm,测点采用CYG1145T压力传感器进行测量。具体布置方案如图3.2-31所示。

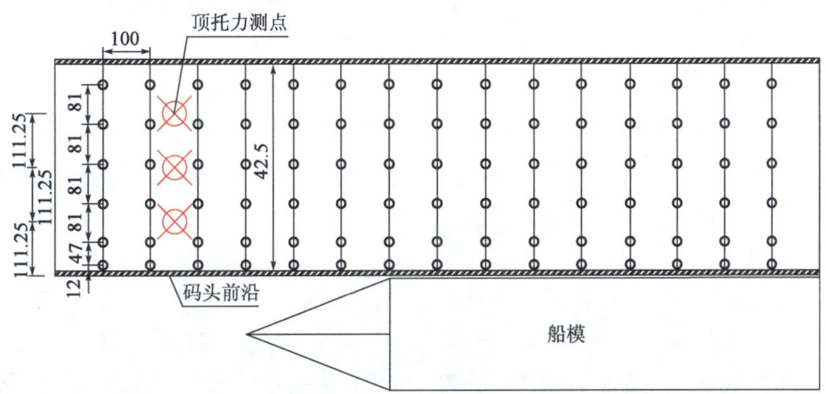

图3.2-31　对岸码头面板上托力测点布置图(尺寸单位:mm)

3.3　试验数据的识别及处理

试验数据采测系统中采样程序所采到的源数据是各个时刻水面偏离静水位的上升或下降值,程序每0.005s采一个数据,每次共采测50s,这样每只传感器所放点处就可以采测到10000个点。本节以土质滑坡涌浪试验为例,通过这10000个点可以绘出如图3.3-1所示的波浪时域图,横坐标是时间(单位:s),纵坐标表示的是对应时刻水面偏离静水位的上升或下降值(单位:mm)。

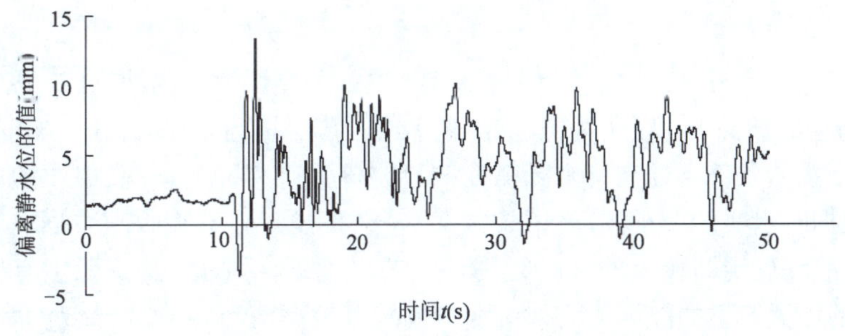

图3.3-1　土质滑坡工况7($\beta=20°, h=75\text{cm}, w=24\text{cm}$)的波浪时域图

3.3.1　原始波与合成波的时间分界点

滑坡入水击起的波包括原始波和合成波,合成波主要是波浪传播至对岸经反射叠加而形成的。如图3.3-2所示,A点表示滑坡入水点(击波点),它距对岸3.0m,即$AD=3.0\text{m}$,1、2、3、4、5、6、7、8分别为八只传感器所处的位置,且1、3、5、7处在以A为圆心、半径为1m的一段圆弧上,2、4、8处在以A为圆心、半径为2m的一段圆弧上,6处在距A点4m长的位置上。要区分八只传感器处的原始波与合成波,得先计算出第一个反射波到达每只传感器的时间t_i($i=$

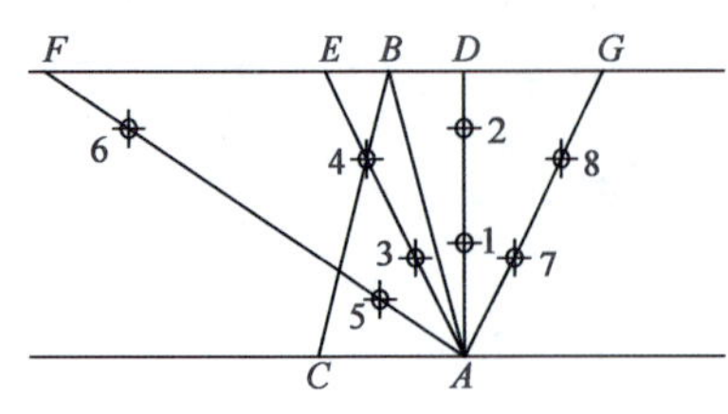

图 3.3-2　原始波与合成波的时间分界点计算示意图

1,2,…,8),其计算方法是:选择基点 1、3、5、7,通过如图 3.3-1 所示的波浪时域图分别读取 1、3、5、7 处产生的第一个波的周期 T_1、T_3、T_5、T_7,对这四个周期求平均值作为原始波的周期 T,这样将周期 T 和水深 h 代入波浪的弥散方程就可迭代出原始波的波长 λ,则原始波的波速 C 也就求出来了。分别由波浪入射线和反射线上的一点以及反射边界,就可确定波浪入射和反射的路径,由此利用三角形的余弦定理可算出波浪由击波点经传播反射到达传感器处的距离 L(比如对于 4 号传感器,$L = AB + B4$),这样所求的时间 $t_i = L/C$。要最终确定每只传感器处原始波与合成波的时间分界点 q,需算出每只传感器处产生波的初始时刻 K_i($i=1,2,\cdots,8$),其计算方法是:选择基点 1、3、5、7,通过如图 3.3-1 所示的波浪时域图分别读取 1、3、5、7 处产生的第一个波的时刻 K_1、K_3、K_5、K_7,对这四个时刻求平均值作为原始波由击波点传播至以 A 为圆心、半径为 1m 的半圆弧上的时刻 K,则原始波传播至以 A 为圆心、半径为 2m 的半圆弧上的时刻,也即传感器 2、4、8 产生波的初始时刻 $K' = K + 1/C$,同样传感器 6 产生波的初始时刻 $K'' = K + 3/C$。那么,1、3、5、7 处原始波与合成波的时间分界点 $q_i = K + t_i$($i=1,3,5,7$),2、4、8 处原始波与合成波的时间分界点 $q_i = K' + t_i$($i=2,4,8$),6 处原始波与合成波的时间分界点 $q_6 = K'' + t_i$。

3.3.2　原始波三要素的确定

1)周期

选择基点 1、3、5、7,通过如图 3.3-1 所示的波浪时域图运用零点法和峰谷法分别读取 1、3、5、7 四只传感器处产生的第一个波的周期 T_1、T_3、T_5、T_7,对这四个周期求平均值作为原始波的周期 T。

2)波高

主要是要确定三个波高,即以 A 为圆心半径为 1m 的半圆弧上的波高 H_1、以 A 为圆心半径为 2m 的半圆弧上的波高 H_2、以 A 为圆心半径为 4m 的半圆弧上的波高 H_3。理论上来讲,在没有反射折射等干扰的条件下处在一个圆弧上的波应该具有相同的波高,但试验中各种因素的干扰,比如测数据时水面的微小波动,试验方案本身的粗陋等,试验所测数据在同一圆弧上的波高并不相等,故在确定圆弧上的波高时用基点的平均值。对于 H_1,圆弧上有四只传感器,5 号传感器所处的位置产生的波因为绕射的缘故发现其波高值与 1 号、3 号、7 号比较过于偏小,故 H_1 的确定主要是通过如图 3.3-1 所示的波浪时域图先分别求出 1 号、3 号、7 号三只传感器处原始波的波高值,其计算过程是:由原始波与合成波的分界时间点 q_i($i=1,3,7$),采用峰谷法读取每只传感器处原始波的波高,然后将这些波高求平均值即为所求的 H_1。同理求得 H_2、H_3。

3)波长

通过前面求出的周期 T 和水深 h,用二分法迭代波浪的弥散方程,即可求出原始波的波长 λ。二分法的基本思路是假设区间 $[a,b]$ 是有根区间,令 $a_0 = a$,$b_0 = b$,取区间中间点 $x_0 = (a_0 + b_0)/2$。考察中点 x_0 的函数值的情况,若 $f(a_0)\cdot f(x_0) < 0$,则所求根 x^* 应落在 $[a_0, x_0]$

区间,此时令 $a_1=a_0,b_1=x_0$;若 $f(x_0)\cdot f(b_0)<0$,则所求根 x^* 应落在$[x_0,b_0]$区间,此时令 $a_1=x_0,b_1=b_0$。再取 $x_1=(a_1+b_1)/2$……如此反复二分下去,二分 n 次后,有根区间$[a_n,b_n]$的长度必趋向于零,这些区间最终将收敛于一点 x^*,该点即为所求方程的根。迭代程序运用Matlab 语言编写,迭代函数 ddf 程序如下:

```
function[c,index,n] = ddf(fun,a,b,ep)
% fun(x)为需要求根的函数;
% a,b 为初始区间的端点;
% ep 为精度,当(b-a)/2 < ep 时,算法终止计算,缺省值为 1e-5;
% c 为当迭代成功时,输出方程的根,当迭代失败时,输出两端点的函数值;
% index 为指标变量,当 index =1 时,表示迭代成功,当 index =0 时,表示初始区间不是有根区间;
% n 为迭代次数。
if nargin <4 ep =1e-5;end
fa = feval(fun,a);fb = feval(fun,b);
if fa * fb >0
    c = [fa,fb];index =0;n =0;
    return;
end
k =1;
while abs(b-a)/2 > =ep
    x = (a+b)/2;fx = feval(fun,x);
    if fx * fa <0
        b =x;fb =fx;
    else
        a =x;fa =fx;
    end
    k =k+1;
end
c = (a+b)/2;index =1;n =k;
```

3.3.3　合成波三要素的确定

从试验所测数据绘出的波浪时域图可知,合成波的波形比较杂乱,常有毛波出现,在数据读取时,先是将时域图中的合成波进行了平滑连接,使之近乎于规则波,舍去那些高频低振幅的波,每一工况下,读取每只传感器处的最大波高和相应的周期以及每只传感器处的平均波高和相应的周期。波长的计算与原始波一样,通过迭代弥散方程算出。

第4章　土质滑坡涌浪特性及对航道影响

4.1　滑坡涌浪特征及传播规律

对于原始波，本项目从其三要素进行了分析研究；对于合成波，只是将其与原始波进行了简单的比对，以此作为滑坡产生涌浪造成的灾害主要是原始波还是合成波的初步判别依据。

4.1.1　原始波三要素特征

1）波高

波高的特征主要是对最大波高发生的位置、波高沿河道纵向和横向的一个变化趋势以及滑坡可能产生的波高分布三方面进行了研究。

通过试验所测数据可知，八只传感器处所测出的原始波最大浪高都发生在1号传感器处，且1号、3号、7号三只传感器所在位置几乎在同一时刻产生最大波，由此可以推断滑坡产生最大涌浪的位置应该在滑坡入水点处。

随机选取六组工况，在河道纵向上，通过距离滑坡入水点1m、2m和4m三点处的波高作出如图4.1-1所示的一个变化趋势图，在河道横向上，通过距离滑坡入水点0.5m、1m和2m三点处的波高作出如图4.1-2所示的一个变化趋势图，从中可知，原始波波高在河道纵向和横向上都呈现出随着距离的增加而减小的趋势。

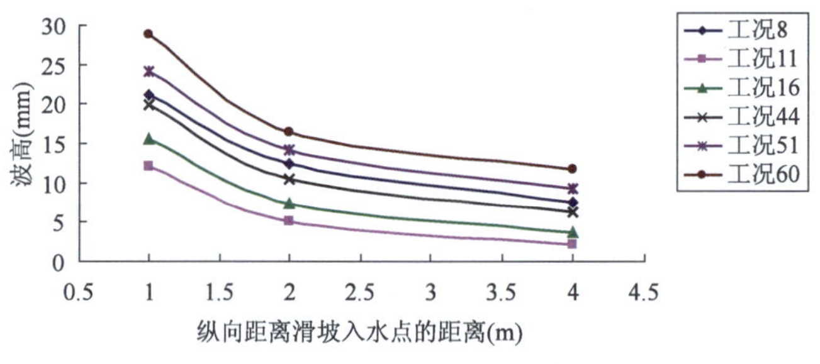

图4.1-1　涌浪高沿河道纵向上的变化趋势图

图4.1-3为所有工况测出的最大浪高H_{max}、距滑坡入水点1m处的平均波高H_1、距滑坡入水点2m处的平均波高H_2、距滑坡入水点4m处的平均波高H_3的分布图。从图中可以看出：最大浪高H_{max}集中分布区段比较宽泛，经统计计算所有工况产生的最大浪高的最大值是41.69mm，最小值是3.96mm，平均值是20.99mm；距滑坡入水点1m处的平均波高H_1集中分布在(5，10)、(10,15)、(15,20)三个区段，频率约80%，且统计计算所有工况产生的平均波高H_1的最大值是28.71mm，最小值是2.87mm，平均值是14.58mm；距滑坡入水点2m处的平均波高H_2集中分布在(5,10)、(10,15)两个区段，频率约80%，且统计计算所有工况产生的平

均波高 H_2 的最大值是21.76mm，最小值是2.17mm，平均值是8.75mm；距滑坡入水点4m处的平均波高 H_3 集中分布在(0,5)、(5,10)两个区段，频率约85%，且统计计算所有工况产生的平均波高 H_3 的最大值是12.52mm，最小值是1.36mm，平均值是5.94mm。从这些特性就可大概初步估计在滑坡入水点不同距离处可能产生的涌浪的大小。

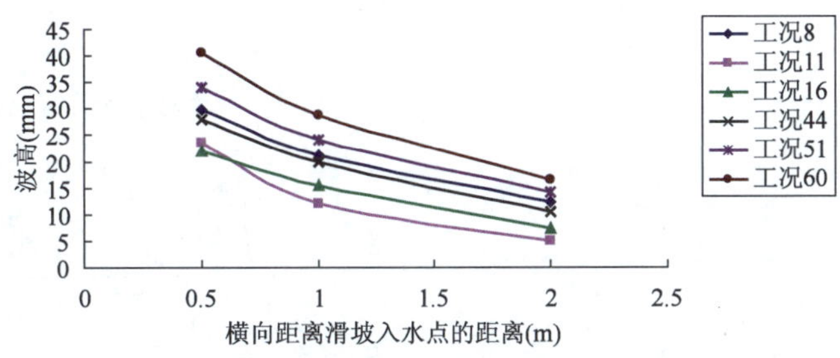

图4.1-2　涌浪高沿河道横向上的变化趋势图

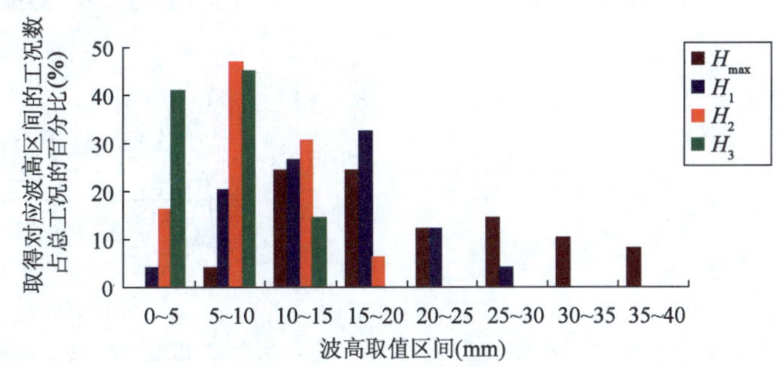

图4.1-3　所有工况所测距离滑坡入水点不同位置处波高分布图

2）周期、波长

从试验所测数据可知，原始波周期的可能取值在1～2s之间，波长的可能取值在1～5m之间，由此算出的波速的可能取值在1～2.5m/s之间。从所测得数据还可以看出在水深相同的情况下，波的周期越长，则波长也越长，波速也越大。

3）波陡

工程经验表明，一定涌浪要素存在的条件之一是通常情况下其波陡不能超过极限值0.0142。在试验数据的处理中，波陡的计算采用了将每一工况中原始波的最大波高与相应波长之比作为此工况的波陡，发现除4、8、12、34这四个工况由于最大波高都超过30mm、周期都在1s左右，以致计算出的波陡分别为0.0264、0.0194、0.0179、0.0215，但其余工况的波陡都小于0.0142。这与工程经验还是比较吻合的。

4）波形

随机抽取6组工况，只画出从其开始产生涌浪前后20s左右时间内的时域图（图4.1-4），经计算，除工况4和工况26这两个工况每个都产生了两个原始波（图中的第一、二个波）外，其余工况都只产生一个原始波（图中的第一个波），从图中可看出原始波的波形比较光滑、对称、规则，具有明显的波峰、波谷。

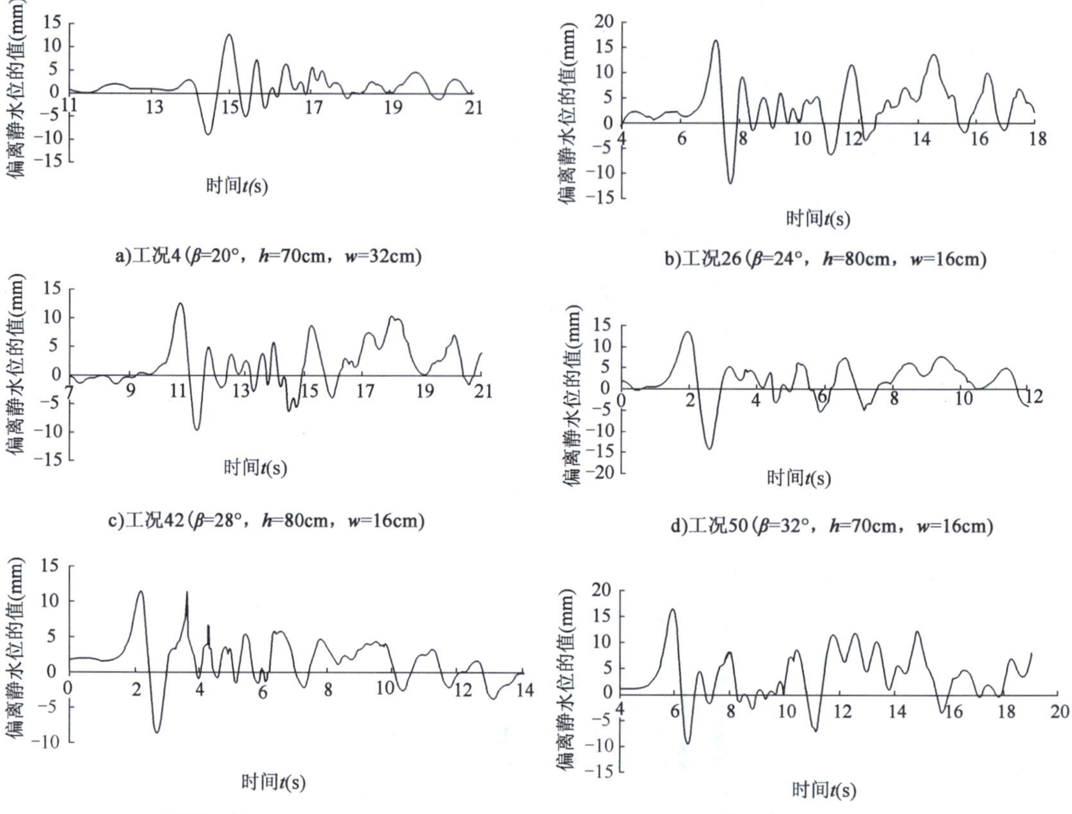

a)工况4(β=20°，h=70cm，w=32cm)

b)工况26(β=24°，h=80cm，w=16cm)

c)工况42(β=28°，h=80cm，w=16cm)

d)工况50(β=32°，h=70cm，w=16cm)

e)工况57(β=32°，h=80cm，w=8cm)

f)工况60(β=32°，h=80cm，w=32cm)

图4.1-4　不同工况下原始波的波形图

4.1.2　原始波与合成波的简单对比

对原始波与合成波进行了简单的对比，主要是从浪高和浪周期的一些统计特征值方面去比对。

1)最大波高的比对

将所有工况下的最大原始波高 $H_{原max}$ 与最大合成波高 $H_{合max}$ 在试验中布置的每一传感器处进行对比，分别符合 $H_{原max}>H_{合max}$ 与 $H_{原max}<H_{合max}$ 的频率统计结果见表4.1-1，从中可以得出如下结论：在1号、3号、7号三只传感器处，原始波的最大波高要大于合成波，而在2号、4号、5号、6号、8号五只传感器处合成波的最大波高要大于原始波。随机选取6组工况，其比对结果见图4.1-5。

原始波与合成波最大波高比对统计结果　　表4.1-1

波高对比 \ 概率 \ 传感器编号	1号	2号	3号	4号	5号	6号	7号	8号
$H_{原max}>H_{合max}$	97.96%	12.24%	89.80%	6.12%	10.20%	6.12%	83.67%	2.04%
$H_{原max}<H_{合max}$	2.04%	87.76%	10.20%	93.88%	89.80%	93.88%	16.33%	97.96%

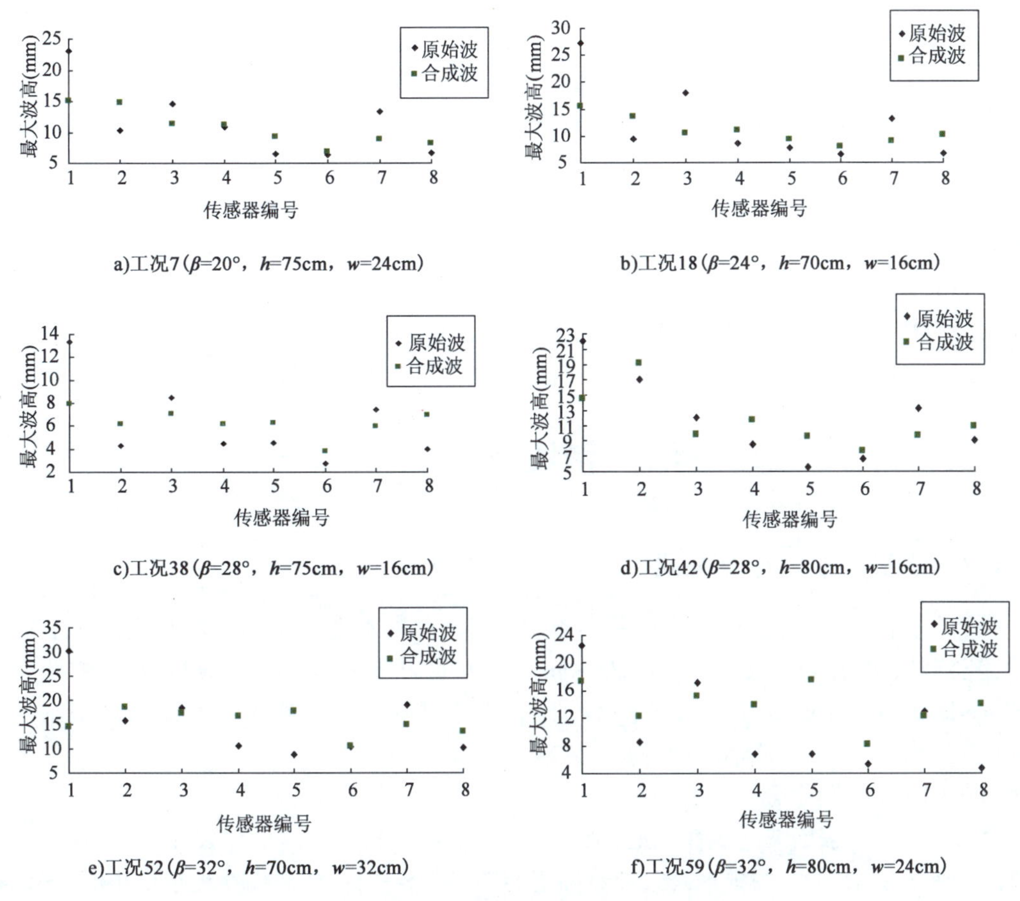

图 4.1-5　不同工况下原始波与合成波最大波高比对图

2)平均波高的比对

将所有工况下的平均原始波高 $H_{原均}$ 与平均合成波高 $H_{合均}$ 在布置的每一传感器处进行对比，分别符合 $H_{原均}>H_{合均}$ 与 $H_{原均}<H_{合均}$ 的频率统计结果见表 4.1-2。从中可以得出如下结论：平均原始波高要比平均合成波高大。

原始波与合成波平均波高比对统计结果　表 4.1-2

传感器编号 / 概率 / 波高对比	1号	2号	3号	4号	5号	6号	7号	8号
$H_{原均}>H_{合均}$	100%	89.80%	100%	83.67%	77.55%	89.80%	100%	91.84%
$H_{原均}<H_{合均}$	0%	10.20%	0%	16.33%	22.45%	10.20%	0%	8.16%

3)周期的比对

对于合成波，每一工况下布置的八只传感器处波的三要素都是不同的，周期亦如此，但原始波在每一工况下只有一个周期 $T_{原}$，将每一工况下合成波的最大周期、平均周期、最小周期与同一工况下原始波的周期进行了比对，其中：合成波最大周期是这样确定的，先分别统计出在某一工况下八只传感器处的最大周期,然后再在这八只传感器的最大周期中统计出一个最大值,将此值即定义为在某一工况下合成波的最大周期 $T_{合max}$;合成波的平均周期是这样确定的,先分别计算出在某一工况下八只传感器处的平均周期,然后再对这八只传感器的平均周期求平均值,将此值即定义为在某一工况下合成波的平均周期 $T_{合均}$;合成波的最小周期是这样确定的,先分别统计出在某一工况下八只传感器处的最小周期,然后再在这八只传感器的最小周期中统计出一个最小值,将此值即定义为在某一工况下合成波的最小周期 $T_{合min}$。通过比对统计出如下三个均差值:合成波最大周期与原始波周期的最大差值为6.99s、均差值为4.36s、最小差值为1.96s;合成波平均周期与原始波周期的最大差值为2.64s、均差值为0.5s、最小差值为0.66s;合成波最小周期与原始波周期的最大差值为-1.59s、均差值为-0.87s、最小差值为-0.39s。通过这些差值就可初步估计合成波的最大、最小及平均周期的一个取值范围。

4.2 滑坡涌浪的计算

4.2.1 滑坡涌浪计算公式

经验公式法主要有:美国土木工程学会建议法、水利水电科学研究院(以下简称“水科院”)经验公式法、潘家铮法、E. Noda 法、Kamphis, J. W 和 Bowering, R. J 方法、瑞士方法及 R. L. Slingerland 和 B. Volght 方法等,其基本思路是先选出重要的影响因子,再结合模型试验,运用统计回归分析,得出具体情况的经验公式。

1)美国土木工程学会建议法

该法根据重力表面波的线性理论,推导出一个滑坡引起波浪的计算公式。应用公式直接计算过程十分复杂,但利用根据公式计算确定的一些曲线图标,能较简便地求出距滑体落水点不同距离处的最大波高。计算步骤如下:

(1)下滑体速度 v 值,由 v 推算出 v_r:

$$v_r = \frac{v}{\sqrt{hH_w}} \tag{4.2-1}$$

式中:v_r——相对滑速,无因次量;

H_w——水深(m);

g——重力加速度,取9.8m/s^2。

(2)计算$\frac{H_s}{H_w}$值,H_s 为下滑体平均厚度(m)。

(3)根据 v_r 和$\frac{H_s}{H_w}$,由图4.2-1确定波浪特性。

(4)由图4.2-2,根据 v_r 值可先求出滑体落水点($X=0$)处的最大波高 h_{max} 与滑体厚度 H_s 的比值,从而求出 h_{max}。

(5)为了预测距离滑体下游坝址处最大波高,先求出 X_r:$X_r=\frac{X}{H_w}$。式中 X_r 为相对距离,无因次量;其他符号意义同前。

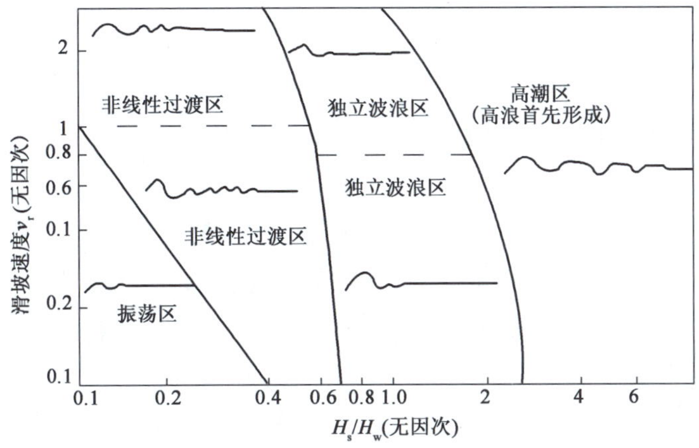

图4.2-1 波浪特性分区图

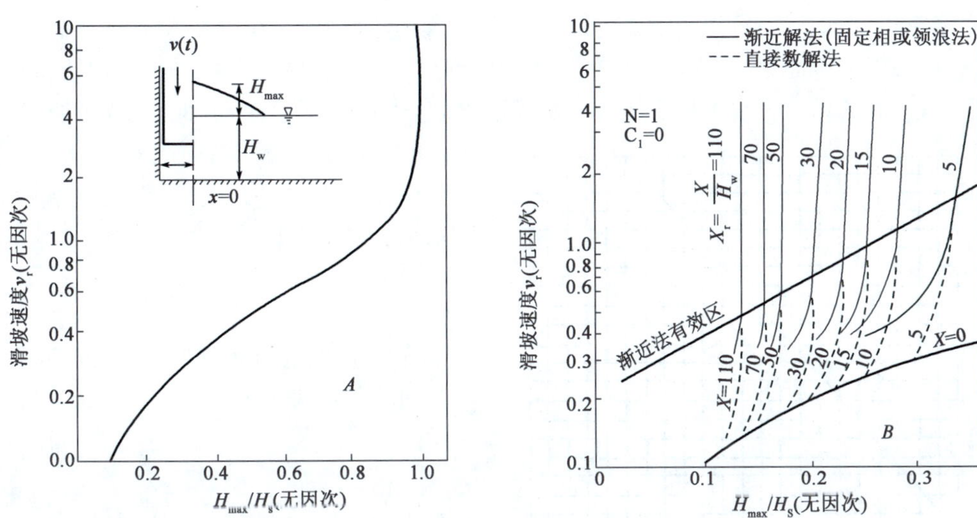

图4.2-2 水库滑坡涌浪最大波高计算图

根据这一方法得出一重要推论,即当$v_r=2$时,在$X=0$处最大波高达到极限,其值等于滑体平均厚度,v_r值再增大,波高不变。

同时应指出,上述计算方法对水库的形态都作出了一定假设,故它的应用有一定局限性。

2)水科院经验公式法

水科院参考了加拿大麦卡坝、美国利贝坝(Libby)和奥地利吉帕施坝的涌浪试验资料并根据碧口、拓溪和费尔泽坝(阿)涌浪试验资料,结合拓溪塘岩光滑坡的原型观测成果发现,水库滑坡的滑速和滑体的体积是影响涌浪高度的主要因素,并建立了三者间如下的关系。

(1)入水点最大涌浪高度估算

$$\eta_{max}=k\frac{u^{1.85}}{2g}V^{0.5} \tag{4.2-2}$$

式中:k——综合影响系数,取平均值0.12;

V——滑坡体积(m^3);

u——滑速(m/s);

η_{max}——最大涌浪高度(m);

g——重力加速度(m/s^2)。

(2)距滑坡 x 点处的涌浪高度估算

$$\eta = k_1 \frac{u^n}{2g} V^{0.5} \tag{4.2-3}$$

式中:k_1——与距滑坡点距离有关的系数,距入滑坡水点下游约2000m处村庄,$k_1=0.08$;距下游5000m处,$k_1=0.05$,距下游12000m处坝址,$k_1=0.02$;

n——系数,$n=1.3\sim1.5$,取 $n=1.4$;

η——涌浪高度(m);

其余符号意义同前。

上述公式未考虑库水深度等影响,这在库水深度较大的情况下误差范围相对较小。

3)潘家铮法

潘家铮于1980年提出初始浪高的计算方法,他假定涌浪首先在滑坡入水处发生,产生初始波,然后向周围传播,并认为滑坡体侵入水库的断面积随时间的变化率是确定初始涌浪高度的主要因素,其计算模式按岸坡变形分为水平运动(直线1)和垂直运动(曲线2)两种,两种模式下的初始涌浪高度求解曲线见图4.2-3。

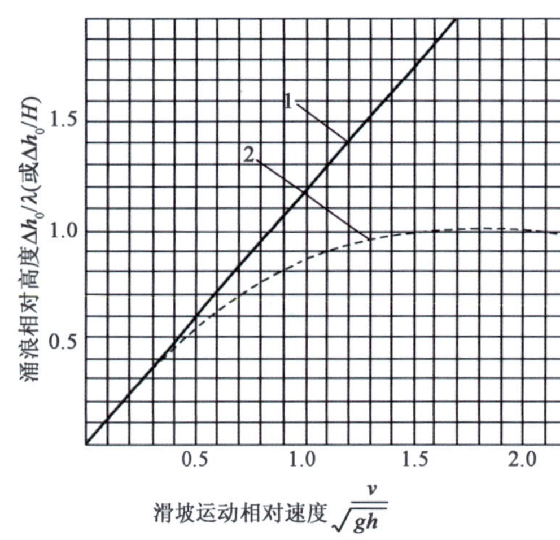

图4.2-3 两种模式下的初始涌浪高度求解曲线图(据潘家铮,1980)

当岸坡发生水平运动时,激起的初始浪高可表示为:

$$\frac{\xi_0}{h} = 1.17\frac{v}{\sqrt{gh}} \tag{4.2-4}$$

当岸坡发生垂直运动时,激起的初始浪高可用下面的函数表示为:

$$\frac{\xi_0}{h} = f\left(\frac{v'}{\sqrt{gh}}\right) \tag{4.2-5}$$

以上两式中:ξ_0——激起的初始涌浪高度(m);

h——水库平均深度(m);

v——岸坡水平运动速度(m/s);

v'——岸坡垂直运动速度(m/s);

g——重力加速度(m/s^2)。

岸坡发生垂直运动时初始涌浪高的函数关系可以分段表示成下面三种形式:

(1)当 $0<\frac{v}{\sqrt{gh}}\leq0.5$ 时,$\frac{\xi_0}{h}=\frac{v'}{\sqrt{gh}}$。

(2)当 $0.5<\frac{v}{\sqrt{gh}}\leq2$ 时,$f\left(\frac{v'}{\sqrt{gh}}\right)$呈曲线变化。

(3)当 $\frac{v}{\sqrt{gh}}>2$ 时,$\frac{\xi_0}{h}=1$。

上面式子中,$\frac{\xi_0}{h}$为相对涌浪高度,$\frac{v}{\sqrt{gh}}$为相对滑动速度。

此外，潘家铮还对对岸下游 A' 点最高涌浪公式进行了研究，得出了如下公式：

$$\zeta = \frac{\zeta}{\pi}\sum_{n=1,3,5\cdots}^{n}(1+k\cos\theta_n)k^{n-1}\ln\frac{\sqrt{1+\left(\frac{nB}{x_0-L}\right)^2}-1}{\frac{x_0}{x_0-L}\sqrt{1+\left(\frac{nB}{x_0}\right)}-1} \tag{4.2-6}$$

式中，n 取 1, 3, 5, …；θ_n 为传到 A 点的第 n 次入射线岸坡法线的交角；B 为河道宽度；L 为滑体宽度；k 为波的反射系数，取 0.9。

潘家铮涌浪计算方法显示了滑坡引起的最大涌浪高度的主要影响因素是滑坡速度，岸坡发生水平运动时两者呈线性关系，岸坡发生垂直运动时两者呈非线性关系（两端线性关系，中间非线性关系）；另外，数据的处理方式采用的是涌浪的相对高度和滑坡运动的相对速度。

4）E. Noda 法

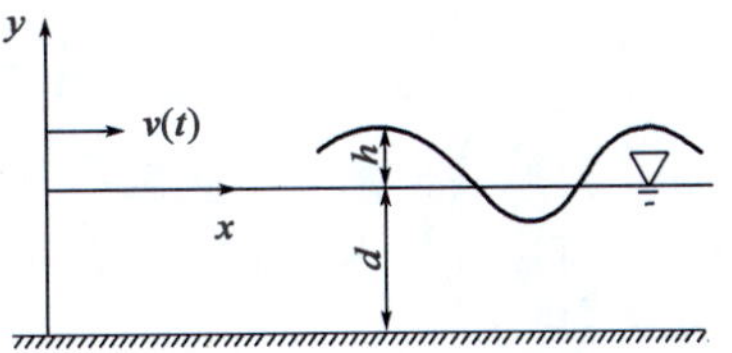

图 4.2-4　E. Node 水平推动模式图

Edward Node（1970）针对单向流情况，考虑了滑坡体垂直下落和水平推动两种极端状态，并得出了其引起涌浪理论解。其模型为不可压缩、无黏性，有只有表面的半无限长水体，边壁突然发生水平移动（图 4.2-4），其运动速度 $v(t)$ 能表示成 N 条直线：$v(t)=v_1, 0\leqslant t\leqslant T_1, \cdots, v(t)=v_N, T_{N-1}\leqslant t\leqslant T_N, v(t)=0, t\geqslant T_N$。产生的涌浪计算公式为：

$$\frac{h(x,t)}{d} = -\frac{2}{\pi}\int_0^{\infty}\frac{\tanh u\cos(ux)}{u}\left[\sum_{1}^{N}\frac{v_N\sin[\sigma(t-\tau)]}{\sigma}\bigg|_{T_{N-1}}^{T_N}\right]\mathrm{d}u \tag{4.2-7}$$

式中，$u=kd$，$\sigma=\sqrt{\frac{\tanh u}{u}}$，$k$ 为波数，d 为水深。

上式经近似处理后，在单一速度值的情况下，其涌浪最大值的表达式为：

$$\frac{h_{\max}}{d} = 1.32\frac{v}{\sqrt{gd}} \tag{4.2-8}$$

式中：$h_{\max}$——涌浪最大高度。

E. Node 涌浪计算方法显示了滑坡引起的最大涌浪高度的主要影响因素是滑坡速度，两者呈线性关系；另外，数据的处理方式采用的是涌浪的相对高度和滑坡运动的相对速度。

5）Kamphis J. W 和 Bowering R. J 方法

Kamphis J. W 和 Bowering R. J 两位学者通过试验研究总结出影响浪高的无量纲模式，其最初的表示形式如下：

$$\frac{h_{\max}}{d} = 1.32\frac{v}{\sqrt{gd}}\pi_A = \phi_A\left(\frac{l}{d},\frac{w}{d},\frac{h}{d},\frac{v}{\sqrt{gd}},\beta,\theta,p,\frac{\rho_s}{\rho},\frac{\rho d\sqrt{gd}}{\mu},\frac{x}{d},t\sqrt{\frac{g}{d}}\right) \tag{4.2-9}$$

式中：l——滑坡体的长；

w——滑坡体的宽；

h——滑坡体的高；

d——水深；

v——滑体速度；

β——滑坡体的前缘倾角；

θ——滑坡体前缘的滑床倾角；

p——滑坡孔隙率；

ρ_s——滑坡体密度；

ρ——流体密度；

μ——流体的动力黏滞系数；

x——滑坡体离滑坡点的距离；

t——滑坡滑动时间。

通过试验提出了稳定浪高近似的关系式：

$$\frac{\eta_c}{d} = F^{0.7}(0.31 + 0.20\lg q) \tag{4.2-10}$$

式中：η_c——稳定涌浪高度。

上式在 $p=0$、$0.5<q<1.0$、$h\geqslant 0.5d$、$\theta\geqslant 30°$ 及 $\beta\approx 90°$ 的范围内计算结果较佳，其中，稳定浪高是指波传播到一定距离后其高度随距离增加而不再减小的浪高，F 为滑坡体佛汝德数(相当于相对速度)，两者表达式如下：

$$\begin{cases} q = \dfrac{l}{d}\dfrac{h}{d} \\ F = \dfrac{v}{\sqrt{gd}} \end{cases} \tag{4.2-11}$$

另外，他们还提出了最大涌浪高度与稳定涌浪高度的关系式：

$$\frac{\eta_{max}}{d} = \frac{\eta_c}{d} + 0.35e^{-0.08\left(\frac{x}{d}\right)} \tag{4.2-12}$$

式中：η_{max}——最大涌浪高度。

上式的适用范围为 $0.1<q<1.0$。

Kamphis J. W 和 Bowering R. J 涌浪计算方法显示了滑坡引起的涌浪高度的主要影响因素是滑坡体佛汝德数(相当于滑坡相对速度)及滑坡体的单宽体积，数据的处理方式采用的是涌浪的相对高度滑坡、滑坡运动的相对速度及滑坡体的相对单宽体积。

6)瑞士方法

1982 年，以试验为基础得出了瑞士方法，其涌浪高度计算公式为：

$$\frac{\eta}{h} = paM^b \tag{4.2-13}$$

式中，M 为滑坡相对体积，a 和 b 的值与滑坡倾角 α 和传播距离 x/d 有关。

7)R. L. Slingerland 和 B. Volght 方法

R. L. Slingerland 和 B. Volght(1979)在 Libby 坝、Mica 坝和 Koocasusa 湖模型试验资料的基础上给出了最大涌浪高度与无量纲动能之间的经验公式：

$$\lg\left(\frac{\eta_{max}}{d}\right) = -1.25 + 0.71\lg(K_E) \tag{4.2-14}$$

式中，$K_E = \dfrac{1}{2}\dfrac{lhw\rho_s}{d^3}\dfrac{v^2}{\rho\, gd}$，$\rho_s$ 为滑坡体密度。

R. L. Slingerland 和 B. Volght 涌浪计算方法显示了滑坡引起的最大涌浪高度的主要影响

因素是滑坡体动能,即滑坡体密度、体积及速度的二次方三者的乘积,数据的处理方式采用的是涌浪的相对高度滑坡及滑坡体的无量纲动能。

涌浪的计算是为了探讨涌浪与滑坡坡度、固流接触面积和富裕水深三参数之间的关系。因此,本次研究主要对原始波的最大初始涌浪、沿程浪高与初始涌浪的关系以及能量交换系数这三个方面进行了计算,采用的方法是多元回归分析法。

4.2.2　多元回归分析方法简介

多元回归分析是用来解释因变量和两个(或两个以上)自变量之间的关系,定量地描述变量间的因果关系,并依据这些数量关系,对某一现象进行预测,揭示和认识某一现象的规律。其通常最一般的处理方法是,选取一些初等函数,比如线性函数、幂函数、指数函数、对数函数等,来进行曲线回归。其中对于幂函数、指数函数,在曲线回归时,大都采用先将其对数化然后呈线性方程来求解,具体以 $y=ae^{bx}$ 为例。

$$y = ae^{bx} \tag{4.2-15}$$

对式(4.2-15)两边取以 e 为底的对数,即

$$\ln y = \ln a + bx \tag{4.2-16}$$

为此,可将它化为:

$$Y = \ln y = \ln a + bx = A + bx \tag{4.2-17}$$

其中:$Y=\ln y$,$A=\ln a$。

然后把所测试的数据化为式(4.2-17)形式进行线性回归,求出 A、b,再从 $A=\ln a$ 中求出 $a=e^{A}$,这就求出了式(4.2-15)的 a、b 系数。

4.2.3　初始涌浪高度的计算

初始涌浪是指在滑坡入水点那一位置产生的首个波,也是一个最大的原始波,其值通过在图3.3-2所示中以 A 为圆心、半径为1m的半圆弧上的浪高 H_1 推算出。具体算法是:通过 H_1、波长及 H_1 所在半圆弧的弧长可算出总波能,用此总波能和产生初始涌浪所在的半圆弧长就可反推算出初始涌浪的大小。

分别采用线性函数、幂函数、指数函数进行经验回归,用无量纲方法探讨相对初始涌浪高 H/W(初始涌浪高与滑坡体厚度的比值)与相对水深 H_3/W(富裕水深与滑坡体厚度的比值)、β 之间的关系,其中 H 为初始涌浪高,W 为滑坡体厚度,H_3 为富裕水深。可得到如下三个相对初始涌浪高的经验公式:

$$\frac{H}{W} = 0.033\frac{H_3}{W} + 0.005\beta - 0.076 \tag{4.2-18}$$

$$\frac{H}{W} = 0.018e^{\left(0.240\frac{H_3}{W}+0.049\beta\right)} \tag{4.2-19}$$

$$\frac{H}{W} = 0.001\left(\frac{H_3}{W}\right)^{0.456}\beta^{1.389} \tag{4.2-20}$$

运用上面三个公式计算出所有工况下的相对初始涌浪高的计算值并与实测值进行对比,所有工况平均相对误差和离差平方和的计算结果见表4.2-1。

三公式平均相对误差和离差平方和

表 4.2-1

公式	式(4.2-18)	式(4.2-19)	式(4.2-20)
平均相对误差(%)	13.75	12.34	18.71
离差平方和	0.809	0.616	1.209

随机选取24组工况,其实测值及式(4.2-18)、式(4.2-19)、式(4.2-20)计算值见表4.2-2,将实测值和三公式下的计算值制成图4.2-5。

相对初始涌浪高 *H/W* 实测值与计算值

表 4.2-2

编号	实测值 *H/W*	式(4.2-18)计算值	式(4.2-19)计算值	式(4.2-20)计算值
1	0.1699	0.1678	0.1435	0.1510
2	0.1759	0.1671	0.1503	0.1721
3	0.0995	0.0974	0.0952	0.0817
4	0.1030	0.1100	0.0943	0.1133
5	0.1049	0.0839	0.0780	0.0901
6	0.0568	0.0708	0.0709	0.0752
7	0.0861	0.1197	0.1064	0.1299
8	0.0763	0.0867	0.0837	0.0863
9	0.1073	0.1314	0.1219	0.1454
10	0.0875	0.1115	0.1055	0.1134
11	0.0687	0.1026	0.0988	0.0948
12	0.2133	0.2090	0.1937	0.1721
13	0.0729	0.0760	0.0736	0.0814
14	0.1944	0.2084	0.2028	0.2006
15	0.1396	0.1300	0.1147	0.1404
16	0.0983	0.1053	0.0958	0.1133
17	0.0877	0.0918	0.0869	0.0947
18	0.1033	0.1184	0.1109	0.1255
19	0.1269	0.1077	0.1026	0.1060
20	0.0751	0.0845	0.0745	0.0846
21	0.0683	0.0663	0.0652	0.0718
22	0.2340	0.2296	0.2251	0.1816
23	0.0657	0.0811	0.0764	0.0872
24	0.0969	0.1121	0.1007	0.1216

通过表4.2-2并结合图4.2-5可以合计出三个公式在24组工况中分别相对比较精确地计算了相对初始涌浪值的工况数,统计结果见表4.2-3(表中√表示相应下面的公式相对比较精确计算了该工况的相对初始涌浪)。

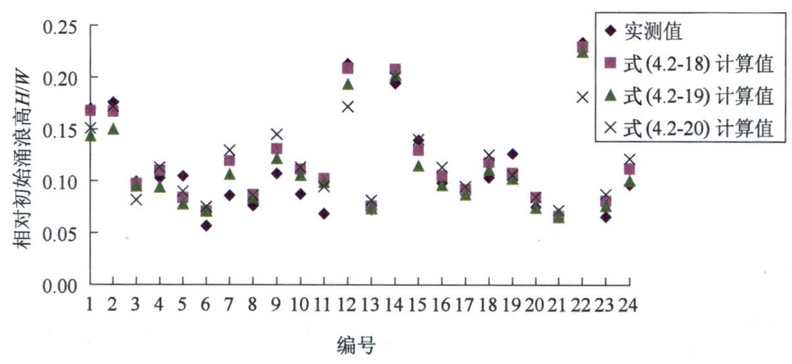

图4.2-5　相对初始涌浪高实测值与计算值拟合

每一工况下 H/W 相对较精确计算值统计表　　表4.2-3

编号	式(4.2-18)	式(4.2-19)	式(4.2-20)	编号	式(4.2-18)	式(4.2-19)	式(4.2-20)
1	√			14	√	√	√
2			√	15			√
3	√	√		16		√	
4		√		17		√	
5			√	18		√	
6	√	√	√	19	√	√	√
7		√		20		√	
8	√	√	√	21	√	√	
9		√		22	√	√	
10		√		23		√	
11		√	√	24		√	
12		√		合计	9	20	8
13	√	√					

从表4.2-2和图4.2-5可以看出，公式拟合的结果还是比较好，但是从表4.2-1和表4.2-3可以看出，式(4.2-18)和式(4.2-20)的精度比较差。所以在本书中，对于相对初始涌浪高的计算公式建议采用式(4.2-19)。

4.2.4　沿程涌浪与初始涌浪的关系研究

主要是通过研究沿程涌浪与初始涌浪的关系得出距离滑坡入水点不同距离处沿程涌浪公式中一些系数，以此作为滑坡产生的涌浪在这些位置处的一种计算方法，同时还可作为对其他位置处涌浪大小进行估计的一个依据。

1)距滑坡入水点2m远的波高 H_2 与初始涌浪的关系

分别采用线性函数、幂函数、指数函数进行经验回归，探讨波高 H_2 与初始涌浪高 H 之间的关系，得到如下三个经验公式：

$$H_2 = 0.4328H + 0.010 \quad (4.2\text{-}21)$$

$$H_2 = 2.6343e^{0.0529H} \tag{4.2-22}$$

$$H_2 = 0.5292H^{0.9163} \tag{4.2-23}$$

运用上面三个公式计算出所有工况下的波高 H_2 的计算值并与实测值进行对比，所有工况平均相对误差和离差平方和的计算结果见表 4.2-4。

三公式平均相对误差和离差平方和　　表 4.2-4

公式	式(4.2-21)	式(4.2-22)	式(4.2-23)
平均相对误差(%)	8.709	3.828	3.725
离差平方和	5.3714	6.4190	5.5828

随机选取 24 组工况，其实测值及式(4.2-21) ~ 式(4.2-23)计算值见表 4.2-5，将实测值和三公式下的计算值制成图 4.2-6。

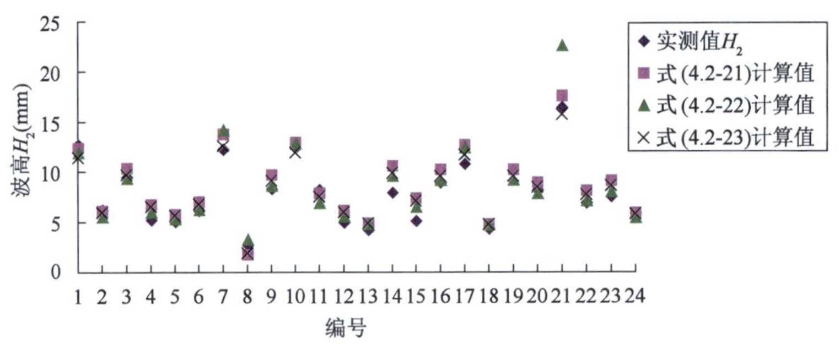

图 4.2-6　波高 H_2 实测值与计算值拟合

波高 H_2 实测值与计算值(单位:mm)　　表 4.2-5

编号	实测值 H_2	式(4.2-21)计算值	式(4.2-22)计算值	式(4.2-23)计算值
1	12.73	12.3659	11.9274	11.4123
2	6.21	6.0992	5.5449	5.9674
3	9.49	10.3647	9.3394	9.7064
4	5.21	6.7418	5.9980	6.5419
5	5.02	5.7504	5.3135	5.6534
6	6.13	7.0172	6.2033	6.7867
7	12.23	13.7857	14.1878	12.6084
8	2.71	1.7664	3.2651	1.9100
9	8.30	9.6976	8.6082	9.1319
10	12.38	12.9595	12.8250	11.9137
11	8.20	7.8739	6.8882	7.5434
12	4.96	6.1298	5.5657	5.9948
13	4.21	4.8997	4.7888	4.8807
14	7.92	10.5789	9.5872	9.8903
15	5.10	7.3966	6.4978	7.1227
16	8.92	10.2239	9.1801	9.5855

续上表

编号	实测值 H_2	式(4.2-21)计算值	式(4.2-22)计算值	式(4.2-23)计算值
17	10.76	12.6902	12.4098	11.6865
18	4.32	4.7896	4.7247	4.7798
19	10.10	10.2178	9.1732	9.5802
20	8.15	8.9388	7.8456	8.4742
21	16.43	17.5799	22.5592	15.7570
22	6.90	8.1126	7.0921	7.7529
23	7.52	9.1040	8.0057	8.6178
24	5.87	5.9217	5.4259	5.8078

通过表4.2-5并结合图4.2-6可以合计出三个公式在24组工况中分别相对比较精确地计算了涌浪高 H_2 的工况数，统计结果见表4.2-6（表中√表示相应下面的公式相对比较精确计算了该工况的相对初始涌浪）。

每一工况下波高 H_2 相对较精确计算值统计表　　表4.2-6

编号	式(4.2-21)	式(4.2-22)	式(4.2-23)	编号	式(4.2-21)	式(4.2-22)	式(4.2-23)
1	√			14		√	√
2	√		√	15		√	
3		√	√	16		√	√
4		√		17			√
5	√	√	√	18	√	√	√
6		√	√	19	√		
7			√	20		√	
8		√		21			√
9		√	√	22		√	
10		√		23		√	
11	√		√	24			√
12		√		合计	6	16	13
13		√					

从表4.2-5和图4.2-6可以看出，公式拟合的结果还是比较好，但是从表4.2-4和表4.2-6可以看出，式(4.2-22)和式(4.2-23)精确度更高。所以在本书中，对于距滑坡入水点2m远的波高 H_2 与初始涌浪的关系计算式建议采用式(4.2-22)和式(4.2-23)。

2)距滑坡入水点4m远的波高 H_3 与初始涌浪的关系

分别采用线性函数、幂函数、指数函数进行经验回归，探讨波高 H_3 与初始涌浪高 H 之间的关系，得到如下三个经验公式：

$$H_3 = 0.2645H + 0.4856 \tag{4.2-24}$$

$$H_3 = 1.8976e^{0.0494H} \tag{4.2-25}$$

$$H_3 = 0.4016H^{0.8736} \tag{4.2-26}$$

运用上面三个公式计算出所有工况下的浪高 H_3 的计算值并与实测值进行对比，所有工况平均相对误差和离差平方和的计算结果见表 4.2-7。

三公式平均相对误差和离差平方和　　表 4.2-7

公式	式(4.2-24)	式(4.2-25)	式(4.2-26)
平均相对误差(%)	12.184	6.091	5.691
离差平方和	1.5662	1.6489	1.5967

随机选取 24 组工况，其实测值及式(4.2-24)～式(4.2-26)计算值见表 4.2-8，并将实测值和三公式下的计算值制成图 4.2-7。

涌浪高 H_3 实测值与计算值(单位:mm)　　表 4.2-8

编号	实测值 H_3	式(4.2-24)计算值	式(4.2-25)计算值	式(4.2-26)计算值
1	6.57	7.7824	7.3328	7.2844
2	3.42	3.4776	3.3032	3.3432
3	6.91	6.8137	6.1282	6.4322
4	3.38	3.9937	3.6346	3.8419
5	4.69	4.7679	4.1951	4.5730
6	7.68	9.4991	10.0783	8.7611
7	10.44	8.9044	9.0270	8.2539
8	1.36	1.5590	2.3151	1.3653
9	6.36	6.0061	5.6825	6.3687
10	2.99	2.8493	2.9402	2.7210
11	5.67	4.8465	4.2566	5.6462
12	5.14	6.6118	5.9032	6.2525
13	4.00	4.2256	3.7941	4.0628
14	6.20	6.9446	6.2787	6.5482
15	3.59	3.4739	3.3009	3.3396
16	6.01	5.0260	4.4005	5.8128
17	6.58	6.7913	6.1028	6.4122
18	6.69	6.3948	5.6707	6.6586
19	4.94	5.9423	5.2147	5.6513
20	4.05	5.0896	4.4527	4.8716
21	5.27	7.0456	6.3972	6.6376
22	11.60	11.2232	13.8709	10.2086
23	6.03	5.4374	4.7490	5.9917
24	11.15	10.1311	11.3302	9.2954

通过表 4.2-8 和图 4.2-7 可以合计出三个公式在 24 组工况中分别相对比较精确地计算了涌浪高 H_3 的工况数，统计结果见表 4.2-9(表中√表示相应下面的公式相对比较精确计算了该工况的相对初始涌浪)。

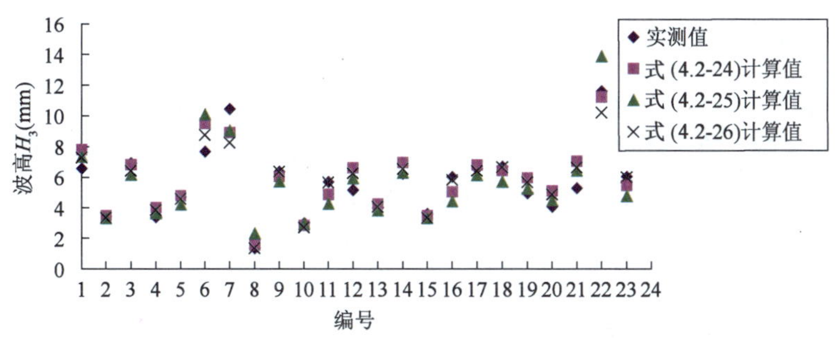

图4.2-7 波高 H_3 实测值与计算值拟合

每一工况下波高 H_3 相对较精确计算值统计表 表4.2-9

编号	式(4.2-24)	式(4.2-25)	式(4.2-26)	编号	式(4.2-24)	式(4.2-25)	式(4.2-26)
1		√	√	14		√	
2	√	√	√	15	√	√	√
3	√			16			√
4		√		17	√	√	√
5	√		√	18			√
6			√	19		√	
7	√	√		20		√	
8			√	21		√	
9			√	22	√		
10	√	√	√	23			√
11			√	24		√	
12		√		合计	8	14	14
13		√	√				

从表4.2-8和图4.2-7可以看出，公式拟合的结果还是比较好，但是从表4.2-7和表4.2-9可以看出，式(4.2-25)和式(4.2-26)精确度更高。所以在本书中，对于距滑坡入水点4m远的波高 H_3 与初始涌浪的关系计算式建议采用式(4.2-25)和式(4.2-26)。

将式(4.2-19)、式(4.2-22)、式(4.2-23)、式(4.2-25)和式(4.2-26)综合一下可得如下两个一些沿程点涌浪的计算公式：

$$H = K_1 e^{K_2 0.018W \cdot e^{\left(0.240\frac{H_3}{W}+0.049\beta\right)}} \tag{4.2-27}$$

式中：K_1、K_2——与距滑坡点距离有关的系数，距滑坡入水点下游约2m处，$K_1=2.6343$，$K_2=0.0529$；距滑坡入水点下游约4m处，$K_1=1.8976$，$K_2=0.0494$。

$$H = K_3 \cdot \left[0.018W \cdot e^{\left(0.240\frac{H_3}{W}+0.049\beta\right)}\right]^{K_4} \tag{4.2-28}$$

式中：K_3、K_4——与距滑坡点距离有关的系数，距滑坡入水点下游约2m处，$K_3=0.5292$，$K_4=0.9163$；距滑坡入水点下游约4m处，$K_3=0.4016$，$K_4=0.8736$。

4.2.5 能量交换系数的计算

能量交换系数的大小反映了能量交换的程度。滑坡产生涌浪所获得的能量主要是由滑坡体的位能转化而来的。在研究滑体位能和涌浪波能之间的交换关系时，对位能和波能都进行了量的单位化。位能只对单宽滑坡体进行了计算，其计算公式为：

$$E_{位} = \rho_s lWg\Delta h \tag{4.2-29}$$

式中：ρ_s——滑体密度，其值为 $2.078\mathrm{g/cm^3}$；

l——滑体长度，在试验中所有工况滑体长 $l=2\mathrm{m}$；

W——滑体厚度，在试验中其值有四种情况：8cm、16cm、24cm、32cm；

Δh——滑体入水后前后质心的高差（cm），即图 4.2-8 中 A、B 两点的高差，其计算公式为：$\Delta h = 5\cos\beta + L_3$，$L_3$ 为富裕水深。

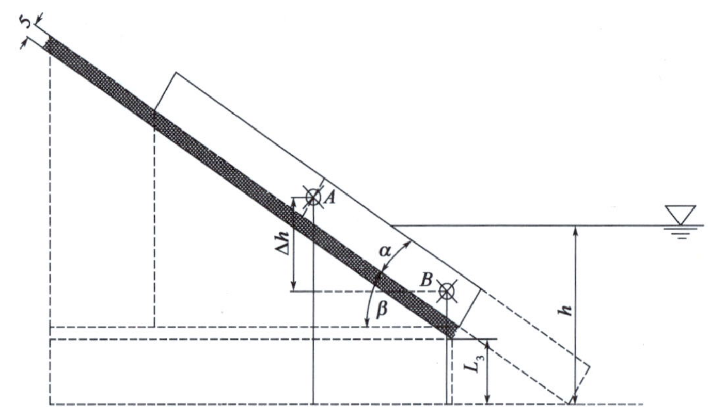

图 4.2-8 滑坡入水后前后质心高差计算示意图

从试验所测数据可知，滑坡产生的涌浪高 $H << L$，故采用微幅波理论研究波能。波能由势能和动能两部分组成。波浪势能 E_p 是因水质点偏离平衡位置所致，一个波长范围内单宽波峰线长度的波浪势能由下式确定：

$$E_p = \int_0^L\int_0^\eta \rho gz\mathrm{d}x\mathrm{d}z = \int_0^L \frac{\rho g}{2}\eta^2\mathrm{d}x \tag{4.2-30}$$

在微幅波中，$\eta = \frac{H}{2}\cos(kx - \sigma t)$，代入上式可得：

$$E_p = \frac{1}{16}\rho gH^2L \tag{4.2-31}$$

波浪动能 E_k 是由于质点运动而产生，一个波长范围内单宽波峰线长度的波浪动能由下式确定：

$$E_k = \int_0^L\int_{-h}^\eta \frac{\rho}{2}(u^2 + w^2)\mathrm{d}x\mathrm{d}z \tag{4.2-32}$$

在微幅波中，上式可近似的写为：

$$E_k = \int_0^L\int_{-h}^0 \frac{\rho}{2}(u^2 + w^2)\mathrm{d}x\mathrm{d}z \tag{4.2-33}$$

在微幅波中：

$$\begin{cases} u = \dfrac{\pi H}{T}\dfrac{\cosh[k(z+h)]}{\sinh(kh)}\cos(kx-\sigma t) \\ w = \dfrac{\pi H}{T}\dfrac{\sinh[k(z+h)]}{\sinh(kh)}\sin(kx-\sigma t) \end{cases} \tag{4.2-34}$$

代入式(4.2-33)就可得波浪动能：

$$E_{\mathrm{k}} = \frac{1}{16}\rho g H^2 L \tag{4.2-35}$$

于是一个波长范围内的总波能为：

$$E = E_{\mathrm{p}} + E_{\mathrm{k}} = \frac{1}{8}\rho g H^2 L \tag{4.2-36}$$

通过式(4.2-29)和式(4.2-36)，可将所有工况下的滑坡体单宽位能 $E_{位}$ 和单宽波峰线波能 E 算出来。能量交换的充分程度与接触面积、富裕水深、交换时间、水下岸坡等因素有关，本次研究只对接触面积和富裕水深进行了研究，由于试验中接触面积的变化是通过固定滑坡体宽而改变滑坡体厚度来达到的，所以研究交换系数与面积的关系间接转化成研究交换系数与滑坡体厚度的关系。分别利用线性函数、指数函数、幂函数进行经验回归交换系数 K_s 与相对水深 H_3/W 之间的关系，得到如下三个公式：

$$K_s = 0.0004\frac{H_3}{W} - 2.543\times10^{-5} \tag{4.2-37}$$

$$K_s = 0.0002\mathrm{e}^{-0.033\frac{H_3}{W}} \tag{4.2-38}$$

$$K_s = 0.0003\left(\frac{H_3}{W}\right)^{-0.2324} \tag{4.2-39}$$

运用上面三个公式计算出所有工况下的能量交换系数 K_s 的计算值并与实测值进行对比，所有工况平均相对误差和离差平方和的计算结果见表4.2-10。

三公式平均相对误差和离差平方和　　表4.2-10

公式	式(4.2-37)	式(4.2-38)	式(4.2-39)
平均相对误差(%)	35.34	24.78	10.58
平均偏差平方和	0.2235	0.0895	0.0155

随机选取24组工况，其实测值及式(4.2-37)～式(4.2-39)计算值见表4.2-11，并将实测值和三公式下的计算值制成图4.2-9。

能量交换系数 K_s 实测值与计算值　　表4.2-11

编号	实测值 K_s	式(4.2-37)计算值	式(4.2-38)计算值	式(4.2-39)计算值
1	0.0001972	0.00029957	0.000264709	0.000187659
2	0.0003617	0.000347457	0.00037672	0.000401002
3	0.0008568	0.00064957	0.000689167	0.000951158
4	0.00006609	0.00037457	0.000549351	0.0000720902
5	0.0004757	0.000422457	0.000380403	0.000545464
6	0.0003466	0.00032457	0.000491128	0.000496629

续上表

编号	实测值 K_s	式(4.2-37)计算值	式(4.2-38)计算值	式(4.2-39)计算值
7	0.0002126	0.000307903	0.000194575	0.000200336
8	0.00009241	0.00018707	0.000189652	0.0000884073
9	0.0004301	0.000102457	0.000283404	0.000530374
10	0.0013718	0.001242457	0.001692711	0.00157989
11	0.0013655	0.00122457	0.001195917	0.00133084
12	0.0010053	0.00113707	0.001197337	0.001215475
13	0.000005547	0.0000089957	0.0000485305	0.00000605
14	0.0001385	0.000241237	0.000190865	0.000138158
15	0.0001867	0.00036207	0.000313707	0.000135512
16	0.00009527	0.0000172457	0.0000953113	0.0000892683
17	0.00023	0.00077457	0.000187226	0.000290004
18	0.0004795	0.000457903	0.000292182	0.000592456
19	0.00007112	0.000069957	0.0000619471	0.0000781218
20	0.0005559	0.00047457	0.00067672	0.00053524
21	0.0001891	0.00034957	0.000189167	0.000209066
22	0.0001002	0.000391237	0.000273242	0.000116973
23	0.0002948	0.00024957	0.000195514	0.000204835
24	0.0003271	0.00025457	0.00047966	0.000297133

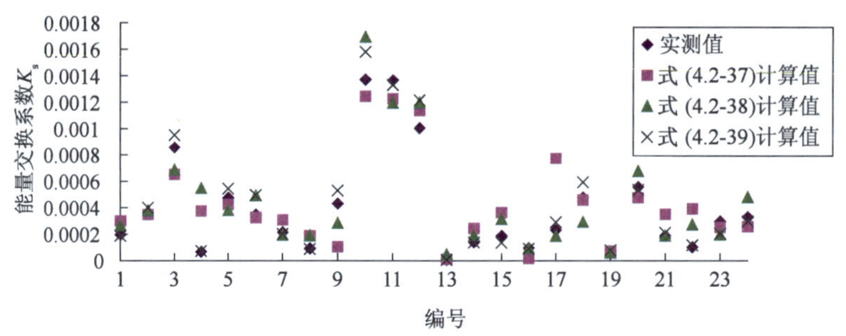

图 4.2-9　能量交换系数 K_s 实测值与计算值拟合

通过表 4.2-11 和图 4.2-9 可以合计出三个公式在 24 组工况中分别相对比较精确地计算了能量交换系数 K_s 的工况数，统计结果见表 4.2-12（表中√表示相应下面的公式相对比较精确计算了该工况的能量交换系数）。

每一工况下能量交换系数 K_s 相对较精确计算值统计表　　表 4.2-12

编号	式(4.2-37)	式(4.2-38)	式(4.2-39)	编号	式(4.2-37)	式(4.2-38)	式(4.2-39)
1			√	4			√
2		√		5	√		
3			√	6	√		

续上表

编号	式(4.2-37)	式(4.2-38)	式(4.2-39)	编号	式(4.2-37)	式(4.2-38)	式(4.2-39)
7			√	17		√	
8			√	18	√		
9			√	19			√
10	√			20			√
11			√	21		√	
12	√			22			√
13		√		23	√		
14		√	√	24			√
15			√	合计	6	6	13
16		√					

从表4.2-10～表4.2-12和图4.2-9比较可以看出，式(4.2-39)可靠性更高。所以在本书中，对于能量交换系数的计算式建议采用式(4.2-39)。

4.2.6　原始波沿程衰减系数的计算

由于试验条件的限制，在图3.1-2所示的布置图中，由于沿程布置的点太少，从中无法研究出涌浪的沿程衰减规律。基于此，再加上对涌浪沿程衰减规律的探讨已经与滑坡的各种状态完全无关了，也就是说沿程涌浪衰减规律只是涌浪本身的特征，在64组工况都做完的情况下，用了一种简单的试验来专门研究了涌浪的沿程衰减规律。

涌浪沿程衰减规律模型试验同样是在重庆交通大学内河航道整治工程技术研究中心自行设计的长25m、宽3m、高1m的矩形水槽中进行，数据采集仪器应用的仍然是如图3.1-16和图3.1-17所示的多点波浪采测系统，但是改变了传感器和测桥的布置点，具体模型平面布置如图4.2-10所示，Ⅰ、Ⅱ、Ⅲ表示三根测桥，1号至8号为八只传感器，点P是击波点。传感器这样布置的目的是：通过肉眼观察秒表记录下反射波分别到达2号、4号、8号三只传感器处的时间t_1、t_2、t_3，通过计算知由击波点出发再反射到传感器处波浪传播的距离是2号要小于1号、3号、6号，4号要小于5号、7号，这样的话就可先把t_1作为1号、2号、3号、6号四只传感器原始波与合成波分界的时间点，把t_2作为4号、5号、7号三只传感器原始波与合成波分界的时间点，把t_3作为8号传感器原始波与合成波分界的时间点，再结合波浪时域图，以初始涌浪应该是规则平滑、无二次谐波的原则辨别出每一只传感器处原始波与合成波分界的最终时间点。

试验方案仍然是概化为点石击波进行研究，但造波的不再是滑坡体，而是用一个里面装满砖块的铁桶将其置于一定的高度以一定的力度让其进入水体并迅速又提起而产生波。试验总共做了10个组次，每个组次下数据采集时间为15s，将1号、3号、6号三只传感器处采测到的平均波高作为距离击波点1m远的一个浪高H_1并将其作为初始涌浪，将7号传感器处采测到的平均波高作为距离击波点3.5m远的一个浪高H_2，将5号传感器处采测到的平均波高作为距离击波点4.5m远的一个浪高H_3，将8号传感器处采测到的平均波高作为距离击波点7.5m远的一个浪高H_4，通过这四个波高来研究涌浪的一个沿程衰减规律。

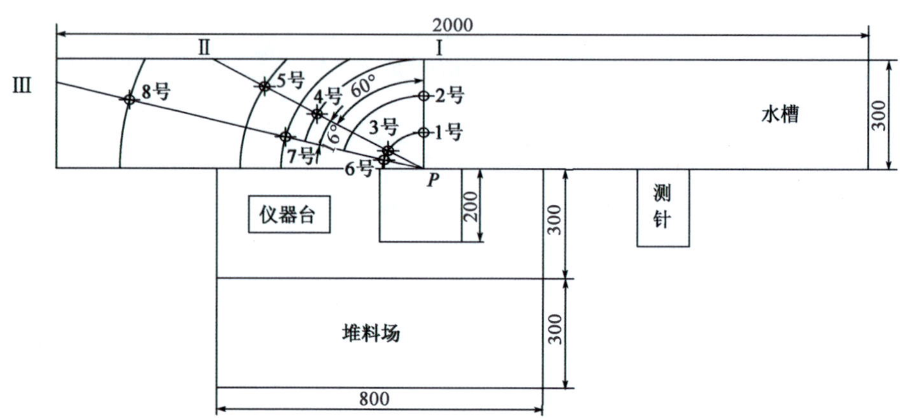

图 4.2-10　涌浪沿程衰减规律模型试验平面布置图(尺寸单位:cm)

具体 H_1、H_2、H_3、H_4 是这样确定的:将 1 号、3 号、6 号三只传感器处初始波高平均值作为 H_1,将 7 号传感器处初始波高的平均值作为 H_2,将 5 号传感器处初始波高的平均值作为 H_3,将 8 号传感器处初始波高的平均值作为 H_4。

将 10 个组次下所测得的 H_1、H_2、H_3、H_4 四个平均波高及沿程 H_2、H_3、H_4 相对于初始涌浪 H_1 的衰减系数 K_{i1}、K_{i2}、K_{i3}及所有组次下 K_{i1}、K_{i2}、K_{i3}的平均值统计成表 4.2-13。最终运用三个所有组次下 K_{i1}、K_{i2}、K_{i3}的平均值及相对应的距离初始涌浪 H_1 的距离 x(表 4.2-14)去回归沿程涌浪衰减系数 K_i 与沿程距离 x 的关系。

沿程涌浪衰减规律模型试验所测数据统计表　　表 4.2-13

方案组次	H_1(mm)	H_2(mm)	H_3(mm)	H_4(mm)	K_{i1}	K_{i2}	K_{i3}
01	19.34	6.69	3.45	2.29	0.3459	0.1784	0.1184
02	22.34	7.66	5.59	2.69	0.3429	0.2502	0.1204
03	18.16	8.16	4.58	3.78	0.4493	0.2522	0.2081
04	18.23	7.09	4.13	2.58	0.3889	0.2265	0.1415
05	17.25	7.02	4.00	3.55	0.4070	0.2319	0.2058
06	17.84	6.76	4.08	2.48	0.3789	0.2287	0.1390
07	16.39	6.05	4.26	3.07	0.3691	0.2599	0.1873
08	16.38	6.38	3.73	3.63	0.3895	0.2277	0.2216
09	14.65	4.52	3.53	2.19	0.3085	0.2410	0.1495
10	18.36	6.43	4.12	2.81	0.3502	0.2244	0.1531
平均值					0.3730	0.2321	0.1645

对应沿程 x 距离下的沿程涌浪平均衰减系数　　表 4.2-14

距离滑坡入水点的距离 x(m)	2.5	3.5	6.5
沿程平均衰减系数 K_i	0.3730	0.2321	0.1645

通过表 4.2-14 中的三个点(2.5,0.3730)、(3.5,0.2321)、(6.5,0.1645)可画出沿程衰减系数的趋势图 4.2-11。由图 4.2-11 可知曲线可能是幂函数或指数函数,故采用了幂函数与指

数函数分别进行了拟合,得到如下两个公式:

$$K_i = 0.7312x^{-0.8197} \tag{4.2-40}$$

$$K_i = 0.5217 \times 0.8319^x \tag{4.2-41}$$

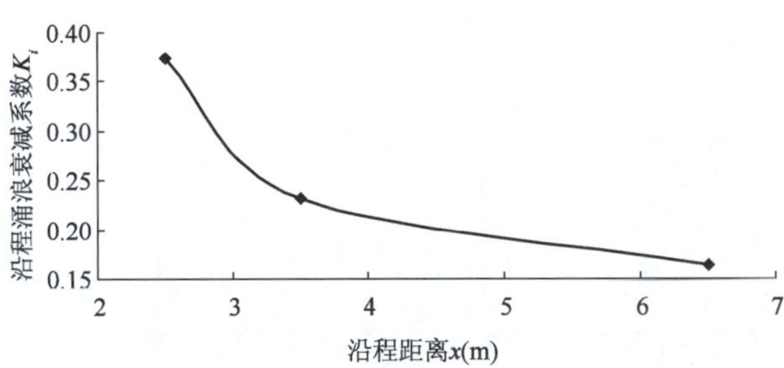

图4.2-11　实测沿程涌浪衰减系数变化趋势图

运用上面两个公式计算出相应沿程距离 x 下的沿程涌浪衰减系数计算值,并与实测值进行对比,平均相对误差和离差平方和计算结果见表4.2-15。

两公式平均相对误差和离差平方和　　表4.2-15

公式	式(4.2-40)	式(4.2-41)
平均相对误差(%)	11.29	8.18
离差平方和	0.0479	0.0239

将实测值和两公式下的计算值制成图4.2-12,具体结果见表4.2-16。

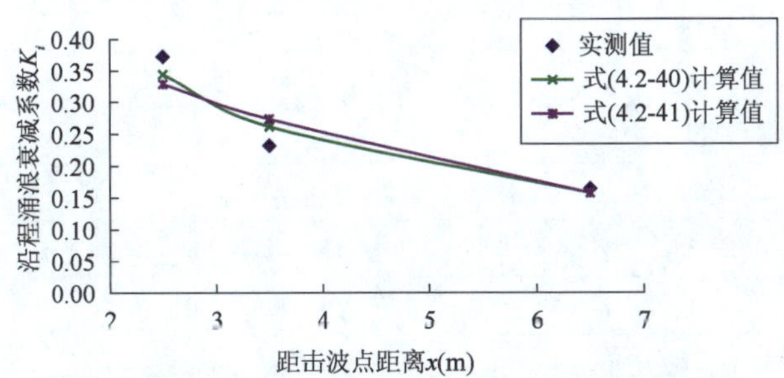

图4.2-12　沿程涌浪衰减系数 K_i 实测值与公式计算值拟合

沿程涌浪衰减系数 K_i 实测值与公式计算值　　表4.2-16

距离 x(m)	实测值 K_i	式(4.2-40)计算值	式(4.2-41)计算值
2.5	0.3730	0.3293	0.3450
3.5	0.2321	0.2739	0.2619
6.5	0.1645	0.1577	0.1576

为进一步验证及比较式(4.2-40)和式(4.2-41)的精确度,运用式(4.2-40)和式(4.2-41)计算了如图3.1-2所示滑坡涌浪模型试验中距离击波点(初始涌浪 H 产生点)1.5m远的波高 H_2 和距离击波点3.5m远的波高 H_3。具体做法是:先由距离 $x=1.5$m 和 $x=3.5$m 可分别由式(4.2-40)和式(4.2-41)算出 H 到 H_2 的两个沿程衰减系数 $K_{i21}=0.5244$,$K_{i22}=0.3958$以及 H 到 H_3 的两个沿程衰减系数 $K_{i31}=0.2619$,$K_{i32}=0.2739$,然后由衰减系数就可算出计算值 H_2

和 H_3。

将滑坡涌浪模型试验所有工况下距离击波点1.5m远的波高 H_2 和距离击波点3.5m远的波高 H_3 的计算值与实测值进行对比，所有工况平均相对误差和离差平方和的计算结果见表4.2-17。

两公式平均相对误差和离差平方和 表4.2-17

公式	式(4.2-40)	式(4.2-41)
H_2 平均相对误差(%)	15.96	15.93
H_2 离差平方和	0.88	1.01
H_3 平均相对误差(%)	28.45	9.22
H_3 离差平方和	2.46	0.32

随机选取24组工况，H_2 实测值及式(4.2-40)、式(4.2-41)计算值见表4.2-18，H_3 实测值及式(4.2-40)、式(4.2-41)计算值见表4.2-19，并将实测值 H_2 和式(4.2-40)、式(4.2-41)计算值制成图4.2-13，将实测值 H_3 和式(4.2-40)、式(4.2-41)计算值制成图4.2-14。

H_2 实测值与计算值(单位:mm) 表4.2-18

编号	实测值 H_2	式(4.2-40)计算值	式(4.2-41)计算值
1	12.73	14.9709	11.2996
2	9.49	12.5462	9.4695
3	5.02	6.9553	5.2496
4	6.13	8.4902	6.4081
5	14.13	15.2823	11.5346
6	12.23	16.6912	12.5980
7	8.30	11.7380	8.8594
8	12.38	15.6902	11.8424
9	12.15	13.2061	9.9676
10	4.21	5.9246	4.4717
11	10.07	11.5229	8.6971
12	8.92	12.3757	9.3407
13	10.76	15.3639	11.5962
14	12.53	12.5017	9.4359
15	4.32	5.7911	4.3710
16	11.54	11.7157	8.8426
17	10.10	12.3682	9.3351
18	13.21	14.7114	11.1037
19	8.15	10.8185	8.1655
20	16.43	21.2885	16.0679
21	7.40	11.4636	8.6524

续上表

编号	实测值 H_2	式(4.2-40)计算值	式(4.2-41)计算值
22	6.90	9.8175	7.4099
23	7.52	11.0187	8.3166
24	5.87	7.1629	5.4063

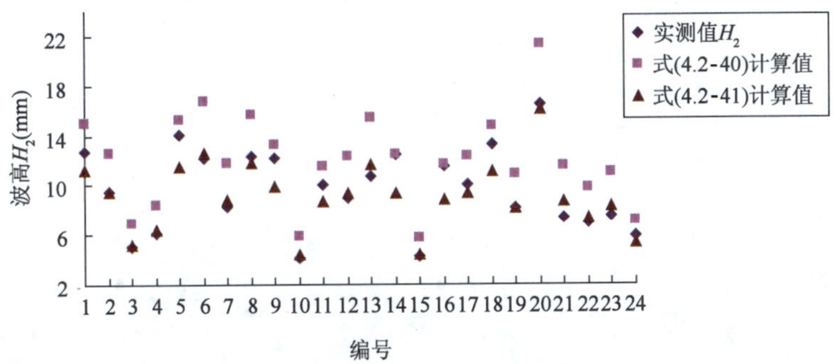

图4.2-13　波高实测值 H_2 与计算值拟合

H_3 实测值与计算值(单位:mm)　　表4.2-19

编号	实测值 H_3	式(4.2-40)计算值	式(4.2-41)计算值
1	6.57	7.2251	7.5561
2	3.42	2.9626	3.0984
3	6.91	6.2659	6.5530
4	3.38	3.4737	3.6328
5	4.69	4.2402	4.4345
6	1.36	1.0628	1.1115
7	6.36	5.8623	6.1309
8	2.99	2.3405	2.4477
9	5.67	4.3180	4.5159
10	3.73	4.7587	4.9767
11	5.14	6.0659	6.3439
12	4.00	3.7033	3.8729
13	6.20	6.3955	6.6886
14	3.59	2.9589	3.0945
15	6.58	6.2437	6.5298
16	1.94	2.8923	3.0248
17	3.00	4.0736	4.2602
18	6.69	5.8512	6.1193
19	4.94	5.4031	5.6506
20	4.05	4.5587	4.7676

续上表

编号	实测值 H_3	式(4.2-40)计算值	式(4.2-41)计算值
21	5.27	6.4955	6.7931
22	11.60	10.6321	11.1192
23	6.03	4.9031	5.1278
24	11.15	9.5507	9.9883

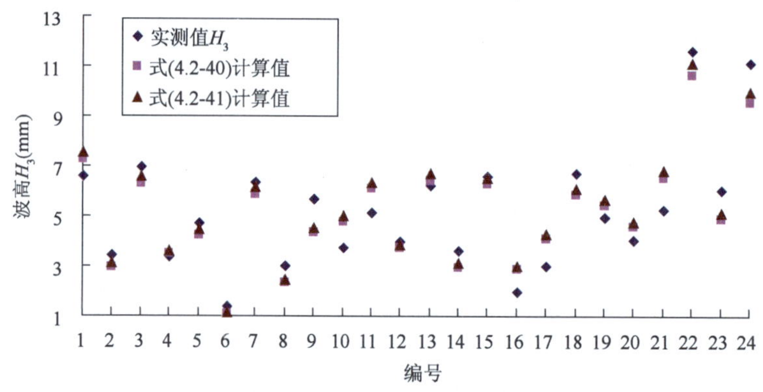

图 4.2-14　波高实测值 H_3 与计算值拟合

由表 4.2-15、表 4.2-16 及图 4.2-12 可知，式(4.2-40)和式(4.2-41)都具有很好的精确度，但从表 4.2-17 ~ 表 4.2-19 及图 4.2-13、图 4.2-14 验证效果看，式(4.2-41)比式(4.2-40)可靠度更高，所以涌浪沿程衰减系数公式在本书中推荐使用式(4.2-41)。

4.3　滑坡涌浪对航道及船舶安全航行的影响

4.3.1　滑坡涌浪对航道的影响

库岸滑坡阻塞江河、填淤水库，不仅直接影响航运的正常通航和安全，而且水位一旦不能很好恢复，即将对上游河段库区引发一系列灾害，同时若堵塞部一旦溃决，对下游又将产生很大危害。库岸滑坡冲入江内，不仅可以使河流地貌变异，形成水下急滩、巨砾、心滩、巨砾边滩以及跌水等，也可以形成特异的泥包卵、砾石堆。而这些滩、堆变化莫测，难以判定，随时都会给之后过往船只带来灾祸。

通过前面对涌浪特性的研究，涌浪的强弱以及对航道影响程度主要取决于初始涌浪高、沿程涌浪高及其衰减系数和涌浪爬坡高度。研究表明，涌浪形成以后，迅速向上、下游传递并不断衰减，在 1 ~ 2km 范围内，能量损耗最大，涌浪高很快减小，其后缓慢衰减；同时由于受径流影响，一般向上游方向衰减慢，向下游衰减快。在涌浪的影响范围内，航道流速、比降及流态都将发生变化，造成局部区域比降陡增、流态恶化，特别是当涌浪遇到岸坡及建筑物发生反射或折射后可能形成回流、泡水、漩水、滑梁水、扫弯水等复杂的水流流场，势必严重影响航道的通航条件。

涌浪与水流共存时,它们之间的相互作用将影响各自的传播特性,即波浪要素将产生变形,其传播方向将发生折射,同时水流的流速分布也将发生变化,综合而形成的波流场并不是纯波动场与纯水流场的简单叠加,而是一个比较复杂的组合过程。认为纯水流运动中的垂线流速分布为指数分布,即

$$U(z) = U_0\left(1 + \frac{z}{h}\right)^{1/7} \tag{4.3-1}$$

式中:$U(z)$——纯水流垂线 z 坐标点处的流速;

U_0——纯水流的表面流速。

经过分析可以得到波流场中的水流速度垂线分布表达式为

$$\frac{U_{wc}(z)}{U_{wc}(o)} \approx 1.0 \tag{4.3-2}$$

式中:$U_{wc}(z)$——波流场中垂线 z 坐标点处的流速;

$U_{wc}(o)$——波流场中的表面流速。

式(4.3-2)表明,波流场中流速呈矩形分布,这是由于波浪引起的水质点运动带来了大尺度的动量交换,因而造成上下层水体的交换,从而使垂线流速均匀化了。

4.3.2 滑坡涌浪对船舶安全航行的影响

滑坡入水后产生的涌浪,会使附近水流水位、流速、流态、比降等通航水流条件发生相应的变化,而水流条件的恶化会对船舶的通航安全产生相应的影响。

船舶在水流中航行要克服水流对船舶的阻力,水流阻力的大小与船体形态和船舶对水航速有关,阻力与速度的平方成正比。船舶逆水航行,除要克服水流阻力外,还要克服水面比降引起的坡降阻力。坡降阻力大小决定于船舶排水量和水面坡降,当船舶排水量一定,水面比降越大则阻力越大。滑坡引起的涌浪能够使局部比降(一个船队长)达到10%,在这种情况下,水面坡降阻力一般要大于水流阻力。当航道内存在横向水流或斜向水流,水流流向与船舶航行方向不一致时,船舶受侧向水流力的影响而偏离正常航线,极易造成事故。因此船舶遭遇涌浪引起斜向水流时必须及时调整船的航向,尽可能与水流及涌浪传播方向一致。

根据前面的研究,沿程涌浪高及其衰减系数直接关系到对通航船舶的影响范围,目前这个范围限制还没有专门研究。在内河通航标准中,只有在内河船闸引航道中,对泄水波有一个限定标准,以0.5~0.6m作为一个警戒范围。近年来内河航道的不断发展,内河通航的船型越来越多,不同船型的影响范围也不近相同。

1)内河船舶船型参数

船体主尺度,船舶的大小可由船长、型宽、型深和吃水等主尺度来度量,这些特征尺度的定义如图4.3-1所示。

(1)船长[L]——通常选用的船长有三种,即总长、垂线间长和设计水线长。

总长[L_{OA}]:自船首最前端至船尾最后端的水平距离。

垂线间长[L_{PP}]首垂线 FP 与尾垂线 AP 之间的水平距离。首垂线是通过设计水线与首柱前缘的交点所作的垂线(垂直于设计水线面);尾垂线一般在舵柱的后缘,如无舵柱,则取在舵杆的中心线上。军舰通常以通过尾轮廓和设计水线交点的垂线作为尾垂线。一般情况下,如

无特别说明，习惯上所说的船长常指垂线间长。

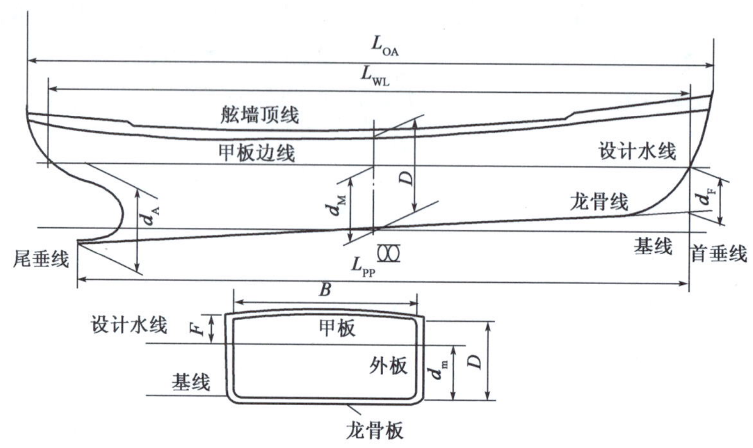

图 4.3-1 内河船舶特征尺度

设计水线长[L_{WL}]：设计水线在首柱前缘和尾柱后缘之间的水平距离。

在船舶静水力性能计算中一般采用垂线间长 L_{PP} 在分析阻力性能时常用设计水线长 L_{WL}，而在船进坞、靠码头或通过船闸时应注意它的总长 L_{OA}。

(2)型宽[B]——指船体两侧型表面(不包括船体外板厚度)之间垂直于中线面的水平距离，一般指中横剖面设计水线处的宽度。最大船宽是指包括外板和伸出两舷的永久性固定突出物如护舷材、舷伸甲板等在内，并垂直于中线面的最大水平距离。

(3)型深[D]——在上甲板边线最低点处，自龙骨板上表面(即基线)至上甲板边线的垂直距离。通常，甲板边线的最低点在中横剖面处。

(4)吃水[d]——基线至设计水线的垂直距离。有些船，设计的首尾正常吃水不同，则有首吃水、尾吃水及平均吃水，当不指明时，是指平均吃水，即

$$d = \frac{d_F + d_A}{2} \tag{4.3-3}$$

式中：d——平均吃水，也就是中横剖面处的吃水 d_M；

d_F——首吃水，沿首垂线自设计水线至龙骨线的延长线之间的距离；

d_A——尾吃水，沿尾垂线自设计水线至龙骨线的延长线之间的距离。

(5)干舷[F]——在船侧中横剖面处自设计水线至上甲板边板上表面的垂直距离。因此，干舷 F 等于型深 D 与吃水 d 之差再加上甲板及其敷料的厚度。

2)船舶安全极限浪高的确定

在内河通航标准中，天然河流和渠化河流的航道水深通常按允许通过的最大船舶的设计吃水加上安全富裕水深计算确定。船舶的最大设计吃水也就是通常所说船舶满载时的设计吃水，这里用 d_{max} 表示。

考虑沿程涌浪对船舶安全的影响，此处用船舶安全极限浪高 h_{max} 表示涌浪对船舶的影响程度，即船舶满载时涌浪高度对船舶安全的影响程度。定义船舶安全极限浪高 h_{max} 为船舶型深 D 与船舶满载吃水 d_{max}(也就是船舶设计吃水)之差，也就是船舶安全极限浪高可表示为：

$$h_{max} = D - d_{max}$$

通过对内河船型参数以及设计吃水的资料查阅统计(表4.3-1),可以发现通航船舶极限浪高一般在0.4～0.6m,与船闸泄水波高限定标准0.5～0.6m的范围基本一致。因此,将0.5～0.6m作为船舶安全行驶的极限浪高。当然,根据不同船型以及通航标准可以适当稍作修改。

内河船型参数及设计吃水统计　　表4.3-1

序号	船队名称	船队尺度 $L\times B\times T$(m)	舶队总排水量(t)	推轮			驳船			综合安全极限浪高
				尺度 $L\times B\times T$(m)	设计吃水(m)	安全极限浪高	尺度 $L\times B\times T$(m) 括号内为水线长	设计吃水(m)	安全极限浪高	
1	2640HP推轮+3000t船	200×16.2×4.5	5628t	90×16.2×4	3.5	0.5	110×16.2×4.5	3.5	1	0.5
2	2640HP推轮+2000t船	165×16.2×3.5	9937t	75×16.2×3.5	2.6～3	0.5	90×16.2×3.5	2.6～3	0.5	0.5
3	2640HP推轮+9×1000t船队	271.87×32.25×2.90	14313t	46(44)×10×2.9	2～2.4	0.5	75.0(72.0)×10.5×2.4	2～2.4		0.5
4	2250HP推轮+6×1000t船队	196.47×31.84×2.60	9796t	45.8(44.3)×10.5×2.6	2	0.6	75.0(72.0)×10.5×2.4	2		0.6
5	2250HP推轮+4×1500t船队	214.0×26.60×2.60	8062t	45.8(44.3)×10.5×2.6	2	0.6	75.0(72.0)×13.0×2.6	2		0.6
6	5400HP推轮+6×1000t船队	199.67×31.84×2.90	9843t	49(46.2)×10.5×2.9	2～2.4	0.5	75.0(72.0)×10.5×2.4	2～2.4		0.5
7	5400HP推轮+9×1000t船队	274.87×32.25×2.90	14219t	49(46.2)×10.5×2.9	2～2.4	0.5	75.0(72.0)×10.5×2.4	2～2.4		0.5
8	800HP推轮+3×800t船队	147.0×22.30×2.15	3461t	36.5(35)×7.6×1.8	1.3	0.5	64(61.9)×11.0×2.15	1.3		0.5
9	140TEU集装箱船	87.6×13.60×2.80	2396t	87.6(82)×13.60×2.80	2～2.4	0.4	—	—	—	0.4

3)滑坡涌浪影响下船舶安全航行范围

影响通航安全范围的主要是初始浪高和沿程涌浪,前面已经对沿程涌浪及其衰减系数做了研究,并给出试验值和计算模拟值。因此,在初始浪高 $h_{初}$ 确定的情况下,很容易给出通航安全的影响范围。将0.5～0.6m作为船舶安全行驶的极限浪高,则距滑坡处的通航安全距离可由如下公式得到:

$$K = 0.5217 \times 0.8319^{x} \tag{4.3-4}$$

$$h_{max} < H_{初} \cdot K \tag{4.3-5}$$

根据三峡库区一些实测资料,并结合计算公式,给出了一些典型滑坡的通航安全范围(表4.3-2)。

以3000t级船舶为例,由计算值并结合实际观察的资料,可知初始浪高为10～20m时,通航安全距离为距滑坡点3～4km;初始浪高为20～30m时,通航安全距离为距滑坡点4～8km。

典型滑坡的通航安全范围 表 4.3-2

滑坡名称	滑体体积 (m^3)	初始涌浪高 (m)	安全极限浪高	计算安全范围 (km)
Lituy 海湾海岸	3.06×10^7	30	0.5	8~9
株归县沙镇溪镇滑坡	2.4×10^7	20	0.5	4~5
新滩滑坡	2×10^7	31	0.5	9~10
鸡扒子滑坡	1.5×10^7	25	0.5	6~7
塘岩光大型滑坡	1.65×10^6	21	0.5	5~6

4.4 滑坡涌浪对航道整治建筑物的破坏机理及稳定性评定

4.4.1 滑坡涌浪对航道整治建筑物的破坏机理

涌浪对整治建筑物的破坏主要通过能量传递的方式进行。一种是波浪对整治建筑物的直接冲击磨蚀,多发生于水下整治建筑物较陡的部分。对这类整治建筑物,向其推进的波浪能量"集中"大于"消耗",具有巨大能量的波浪以巨大的冲击力撞向整治建筑物,使其遭受破坏而变形。另一种方式则是涌浪激起的水流产生的携带作用,使整治建筑物遭受磨蚀和堆积。涌浪对整治建筑物的冲击力与波浪高度有关,同时也与岸坡坡度有关,坡度越陡,其所承受的冲击力就越大。

冲击力在高度上分布不均,相关研究显示,对于直立的岸坡或结构物,冲击力最大的部位在静水位附近(图 4.4-1);对于倾斜的岸坡或结构物,最大冲击力大约发生在静水位以下水深为 1/2 波高处(图 4.4-1);向上、向下都逐渐减小。这样,作用最强烈的部位首先被冲蚀成波蚀龛,当波蚀龛进一步发展时,引起上部岩体崩落而形成悬崖,之后波浪再冲蚀岸坡形成新的波蚀龛,冲蚀作用正是这样发展的(图 4.4-2)。

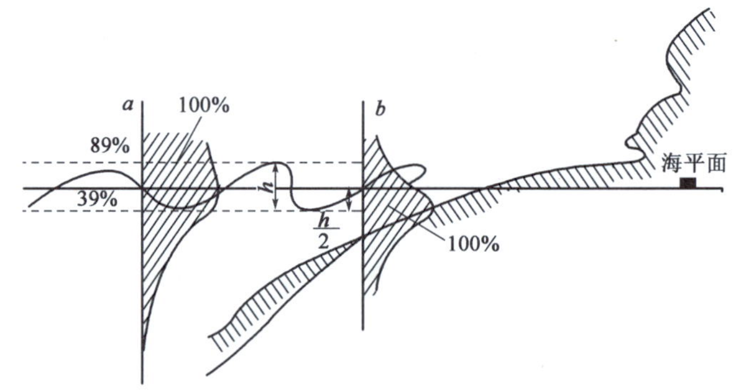

图 4.4-1 波浪冲击岸坡时压力分布图(张倬元,1993)

a-沿直立岸坡分布时;b-沿倾斜岸坡分布时

山区河流中整治建筑物多为坝体结构,因此主要以坝体建筑物分析涌浪对整治建筑物的破坏机理。当涌浪传播到坝体边缘时,涌浪沿坝坡爬升破碎,坝坡受到很大的动水压力的作用并遭到冲击。在涌浪沿着坝坡上爬的同时,一部分水渗透到坝体中,一部分则在坝坡表面爬升。当涌浪能量全部消失后，水即沿着坝体两侧向下流动，不断淘刷坝基。同时坝体内部的水也开始回流，坝体表层受到一个浮托力，一些松动的块体被水流顶出而为波浪所带走，这样，涌浪的经常反复作用下，最终将导致整治建筑物的破坏。

此外，涌浪在传播过程中，当有建筑物存在并且建筑物的尺度相对于波长较大时，波浪将发生反射和绕射现象，这种波浪的反射和绕射将改变河床表面的速度分布，建筑物周围的泥沙冲刷的最根本原因是速度的分布不均匀，波浪和水流对建筑物周围的泥沙冲刷起决定性作用，在建筑物的迎浪侧会出现冲坑，而在背浪侧会出现淤积。

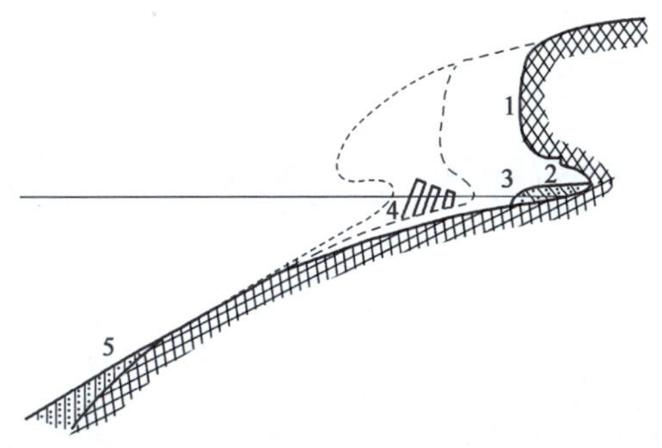

图4.4-2　波浪冲蚀下波蚀龛的形成及岩坡的后退（张倬元，1993）

1-岸边悬崖；2-波蚀龛；3-岸滩；4-水下岸坡（水下磨蚀岸坡）；5-水下岸坡（水下堆积阶地）

4.4.2　整治建筑物稳定性的计算

1）涌浪对整治建筑物作用力计算

波浪的冲击高度以及波浪滚退时的动力作用，常是防护结构破坏的重要因素。当波浪冲击斜坡并沿斜坡卷爬时，作用于护坡表面上的波浪压力不是立即传到护坡底层上，而是稍迟才传到护坡底层，由此而产生的护坡表面与其底层的瞬时压力差，使护面构件紧压在斜坡上。当波浪自斜坡上滚退时则相反，护坡表面的压力比其底层的压力减退较快，即形成一种上举力（或称退波浮托力），如果护坡的尺寸太小，就会被浮托上来并被水冲走，造成波浪对护坡的破坏。此单位上举力可按下列经验公式计算：

$$P_{\mathrm{b}} = 1.59K_{\mathrm{m}}\gamma_0 \frac{A}{m+2}h_{\mathrm{B}} \tag{4.4-1}$$

式中：P_{b}——波浪滚退时的上举力（kPa）；

γ_0——水的重度（$9.81\mathrm{kN/m^3}$）；

h_{B}——设计考虑的波浪高度（m）；

K_{m}——与边坡率（m）有关的系数，当 $m=2$ 时，$K_{\mathrm{m}}=1.2$；当 $m=2.5$ 时，$K_{\mathrm{m}}=1.3$；

A——试验系数，对于砌石或混凝土护面，$A=0.64$；对于抛石（或堆石）护面，$A=0.80$。

以距离滑坡入水点4m远的位置为例，由4.2.4节知产生的波高从1.36到12.52不等，考虑工程实际取保守值 $h_{\mathrm{B}}=10\mathrm{mm}$，计算得出上举力 $P_{\mathrm{b}}=300\mathrm{Pa}$。

2）整治建筑物稳定性计算

Hudson基于规则波试验，提出了波浪作用下斜坡块体能够稳定的块体重量的计算公式：

$$W = \frac{0.1\gamma_{\mathrm{b}}H^3}{K_{\mathrm{D}}\left(\frac{\gamma_{\mathrm{b}}}{\gamma}-1\right)^3\cot\alpha} \tag{4.4-2}$$

式中：W——护面块体的重量（t）；

γ_{b}、γ——块体材料和水的重度（$\mathrm{kN/m^3}$）；

H——设计波高（m）；

K_D——与护面形式和块体的容许失稳率有关的稳定系数,见表4.4-1;

α——斜坡的坡角(°)。

稳定系数 K_D 值　　表4.4-1

护面块体	构造形式	n(%)	K_D 值	备　注
四脚空心方块	安放一层	0	14	
块石	安放(立放)一层	0~1	5.5	
四脚椎体	安放两层	0~1	8.5	
扭工字形块体	安放两层	0	18	设计波高≥7.5m
		1	24	设计波高≤7.5m
块石	抛填两层	1~2	4.0	
方块	抛填两层	1~2	5.0	
钩连块体	安放一层	0	18~24	

令相对质量密度 $\Delta = \frac{\gamma_b}{\gamma} - 1$

$$D_{n50} = \sqrt[3]{10\frac{W_{50}}{\gamma_b}} \tag{4.4-3}$$

式(4.4-2)可改写成

$$N_s = \frac{H_s}{\Delta D_{n50}} = (K_D \cot\alpha)^{1/3} \tag{4.4-4}$$

式中:H_s——有效波高,但当平均波高与斜坡前水深之比小于0.3时,宜采用累计频率为5%对应的波高;

W_{50}——相应于块体重量分布曲线50%的重量;

D_{n50}——块体的名义直径(m);

N_s——稳定数,可以表征块体的稳定性。

表4.4-1中的容许失稳率n(%)是指在静水面上下各一个波高范围内,容许被波浪打击移动和滚落的块体个数所占百分比。表中的K_D值适用于位于波浪破碎水深以外的堤身部分。对于斜坡堤堤头部分的块体重量,一般要把式(4.4-2)的计算结果加大20%~30%。而位于破碎水深处的斜坡式建筑物,其堤身和堤头部分的块体重量,应比上述规定相应增加10%~25%,必要时应通过模型试验确定。

必须指出,由于各国在模型试验中的块体失稳标准并不统一,对失稳块体的个数也不易精确确定,因此不同实验室得出的K_D值有较大的差别。美国《海岸防护手册》(1984)给出了相应于"无损坏标准"即位移和摇动块体的百分数小于5%的K_D值。与表4.4-1中的值有一定的差别。

Hudson提出的式(4.4-2)现被各国广泛应用于工程设计。但它还存在不少问题。例如此式未考虑周期或波长的影响,也未考虑建筑物处的水深影响。式中的$\cot\alpha$项也不足以概括各种护面形式和变化很大的坡角范围。

为了克服Hudson公式考虑因素少的缺点,荷兰工程师VanderMeer(1987)总结试验结果,给出了另一种形式的护面块体稳定性公式:

对卷破波
$$\frac{H_s}{\Delta D_{n50}}\sqrt{\xi_z} = 6.2P^{0.18}\left(\frac{S}{\sqrt{N}}\right)^{0.2} \tag{4.4-5}$$

对激散波
$$\frac{H_s}{\Delta D_{n50}} = 1.0P^{-0.13}\left(\frac{S}{\sqrt{N}}\right)^{0.2}\sqrt{\cot\alpha}\,\xi_z^P \tag{4.4-6}$$

$$\xi_z = \frac{\tan\alpha}{\sqrt{2\pi H_s/(gT_z^2)}} \tag{4.4-7}$$

式中：ξ_z——破波相似性参数，或称 Iribureen 数；

T_z——上跨零点法定义的波浪平均周期（s）；

P——结构的渗透系数，在堤身不透水时取 0.1，全部由护面石块组成的均匀结构时取 0.6，透水堤心外加两倍直径厚的护面层时取 0.5，护面层与堤心间有反滤层时取 0.4；

N——波浪个数，表示风暴延时，$N = 1000 \sim 7000$；

S——损坏水平，$S = A/D_{n50}$，A 为横断面上被冲蚀的面积；

D_{n50}——块体的名义直径（m）。

由卷破波（ξ_z 值较小）向激散波过渡

$$\xi_z = (6.2P^{0.31}\sqrt{\tan\alpha})^{1/(P+0.5)} \tag{4.4-8}$$

损坏水平 S 是在水面附近宽度为 D_{n50} 范围内被冲蚀的边长为 D_{n50} 的立方形石块数。为确定护面所需块体的重量，VanderMeer 认为 $S = 2$（陡坡）或 3（较缓坡为 1∶4 ~ 1∶6）时开始损坏，$S = 8$（陡坡）~ 17 时垫层暴露。

Van der Meer 公式考虑到波浪周期、风暴延时、护面分级和堤心渗透性的影响，但他所依据的资料主要是块石护面。对于方块和四脚锥体等护面，它并不比 Hudson 公式优越。即使对于块石护面，它也低估了波浪对堤头的损坏。

以上所述均为波浪正向入射时的情况。在斜向波和多向波作用下确定斜堤护面块体重量的问题，尚处于研究中。目前《防波堤设计与施工规范》（JTJ 298—1998）规定，当波向角小于 45°时，可近似作为正向作用，波向角大于 45°时，宜通过模型试验确定。

4.4.3　整治建筑物稳定性的模糊评价

影响整治建筑物稳定性的因素是众多、复杂的，而且这些因素往往同时具有随机性与模糊性。例如材料，不仅具有随机性，也由于施工、养护条件好坏而带有强烈的模糊性；再如块石粒径，通常按照工程实践经验进行估算设计，而水流动力作用荷载超过设计值微小的范围就意味着破坏，实际上两者并无实质的区别，因而是模糊的。交通部《航道整治工程技术规范》（JTJ 312—1998）中，对整治建筑物材料设计，采用经验和就地取材的方法，实际上考虑了材料选用的随机性。实际工程中，影响整治建筑物抵御水流泥沙破坏作用的主要因素通常有：

（1）材料因素：这是影响护心滩建筑物抗力的主要因素之一，如材料质地、材料级配、水泥标号、水泥用量等。

（2）结构形式：如顺坝、丁坝、锁坝及护岸等。

（3）人为因素：如设计水平、施工质量、养护条件等。

（4）环境因素：如地质条件、水文条件、流冰及漂木等。

(5)防护因素:如石串防护、钢丝笼和无纺布沉排护底等。

这些因素中有关随机性问题已为工程界所认识,并在现行规范中有所考虑,但由于因素间相互联系,相互影响,错综复杂,导致了各种因素的模糊性。所以,应用模糊数学的方法对整治建筑物的稳定性进行研究是十分必要的。

1)评定模型

若干年来修建的航道整治建筑物的稳定计算是按交通部《航道整治工程技术规范》(JTJ 312——1998)中10.6款进行的,即在计算荷载(B)时,应考虑各级水位下水流力、波浪力、浮托力、土压力、渗透力、自重等作用力的不利组合,验算其稳定性。显然这些因素具有一定的模糊随机性,因而评定整治建筑物抵御水毁破坏的抗力(F_r)时,应对模糊随机性进行评定才算合理。

影响整治建筑物抗力的模糊性原理可表示为:

$$\underset{\sim}{B} \subset \underset{\sim}{F_r} \tag{4.4-9}$$

式中,"~"表示含有模糊因素的意思。

整治建筑物在使用T期限后,环境因素对抗力影响很大,且这些因素本身具有强烈的模糊性,因而给定量分析和计算带来了很大的困难。由于整治建筑物抵御破坏的抗力的力学性能指标不同,影响因素对各抗力力学性态指标的影响也不同,因此需对各力学性态指标分别评判,以分别获得各力学性态指标的折减系数Φ。折减系数Φ值通过对该力学指标影响因素的模糊综合评判确定,它考虑了各因素的影响程度和地位。因此,保持航道整治建筑物安全稳定性的抗力方程可表示为:

$$\underset{\sim}{B} \subset \Phi \underset{\sim}{F_r} \tag{4.4-10}$$

2)折减系数的综合评定

(1)建立因素集

将影响整治建筑物抵御破坏的抗力的力学指标的各因素组成因素集U,将U中各因素按其性质分为m类,即m个子集:

$$u = \{u_1, u_2, \cdots, u_m\} \tag{4.4-11}$$

其中,$u_i(i=1,2,\cdots,m)$为第i个因素子集。整治建筑物抵御破坏的抗力的力学指标因素子集可包括为:设计施工、水文地质、养护维修等。设每个因素子集包括n个因素:

$$u_1 = \{u_{i1}, u_{i2}, \cdots, u_{im}\} \tag{4.4-12}$$

其中,$u_{ij}(i=1,2,\cdots,m;j=1,2,\cdots,n)$为第$i$个因素子集的第$j$个因素,不同的可有不同的$n$。如设计施工子集可包括设计水平、结构形式、施工水平、材料组成四个因素,地质水文子集包括地质条件、水文条件两个因素,等等。将每个因素$u_{ij}(i=1,2,\cdots,m;j=1,2,\cdots,n)$按其程度分为$p$个等级,如设计水平可分为高、较高、一般、较低、低五个等级,可表示为如下因素等级集:

$$u_{ij} = \{u_{ij1}, u_{ij2}, \cdots, u_{ijp}\} \tag{4.4-13}$$

其中,$u_{ijk}(k=1,2,\cdots,p)$为因素u_{ij}的第k个等级。因素等级集应视为等级论域上的模糊子集:

$$u_{ij} = \frac{\mu_{ij1}}{u_{ij1}} + \frac{\mu_{ij2}}{u_{ij2}} + \cdots + \frac{\mu_{ijp}}{u_{ijp}} \tag{4.4-14}$$

其中，u_{ijk}为因素 u_{ij}的第 k 个等级对该因素的隶属度。

(2)建立备择集

由于要确定整治建筑物抵御破坏抗力的力学指标折减系数 Φ 的取值，因而$0 \leqslant \Phi \leqslant 1$ 将区间[0,1]按步长 0.1 离散为 $V_l(l=1,2,\cdots,q$；在这里 $q=11$)的集合 $V=\{0,0,1,0,2,\cdots,0.9,1.0\}$作为备择集。

(3)一级模糊综合评判

按各个因素等级进行模糊综合评判，设按第 i 类中第 j 个因素的第 k 个等级 μ_{ijk}进行评判，评判对象备择集中第 l 个因素的隶属度为：$u_{ijkl}(i=1,2,\cdots,m;j=1,2,\cdots,n;k=1,2,\cdots,p;l=1,2,\cdots,q)$，则因素 u_{ij}的等级评判矩阵为：

$$\widetilde{\boldsymbol{R}}_{ij}=\begin{bmatrix} r_{ij11} & r_{ij12} & \cdots & r_{ij1q} \\ r_{ij21} & r_{ij22} & \cdots & r_{ij1q} \\ \cdots & \cdots & \cdots & \cdots \\ r_{ijp1} & r_{ijp2} & \cdots & r_{ijpq} \end{bmatrix} \tag{4.4-15}$$

为了使各个因素具有通用的同一评判矩阵 R_{ij}以简化计算，各因素等级应按影响评判对象的一致来排列。

为反映某一因素对评判对象的取值的影响，而赋予该因素各等级的权数，称为该因素等级的权重集。设因素等级 u_{ijk}的权数为 a_{ijk}，则因素 u_{ij}的等级权重集为：

$$\underset{\sim}{A}_{ij}=(a_{ij1},a_{ij2},\cdots,a_{ijp}) \tag{4.4-16}$$

其中，$a_{ijk}=\mu_{ijk}/\sum_{k=1}^{p}\mu_{ijk}(i=1,2,\cdots,m;j=1,2,\cdots,n)$。

一级模糊综合评判集为：

$$\underset{\sim}{B}_{ij}=\underset{\sim}{A}_{ij}\cdot\underset{\sim}{R}_{ij}=(b_{ij1},b_{ij2},\cdots,b_{ijl}) \tag{4.4-17}$$

其中，$b_{ijl}=\sum_{k=1}^{p}a_{ijkl}\cdot r_{ijkl}(i=1,2,\cdots,m;j=1,2,\cdots,n;l=1,2,\cdots,q)$，$b_{ijl}$为一般模糊综合评判指标，它表示按因素的所有等级进行模糊综合评判时，评判对象对备择集中第 l 个元素的隶属度。

(4)二级模糊综合评判

按因素子集 u_i 所有因素 $u_{ij}(i=1,2,\cdots,m;j=1,2,\cdots,n)$进行模糊综合评判。$u_{ij}$的单因素评判集 B_{ij}应是一级模糊综合评判集 B_{ij}，故 u_i 的单因素评判矩阵为：

$$\underset{\sim}{\boldsymbol{R}}_i=\begin{bmatrix} \underset{\sim}{B}_{i1} \\ \underset{\sim}{B}_{i2} \\ \cdots \\ \underset{\sim}{B}_{in} \end{bmatrix} \tag{4.4-18}$$

设 a_{ij}为因素 u_{ij}的权数，则子集 u_i的权重集为：

$$\underset{\sim}{A}_i=(a_{i1},a_{i2},\cdots,a_{in}) \qquad i=(1,2,\cdots,n) \tag{4.4-19}$$

二级模糊综合评判集为：

$$\underset{\sim}{B}_i = \underset{\sim}{A}_i \cdot \underset{\sim}{R}_i = (b_{i1}, b_{i2}, \cdots, b_{iq}) \tag{4.4-20}$$

其中，$b_{il} = \sum_{j=1}^{n} a_{ij} b_{ijl}(i=1,2,\cdots,m;l=1,2,\cdots,q)$，$b_{il}$为二级模糊综合评判指标，它表示评判对象按因素子集 u_i 的所有子因素进行综合评判时，对备择集中第1个元素的隶属度。

(5)三级模糊综合评判

在各类之间进行模糊综合评判，第 i 类的单因素评判集 R_i 应是二级模糊综合评判集 B_i，故 V 的单因素评判矩阵为：

$$\underset{\sim}{\boldsymbol{R}} = \begin{bmatrix} \underset{\sim}{B}_1 \\ \underset{\sim}{B}_2 \\ \cdots \\ \underset{\sim}{B}_n \end{bmatrix} = [b_{il}]_{m\times q} \tag{4.4-21}$$

设第 i 个因素类 u_i 的权数为 a_i，则因素集 U 的权重集为：

$$\underset{\sim}{A} = (a_1, a_2, \cdots, a_p) \tag{4.4-22}$$

三级模糊综合评判集为：

$$\underset{\sim}{B} = \underset{\sim}{A} \cdot \underset{\sim}{R} = (b_1, b_2, \cdots, b_q) \tag{4.4-23}$$

其中，$b_l = \sum a_i \cdot r_{il}(l=1,2,\cdots,q)$，$b_l$ 为总的模糊综合评判指标，它表示评判对象按所有因素进行评判时，对备择集中第 l 个元素的隶属度。

(6)折减系数 Φ 的具体确定

得到评判指标 b_l 后，折减系数 Φ 值可采用以下两种方法确定。

①最大隶属度法。

取与 $\max b_l$ 相应的备择集元素 V_L 为折减系数 Φ 的值，即

$$\Phi = \{V_L/V_1 \rightarrow \max b_i\} \tag{4.4-24}$$

②加权平均法。

取以 b_l 为权数，对 V_L 进行加权平均的值为折减系数 Φ 的值，即

$$\Phi = \sum_{l=1}^{q} \frac{b_l V_L}{\sum_{l=1}^{q} b_l} \tag{4.4-25}$$

如果评判指标已归一化，则：

$$\Phi = \sum_{l=1}^{q} (b_l V_L) \tag{4.4-26}$$

方法①仅考虑了 $\max b_i$ 一个指标的贡献，方法②考虑了所有指标的贡献，以方法②为好。

(7)安全度的确定

已知航道整治建筑物最大荷载 B_{max} 及整治建筑物抗力 ΦF_r，根据关系式 $B \leqslant \Phi F_r$，就可以确定安全余富 β 及超安全度 γ：

安全余富：

$$\beta = \frac{\Phi F_r - B_{max}}{\Phi F_r} \times 100\% \tag{4.4-27}$$

超安全度：

$$\gamma = \frac{B_{max} - \Phi F_r}{\Phi F_r} \times 100\% \tag{4.4-28}$$

3）整治建筑物稳定性实例计算

根据按规范设计的模型试验丁坝量测计算得在水流作用下的荷载为 $P_s = 735\text{Pa}$，实测计算的抵抗力 $F_r = 1350\text{Pa}$，通过模糊综合评判，确定抵抗力折减系数 Φ，以确定该丁坝抵抗水毁破坏作用的安全度。

（1）因素集

影响整治建筑物抵抗力折减系数的因素很多，这里考虑了10种因素，见表4.4-2。

影响整治建筑物抵抗力折减系数的因素　　表4.4-2

因素子集		影响因素		因素等级 1	2	3	4	5
u_1	设计施工	u_{11}	设计水平	高	较高	一般	较低	低
		u_{12}	结构形式	好	较好	一般	较低	差
		u_{13}	施工水平	高	较高	一般	较低	低
		u_{14}	材料组成	好	较好	一般	较差	差
u_2	水文地质	u_{21}	水文条件	好	较轻	一般	较差	差
		u_{22}	地质条件	好	较好	一般	较差	差
u_3	养护维修	u_{31}	结构损伤	好	较轻	一般	较重	重
		u_{32}	养护维修	好	较好	一般	较差	差
u_4	滑坡涌浪	u_{41}	滑坡方量	大	较大	一般	较小	小
		u_{42}	涌浪高度	高	较高	一般	较低	低

每个因素的各个等级对该因素的隶属度见表4.4-3。

因素的隶属度　　表4.4-3

因素子集		影响因素		因素等级 1	2	3	4	5
u_1	设计施工	u_{11}	设计水平	0.8	1	0.7	0.5	0.3
		u_{12}	结构形式	0.8	1	0.7	0.5	0.3
		u_{13}	施工水平	0.7	1	0.8	0.6	0.4
		u_{14}	材料组成	0.7	1	0.8	0.6	0.4
u_2	水文地质	u_{21}	水文条件	0.7	1	0.8	0.6	0.4
		u_{22}	地质条件	0.3	0.5	0.7	1	0.8
u_3	养护维修	u_{31}	结构损伤	0.3	0.7	1	0.8	0.4
		u_{32}	养护维修	0.8	1	0.7	0.5	0.3
u_4	滑坡涌浪	u_{41}	滑坡方量	0.2	0.4	1	0.7	0.4
		u_{42}	涌浪高度	0.3	0.6	0.7	1	0.5

(2)备择集

将 $\Phi \in [0,1]$ 按步长 step =0.1 离散为 11 个值,得备择集:

$$\Phi = [0,0.1,0.2,\cdots,0.9,1.0]$$

(3)等级评判矩阵

各因素的等级均按影响抗力折减系数取值的趋势一致来排列,等级评判矩阵为:

$$\underset{\sim}{\boldsymbol{R}_i} = \begin{bmatrix} 0.8 & 1.0 & 0.8 & 0.6 & 0.4 & 0.2 & 0.1 & 0 & 0 & 0 & 0 \\ 0.4 & 0.6 & 0.8 & 1.0 & 0.8 & 0.6 & 0.4 & 0.2 & 0.1 & 0 & 0 \\ 0.1 & 0.2 & 0.4 & 0.6 & 0.8 & 1.0 & 0.8 & 0.6 & 0.4 & 0.2 & 0.1 \\ 0 & 0 & 0.1 & 0.2 & 0.4 & 0.6 & 0.8 & 1.0 & 0.8 & 0.6 & 0.4 \\ 0 & 0 & 0 & 0 & 0.1 & 0.2 & 0.4 & 0.6 & 0.8 & 1.0 & 0.8 \end{bmatrix}$$

(4)权重集

①每类因素的权重集。

$$\underset{\sim}{A_1} = (0.2,0.2,0.3,0.3) \qquad \underset{\sim}{A_2} = (0.6,0.4) \qquad \underset{\sim}{A_3} = (0.5,0.5) \qquad \underset{\sim}{A_4} = (0.4,0.6)$$

②因素类权重集。

$$\underset{\sim}{A} = (0.2,0.3,0.4,0.1)$$

(5)各级模糊综合评判结果

①一级模糊综合评判结果。

$$\underset{\sim}{\boldsymbol{B}_{1j}} = \begin{bmatrix} 0.336 & 0.467 & 0.536 & 0.606 & 0.579 & 0.552 & 0.473 & 0.394 & 0.309 & 0.224 & 0.115 \\ 0.336 & 0.467 & 0.536 & 0.606 & 0.579 & 0.552 & 0.473 & 0.394 & 0.309 & 0.224 & 0.115 \\ 0.297 & 0.417 & 0.407 & 0.577 & 0.571 & 0.566 & 0.500 & 0.434 & 0.349 & 0.263 & 0.183 \\ 0.297 & 0.417 & 0.407 & 0.577 & 0.571 & 0.566 & 0.500 & 0.434 & 0.394 & 0.263 & 0.183 \end{bmatrix}$$

$$\underset{\sim}{\boldsymbol{B}_{2j}} = \begin{bmatrix} 0.297 & 0.417 & 0.407 & 0.577 & 0.571 & 0.566 & 0.500 & 0.434 & 0.349 & 0.263 & 0.183 \\ 0.155 & 0.224 & 0.309 & 0.394 & 0.472 & 0.552 & 0.579 & 0.606 & 0.536 & 0.467 & 0.336 \end{bmatrix}$$

$$\underset{\sim}{\boldsymbol{B}_{3j}} = \begin{bmatrix} 0.194 & 0.288 & 0.400 & 0.513 & 0.575 & 0.638 & 0.597 & 0.556 & 0.447 & 0.338 & 0.231 \\ 0.336 & 0.467 & 0.536 & 0.606 & 0.579 & 0.552 & 0.473 & 0.394 & 0.309 & 0.224 & 0.115 \end{bmatrix}$$

$$\underset{\sim}{\boldsymbol{B}_{4j}} = \begin{bmatrix} 0.156 & 0.237 & 0.352 & 0.467 & 0.563 & 0.659 & 0.630 & 0.600 & 0.489 & 0.378 & 0.259 \\ 0.177 & 0.258 & 0.355 & 0.452 & 0.519 & 0.587 & 0.590 & 0.594 & 0.497 & 0.400 & 0.281 \end{bmatrix}$$

②二级模糊综合评判结果。

$$\underset{\sim}{\boldsymbol{B}_i} = \begin{bmatrix} 0.313 & 0.437 & 0.513 & 0.589 & 0.574 & 0.560 & 0.489 & 0.418 & 0.333 & 0.247 & 0.172 \\ 0.240 & 0.340 & 0.422 & 0.504 & 0.532 & 0.560 & 0.532 & 0.503 & 0.424 & 0.344 & 0.244 \\ 0.265 & 0.377 & 0.468 & 0.559 & 0.577 & 0.595 & 0.535 & 0.475 & 0.378 & 0.281 & 0.193 \\ 0.169 & 0.250 & 0.354 & 0.458 & 0.537 & 0.616 & 0.606 & 0.596 & 0.494 & 0.391 & 0.272 \end{bmatrix}$$

③三级模糊综合评判结果。

$$\underset{\sim}{\boldsymbol{B}} = [0.257 \quad 0.365 \quad 0.452 \quad 0.538 \quad 0.559 \quad 0.579 \quad 0.532 \quad 0.484 \quad 0.394 \quad 0.304 \quad 0.212]$$

(6)Φ 值的确定

①按最大隶属度法。

$$\Phi = 0.500$$

②按加权平均法。

$$\Phi = 0.483$$

因此,丁坝的实际抵抗能力为:

$$F'_r = \Phi F_r = 0.483 \times 1350 = 652.05\text{Pa}$$

(7)安全度的确定

因为

$$B_{max} = P_s + P_b = 735\text{Pa} + 180\text{Pa} = 915\text{Pa}$$

所以

$$B_{max} > F'_r$$

即该丁坝的稳定性不能满足要求,其超安全度为:

$$\gamma = \frac{B_{max} - \Phi F_r}{\Phi F_r} \times 100\% = \frac{915 - 652.05}{652.05} \times 100\% = 40.3\%$$

因此,在滑坡涌浪及水流的作用下,由于客观模糊随机因素的长期影响,该丁坝抵抗破坏的能力降低,安全稳定性下降,经评定不能够满足安全要求,需采取有效措施提高丁坝抵抗能力40.3%才能满足要求。

4.5　滑坡涌浪对航道通航条件影响程度评估系统开发

4.5.1　面向对象编程概述

1)面向对象编程

面向对象编程(Object Oriented Pogramming,OOP)不仅是一种新的程序设计方法,而且是对程序设计的全新认识,它利用人们对事物分类的自然倾向,引入了类和对象的概念,具有数据抽象、继承性等特点。抽象数据类型(即类)的创建是面向对象程序设计中的一个基本概念。抽象数据类型几乎能像内部类型一样准确工作。程序员可以创建类型的变量(在面向对象程序设计中称为"对象"或"实例")并操纵这些变量(称为"发送"消息或"请求",对象根据发来的消息知道需要做什么事情)。

在传统的结构化程序设计方法中,程序设计思路通常有两种:"自上而下"和"自下而上"。"自上而下"的方法要求将程序的总体目标分解为几个小目标,并以不同的模块来实现;而"自下而上"的方法则正好相反,程序首先通过子模块来实现几个小目标,然后通过这些小目标来整合成一个整体的系统。贯穿这两种方法的都是"过程"。在结构化程序设计方法中,整个系统要按照具体的功能要求分解为多个过程或函数,通过过程的相互调用和不断细化来简化整个程序的调试,通过层次的逐步降低来把握原问题的细节,通过解决原问题的细节来解决整个问题。

与结构化程序设计方法相比,面向对象的程序设计方法采用了完全不同的思想。面向对象编程首先引入了对象的概念。在自然界中,对象是指人、动物、山水等;在程序设计中,对象则是指窗体、控件、数据库等,其中窗体和控件是最主要的两种对象。在面向对象程序设计中,首先需要创建对象,如文本框、标签、按钮和窗体等,然后描述这些对象的属性,最后根据对象对应的事件处理过程来进行简单的编程,把程序的功能细化为对象的功能和对象之间的联系。

2)对象和类

要进行面向对象编程,就必须首先理解面向对象编程中最重要的两个概念:对象和类。

(1)对象

对象是具有某些特性的具体事务的抽象。每一个对象包含了许多属性。在编程中,对象是将数据包装在一起,形成的一些实体或者说数据结构,它使这些实体变得独立。当外界必须和对象发生关系时,只能通过预先设定好的"渠道"进行交流,这些"渠道"就是所谓的方法,通过对象的方法可以和对象发生交互。一个对象包含了该对象的数据以及存取方法,用户能通过其提供的方法存取其中的数据,并控制对象的行为。

(2)类

类描述了一组有相同特性(数据元素)和相同行为(函数)的对象。类是建立对象的模型,同一个模型所建立的对象是相同的。类实际上就是数据类型,例如,浮点数也有一组特性和行为。类和数据类型的区别在于程序员定义类是为了与具体问题相适应,而不是被迫使用已存的数据类型。而已存在的数据类型仅仅是为了描述机器的存储单元。程序员可以通过增添所需要的新数据类型来扩展这个程序的设计语言。

类和对象的关系很密切,但并不相同。类包含了有关对象的特征和行为信息,它是对象的模型和框架,即类决定了对象的特征。每个对象都有属性,每一个属性又可以定义为类的一个成员。

类中具有一些特殊而重要的特征:封装性、继承性和多态性。这些特征对提高代码的可重用性和易维护性很有用处。

①封装性。

有关对象的信息(即属性)和操作信息的方法(即方法)都存储在对象的定义中。这些传统的编程方法更易于维护。当内部的复杂性可以被隐藏起来后,封装使抽象性成为可能。

②继承性。

新的对象可以从已经存在的对象中创建,并具有原来对象所有的属性、方法和事件。Visual Basic 并不直接支持继承,它通过 COM 技术间接提供了继承的方法。

③多态性。

不同的对象可以有相同的方法;而同一种方法可以执行不同的任务。

4.5.2 Visual Basic 中的面向对象编程

传统意义上的"面向对象编程(OOP)"是以对象为核心,支持对象的封装、多态和继承机制。但是在 Visual Basic 中并不直接支持继承机制,而是通过实现 COM 技术来间接地实现继承机制,所以从严格意义上讲 Visual Basic 并不是真正地面向对象编程。但是通常情况下仍将 Visual Basic 编程归为面向对象编程的范围。这是由于在 Vde 程序设计中贯穿了可视化编程的思路，Visual Basic 提供了大量的对象以供使用，而且程序员可以根据需要建立自己的类和对象。

在 Visual Basic 的面向对象编程中，对象以属性、方法和事件为依托。它摆脱了传统的结构化设计中单纯的编写代码的枯燥的程序开发方式，把创建对象和程序设计结合起来，从而大大地简化了程序开发的过程。

4.5.3 Visual Basic 开发 AutoCAD 的技术手段

1）AutoCAD ActiveX Automation 技术概述

AutoCAD ActiveX Automation 使用户能够从 AutoCAD 的内部或外部以编程方式来操作 AutoCAD。它是把 AutoCAD 全部的功能和函数打包成一个名为"Application"的对象，可以把 Application 对象看作是 AutoCAD 本身，这是一个处在所有 AutoCAD 对象最顶层的对象，可以称它为应用程序对象。其他对象均为 Application 对象的子对象，子对象也可能再包含子对象。通过这些对象，开发的应用程序可以实现 AutoCAD 的全部功能。理解 AutoCAD 对象的层次结构是编程的基础，抛开 ActiveX Automation 的内部技术，作为程序开发员能看到的就是这样一些对象，它们"暴露"在 AutoCAD 的外面，被程序访问。但这种层次关系只是一种包含关系，与 VB 等语言里的父子继承关系截然不同，AutoCAD 中对象的属性和方法不会向它所包含的子对象传递。总而言之，操作 AutoCAD 实际上是在操作 AutoCAD 的对象，沿着从父对象到子对象的链接，用户可以访问接口中的所有对象。对象本身包含自己的方法和属性，通过方法可以实现对象的一些操作，通过属性可以获取对象状态信息或者改变对象当前的状态。

ActiveX Automation 分为两层：自动服务器（Automation Server）和自动控制端（Automation Controller）。如果一个应用程序支持 ActiveX Automation 技术，那么其他应用程序就可以通过其对象（Object）对其自动操作。就 VB 开发 AutoCAD 而言，开发的程序为自动控制端，AutoCAD 是服务器，应用程序正是通过对 AutoCAD 的各级对象进行操作而控制 AutoCAD 工作的。AutoCAD 从 R14 版开始引入了 Automation 技术，使得更多的编程环境可以访问 AutoCAD 图形。而在 ActiveX Automation 出现以前，开发人员只能用 AutoLISP 或 C + + 接口。AutoLISP 不如其他可视化编程语言如 VBDelphi 等功能强大，在制定复杂用户界面、功能较复杂的项目时力不从心，而实现 C 语言编程极为烦琐，不适应当前可视化编程的需要。所以，Automation 技术在 AutoCAD 上的实现，大大简化了程序设计的工作，使 AutoCAD 的二次开发技术变得更易于推广。同时，在与其他 Windows 应用程序（例如 Microsoft Excel 和 Word）共享数据变得更加容易。图 4.5-1 给出通过 ActiveX Automation 技术开发 AutoCAD 的流程图。

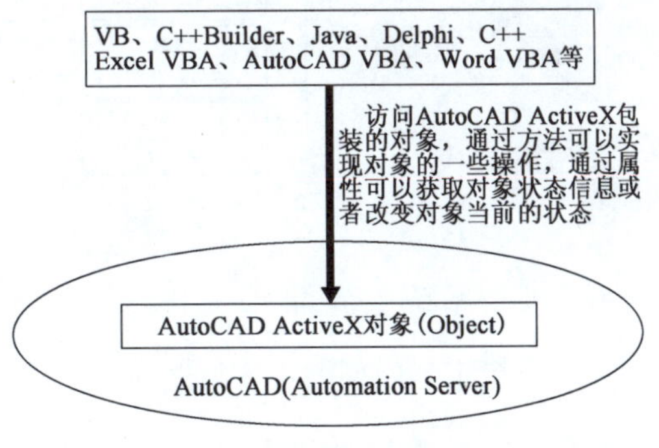

图 4.5-1 开发 AutoCAD 的流程图

2）AutoCAD 对象模型

AutoCAD 对象模型是一种层状结构模型，Application 对象处在最顶层，其他各层 AutoCAD 的对象都是它的子对象。任何上一层对象都是下面各层所有对象的父对象。父对象与子对象不是通常意义的继承关系，也就是说，父对象不会把它的属性和方法传递给它的子对象。直线、圆弧、文字和标注等图形对象都是对象。AutoCAD 应用程序、图纸空间、模型空间、线型、标注样式、图层、块等非图形对象也都是对象。沿着从父对象到子对象的链接，用户就可以访问接口中的所有对象。图 4.5-2 为 AutoCAD 对象模型结构图。

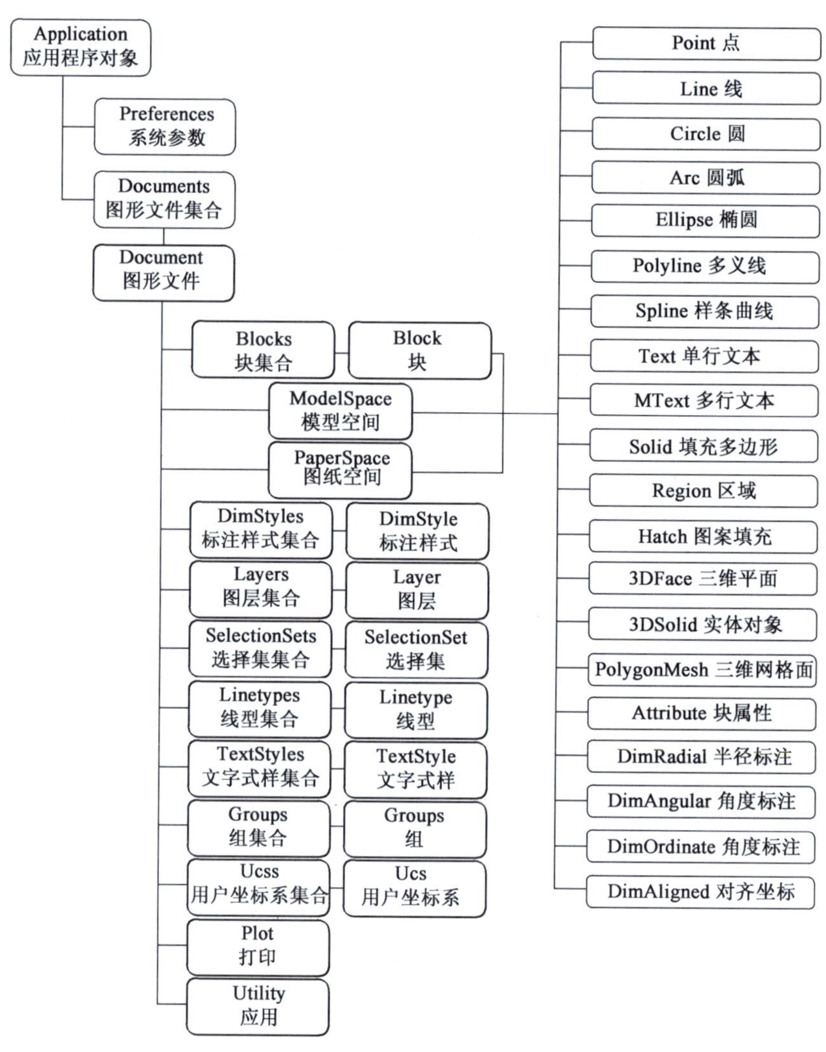

图 4.5-2　AutoCAD 对象模型

4.5.4　系统主界面

评估系统主界面如图 4.5-3 所示。

4.5.5　系统模块调用设计

系统的最终用户是滑坡地质灾害防治、航道及海事等企事业单位的技术人员。一般是专业技术人员，他们需要对滑坡涌浪计算方法比较了解，但其计算机操作水平可能会参差不齐。所以在程序开发过程中，特别是在软件界面设计方面，除遵守 Windows 程序设计规范外，还应兼顾本系统应用领域的专业特色。使系统用户界面达到如下要求：

(1)使用简单。用户界面能够很方便地处理各种基本对话，自动化程度较高；操作比较简单。

(2)拥有系统帮助功能。用户能从系统帮助文档中获知各模块的所有函数说明和参数说明。

(3)具有容错能力和错误诊断功能。能够检查错误并提供清楚、易于理解的报错信息，出错原因、修改错误的提示或建议等。

1)初始涌浪高度估算模块

本模块有 2 个接口，调用时必须遵循以下顺序：

第一步先调用 GetModelData(…)获得计算所需的数据。

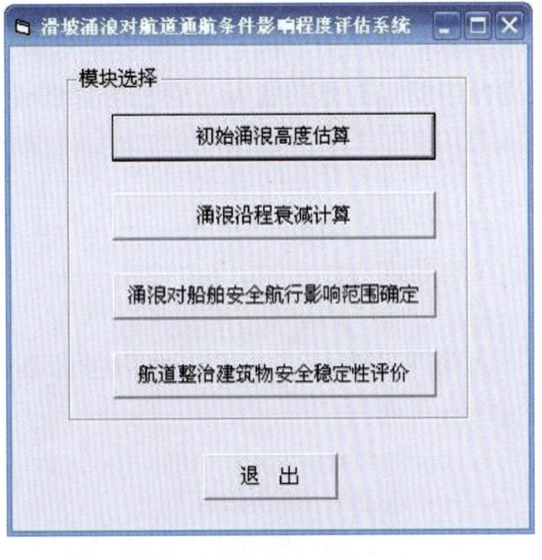

图 4.5-3　评估系统主界面

第二步模型计算 MK1（…）。

在上述的每次调用中，如果存在错误都会返回一个字符串代码，说明出现错误的地方及原因，如果不存在错误则直接得到计算结果。

具体模型：

(1)本课题初始涌浪高度估算模型

①计算公式。

$$\frac{H}{W} = 0.018e^{\left(0.240\frac{H_3}{W}+0.049\beta\right)} \tag{4.5-1}$$

式中：H——初始涌浪高(m)；

W——滑坡体厚度(m)；

H_3——富裕水深(m)；

β——滑面倾角(°)。

②功能说明。

从客户端得到涌浪计算所需的数据，计算其涌浪初始高度。

③参数说明。

输入参数：

sTh——double 型，滑坡体厚度；

sAngle——double 型，滑面倾角；

sAH——double 型，富裕水深。

输出参数：

sSH——double 型，输出计算得到的初始涌浪高度；

serror——string 型，错误信息提示。

(2)水科院初始涌浪高度估算模型

①计算公式。

$$\eta_{max} = k\frac{u^{1.85}}{2g}V^{0.5} \tag{4.5-2}$$

式中：k——综合影响系数，取平均值0.12；

V——滑坡体积(m^3)；

u——滑坡滑速(m/s)；

g——重力加速度(m/s^2)。

②功能说明。

从客户端得到涌浪计算所需的数据，计算其涌浪初始高度。

③参数说明。

输入参数：

sk——double型，影响系数；

sV——double型，滑坡体积；

sVel——double型，滑坡滑速。

输出参数：

sSh——double型，输出计算得到的初始涌浪高度；

serror——string型，错误信息提示。

(3)潘家铮初始涌浪高度估算模型

①计算公式。

当岸坡发生水平运动时，激起的初始浪高可表示为：

$$\frac{\xi_0}{h} = 1.17\frac{v}{\sqrt{gh}} \tag{4.5-3}$$

当岸坡发生垂直运动时，激起的初始浪高可用下面的函数表示为：

$$\frac{\xi_0}{\lambda} = f\left(\frac{v}{\sqrt{gh}}\right) \tag{4.5-4}$$

式中：ξ_0——初始涌浪高度(m)；

h——水库平均深度(m)；

v——岸坡运动速度(m/s)；

λ——滑体厚度(m)；

g——重力加速度(m/s^2)。

②功能说明。

从客户端得到涌浪计算所需的数据，计算其涌浪初始高度。

③参数说明。

输入参数：

sVel——double型，滑坡滑速；

sTh——double型，滑坡体厚度；

sWH——double型，水深。

输出参数：

sSh——double型，输出计算得到的初始涌浪高度；

serror——string 型，错误信息提示。

初始涌浪高度估算模块界面如图 4.5-4 所示。

图 4.5-4　初始涌浪高度估算模块界面

2）涌浪沿程衰减计算模块

本模块有 2 个接口，调用时必须遵循以下顺序：

第一步先调用 GetModelData(…)获得计算所需的数据。

第二步模型计算 MK2 (…) 。

在上述的每次调用中，如果存在错误都会返回一个字符串代码，说明出现错误的地方及原因，如果不存在错误则直接得到计算结果。

（1）具体模型

①涌浪沿程衰减系数计算公式：

$$K = 0.5217 \times 0.8319^{x} \tag{4.5-5}$$

式中：K——涌浪沿程衰减系数；

x——所处位置距滑坡点距离（m）。

②涌浪沿程衰减系数计算公式：

$$h = K \cdot H \tag{4.5-6}$$

式中：h——沿程涌浪高（m）；

H——初始涌浪高（m）；

K——涌浪沿程衰减系数。

（2）功能说明

从客户端得到涌浪计算所需的数据，计算其涌浪初始高度。

（3）参数说明

输入参数：

sX——double 型，所处位置距滑坡点距离；

sSh——double 型，初始涌浪高。

输出参数：

sK——double 型，涌浪沿程衰减系数；

sYh——double 型，输出计算得到的沿程涌浪高度；

serror——string 型，错误信息提示。

涌浪沿程衰减计算模块界面如图 4.5-5 所示。

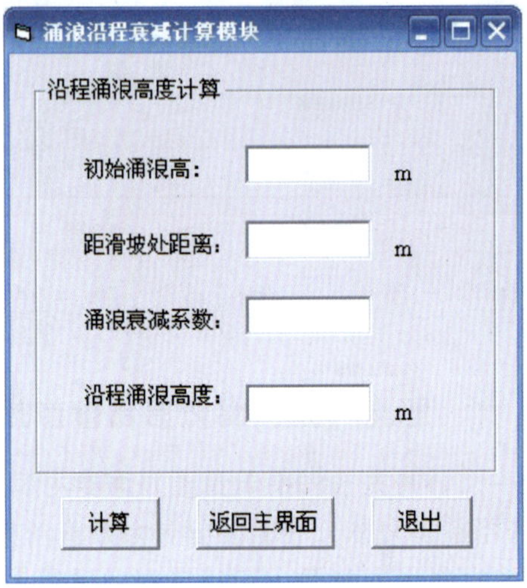

图 4.5-5　涌浪沿程衰减计算模块界面

3）航道整治建筑物安全稳定性评价模块

本系统水流和涌浪共同作用下航道整治建筑物的稳定性计算过程详见 4.4.3 节。当不考虑滑坡涌浪影响时可将“因素子集”下“滑坡涌浪”前的复选框设为不选中状态（图 4.5-6），相应参数会自动变化并给出合理的计算结果。

各影响因素权重及因素类权重可根据所处河段实际情况给出经验值，可使计算结果更加符合实际情况，为航道管理及维护部门提供更加科学合理的决策提供依据。

航道整治建筑物安全稳定性评价模块界面如图 4.5-6 所示。

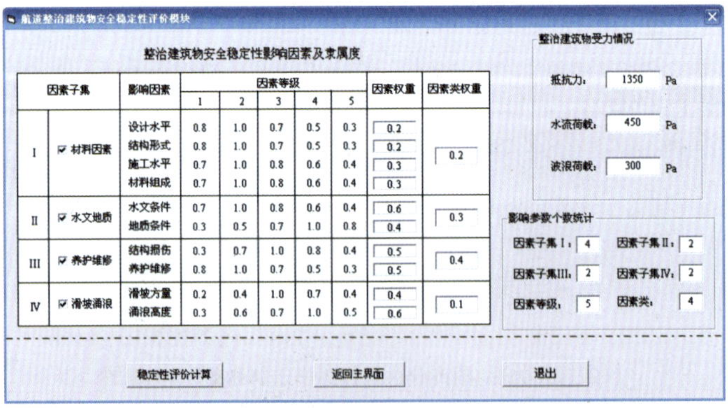

图 4.5-6　航道整治建筑物安全稳定性评价模块界面

4）涌浪对船舶安全航行影响范围确定模块

本模块有 2 个接口，调用时必须遵循以下顺序：

第一步先调用 GetModelData(…)获得计算所需的数据。

第二步模型计算 MK4 (…)。

在上述的每次调用中,如果存在错误都会返回一个字符串代码,说明出现错误的地方及原因,如果不存在错误则直接得到计算结果。

(1)具体模型

安全极限涌浪高度计算公式:

$$h_{max} = D - d_{max} \tag{4.5-7}$$

式中:h_{max}——船舶安全极限浪高(m);

D——船舶型深(m);

d_{max}——船舶设计吃水。

船舶安全行驶范围计算公式:

$$L > \log_{0.8319}^{\frac{h_{max}}{0.5217H}} \tag{4.5-8}$$

式中:L——沿程涌浪高(m);

H——初始涌浪高(m)。

(2)功能说明

从客户端得到涌浪计算所需的数据,计算其涌浪初始高度。

(3)参数说明

输入参数:

sSp——double 型,船舶型深参数;

sSh——double 型,初始涌浪高。

输出参数:

sSd——double 型,船舶安全极限浪高;

sSarea——double 型,船舶安全行驶临界距离;

serror——string 型,错误信息提示。

涌浪对船舶安全航行影响范围确定模块界面如图 4.5-7 所示。

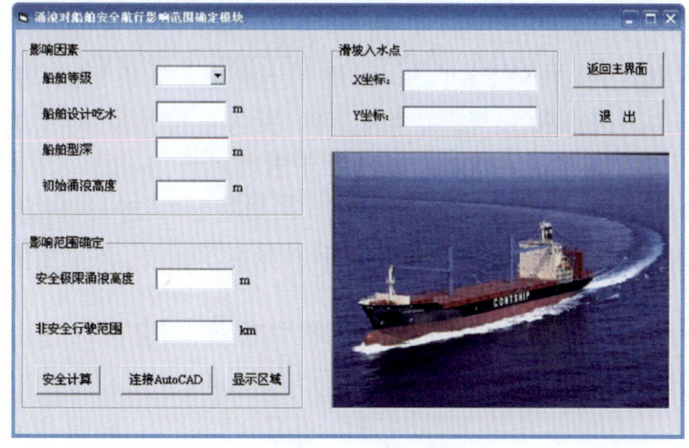

图 4.5-7　涌浪对船舶安全航行影响范围确定模块界面

第 5 章　陡岩体滑坡涌浪特性

5.1　陡岩体滑坡涌浪基本特征

滑坡产生的波浪为随机波。对于随机波要素的提取方法很多，本次试验采取跨零点法读取波高和周期，因为符合深水波理论，采用斯托克斯波的二阶解，将得出的周期、波高、水深代入色散方程，得到波速、波长和波能，为后期的分析提供科学的依据。

为尽可能准确地描述波要素，提取波高和周期的均值、大值、小值作为判别涌浪灾害的初始依据，提取波高和周期的有效值（三分之一大值）作为波能、爬高和衰减规律等的计算值。为进一步描述涌浪对通航条件的影响，可以采用谱分析法，即通过涌浪谱函数计算船舶运动谱函数。

5.1.1　波形

经过对试验过程中激起波浪的细致观察，得出激波过程分为两步：一是滑坡体前缘与水面接触，推挤水激起波浪，激起的波高不大，但是溅高很高；二是滑坡体完全入水，水面迅速下降，在能量充分交换后，激起较大的波高。在这整个过程中会产生一系列的原始波，随着波浪的传播、反射和叠加，会产生一系列的合成波。

随机选取 4 组工况（工况 1、6、15、60），绘制滑坡入水点正对面测点波形时域图（图 5.1-1）。

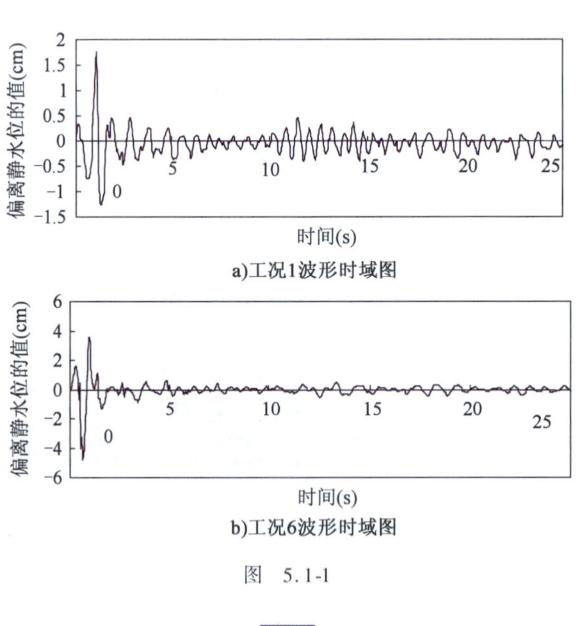

a)工况1波形时域图

b)工况6波形时域图

图　5.1-1

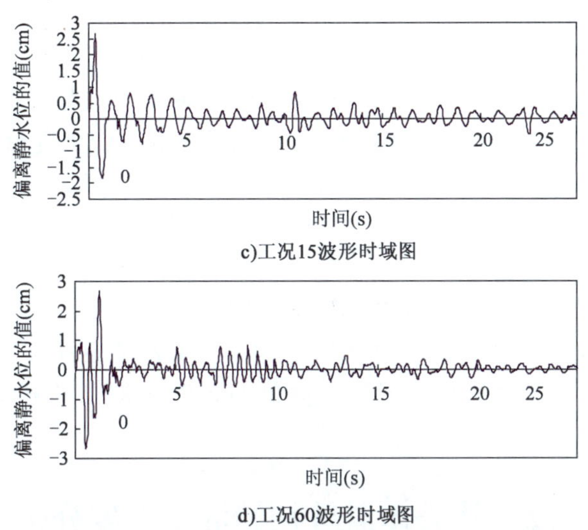

图 5.1-1　不同工况波形时域图

对各组工况的波形时域图进行分析，可知靠近入水点的初始波具有明显的非对称性，合成波较为对称，这一特性与以往我们对自然界中波的认识有所不同。电磁理论中，认为波是完全对称的，在本次试验中可以明显地发现，由于介质特性的变化和能量的交换，可能产生非对称的波。随着振荡时间的增加，波浪非对称性越来越不明显，原始波形成后短时间内迅速衰减。

从波形时域图中，采用跨零点法读取波高和周期，读取过程中，次波会对判读结果产生影响，不同的人判读结果会有所差异，因此要统一判读规则，统一对次波的取舍原则。图 5.1-2 中 H 为判读波高，T 为判读周期。

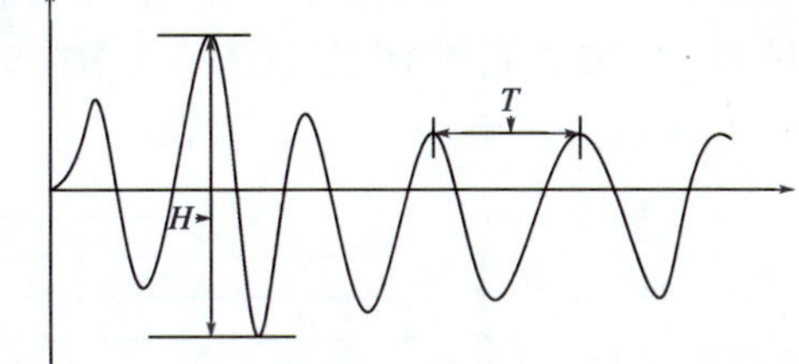

图 5.1-2　判读方法图

5.1.2　波高、周期和波陡

1）波高

对于波高的特征，主要是研究滑坡产生的最大初始波高，将其作为判别滑坡涌浪灾害的初始依据。这对灾害预报预警具有重要的指导意义。试验中测得最大的初始涌浪高度为 8.47cm，根据试验比尺，反算原型的最大波高为 5.93m；最小模型波高为 1.87cm，反算原型的最小波高为 1.31m；模型平均波高为 4.39cm，反算原型的平均波高为 3.07m。

通过对初始波高的观测可知，同一方案中，靠近入水点 50cm 处三只波高仪测得的波高最大，且其最大波高基本相同，波高随着传播距离的增大有明显的衰减，同一圆弧上的波高大致相同，这与圆弧波理论一致。

2）周期、波长

从试验所测数据可知，模型周期的范围为 0.37 ~ 0.75s，波长的范围为 0.31 ~ 1.38m。根据模型比尺，反算原型周期范围为 3.10 ~ 6.27s，波长范围为 21.7 ~ 96.6m。本次试验产生的涌浪的特性应采用深水波，对于波速和波能的计算采用斯托克斯波的二阶解较为适合。

3)波陡

波陡是波高与波长之比,表示波动的平均斜率。在有限振幅波理论中,波陡的极限值为0.142,大于该值时波面会发生破碎。在本次试验中,抽取不同工况下不同测点的153组统计值,有2组超过极限波陡,其值分别是0.152、0.156,其余各工况波陡值均小于极限值。这与工程经验值基本一致,证明了试验结果的可靠性。

5.1.3 溅高

通过对溅高图像的判读,确定试验中溅高高度的范围为17.39~89.31cm,根据模型比尺,反算原型溅高高度的范围为12.17~62.52m。由于溅起水体达到一定高度后发生汽化,对其高度有一定的衰减,工程经验值一般取计算值的2/3,即原型的溅高高度范围为8.12~41.68m。

5.2 陡岩体滑坡初始涌浪高度分析

5.2.1 单因素分析

1)坡度

选取水深为0.88m,六组滑体几何尺寸[长-宽-厚(cm):20-16-3、20-16-6、20-16-9、40-16-6、40-16-12、40-16-24],四个坡度(60°、70°、80°、90°)变化工况,分析相同水深和滑体尺寸条件下,坡度对初始涌浪的影响,如图5.2-1所示。

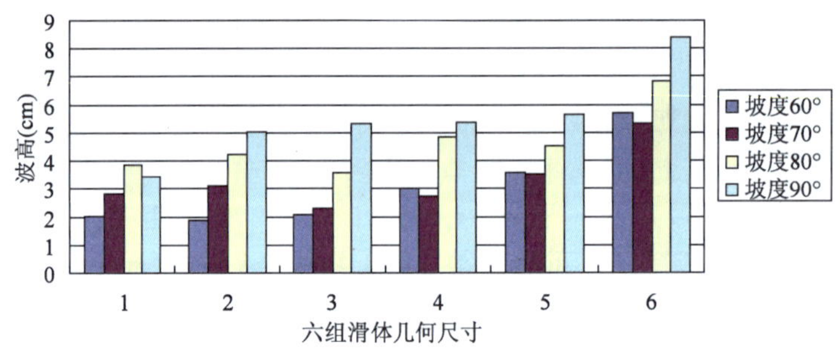

图5.2-1 坡度变化波高对比图

从图5.2-1可以得出,相同水深和滑体方案下,首浪高度有随坡度增大而增大的趋势。因为坡度的增加,引起滑体入水速度增大,入水前的动能增大,激起波浪较高。

2)水深

选取坡度为90°,六组滑体几何尺寸[长-宽-厚(cm):20-16-3、20-16-6、20-16-9、40-16-6、40-16-12、40-16-24],三个水深(74cm、88cm、116cm)变化工况,分析相同坡度和滑体尺寸条件下,水深对初始涌浪的影响,如图5.2-2所示。

相同坡度和滑体尺寸条件下,水深增加,首浪高度越小。在库区中,陡岩滑坡的几何尺寸远小于水深,即在能量交换过程中,富裕水深充足,而当滑体重心高度一定时,水深增加,滑体势能(相对水面)减小,入水前的动能减小,激起波高较小。

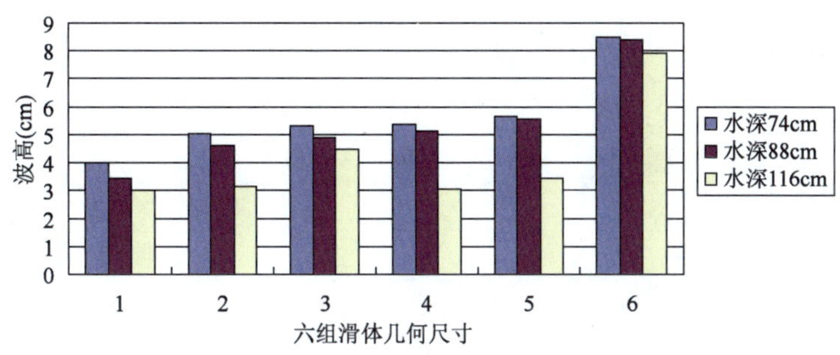

图 5.2-2 水深变化波高对比图

3)滑体几何尺寸

选取水深为0.88m,四组坡度(60°、70°、80°、90°),六种滑体几何尺寸[长-宽-厚(cm):20-16-3、20-16-6、20-16-9、40-16-6、40-16-12、40-16-24]变化工况,分析相同水深和坡度条件下,滑体几何尺寸对初始涌浪的影响,如图5.2-3所示。

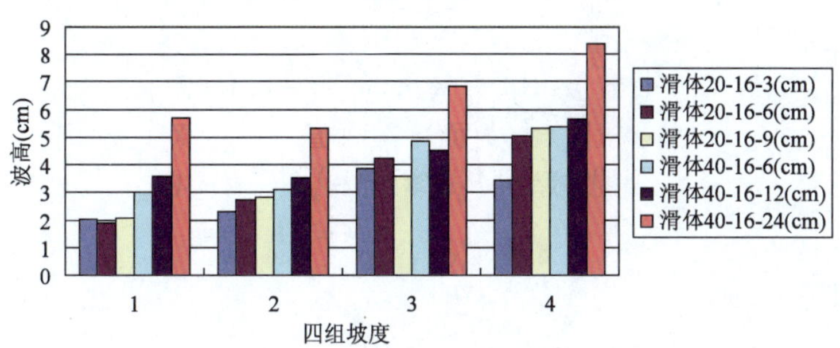

图 5.2-3 滑体几何尺寸变化波高对比图

从图5.2-3中可以得出,相同水深和坡度条件下,首浪高度与滑体体积和厚度呈线性增加的趋势。厚度和体积的增加,导致能量交换过程中固液有效接触面积和整体动能的增加,能量交换率提高,首浪高度较大。

5.2.2 极差和方差分析

极差分析结果见表5.2-1,方差分析结果见表5.2-2。

极 差 分 析 表

表 5.2-1

因素	1	2	3	4	5	6	极差
坡度	3.74	3.82	4.94	5.06			1.31
水深	4.91	4.14	4.12				0.80
厚度	2.97	3.70	4.05	4.21	4.65	6.76	3.79

通过极差分析可以得出:

(1)影响首浪高度因素的主次顺序是:滑体厚度、滑动面倾角(坡度)、水深。

(2)各影响因素对波高的影响线性关系明显。

通过对试验结果的方差分析可以得出以下结论:水深、坡度、滑体厚度对首浪高度的影响显著。

方差分析表 表 5.2-2

变异来源	平方和	自由度	均方	F值	F_a	显著水平
坡度	26.74	3.00	8.91	13.00	F0.01(2,61) = 4.98	* * *
水深	9.96	2.00	4.98	7.26	F0.01(3,61) = 4.13	* * *
厚度	99.80	5.00	19.96	29.11	F0.01(5,61) = 3.34	* * *
误差	41.83	61.00	0.69			

注：F_a 代表 F 检验，F 代表 F 检验的统计量。

5.2.3 回归分析

用无量纲方法探讨相对初始涌浪高 H/W（初始涌浪高与滑坡体厚度的比值）与相对水深 h/W（水深与滑坡体厚度的比值）、β 之间的关系，分别采用幂函数、线性函数、指数函数进行多元线性回归，可得到如下三个相对初始涌浪高的经验公式：

$$\frac{H}{W} = 0.0147\left(\frac{h}{W}\right)^{1.4312}\beta^{1.0715} \tag{5.2-1}$$

$$\frac{H}{W} = 0.0101\frac{h}{W} + 0.0893\beta - 0.1509 \tag{5.2-2}$$

$$\frac{H}{W} = 0.0055e^{0.0961\frac{h}{W}+0.8251\beta} \tag{5.2-3}$$

式中：H——初始波高(m)；

W——滑体厚度(m)；

h——水深(m)；

β——滑坡坡度(rad)。

运用上述三个公式计算所有工况下相对首浪高度的计算值并与试验值进行对比(表 5.2-3)。将结果绘制成图，各点均匀分布在两侧，计算值与试验值较吻合(图 5.2-4 ~ 图 5.2-6)。综合考虑，本书建议采用式(5.2-1)计算首浪高度。

三公式平均相对误差和离差平方和 表 5.2-3

公式	式(5.2-1)	式(5.2-2)	式(5.2-3)
平均相对误差(%)	11.74	22.52	13.58
离差平方和	0.00467	0.01353	0.00473

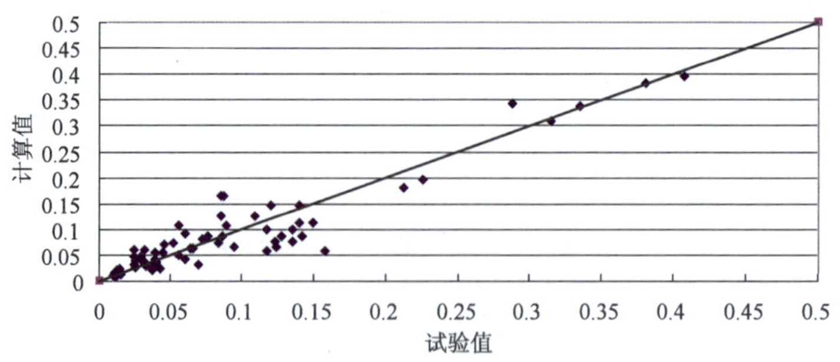

图 5.2-4 式(5.2-1)计算值与试验值对比图

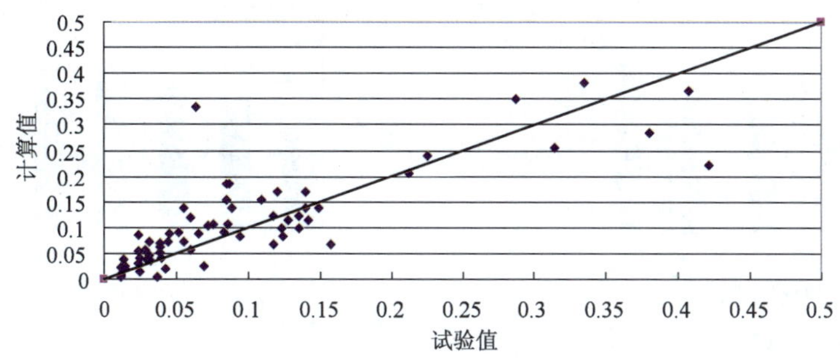

图 5.2-5　式(5.2-2)计算值与试验值对比图

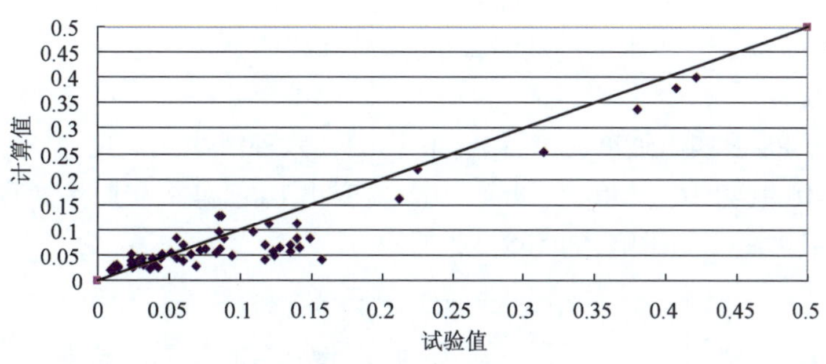

图 5.2-6　式(5.2-3)计算值与试验值对比图

5.3　陡岩体滑坡最大溅高高度分析

通过高程摄像机在滑坡入水点的侧面摄像，拍摄滑坡入水激起的溅高高度和面积，将测得的照片导入 ARCGIS 中，将其矢量化，得出溅高高度和面积。这种方法只能估算能量交换系数，因为很难准确地测量溅高的动能和势能。这样在计算能量交换系数时也有误差，但是计算结果可以很好地预测滑坡体可能溅起的水体高度和能量。

5.3.1　单因素分析

1)坡度

选取水深为 0.74m，六组滑体几何尺寸[长-宽-厚(cm)：20-16-3、20-16-6、20-16-9、40-16-6、40-16-12、40-16-24]，四个坡度(60°、70°、80°、90°)变化工况，分析相同水深和滑体尺寸条件下，坡度对溅高高度的影响，如图 5.3-1 所示。

从图 5.3-1 可以看出，相同水深和滑体方案下，最大溅高有随坡度增大而增大的趋势。因为坡度的增加，引起滑体入水速度增大，入水前的动能增大，激起溅高较高。

2)水深

选取坡度为 90°，六组滑体几何尺寸[长-宽-厚(cm)：20-16-3、20-16-6、20-16-9、40-16-6、40-16-12、40-16-24]，三个水深(74cm、88cm、116cm)变化工况，分析相同坡度和滑体尺寸条件下，水深对最大溅高的影响，如图 5.3-2 所示。

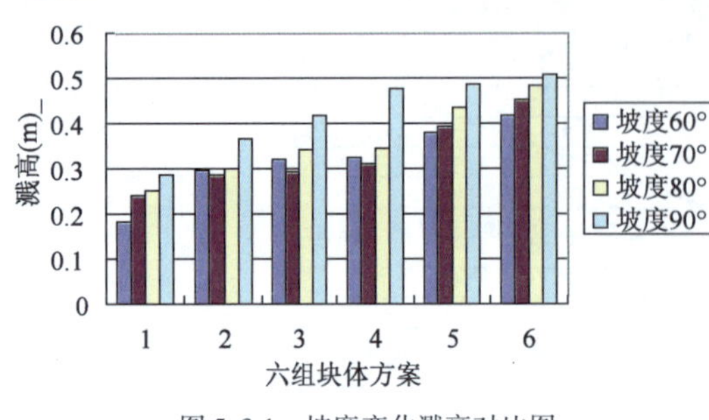

图 5.3-1　坡度变化溅高对比图

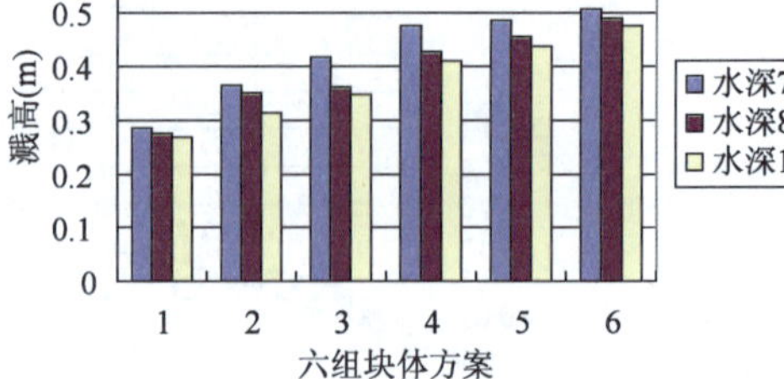

图 5.3-2　水深变化溅高对比图

相同坡度和滑体尺寸条件下,水深增加,最大溅高高度越小。在库区中,陡岩滑坡的几何尺寸远小于水深,即在能量交换过程中,富裕水深充足,而当滑体重心高度一定时,水深增加,滑体势能(相对水面)减小,入水前的动能减小,激起溅高较小。

3)滑体几何尺寸

选取水深为0.88m,四组坡度(60°、70°、80°、90°),六种滑体几何尺寸[长-宽-厚(cm):20-16-3、20-16-6、20-16-9、40-16-6、40-16-12、40-16-24]变化工况,分析相同水深和坡度相条件下,滑体几何尺寸对最大溅高的影响,如图5.3-3所示。

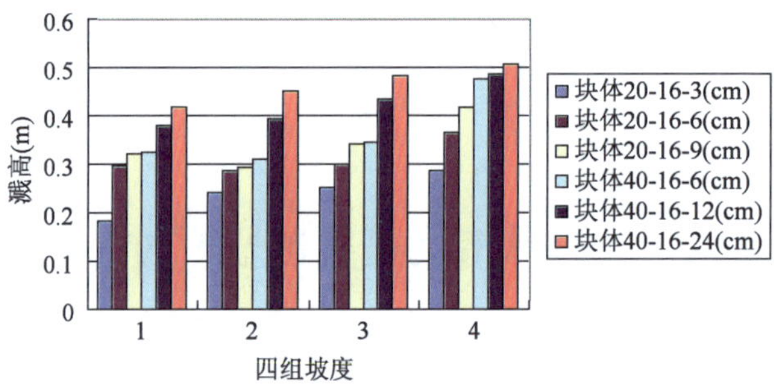

图 5.3-3　滑体几何尺寸变化溅高对比图

从图5.3-3中可以得出,相同水深和坡度条件下,最大溅高高度与滑体体积和厚度呈线性增加的关系。厚度和体积的增加,导致能量交换过程中固液有效接触面积和整体动能的增加,能量交换率提高,溅高高度较大。

5.3.2　极差和方差分析

极差分析结果见表5.3-1。方差分析结果见表5.3-2。

极差分析表　　表5.3-1

因素	1	2	3	4	5	6	极差
坡度	28.50	34.67	43.21	41.77			7.10
水深	38.08	36.78	36.27				1.81
厚度	28.38	32.41	34.25	35.29	42.97	47.12	18.74

通过极差分析可以得出:

(1)影响最大溅高高度因素的主次顺序是:滑体厚度、滑动面倾角(坡度)、水深。

(2)各影响因素对溅高的影响线性关系明显。

方 差 分 析 表 表 5.3-2

变异来源	平方和	自由度	均方	F 值	F_a	显著水平
坡度	156.80	3.00	52.27	5.17	F0.01(2,61)=4.98	* * *
水深	132.50	2.00	66.25	6.55	F0.01(3,61)=4.13	* * *
厚度	145.01	5.00	29.00	2.87	F0.01(5,61)=3.34	* *
误差	616.90	61.00	10.11			

注:F_a 代表 F 检验,F 代表 F 检验的统计量。

通过对试验结果的方差分析可以得出以下结论:水深、坡度对溅高高度的影响显著,厚度对溅高高度的影响较显著。

5.3.3 回归分析

用无量纲方法探讨相对溅高 H/W(最大溅高与滑坡体厚度的比值)与相对水深 h/W(水深与滑坡体厚度的比值)、β 之间的关系,分别采用幂函数、线性函数、指数函数进行多元线性回归,可得到如下三个相对溅高的经验公式:

$$\frac{H}{W} = 0.5210\left(\frac{h}{W}\right)^{0.7831}\beta^{0.6781} \tag{5.3-1}$$

$$\frac{H}{W} = 0.2435\frac{h}{W} + 2.5700\beta - 1.8204 \tag{5.3-2}$$

$$\frac{H}{W} = 0.9802e^{0.0515\frac{h}{W}+0.5368\beta} \tag{5.3-3}$$

式中:H——最大溅高高度(m);

W——滑体厚度(m);

h——水深(m);

β——滑坡坡度(rad)。

运用上述三个公式计算所有工况下最大溅高计算值并与试验值进行对比(表 5.3-3)。并将结果绘制成图(图 5.3-4 ~ 图 5.3-6),各点均匀分布在两侧,计算值与试验值较吻合。综合考虑,本书建议采用式(5.3-1)计算相对最大溅高高度。

三公式平均相对误差和离差平方和 表 5.3-3

公式	式(5.3-1)	式(5.3-2)	式(5.3-3)
平均相对误差(%)	16.91	25.16	26.13
离差平方和	0.02197	0.02437	0.01240

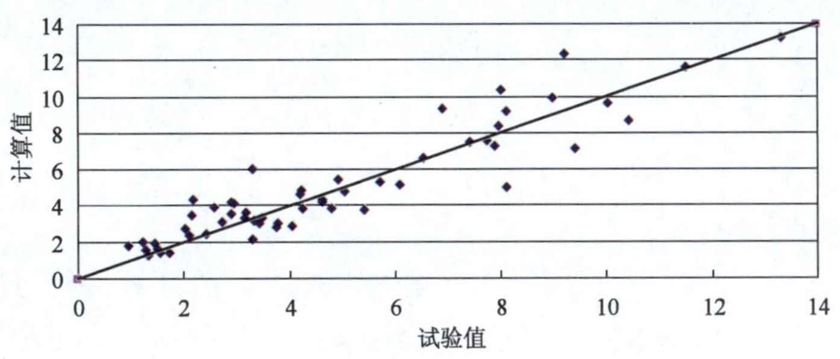

图 5.3-4 式(5.3-1)计算值与试验值对比图

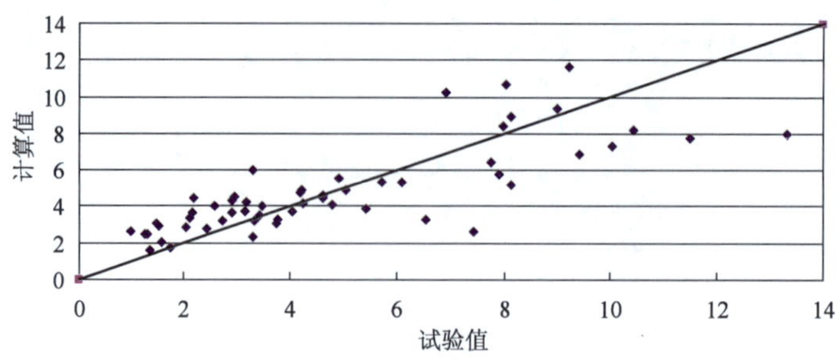

图 5.3-5　式(5.3-2)计算值与试验值对比图

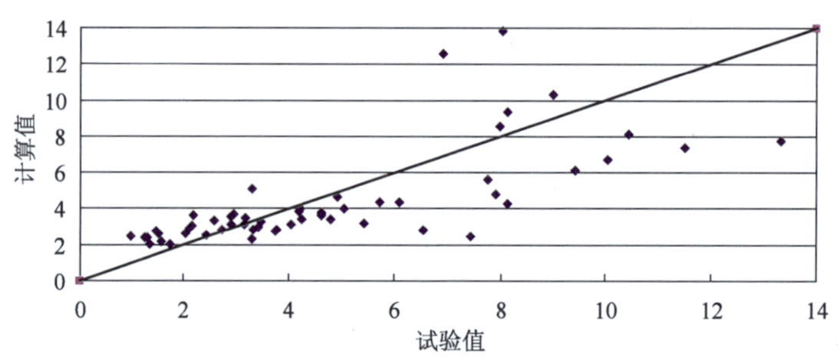

图 5.3-6　式(5.3-3)计算值与试验值对比图

5.3.4　溅高能量交换系数计算

溅高能量交换系数指的是滑坡体势能与溅高能量之间的交换律，对滑体势能和溅高能量进行量的单位化，即研究单宽滑体势能与单宽溅高能量之间的交换律。

用无量纲方法探讨溅高能量转换系数 K 与相对水深 h/W（水深与滑坡体厚度的比值）、β 之间的关系，分别采用幂函数、线性函数、指数函数进行多元线性回归，可得到如下三个溅高能量交换系数的经验公式：

$$K = 0.00000267\left(\frac{h}{W}\right)^{0.752009}\beta^{-0.65198} \tag{5.3-4}$$

$$K = 0.000000741\frac{h}{W} - 0.0000076\beta - 0.000165 \tag{5.3-5}$$

$$K = 0.000152e^{0.045661\left(\frac{h}{W}\right)-0.52714\beta} \tag{5.3-6}$$

式中：W——滑体厚度（m）；

h——水深（m）；

β——滑坡坡度（rad）。

运用上述三个公式计算所有工况下溅高能量转换系数的计算值并与试验值进行对比（表 5.3-4）。并将结果绘制成图（图 5.3-7 ~ 图 5.3-9），各点均匀分布在两侧，计算值与试验值较吻合。综合考虑，本书建议采用式(5.3-4)计算能量转换系数。

三公式平均相对误差和离差平方和　　表5.3-4

公式	式(5.3-4)	式(5.3-5)	式(5.3-6)
平均相对误差(%)	13.21	20.69	20.824
离差平方和	2.83×10^{-7}	6.27×10^{-7}	8.28×10^{-9}

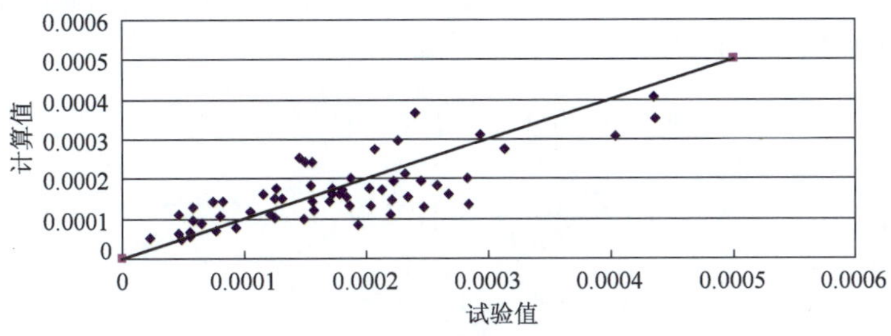

图5.3-7　式(5.3-4)计算值与试验值对比图

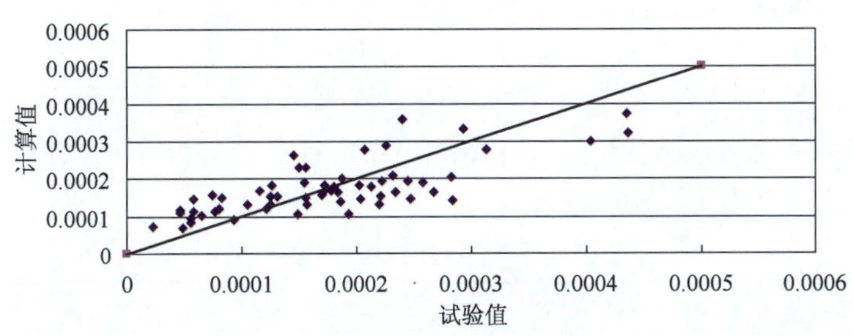

图5.3-8　式(5.3-5)计算值与试验值对比图

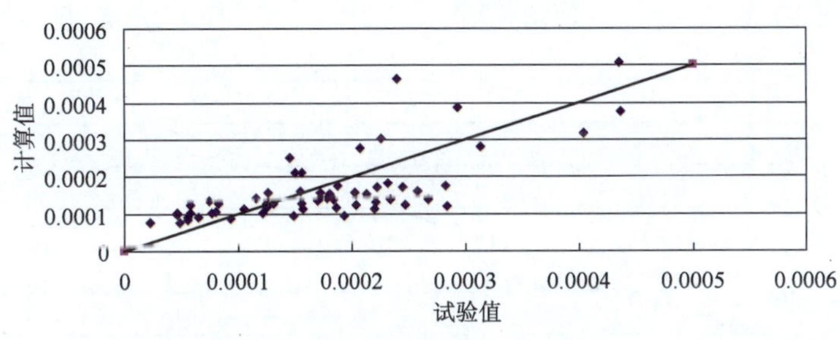

图5.3-9　式(5.3-6)计算值与试验值对比图

5.4 陡岩体滑坡沿程涌浪衰减系数计算

5.4.1 波高的衰减

滑坡发生后,水面急剧波动,初始涌浪迅速向外传播。由于涌浪的非对称性和阻力的影响,波高在短时间近距离内迅速衰减,随着传播距离的增加,涌浪趋于规则波,衰减程度越来越缓慢。单宽波峰线上涌浪受到的阻力与其受力面积有关,影响受力面积的主要因素是波高。在涌浪传播过程中,随着非对称性的减弱和波高的衰减,阻力作用减小并趋于规律化。将内部能耗系数、河床摩阻系数、空气阻力系数合成一个衰减系数,探讨整体衰减系数与波要素和传播距离之间的关系。

1) 直道中波高衰减系数

根据测点布置方案,采用两点法,通过初始波高与沿程波高的对比得出波高的衰减系数,通过无量纲方法探讨波高衰减系数 K 与相对波高 H/h(波高与水深的比值)、相对传播距离 L/h(距入水点的距离与水深的比值)之间的关系,分别采用幂函数、线性函数、指数函数进行多元线性回归,可得到如下三个波高衰减系数计算的经验公式:

$$K = 0.4859\left(\frac{H}{h}\right)^{-0.4462}\left(\frac{L}{h}\right)^{-1.3064} \tag{5.4-1}$$

$$K = -1.4046\frac{H}{h} - 0.0139\frac{L}{h} + 0.4907 \tag{5.4-2}$$

$$K = 0.5631\mathrm{e}^{-5.811\frac{H}{h}-0.1038\frac{L}{h}} \tag{5.4-3}$$

式中:H——初始波高(m);

L——传播距离(m);

h——水深(m)。

运用上述三个公式计算所有工况下直道中波高衰减系数的计算值,与试验值进行对比(表5.4-1)。并将结果绘制成图(图5.4-1~图5.4-3),各点均匀分布在两侧,计算值与试验值较吻合。综合考虑,本书建议采用式(5.4-3)计算直道波高衰减系数。

三公式平均相对误差和离差平方 表5.4-1

公式	式(5.4-1)	式(5.4-2)	式(5.4-3)
平均相对误差(%)	26.46	32.69	20.65
离差平方和	0.133	0.546	0.080

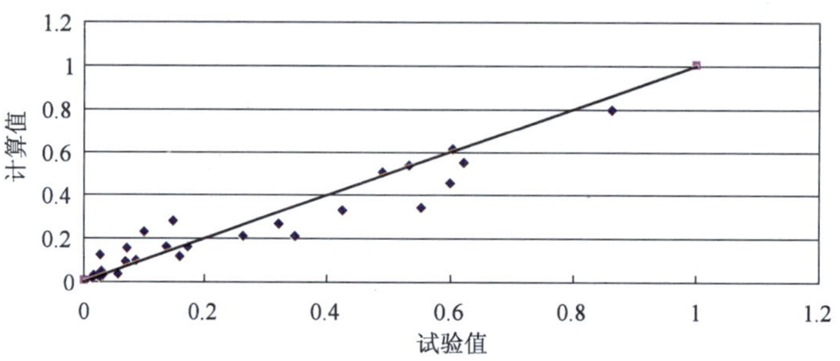

图5.4-1 式(5.4-1)计算值与试验值对比图

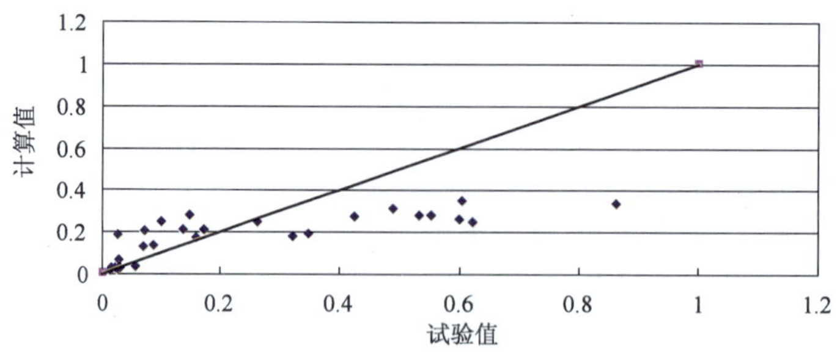

图5.4-2 式(5.4-2)计算值与试验值对比图

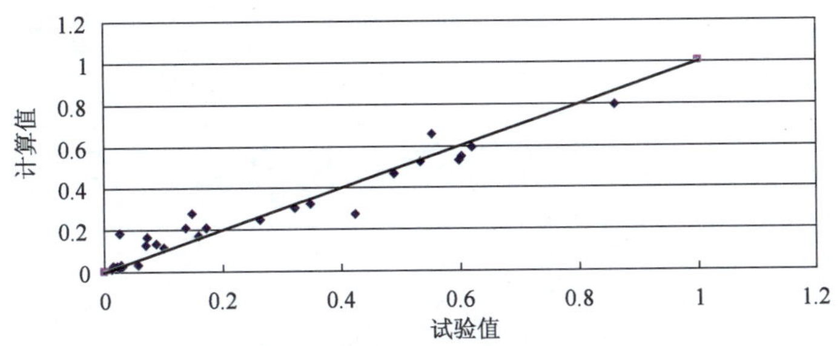

图5.4-3　式(5.4-3)计算值与试验值对比图

2)弯道中波高衰减系数

根据测点布置方案,采用两点法,通过初始波高与沿程波高的对比得出波高的衰减系数,通过无量纲方法探讨波高衰减系数 K 与相对波高 H/h(波高与水深的比值)、相对传播距离 L/h(距入水点的距离与水深的比值)之间的关系,分别采用幂函数、线性函数、指数函数进行多元线性回归,可得到如下三个弯道中波高衰减系数计算的经验公式:

$$K = 0.0541\left(\frac{H}{h}\right)^{-0.526}\left(\frac{L}{h}\right)^{-0.556} \tag{5.4-4}$$

$$K = -0.1532\frac{H}{h} - 0.00202\frac{L}{h} + 0.1149 \tag{5.4-5}$$

$$K = 0.136511\mathrm{e}^{-5.814\frac{H}{h}-0.0304\frac{L}{h}} \tag{5.4-6}$$

式中:H——初始波高(m);

L——传播距离(m);

h——水深(m)。

运用上述三个公式计算所有工况下弯道中波高衰减系数的计算值,与试验值进行对比(表5.4-2)。并将结果绘制成图(图5.4-4～图5.4-6),各点均匀分布在两侧,计算值与试验值较吻合。综合考虑,本书建议采用式(5.4-6)计算弯道中波高衰减系数。

三公式平均相对误差和离差平方和　　表5.4-2

公式	式(5.4-4)	式(5.4-5)	式(5.4-6)
平均相对误差(%)	24.03	35.93	12.07
离差平方和	0.0167	0.0199	0.0149

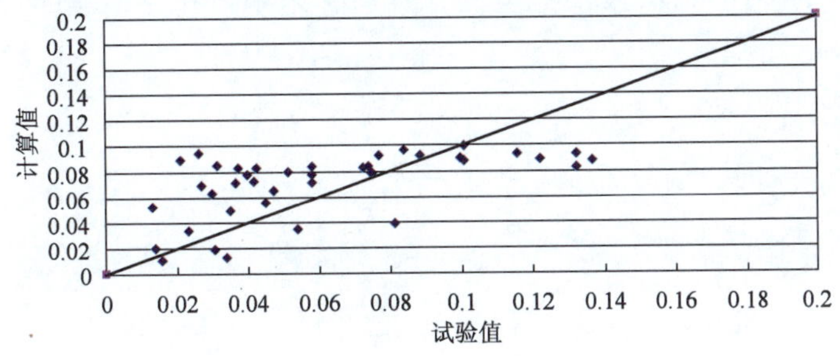

图5.4-4　式(5.4-4)计算值与试验值对比图

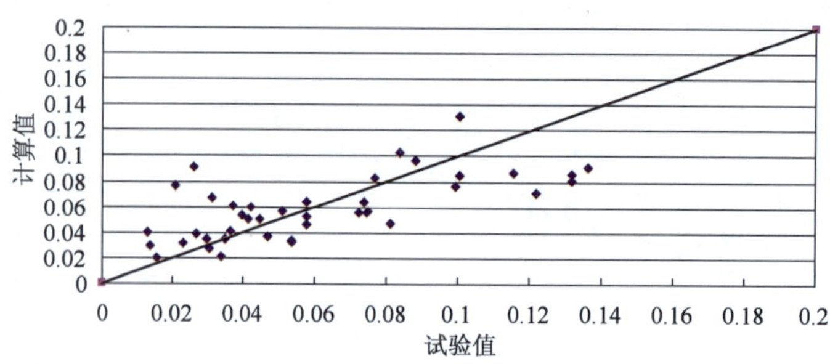

图 5.4-5　式(5.4-5)计算值与试验值对比图

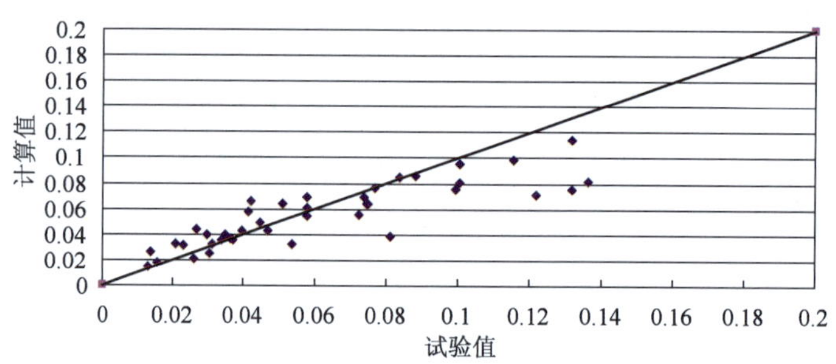

图 5.4-6　式(5.4-6)计算值与试验值对比图

5.4.2　波浪能量交换系数计算

能量交换系数指的是滑坡体的势能与涌浪的波能之间的交换律，反映了能量交换的充分程度。滑坡体的势能是由其产状决定的，主要包括体积、密度、重心高度。波能包括波的动能和势能。对滑体势能和波能进行量的单位化，即研究单宽滑体势能与单宽波峰线上波能之间的交换律。滑坡体单宽势能的计算公式为：

$$E_{位} = \rho g l W \Delta h \tag{5.4-7}$$

式中：ρ——滑体密度(g/cm^3)，其值为 $2.5g/cm^3$；

g——重力加速度(m/s^2)，其值为 $9.81m/s^2$；

l——滑体长度(cm)，在试验中其值为 20cm 和 40cm；

W——滑体厚度(cm)，在试验中其值有五种情况，即 3cm、6cm、9cm、12cm、24cm；

Δh——滑体重心高度(m)，其值为 2.6m。

从试验中涌浪的特性可知，波浪能量的计算适合采用斯托克斯波的二阶解。其计算方程为：

波速计算公式：

$$c = \frac{gT}{2\pi} \tag{5.4-8}$$

周期计算公式：

$$L = \frac{gT^2}{2\pi} \tag{5.4-9}$$

单宽波峰线上波浪动能计算公式：

$$E_K = \frac{\rho g h H^2}{16}\left\{1 + \left(\frac{\pi H}{L}\right)^2\left[1 + \frac{52\cosh^4(kh) - 68\cosh^2(kh) + 25}{16\sinh^6(kh)}\right]\right\} \tag{5.4-10}$$

单宽波峰线上波浪势能计算公式：

$$E_P = \frac{\rho g H^2}{16}\left\{1 + \frac{1}{16}\left(\frac{\pi H}{L}\right)^2 \frac{\cosh^2(kh)[2 + \cosh(2kh)]^2}{\sinh^6(kh)}\right\} \tag{5.4-11}$$

单宽波峰线上波浪总波能计算公式：

$$E = E_K + E_P = \frac{\rho g H^2}{8}\left\{1 + \frac{1}{8}\left(\frac{\pi H}{L}\right)^2\left[5 + \frac{68\sinh^4(kh) + 57\sinh^2(kh) + 18}{4\sinh^6(kh)}\right]\right\} \tag{5.4-12}$$

式中：T——波浪有效波周期均值；

h——水深；

k——波数，$k = \frac{2\pi}{L}$；

H——有效波高均值。

用无量纲方法探讨能量转换系数 K 与相对水深 h/W（水深与滑坡体厚度的比值）、β 之间的关系，分别采用幂函数、线性函数、指数函数进行多元线性回归，可得到如下三个能量交换系数的经验公式：

$$K = 0.000151\left(\frac{h}{W}\right)^{-0.98007}\beta^{1.506183} \tag{5.4-13}$$

$$K = 0.000246\frac{h}{W} + 0.003037\beta - 0.00402 \tag{5.4-14}$$

$$K = 0.000172e^{0.080024\frac{h}{W}+1.1178866\beta} \tag{5.4-15}$$

式中：W——滑体厚度（m）；

h——水深（m）；

β——滑坡坡度（rad）。

运用上述三个公式计算所有工况下能量交换系数的计算值，与试验值进行对比（表5.4-3）。并将结果绘制成图（图5.4-7～图5.4-9），各点均匀分布在两侧，计算值与试验值较吻合。综合考虑，本书建议采用式（5.4-15）计算能量转换系数。

三公式平均相对误差和离差平方和 表5.4-3

公式	式（5.4-13）	式（5.4-14）	式（5.4-15）
平均相对误差（%）	23.13	23.12	15.9
离差平方和	0.000415	0.000342	0.000184

涌浪在传播的过程中受到摩擦阻力的影响，波高和能量都有衰减。造成衰减的主要因素有水体内部涡动的影响、河床摩擦阻力及渗透的影响、空气阻力的影响等。波浪传播过程中内部能量损失包括由于分子黏性导致的能耗和紊动黏性所引起的能耗，后者的能耗一般远远大于前者的能耗，所以对能量损失的计算中对内部能量损耗只计算紊动损耗。涌浪过程中紊动

的作用过程极其复杂，根据紊流理论，紊动的损耗正比于波要素。河床摩擦阻力的能耗是由于波动流场与河床作相对运动造成摩擦阻力做功而引起的，一般情况下认为摩阻系数与波要素、河床糙率和雷诺数有关。空气阻力是影响衰减的重要因素，空气阻力在模型试验中与其他物理量的比尺不同，夸大了其在涌浪传播阻力中的作用；空气阻力的单次作用值很小，但是空气阻力分布在涌浪传播的整个过程中，既有时间的累积也有距离的累积，对涌浪能量的消耗较大，阻力的大小与风力和作用面积有关。对于以上关系，多以经验计算公式形式，目前的一些方法缺少理论的验证没有得到普遍的接受。

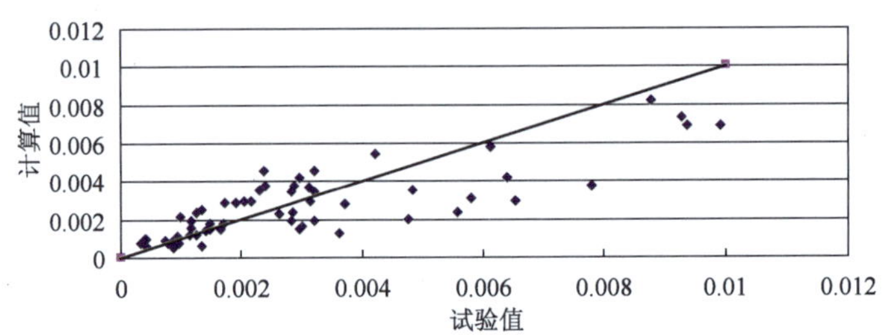

图 5.4-7 式(5.4-13)计算值与试验值对比图

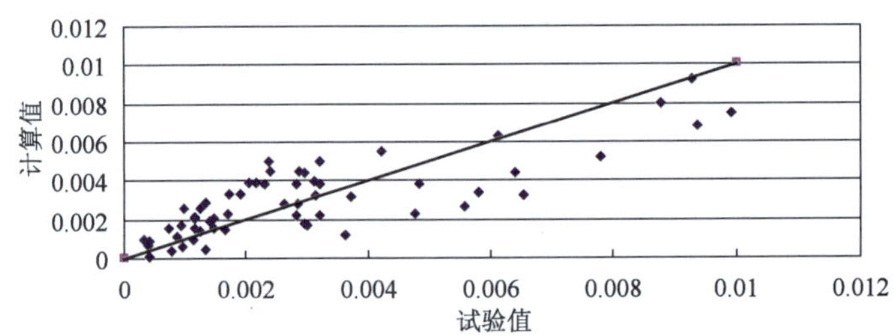

图 5.4-8 式(5.4-14)计算值与试验值对比图

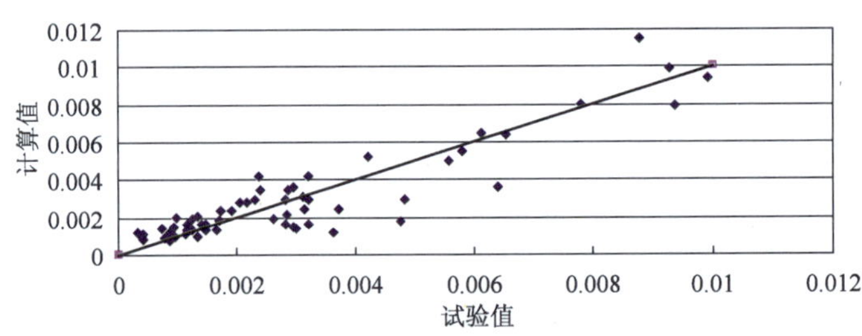

图 5.4-9 式(5.4-15)计算值与试验值对比图

沿程涌浪衰减系数包括涌浪波高的衰减和能量的衰减，波高的衰减指的是沿程涌浪与初始涌浪的关系，能量的衰减指的是沿程涌浪的能量与初始波浪能量之间的关系。由于受地形的影响，涌浪在直道和弯道的衰减规律不相同。

5.4.3 波能的衰减

1)直道中波能衰减系数

根据测点布置方案，采用两点法，通过初始波能与沿程波能的对比得出波能的衰减系数，通过无量纲方法探讨波能衰减系数 K 与相对波高 H/h（波高与水深的比值）、相对传播距离 L/h（距入水点的距离与水深的比值）之间的关系，分别采用幂函数、线性函数、指数函数进行多元线性回归，可得到如下三个直道中波能衰减系数计算的经验公式：

$$K = 0.1165\left(\frac{H}{h}\right)^{-1.2771}\left(\frac{L}{h}\right)^{-2.8194} \tag{5.4-16}$$

$$K = -1.69\frac{H}{h} - 0.0076\frac{L}{h} + 0.3166 \tag{5.4-17}$$

$$K = 0.502e^{-18.4418\frac{H}{h}-0.2152\frac{L}{h}} \tag{5.4-18}$$

式中：H——初始波高（m）；

L——传播距离（m）；

h——水深（m）。

运用上述三个公式计算所有工况下直道中波能衰减系数的计算值，与试验值进行对比（表5.4-4）。并将结果绘制成图（图5.4-10～图5.4-12），各点均匀分布在两侧，计算值与试验值较吻合。综合考虑，本书建议采用式（5.4-18）计算直道中波能衰减系数，线性公式误差较大，不可靠。

三公式平均相对误差和离差平方和　表5.4-4

公式	式(5.4-16)	式(5.4-17)	式(5.4-18)
平均相对误差(%)	23.75	27.19	17.27
离差平方和	0.000458	0.000797	0.000196

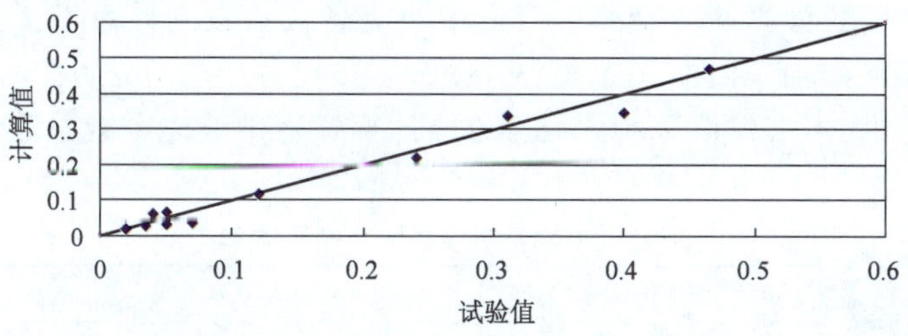

图5.4-10　式(5.4-16)计算值与试验值对比图

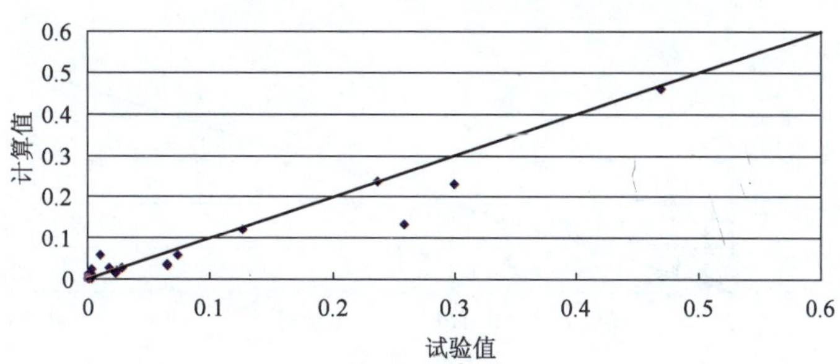

图5.4-11　式(5.4-17)计算值与试验值对比图

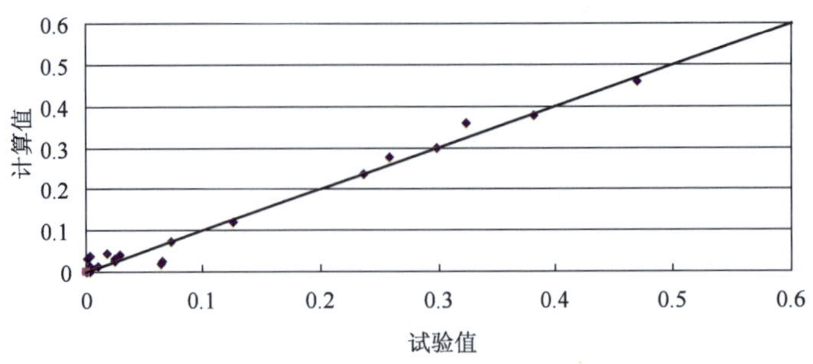

图 5.4-12　式(5.4-18)计算值与试验值对比图

2)弯道中波能衰减系数

根据测点布置方案,采用两点法,通过初始波能与沿程波能的对比得出波能的衰减系数,通过无量纲方法探讨波能衰减系数 K 与相对波高 H/h(波高与水深的比值)、相对传播距离 L/h(距入水点的距离与水深的比值)之间的关系,分别采用幂函数、线性函数、指数函数进行多元线性回归,可得到如下三个弯道中波能衰减系数计算的经验公式:

$$K = 0.00058\left(\frac{H}{h}\right)^{-1.5764}\left(\frac{L}{h}\right)^{-1.1101} \tag{5.4-19}$$

$$K = -0.0203\frac{H}{h} - 0.0003\frac{L}{h} + 0.0142 \tag{5.4-20}$$

$$K = 0.0258e^{-19.1078\frac{H}{h}-0.0607\frac{L}{h}} \tag{5.4-21}$$

式中:H——初始波高(cm);

L——传播距离(cm);

h——水深(cm)。

运用上述三个公式计算所有工况下弯道中波能衰减系数的计算值,与试验值进行对比(表 5.4-5)。并将结果绘制成图(图 5.4-13 ~ 图 5.4-15),各点均匀分布在两侧,计算值与试验值较吻合。综合考虑,本书建议采用式(5.4-21)计算弯道中波能衰减系数,线性公式误差较大,不可靠。

三公式平均相对误差和离差平方和　　表 5.4-5

公式	式(5.4-19)	式(5.4-20)	式(5.4-21)
平均相对误差(%)	32.06	27.52	18.89
离差平方和	0.000511	0.000421	0.000117

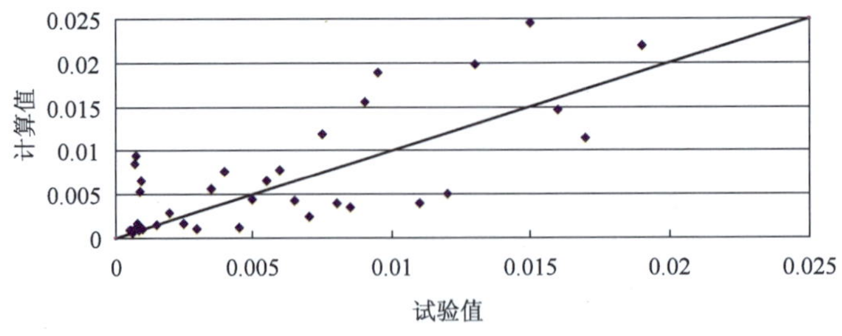

图 5.4-13　式(5.4-19)计算值与试验值对比图

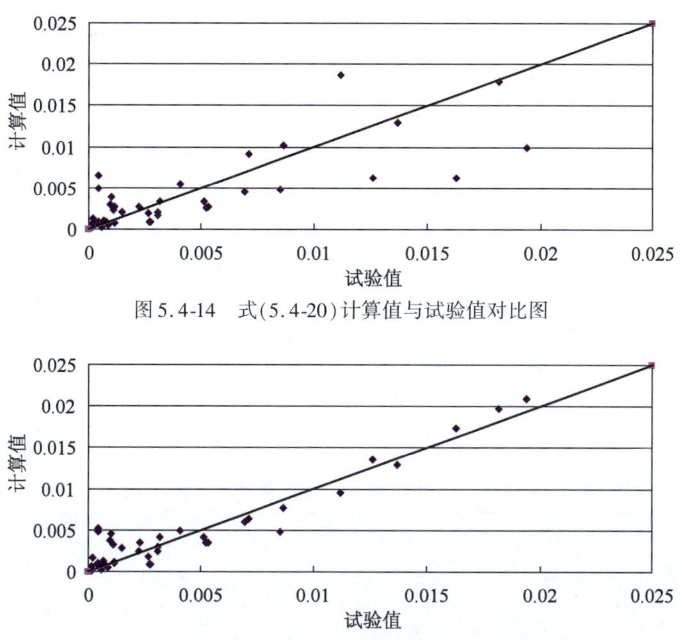

图 5.4-14 式(5.4-20)计算值与试验值对比图

图 5.4-15 式(5.4-21)计算值与试验值对比图

5.5 陡岩体滑坡爬高分析

5.5.1 爬高测点的布置

爬高测点共四个,分布在滑坡入水点的邻岸、对岸、对岸弯道处、模型弯道最远端,对应测点号为 1 号、2 号、3 号和 4 号(图 5.5-1)。每个测点表面固定有精度为 ±0.1mm 的米尺,在米尺上撒一层平均粒径为 0.06mm 的薄粉沙,通过试验前后被涌浪冲落薄粉沙区域下边界对应米尺的读数差值,结合测点斜坡面的坡度计算出该测点涌浪的爬高。

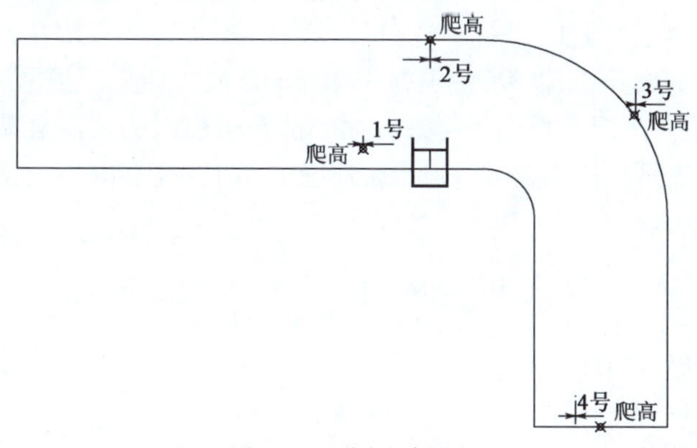

图 5.5-1 涌浪爬高测点

5.5.2 测量数据分析

初始涌浪波高作为判别滑坡灾害的一项初始依据,对灾害预报具有重要的参考意义。试验测得的最大初始涌浪高度为8.47cm，由试验比尺，反算出原型的最大波高为5.93m；最小初始涌浪高度为1.87cm，反算出原型的最小波高为1.31m；模型涌浪平均波高为4.39cm，反算出原型的平均波高为3.07m。对试验初始波高的观测可知，在同一方案中，靠近入水点50cm处的三只波高仪测得的波高最大，且其最大波高基本相同。随着传播距离的增加，波高有明显的衰减，同一圆弧上的涌浪波高大致相等，这与圆弧波理论一致。

波陡是波高与波长之比，它表征了波动的平均斜率。在有限振幅波理论中，波陡的极限值为0.142，大于该极限值时，波面会发生破碎。选取本次试验不同方案下不同测点的153组统计值，有2组数据超过了极限波陡，其值分别为0.152、0.156，其余各工况下，波陡值均小于极限值，这与工程经验值基本一致，证明了试验结果的可靠性。

提取55组工况下测得的爬高数据并计算其均值及原型均值，如表5.5-1所示。由表可知，1号测点附近的最大值和均值都是最大的，说明1号测点附近处于最危险的区域。

爬高测量表 表5.5-1

测点号	1号	2号	3号	4号
最大爬高(cm)	5.33	4.48	1.30	0.63
最小爬高(cm)	0.45	0.37	0.16	0.09
均值(cm)	2.47	1.53	0.48	0.25
原型均值(m)	1.73	1.07	0.34	0.18

5.5.3 滑坡涌浪在河道中的传播

涌浪属于自由波，呈现出较为规则的波峰和波谷，其波形接近于简谐波。滑坡体高速滑入模型水库中激起波浪，同时近水面急剧升高，形成初始涌浪并迅速向外传播。由于涌浪内部能量损耗和摩阻力的影响，波高在短时间内迅速衰减到一定程度后，随着传播距离的增加和波浪非对称性的减弱，衰减程度越来越缓慢，涌浪也趋于规则，当涌浪传播至坡面时，由于坡面的阻挡，涌浪的总能量最终消耗在坡岸上并形成涌浪在此坡面处的爬高。

从涌浪“触底”时起，涌浪便开始损失能量，涌浪的波高随之开始衰减。引起波高的衰减的原因一般包括三个方面：摩阻损失、渗透损失和泥面波阻力损失。根据试验条件和之前学者研究发现，后两种损失并不显著可不予考虑。而底部摩阻引起的波高衰减是由于非理想水体近底部边界层的黏性能量耗散引起的，由底部摩阻引起的波高衰减可根据波能流连续方程导出，得出波高衰减关系式：

$$H_x^2 = H_0^2 \exp\left(\sqrt{\frac{\upsilon\sigma}{2gh}}\frac{L}{h}\right) \tag{5.5-1}$$

式中：H_x——沿程波高(m)；

h——水深(m)；

L——波浪传播距离(m)；

H_0——$L=0$处的波高，即初始波高(m)；

υ——紊动黏滞系数；

σ——圆频率。

通过对比分析,选取试验结果较为完整的10个测点的初始沿程涌浪浪高并计算出这10个测点初始沿程涌浪的波高衰减系数(初始涌浪传播到某点时的波高 H_x 与该方案下初始涌浪波高 H_0 的比值即为初始涌浪传播到该点的波高衰减系数),结合涌浪传播距离发现,涌浪从入水点传播到3m处时的波高衰减变化程度明显较涌浪传播到5.5m、9.5m甚至更远距离的波高衰减剧烈。所以,根据公式(5.5-1)并综合试验涌浪性质,本节将涌浪传播的波高衰减系数分为两个阶段来考虑,即以涌浪传播到3m时和从3m传播到河对岸的两个阶段,暂且认为是第一阶段和第二阶段。

用无量纲方法来探讨波高衰减系数 K 与相对波高 H_0/h、相对传播距离 L/h 之间的关系。本节分别采用线性函数、指数函数进行线性回归分析,得到如下四个波高衰减系数计算的经验公式:

第一阶段:

$$K = 0.09419\frac{H_0}{h} - 0.06343\frac{L}{h} + 0.63265 \tag{5.5-2}$$

$$K = 0.5717e^{0.07318\frac{H_0}{h} - 0.01158\frac{L}{h}} \tag{5.5-3}$$

第二阶段:

$$K = -0.03924\frac{H_0}{h} - 0.01025\frac{L}{h} + 0.27295 \tag{5.5-4}$$

$$K = 0.19763e^{-0.2017\frac{H_0}{h} - 0.06713\frac{L}{h}} \tag{5.5-5}$$

利用上述四个公式计算所选工况下波高衰减系数的计算值并与试验值进行对比(表5.5-2),结合 $y = x$ 趋势线将结果绘制成图(图5.5-2 ~ 图5.5-5)。从对比图中看出:式(5.5-3)计算值与试验值较式(5.5-2)吻合,式(5.5-5)计算值与试验值较式(5.5-4)吻合,且从表5.5-2也可以看出式(5.5-3)和式(5.5-5)的平均相对误差和离差平方和较小,因此,建议采用式(5.5-3)和式(5.5-5)计算涌浪传播的衰减系数。

三公式平均相对误差和离差平方和 表5.5-2

公式	式(5.5-2)	式(5.5-3)	式(5.5-4)	式(5.5-5)
平均相对误差	0.134	0.086	0.217	0.033
离差平方和	0.163	0.116	0.191	0.101

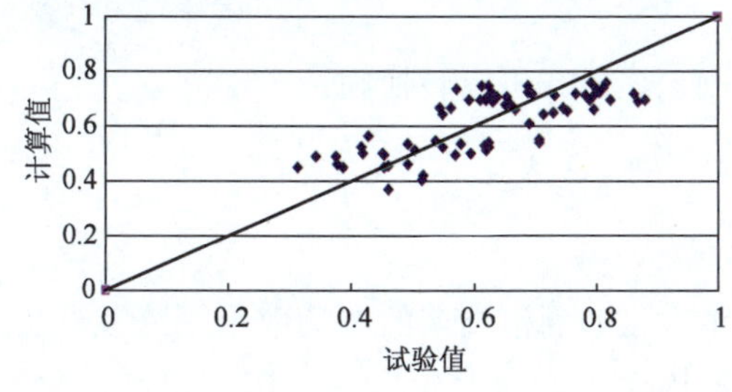

图5.5-2 式(5.5-2)计算值与试验值对比图

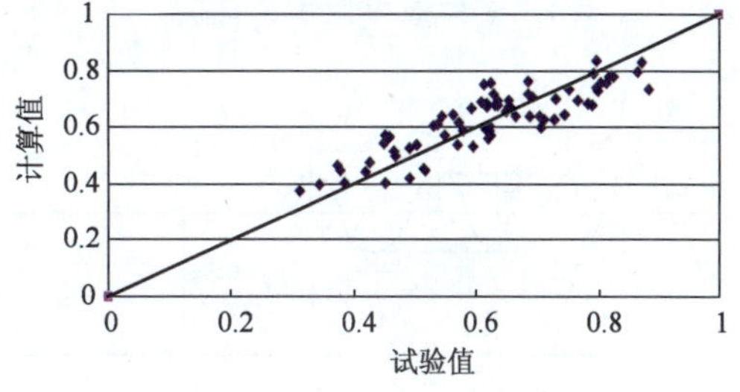

图5.5-3 式(5.5-3)计算值与试验值对比图

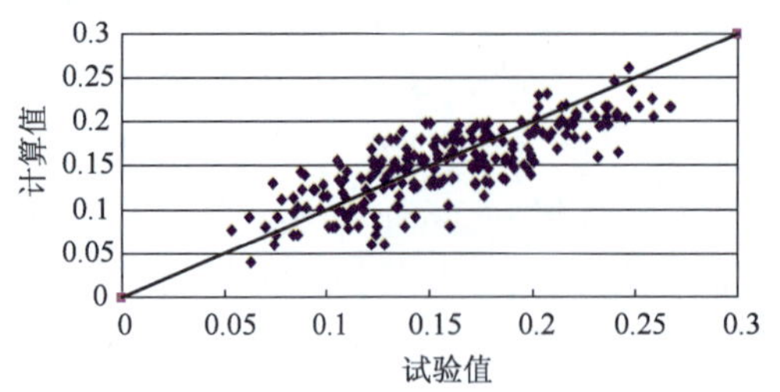

图 5.5-4　式(5.5-4)计算值与试验值对比图

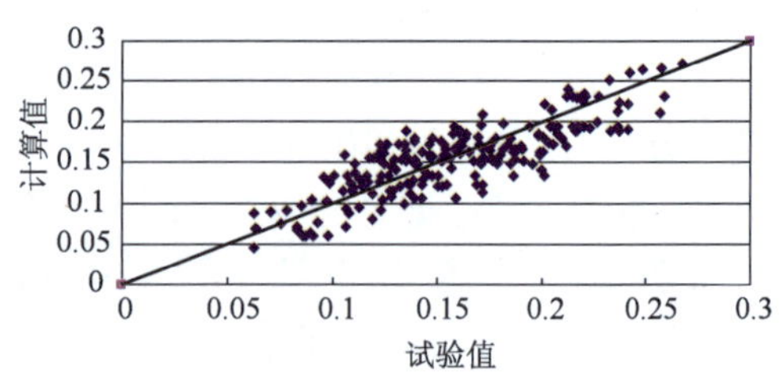

图 5.5-5　式(5.5-5)计算值与试验值对比图

5.5.4　滑坡涌浪爬高分析

试验模型共设置了 4 个坡面爬高测点。其中,1 号、2 号和 3 号测点距滑坡入水点的水平直线距离,就是初始波传递到爬坡测点的传播距离。由于 4 号测点布置在弯道另一侧的河岸,当波浪传播到 4 号测点要先经过弯道。所以,4 号测点的传播距离除了水平直线距离外,还要再加上波浪绕弯所经过的水平圆弧距离。根据概化模型资料和试验水深,经计算可得各测点在不同试验水深下的涌浪传播距离,见表 5.5-3。

爬高测点　　表 5.5-3

编号	水深 0.74m 对应传播距离(m)	水深 0.88m 对应传播距离(m)	水深 1.16m 对应传播距离(m)
1 号	4	4	4
2 号	6.17	6.37	6.81
3 号	10.46	10.79	11.54
4 号	20.25	20.25	20.25

涌浪爬高是设计堤顶高程的一个重要参数,它直接影响堤坝结构的稳定性。涌浪爬高的影响因素非常复杂,我国交通运输部《海港水文规范》(JTS 145-2—2013)中,关于正向规则波在斜坡式建筑物上的波浪爬高公式为:

$$R = K_{\Delta} R_1 H \tag{5.5-6}$$

式中:R——基于静水面的爬高垂直高度(图 5.5-6);

H——坡前波高;

K_{Δ}——与护面结构形式有关的糙渗系数;

R_1——单位爬高,与波陡 H/L(L 为坡前波长)、坡前相对波高 H/h(h 为水深)及斜坡坡度 α(α 为弧度制)等有关。

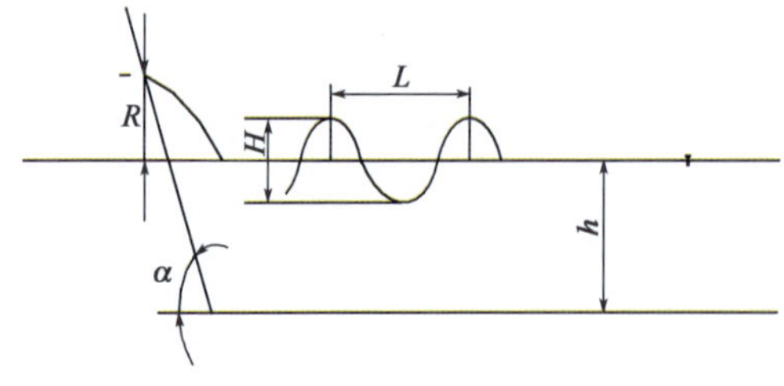

图 5.5-6　斜坡上的涌浪爬高

则上述公式可以转换为:

$$\frac{R}{H} = X_1 K_{\Delta} \left(\frac{H}{h}\right)^{X_2} \left(\frac{H}{L}\right)^{X_3} \times (\alpha)^{X_4} \tag{5.5-7}$$

本次试验涌浪周期的 T 读取采用跨零点法,测得的周期 T 范围为 0.37～1.02s,根据试验模型比尺,其原型周期范围为 3.1～8.55s。试验涌浪符合有限振幅波理论,采用斯托克斯波的二阶解计算波速 c 较合适,由深水情况下波速 c 的二阶解导出波长 L 的求解式(5.5-8),从而可计算出55个方案下各波的波长。

$$L = \frac{gT^2}{2\pi} \tag{5.5-8}$$

对于混凝土护面,粗糙系数 K_Δ 一般取值为0.9,而坡前波高 H 可以通过初始波高及波高衰减公式求得。采用最小二乘法对式(5.5-7)的系数进行回归分析,得出陡岩滑坡涌浪的爬高计算公式式(5.5-9)。

$$R = 1.259HK_\Delta\left(\frac{H}{d}\right)^{0.475}\left(\frac{H}{L}\right)^{-0.387} \times \alpha^{0.618} \tag{5.5-9}$$

将试验资料与式(5.5-9)计算结果进行对比(图5.5-7),从对比图中看出式(5.5-9)计算值稍微偏大一些,但总体来说,计算值与试验值吻合较好。

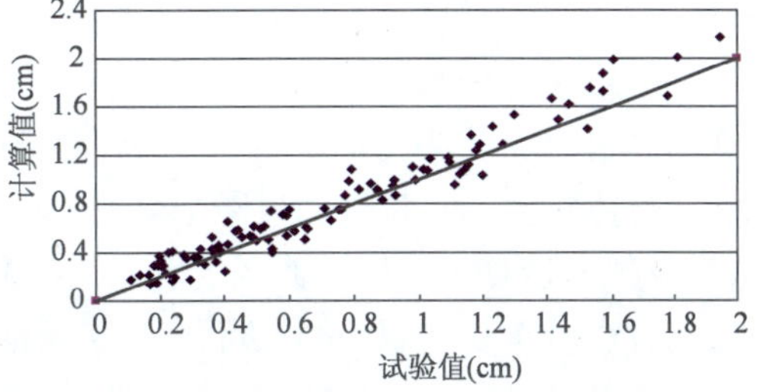

图5.5-7 式(5.5-9)计算值与试验值对比图

5.6 长江链子崖陡岩体滑坡实例计算

5.6.1 地质概况

链子崖危岩区位于长江宜昌上游73km兵书宝剑峡出口处的右岸,危岩体主要由巨厚及中厚层的栖霞灰岩构成,南北长700余米,东西宽50~180余米,形成高百余米的陡崖,下部有1.6~4.0m厚的含煤岩层,构成陡崖的软弱基座。受邻近活动断裂的影响,岩体中构造裂隙发育。本地区降雨量1000mm以上,最大日降雨量391mm。在上述自然地理和地质环境下,高陡岸坡产生塑流—拉裂变形。由于长期采煤的影响、降雨渗入,使拉裂变形不断延伸并向深部发展,形成30余条宽大的裂缝。危岩体可分南、北、中三大区、北区 T_{8-12} 缝段整体持续地向长江方向位移,构成对长江航道的严重威胁,总体积约250万 m^3。其中 T_{11-12} 缝段号称5万 m^3,实际方量18万 m^3 左右,其中约2万 m^3 可能率先崩塌坠入长江。T_{12} 缝南20m处,走向N60°—70°W的高8~12m的小陡壁,即所谓"7000m^3 危岩体",它将以顺层滑移活动方式为主,但不可避免有较大的块体滚入长江,数量约几百个。

从地质资料分析,链子崖危岩崩滑有如下特点:危岩下滑以崩为主或以滑促崩,运动方式拟以滚动、坠落或以弹跳方式为主;危岩区存在三个不同量级的危岩体,它们的崩滑方向、位置都不完全相同;危岩体缘到江面的高差约五十余米。岸坡约40°的陡度与窄而深的河床底部相连。这一段裸露的岸坡是危岩入江的崩滑面。

5.6.2 航道及水文概况

本河段位于宜昌上游68~78km,处于葛洲坝的回水区内,枯水期本河段流速,一般在1.0m/s以下,流态平稳如湖,船舶航行条件较好。洪水期本河段基本不受回水的影响,加之长江流量变幅较大,滑坡区地处峡谷河段,洪水期流量增量大,而过水断面却增量小。随着流量的增大,河道流速急剧加大,流态不良,这一河段仍属自然情况的特性,因此洪水期峡谷河段的航行水流条件较坏,上水船经过链子崖河段时,航线必须靠近右岸,正处在危岩崩落的危险区中。如链子崖危岩一旦崩滑入江,势必对航道造成威胁。

5.6.3 滑坡涌浪特征

链子崖滑坡属于典型的陡岩体滑坡,发生在1992年6月16号,滑坡体较大,入江方量较小,由于其距江面距离大,能量较高,所引起的涌浪传播范围广,破坏性大。链子崖滑坡长约700m,宽50~180m,其物质构成主要有巨厚和中厚层的灰岩,区域地质较为发育,滑坡体后缘离江面高达50m,河宽约100m。滑坡体体积约为250万m^3,其中入江量仅为75万m^3。此时由于下滑体积大,被挤压的水体迅猛涌向对岸,最大涌浪可达37m,对岸山坡陡峭,涌浪直冲而上,最大爬高达63m。从滑坡区定点观测的涌浪变化过程线,涌浪陡起陡落,最大涌浪在3min左右就可衰减至0.5~0.6m以下。由于长期降雨和当地采煤的影响,使岩体构造裂隙发育区形成较大裂缝,岩体结构被破坏。滑坡发生较为突然,且散列块体较大,岸坡较高,能量较大形成了巨大的涌浪。滑坡发生后,由于其传播范围较广,破坏了水流条件,致使严重碍航或断航。

5.6.4 初始涌浪和爬高的计算

1)初始涌浪的计算

由入江体积75万m^3,长约700m,宽50~180m取100m,计算出危岩体厚度为10.7m。滑坡发生在洪水季节,$h=175$m。滑体以滚动或以蹦跳的形式入水,可近似处理为垂直下落。代入式(5.2-1):

$$\frac{H}{W}=0.0417\left(\frac{h}{W}\right)^{1.4312}\beta^{1.0715}$$

计算得到:$H=39.48$m。

2)波高衰减

初始涌浪传播到正对岸时,河宽为100m,即$L=100$m,若在1∶70的模型中进行$\frac{100}{70}=1.43<3$,代入式(5.5-3):

$$K=0.5717\mathrm{e}^{0.07318\frac{H_0}{h}-0.01158\frac{L}{h}}$$

得$K=0.58$,坡前浪高$H'=K\times H=22.80$m。

3)爬高计算

对于混凝土护面K_Δ的取值为0.9,波陡H'/L取极限值0.142,斜坡坡度α取其垂直情况90°,代入式(5.5-9):

$$R=1.259H'K_\Delta\left(\frac{H'}{h}\right)^{-0.975}\left(\frac{H'}{L}\right)^{-0.387}\times\alpha^{1.618}$$

计算得到:$R=55.56$m。

测得的最大爬高63m,相对误差$\frac{63-55.56}{63}\times100\%=11.81\%$。

第 6 章　岩体滑坡涌浪特性及对船舶和码头的影响

滑坡产生的波浪为随机波,对于随机波要素的提取方法很多,本次试验采取跨零点法读取波高和周期,取平均水位为零线,把波面上升与零线相交的点作为一个波的起点。波形不规则地振动降到零线以下,接着又上升再次与零线相交,这一点作为该波的终点(也是下一个波的起点)。如横坐标轴是时间,则两个连续上跨零点的间距便是这个波的周期;把这两点间的波峰最高点到波谷最低点的垂直距离定义为波高。

描述波系的大小一般有两种方法:①采用有某种统计特征值的波作为代表波的特征波法;②谱方法。特征波的定义,通常采用大约连续观测的 100 个波作为一个标准段进行统计分析。

因为符合深水波理论,采用斯托克斯波的二阶解,将得出的周期、波高、水深代入色散方程,得到波速、波长和波能,为后期的分析提供科学的依据。

6.1　岩体滑坡涌浪特性

6.1.1　岩体滑坡涌浪基本特征

根据岩体滑坡涌浪在产生到传播过程其波浪特征的特殊性,将岩体滑坡涌浪分为初始涌浪和沿程涌浪。初始涌浪就是滑坡入水点处的涌浪,也就是滑坡直接与水体在能量交换过程中产生的涌浪;沿程涌浪就是滑坡传播后到达河道不同位置处的涌浪。沿程涌浪继承了初始涌浪的特征,但由于受到传播距离、河道地形、河道弯曲形态等多方面的影响,其涌浪特征又区别于初始涌浪。因此,本章将分别研究初始涌浪和沿程涌浪的特征。

1)初始涌浪特征

在传统的波浪分类方式中,波浪按照水体质点的运动方式可以分为推移波和振荡波。当水体质点在一个运动周期后基本没有向前推进,且一直围绕其原来位置做来回的往复运动,这种波浪类型是振荡波;在振荡波中,又可以分为推移波和立波。推移波的特点是其水质点只向着波浪的传播方向运动。

通过岩体滑坡涌浪的试验观测,在初始涌浪形成的过程中,滑坡体与水体相互作用,滑坡体完全入水,水面迅速上升,在能量充分交换后,激起水质点围绕其原来位置做来回的往复运动,这种是振荡波;另一种是推移波,滑坡体向前推移引起水质点向前运动并产生壅高,且水质点向不同方向传播。也就是说,滑坡涌浪的初始涌浪是推移波和振荡波同时存在的复杂波。

(1)波浪形态

随机选取4组工况(工况7、17、29、68),绘制岩体滑坡入水点初始涌浪的涌浪时域图(图6.1-1)。

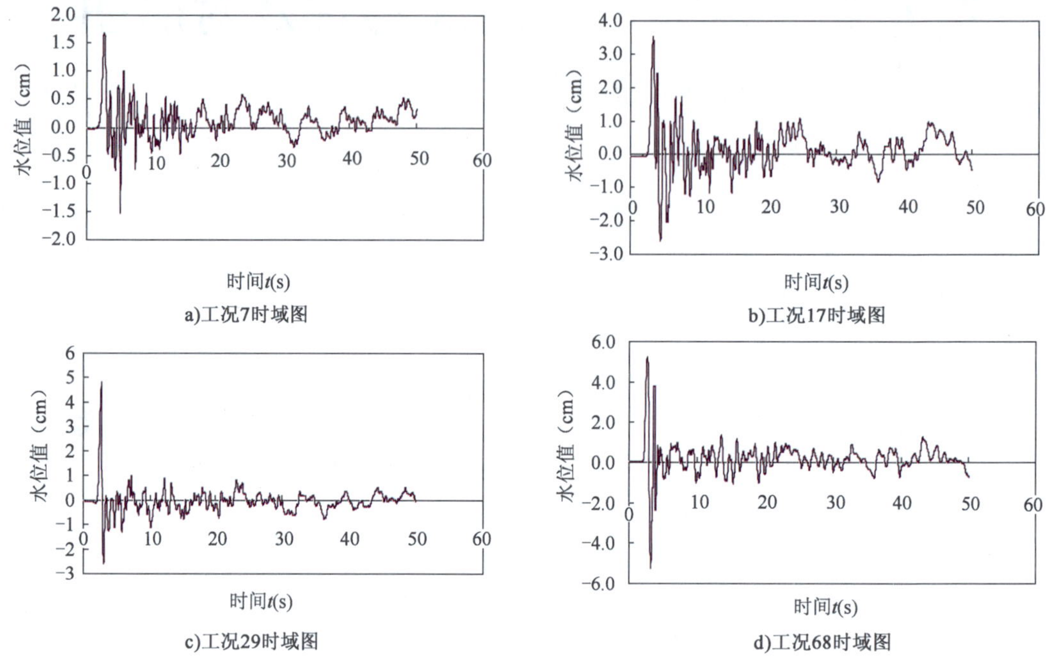

图6.1-1 岩体滑坡初始涌浪时域图

从初始涌浪的波浪时域可以看出,岩体滑坡的初始涌浪的波形十分杂乱,初始涌浪作为随机波浪,其形态的不对称性非常明显。通过涌浪时域图和现场的试验观察,初始涌浪具有波峰较高、波谷较低的特点,在最大波峰和波谷出现之后,波浪迅速衰减。初始涌浪的最大波高出现在第一个波。随着时间的增加和自身的衰减,涌浪的非对称性逐渐不明显,水面逐渐平静。

(2)波高和周期

在传统的波浪理论中,表达波浪特征的方法有很多,主要以特征波法和特征谱法为代表。特征波法描述波浪特征时,波高和周期是波浪特征的主要定义值,它决定了波浪的特性。岩体滑坡涌浪作为随机波浪的一种,由于其波形的不规则性,一般情况下采取跨零点法进行波高及周期的提取。

根据特征波的定义,这里选取初始涌浪的最大波高和最大周期、有效波高和有效周期作为初始涌浪的特征值。对81组工况的初始涌浪波高和周期的特征值进行统计分析,见表6.1-1。

初始涌浪波高和周期统计表 表6.1-1

工 况	最大波高(cm)	有效波高(cm)	周期(s)	有效周期(s)
1	2.7	1.8	0.6	0.4
2	3.4	2.2	1.2	0.8
3	5.2	3.1	1.6	1.2
4	4.1	2.7	1.4	1.1

续上表

工　况	最大波高(cm)	有效波高(cm)	周期(s)	有效周期(s)
5	6.6	3.7	1.2	0.8
6	8.6	4.9	1.3	0.8
7	3.2	2.1	1.0	0.7
8	6.1	3.6	1.1	0.7
9	16.0	8.8	2.0	1.6
10	1.5	1.0	1.0	0.7
11	4.1	2.7	0.8	0.6
12	5.0	3.3	0.8	0.6
13	3.6	2.4	1.0	0.7
14	5.0	3.3	1.0	0.7
15	8.5	4.8	1.2	0.8
16	5.9	3.5	0.8	0.6
17	6.5	3.7	0.8	0.6
18	9.0	5.1	1.5	1.2
19	1.2	0.8	0.7	0.5
20	2.8	1.8	0.7	0.5
21	3.1	2.0	1.1	0.7
22	2.0	1.3	0.9	0.6
23	6.0	3.6	0.8	0.6
24	6.2	3.7	0.8	0.6
25	3.8	2.5	0.6	0.4
26	6.5	3.7	0.7	0.5
27	7.0	4.0	1.5	1.2
28	2.8	1.8	0.8	0.6
29	4.6	3.1	1.1	0.7
30	6.6	3.7	1.1	0.7
31	11.5	6.5	1.3	0.8
32	16.0	8.8	1.0	0.7
33	16.8	9.3	1.0	0.7
34	11.4	6.5	1.1	0.7
35	16.9	9.4	1.1	0.7
36	17.7	9.8	1.3	0.8
37	5.0	3.0	0.8	0.6
38	4.7	3.1	1.5	1.2
39	7.8	4.4	1.3	0.8
40	6.5	3.7	1.2	0.8
41	10.8	6.1	1.6	1.2

续上表

工　况	最大波高(cm)	有效波高(cm)	周期(s)	有效周期(s)
42	16.6	9.2	1.6	1.3
43	14.0	7.7	1.5	1.2
44	19.7	10.9	1.7	1.3
45	21.2	11.8	2.12	1.7
46	6.6	3.8	1.4	1.1
47	5.4	3.2	1.1	0.7
48	5.9	3.5	1.0	0.7
49	6.0	3.6	2.0	1.6
50	14.0	7.7	1.1	0.7
51	17.0	9.4	1.5	1.2
52	11.2	6.4	1.0	0.7
53	13.4	7.4	1.0	0.7
54	20.0	11.1	1.9	1.5
55	6.0	3.6	1.3	1.0
56	6.0	3.6	1.3	1.0
57	6.5	3.7	1.3	0.8
58	7.9	4.5	1.3	0.8
59	11.3	6.4	1.5	1.2
60	16.1	8.9	1.7	1.3
61	7.5	4.2	1.5	1.2
62	16	8.8	1.1	0.7
63	18.5	10.3	0.8	0.6
64	3.3	2.2	1.1	0.7
65	6.5	3.7	1.6	1.3
66	8.7	4.9	2.1	1.7
67	5.9	3.5	1.5	1.2
68	11.8	6.5	1.6	1.2
69	19.3	10.7	1.3	1.0
70	15.0	8.3	1.1	0.7
71	21.4	11.8	2.1	1.7
72	23.5	14.1	1.6	1.3
73	3.5	2.3	1.5	1.2
74	6.0	3.6	1.5	1.2
75	6.4	3.6	1.3	0.8
76	6.2	3.5	1.2	0.8

续上表

工　况	最大波高(cm)	有效波高(cm)	周期(s)	有效周期(s)
77	9.4	5.3	1.5	1.2
78	17.1	9.5	1.3	1.0
79	16.4	9.1	1.2	0.8
80	19.4	10.7	1.9	1.5
81	23.3	12.9	2.0	1.6

①最大波高和最大周期。

初始涌浪的最大波高和最大周期也就是波列中的波高和周期的最大值。初始涌浪的最大波高，也就是滑坡入水点处的最大涌浪高。选取2号传感器（滑坡体入水的中心位置）所测数据，作为初始涌浪的最大波高。

通过统计发现，本次岩体滑坡涌浪模型试验所测得的最大波高范围为1.2～23.5cm。根据试验比尺，反算原型的最大初始波高范围为0.84～16.4m。模型波高平均值为9.57cm，反算原型的平均波高为6.7m。对初始涌浪的波高范围和波高平均值的统计，可以为涌浪灾害预报预警和防治提供一定的参考。

从试验所测数据可知，模型周期的范围为0.64～2.13s，根据模型比尺反算原型周期范围为3.10～6.27s。

②有效波高和有效周期。

将波列中的波高由大到小依次排列，其中最大的1/3部分波高和周期的平均值称为有效波高和有效周期。对初始涌浪的有效波高和有效周期进行统计，见表6.1-2。

初始涌浪特征值统计表　　表6.1-2

初始涌浪特征值	最大波高(cm)	有效波高(cm)	周期(s)	有效周期(s)
极大值	23.50	14.17	2.13	1.70
极小值	1.20	0.80	0.64	0.51
平均值	9.57	5.49	1.29	0.97

对所有工况下岩体滑坡涌浪的有效波高和有效周期取平均，初始涌浪的有效波高只占最大波高的3/5左右，有效周期只占最大周期的4/5。在初始涌浪产生最大波高和最大周期之后，波高和周期都在一定程度上衰减，且波高的衰减要比周期的衰减大。另外，初始涌浪的周期与滑坡入水角度有关，随着滑坡入水角度的增加，初始涌浪的周期也逐渐增大，但周期的变化不是很明显。

(3)波陡

随机波浪的波陡是指波浪的波高与其波长的比值。波浪的波陡的极限值为0.142。通过对本次岩体滑坡涌浪的波陡的统计发现，大部分初始涌浪的波陡大于波浪波陡的极限值，也就是说初始涌浪形成后很容易发生破碎。

2)沿程涌浪特征

岩体滑坡沿程涌浪是指初始涌浪在一定区域进行传播，不断反射叠加和衰减所形成的涌浪，它包括原始波和合成波。根据本次岩体滑坡涌浪传播的范围，可以分为直道区域、弯道区域、远端区域和过弯区域。

由于沿程涌浪的复杂性,只对不同区域沿程涌浪的波形做简要的分析。选取工况 6、43、76,绘制岩体滑坡涌浪在滑坡入水点前 2m 处 4 号测点(直道区域)的沿程涌浪波形时域图,如图 6.1-2 所示。

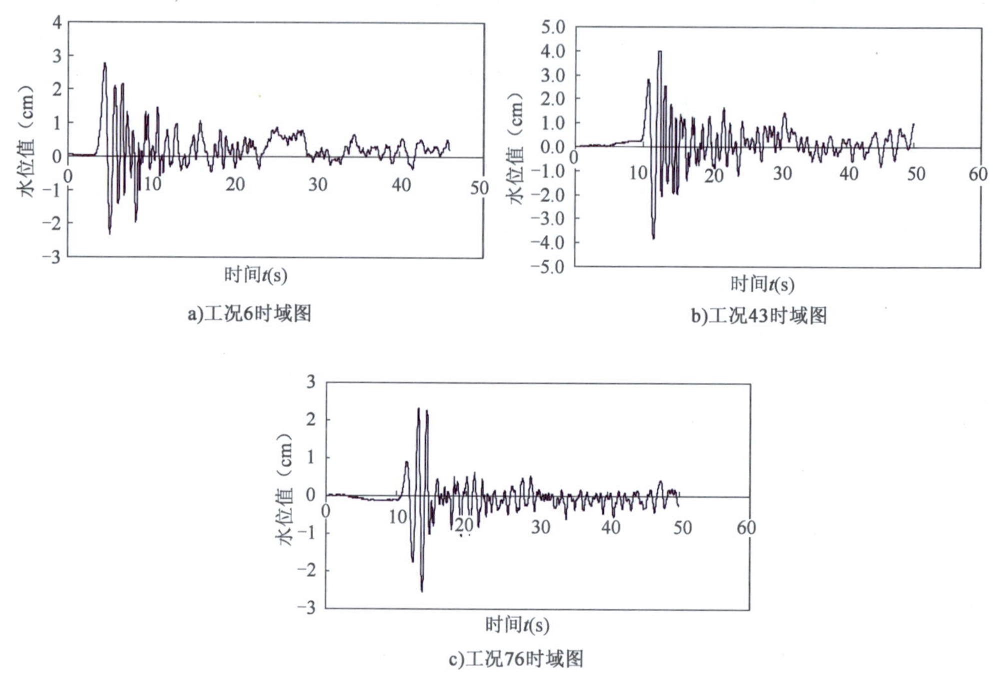

图 6.1-2　岩体滑坡直道沿程涌浪时域图

在河道 4 号测点处,涌浪经过一定距离的传播,波浪形态较为规则,波峰波谷较为对称,随着时间的增加和波浪的衰减,对称性越来越明显,水面逐渐恢复平静。

在滑坡入水角度较小(坡度为 20°)工况下,其最大波高出现在第一个波,这和初始涌浪的形态基本一致,其涌浪形态基本继承初始涌浪的形态特征;在坡度为 40°和 60°的少数工况下,最大波高出现在第二个波或第三个波,且第一个波相对较小,和初始涌浪的形态特征相差较大。这是由于在坡度较大情况下,初始涌浪所产生的振荡波的波高和推移波产生的波高,在传播过程中发生分离。在一定范围内,当推移波产生的波最先到达所在区域时,其波高较小,所以第一个波就小;而当振荡波产生的波浪和推移波产生的波浪一起到达所测区域时,其波高较大,首个波显得较高。因此,在滑坡体入水角度较大的情况下,直道沿程涌浪的最大波高可能会出现在第二个波或者第三个波。

选取工况 80,绘制岩体滑坡涌浪在测点 11 号、12 号、13 号的波浪波形时域图(图 6.1-3),分别代表涌浪经过传播在弯道、河道远端、过弯后的波浪特征。

在弯道 11 号测点处,岩体滑坡沿程涌浪的波浪形态较为杂乱,由于波浪在弯道处会不断反射和叠加,既有原始波,又有合成波。前一段原始波较小,后面合成波较大,且波形较原始波更不规则。原始波和合成波较好分辨,且合成波影响时间较长。

在河道远端 12 号测点处,岩体滑坡沿程涌浪原始波波形较缓,合成波波形较为杂乱,合成波较大,且波形较原始波更不规则。这是由于原始波经过衰减,在远处主要引起较大周期的水面的升降,但经过河段两岸的反射和叠加,合成波影响远大于原始波的影响。

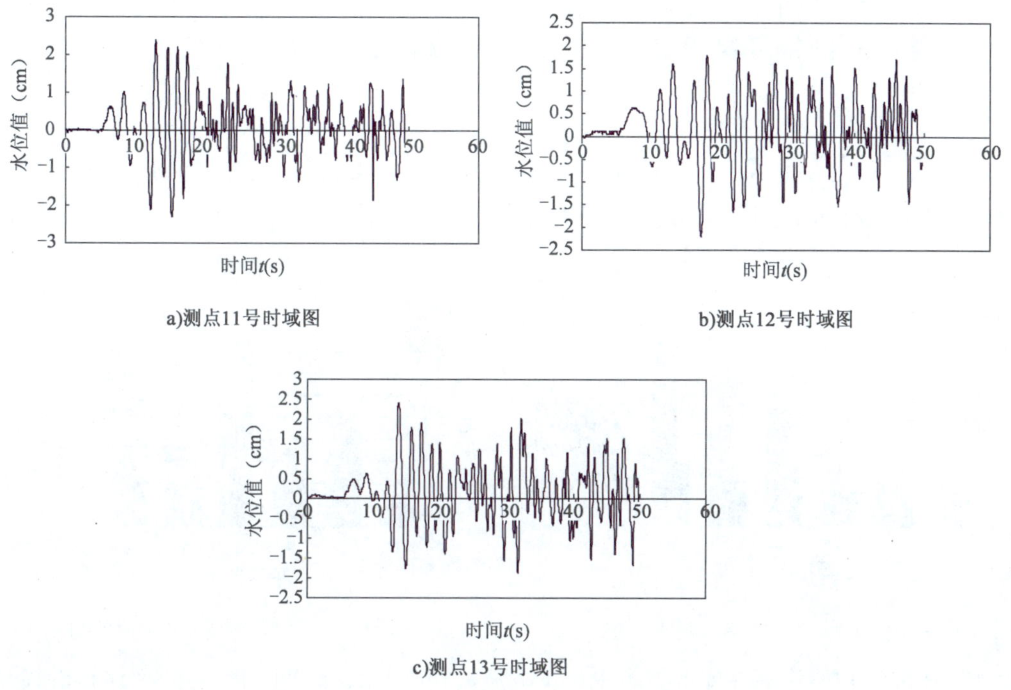

图 6.1-3　不同区域岩体滑坡沿程涌浪时域图

在过弯后13号测点处,原始波波形也较缓,说明合成波影响较大。

6.1.2　岩体滑坡初始涌浪首浪高度分析

岩体滑坡涌浪的初始涌浪高度(初始浪高)是指滑坡入水后在滑坡入水点产生的最大波高。初始波高的大小在一定程度上反映了滑坡涌浪整体能量的大小及涌浪的破坏程度,很多研究都把初始浪高作为判断涌浪灾害的基本依据。因此,有必要对岩体滑坡初始涌浪的高度进行分析。

1)影响因素分析

从整体角度出发,影响岩体滑坡涌浪初始浪高大小的主要因素有岩体滑坡的体积、滑面坡度、水体介质的状态及交换程度等。试验选取岩体滑坡的宽度和厚度、库区水深、滑面角度作为主要控制参数;其中,岩体滑坡的宽度和厚度反映滑坡体积和滑坡总势能,滑面角度则控制了滑坡入水前的滑速,库区水深控制着水体介质的状态。以下分别对初始浪高的影响因素进行分析。

(1)岩体滑坡的滑面角度

分别选取六种岩体滑坡体模型(长×宽×厚:1m×0.5m×0.4m、1m×0.5m×0.6m、1m×1m×0.4m、1m×1m×0.6m、1m×1.5m×0.4m、1m×1.5m×0.6m)在库区水深为0.88m,滑面角度为20°、40°和60°下的初始浪高值进行对比(图6.1-4),分析岩体滑坡初始浪高在不同滑面角度影响下的变化关系。

从岩体滑坡初始浪高在不同滑面角度下的波高值对比图上可以看出，同种体积的模型块体，其产生的初始浪高值随着滑面角度增加而增大。滑坡体从静止到开始下滑并进入水体的过程中，滑面角度控制了滑坡入水前的滑速，随着滑面角度的增大，滑坡速度也逐渐增大。因此，对于块体体积相同的情况下，滑面角度越大，滑速越大，初始浪高值也较大。

(2)库区水深

分别选取六种岩体滑坡体模型（长×宽×厚：1m×0.5m×0.4m、1m×0.5m×0.6m、1m×1m×0.4m、1m×1m×0.6m、1m×1.5m×0.4m、1m×1.5m×0.6m）在滑面角度为20°，模型水深分别为74cm、88cm、116cm下的初始浪高值进行对比（图6.1-5），分析岩体滑坡初始浪高在库区水位调节影响下的变化关系。

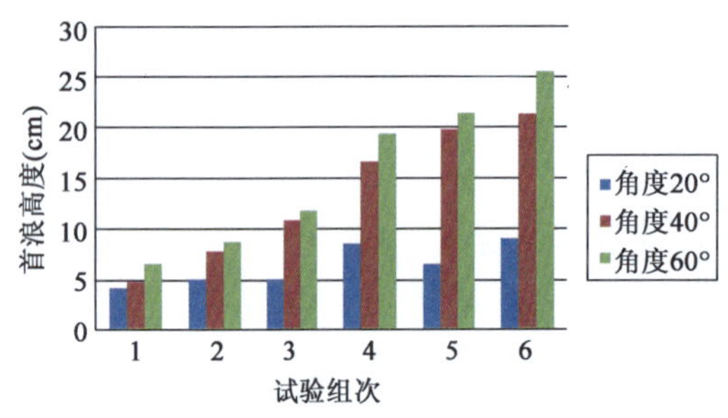

图6.1-4 不同滑面角度波高的对比图

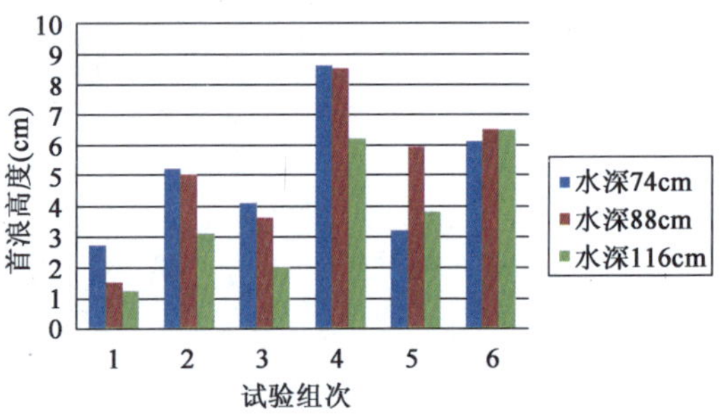

图6.1-5 不同库区水深波高的对比图

从岩体滑坡初始浪高在库区三个水位下的波高值对比图上可以看出，同种体积的模型块体，在入水角度相同时其产生的初始浪高值随着库区水深的增加而减小。随着水位的升高，水体介质越来越充足，滑坡体在和充足水体介质能量交换过程中，损失的能量也较多。因此，水深越大，初始浪高能量消耗越大，初始浪高值越小。

(3)岩体滑坡的宽度

选取两组水深(0.88m、1.16m)、三组坡度(20°、40°、60°)、三种滑体几何尺寸（长×宽×厚：1m×0.5m×0.4m、1m×1m×0.4m、1m×1.5m×0.4m）变化工况，分析相同水深和坡度下，滑体几何尺寸对初始涌浪的影响，如图6.1-6所示。

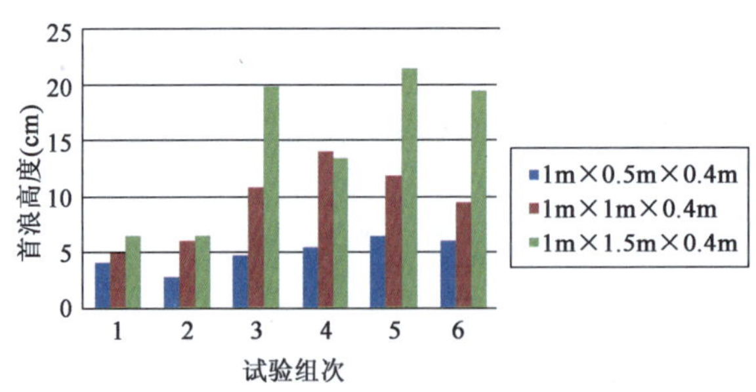

图6.1-6 不同滑体宽度波高的对比图

从图6.1-6中可以得出，相同水深和坡度下，首浪高度与滑体宽度呈线性增加的趋势。宽度的增加，导致能量交换过程中固液有效接触面和整体动能的增加，能量交换率提高，首浪高度较大。

(4)岩体滑坡的厚度

滑面角度为20°、40°、60°,模型水深分别为74cm、88cm、116cm,选取岩体滑坡厚度分别为0.2m、0.4m、0.6m工况下的初始浪高值进行对比(图6.1-7),分析岩体滑坡初始浪高在滑坡厚度影响下的变化关系。

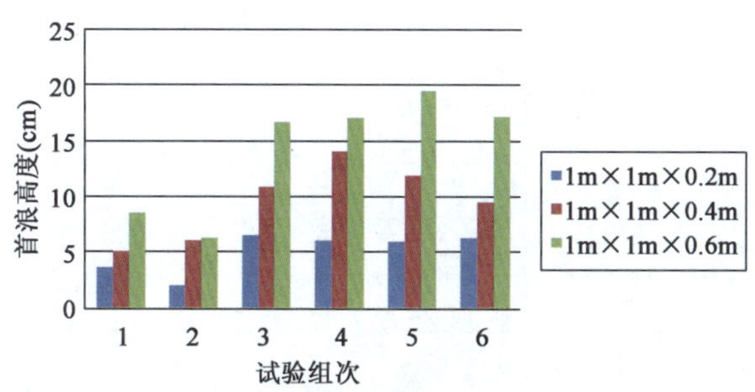

图6.1-7　不同滑体厚度波高的对比图

从不同厚度滑坡体的波高对比图中可以看出,随着岩体滑坡体厚度的增加,初始浪高也越大。岩体滑坡体厚度越大,其体积越大,初始能量也就越大。在和水体交换过程中,能量越大,波高也较大。

2)影响因素的统计分析

(1)极差分析

首浪高度的极差分析是指,在各个因素影响下对初始波高的极大值和极小值之差的分析。极差确定其离散度。极差越大,影响较大;极差越小,影响较小。

首浪高度的极差分析可以确定其影响因素的范围大小,通过首浪高度的极差分析计算(表6.1-3)可以得出,滑坡体的宽度对首浪高度影响较大,滑坡体的厚度影响较小;滑面角度对首浪高度影响较大,库区水深影响较小。

首浪高度影响因素的极差分析表　　表6.1-3

首浪高度影响因素	平均极差值	首浪高度影响因素	平均极差值
滑面角度(°)	6.57	滑坡体宽度(m)	8.94
库区水深(°)	1.01	滑坡体厚度(m)	6.11

(2)方差分析

首浪高度的方差分析是指,在多个因素影响下对初始波高值差别的显著性检验。首浪高度的方差分析可以确定其影响因素的显著水平。通过首浪高度的方差分析计算(表6.1-4)可以得出,滑坡体的宽度、厚度和滑面坡度影响较为显著,水深对首浪高度的影响不显著。

首浪高度影响因素的方差分析表　　表6.1-4

影响因素	平方和	自由度	均方	F值	F_a	显著水平
滑面角度	734.34	2.00	367.17	13.21	F0.01(2,78)=4.923	***
误差	2167.38	78.00	27.79			
坡度总和	2901.72	80.00				
水深	13.89	2.00	6.94	0.19	F0.01(2,78)=4.923	*

续上表

影响因素	平方和	自由度	均方	F 值	F_a	显著水平
误差	2887.83	78.00	37.02			
水深总和	2901.72	80.00				
宽度	1087.57	2.00	543.79	23.38	F0.01(2,78)=4.923	* * * *
误差	1814.15	78.00	23.26			
宽度总和	2901.72	80.00				
厚度	503.93	2.00	251.96	8.20	F0.01(2,78)=4.923	* *
误差	2397.79	78.00	30.74			
厚度总和	2901.72	80.00				

注：F_a 代表 F 检验，F 代表 F 检验的统计量。

3）计算公式

初始浪高的形成主要受滑坡体特征及水体介质特征的影响，滑坡在形成到入水的过程属于固流交换的耦合问题，因此滑坡涌浪的首浪高度的计算从理论上进行数学公式的推导是非常困难的。

由于首浪高度的影响因素非常多，并且各因素之间又相互联系、相互影响。

对此类问题往往采用模型试验经验分析法。首浪高度的经验分析法即以能量转换和参数分析为理论基础，从合理的及便于应用的观点出发，经过某些假定，再由物理模型试验资料确定其中的参数，通过回归分析预测计算出岩体滑坡涌浪的经验计算公式。

本节通过对影响首浪高度参数的无量纲和多元回归分析，得出岩体滑坡涌浪的首浪高度经验计算公式。考虑的主要参数有滑坡体的宽度 b、滑坡体的厚度 c、滑面角度 β 及库区水深 h。本次试验中滑坡体的宽度是滑坡体积的主要控制参数，对初始浪高 H 及其影响参数进行无量纲化后，分别得出：$\frac{H}{b}$、$\frac{h}{b}$、$\frac{c}{b}$、β。

采用多元线性回归的方法，通过回归分析计算，得出岩体滑坡涌浪的初始浪高的首浪高度经验计算公式：

$$\frac{H}{b}=\left(-3.22\frac{h}{b}+8.95\frac{c}{b}+8.93\beta+2.70\right)/100 \tag{6.1-1}$$

$$\frac{H}{b}=0.0346e^{-0.38\frac{h}{b}+1.11\frac{c}{b}+1.14\beta} \tag{6.1-2}$$

$$\frac{H}{b}=0.2135\left(\frac{h}{b}\right)^{-0.50}\left(\frac{c}{b}\right)^{0.62}\beta^{0.77} \tag{6.1-3}$$

式中：H——初始涌浪的首浪最大高度；

h——库区水深；

b——滑坡体的宽度；

c——滑坡体的厚度；

β——滑面角度。

对通过多元回归方法得出的三个首浪高度经验计算公式进行分析和比较（图 6.1-8），确定公式(6.1-3)计算精度较高,即确定幂函数回归的计算公式为岩体滑坡涌浪的首浪高度经验计算公式(表6.1-5)。公式适用于本次试验控制体积范围内的库区岩体滑坡涌浪的首浪高度计算,对于体积较大的岩体滑坡首浪高度的计算有一定的参考价值。

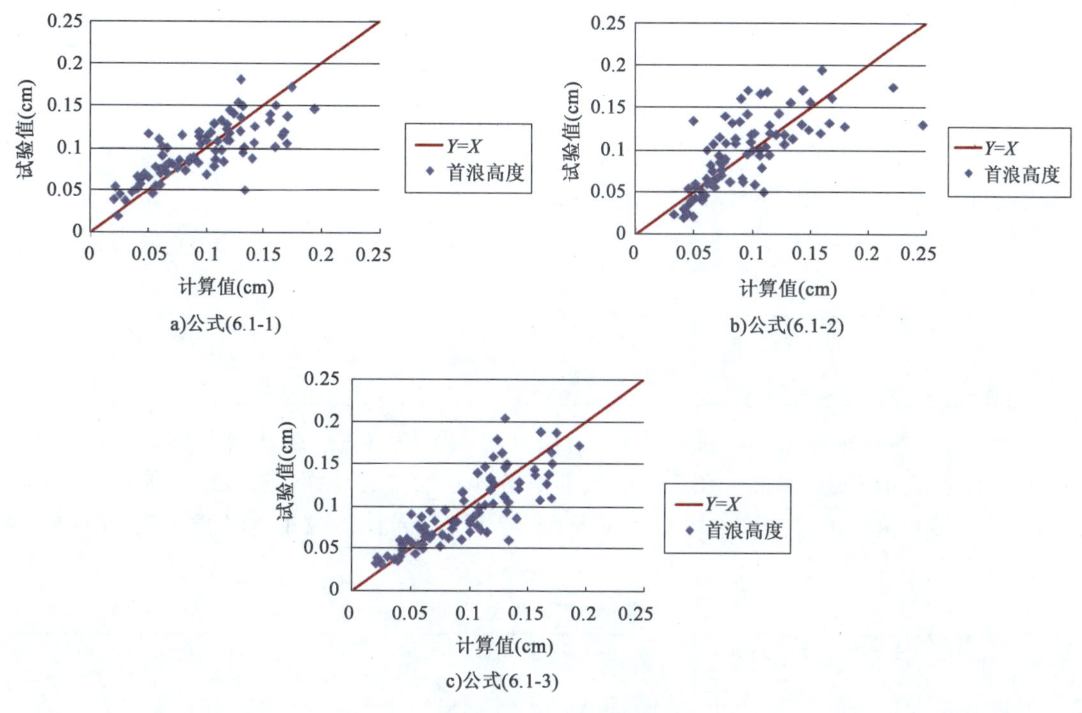

图6.1-8 首浪高度计算值与测量值对比图

首浪高度计算公式精度对比表 表6.1-5

公式	式(6.1-1)	式(6.1-2)	式(6.1-3)
平均相对误差(%)	26.72	26.78	22.33
离差平方和	11.53	10.89	6.30

4)与滑体前缘坡度的关系

由于滑坡体前缘坡度作为滑坡入水接触面,其对涌浪的产生有一定的影响。因此,在固定滑坡体长、宽、厚的情况下,将滑坡前缘坡面坡度作为单独控制因素进行试验。岩体滑坡前缘形态如表6.1-6所示。

岩体滑坡前缘形态统计表 表6.1-6

滑坡名称	滑体前缘剪出口坡度(°)	临江状态	平面形状
石榴树包	45.00	宽处临江	平面形态似舌状
梓桐庙	16.50	前缘至乌江岸边附近	平面形态似弓状
喻家坝	60.00	剪出口为乌江右岸	平面形态呈“U”形
油坊沟	40.00		呈“V”形
李家峡2号	15.00	剪出口在水下	平面上似鱼形

续上表

滑坡名称	滑体前缘剪出口坡度(°)	临江状态	平面形状
李家峡1号	30.00	缘剪出口高出河水面15~25m	在平面上似弓形
千将坪	30.00	至河床	平面总体上呈圈椅状
陈家大院	16.00		
周家湾滑	35.00	抵长江河床	阶梯状
猴子石	34.00	抵长江河床	平面呈扇形
黄泥包	62.00		
康家坡	73.00	前缘临空	距江边一定距离
恩子坪	35.00	前缘临空	月牙状
黄土坡	35.00	临江	鸭梨状
平均值	43.72		

滑坡入水，滑坡前缘坡面坡度大小不一，通过对库区滑坡体前缘几何形态及其坡度的统计，滑坡前缘坡面坡度主要集中在5°~60°，其平均值为32.72°，因此，选取滑坡体前缘坡面坡度A为15°、30°、45°、60°、90°。其工况如表6.1-7所示，岩体滑坡前缘角度形态如图6.1-9所示。

岩体滑坡前缘角度工况表 表6.1-7

工况	82号	83号	84号	85号	5号
滑坡体前缘坡度(°)	15°	30°	45°	60°	90°
因素	水平				
几何形态	六面楔形体				
宽度(m)	0.5				
厚度(m)	0.6				

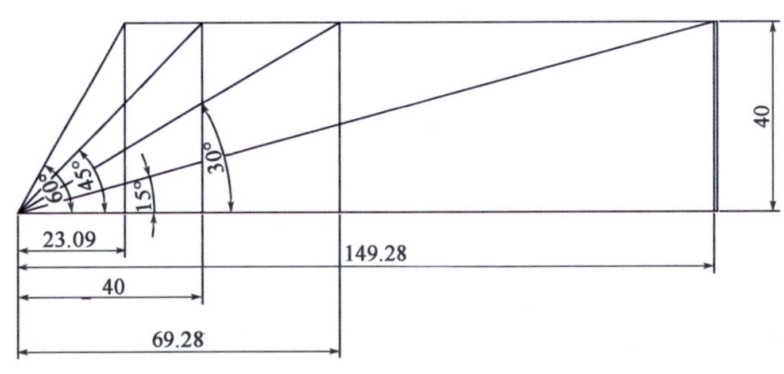

图6.1-9 岩体滑坡前缘角度形态图(尺寸单位:cm)

选取试验水深为0.88m，滑体几何尺寸(长×宽×厚：1m×0.5m×0.6m)，滑坡体的前缘坡度A(15°、30°、45°、60°、90°)的变化工况下进行试验。

首浪高度随前缘角度的变化如图6.1-10所示。

从图6.1-10可以得出，相同水深和块体下，首浪高度随滑体前缘坡度增加而增加。前缘坡度增加，导致能量交换过程中固液有效接触面和整体动能的增加，能量交换率提高，首浪高度增大。

以工况5（前缘坡度垂直）为基准，各工况与工况5的比值为$k_{前}$。A范围在0°～90°时，定义前缘角度影响系数$k_{前}$，则

$$k_{前} = 2.276\ln A + 1.5575 \quad (6.1\text{-}4)$$

式中：$k_{前}$——滑坡体前缘角度影响系数；

A——滑坡体前缘角度。

在实际滑坡涌浪经验计算和预测中，考虑不同前缘形态的滑坡体的影响，前缘角度影响系数有很强的适用性和可行性。

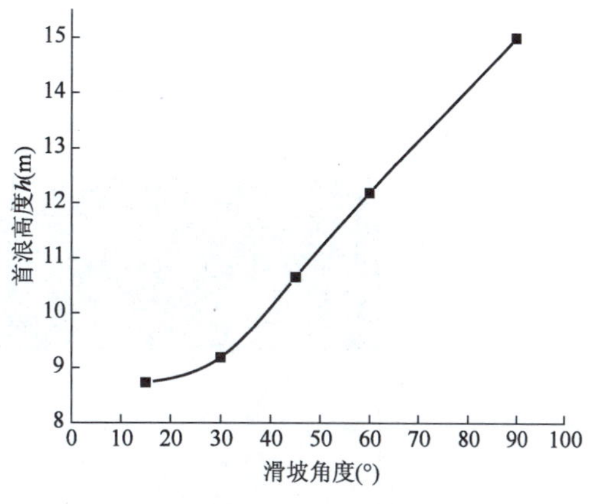

图6.1-10　首浪高度随前缘角度的变化图

6.1.3　岩体滑坡涌浪的传播与衰减规律

1）弯曲河道波高传播与衰减规律

滑坡涌浪产生后，在河道范围内沿着不同方向传播。涌浪在传播过程中受河道形态、水深、水体内部涡动、河床摩擦阻力、渗透及空气阻力等因素的影响，沿程涌浪的波浪特征也在不断地变化和衰减。沿程涌浪传播和衰减主要包括波浪形态、波高、周期、波陡的传播和衰减，其中以波高的衰减尤为显著。在弯曲河道中，影响波高衰减的主要因素有波浪形态、水深、传播距离、弯道形态等。本节主要考虑波高的传播与衰减规律。

受河道形态的影响，涌浪在弯曲河道中波高的传播和衰减规律不同，选取工况5绘制波高在滑坡体宽度范围内直道、滑坡体宽度范围外直道和弯道处的衰减曲线图（图6.1-11）。

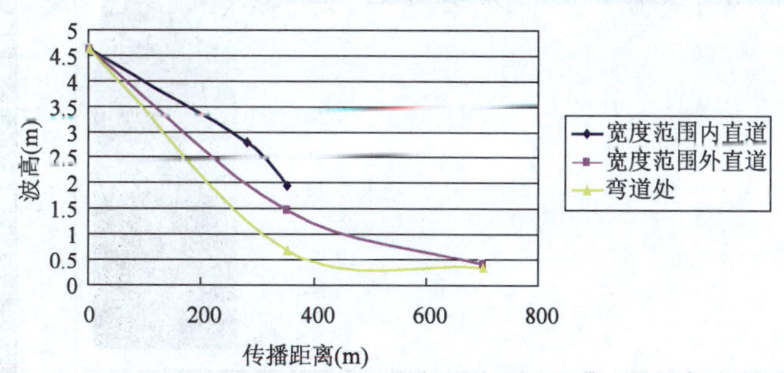

图6.1-11　岩体滑坡涌浪波高衰减图（工况5）

从图6.1-11中可以看出，弯曲河道中沿程涌浪的波高随着传播距离的增加而逐渐减小，随着距离的增加衰减逐渐减缓，相同距离情况下，滑坡体宽度范围内直道波高衰减最慢，滑坡宽度范围外直道次之，弯道波高的衰减最大。这是由于滑坡体入水过程中，滑坡体宽度范围内直道方向能量交换最为充分，并不断向两侧传播，因此，波高在滑坡体宽度范围内衰减最慢。在弯道传播由于水面介质范围较直道大，所以在弯道中波高的衰减最快。

2）弯曲河道滑坡涌浪衰减区域的划分

通过试验观察，滑坡体入水时水面急剧波动，涌浪产生后，在传播过程中，由于受宽度的影

响,滑坡前缘宽度范围内,初始涌浪波高基本一致地整体向前传播;滑坡体宽度范围外向两侧扩散,并产生次浪,且波高越来越小。选取工况16、17、18,滑坡体宽度分别为0.5m、1m、1.5m,绘制不同测点波高在弯曲河道中的平面等值线图,如图6.1-12～图6.1-14所示。

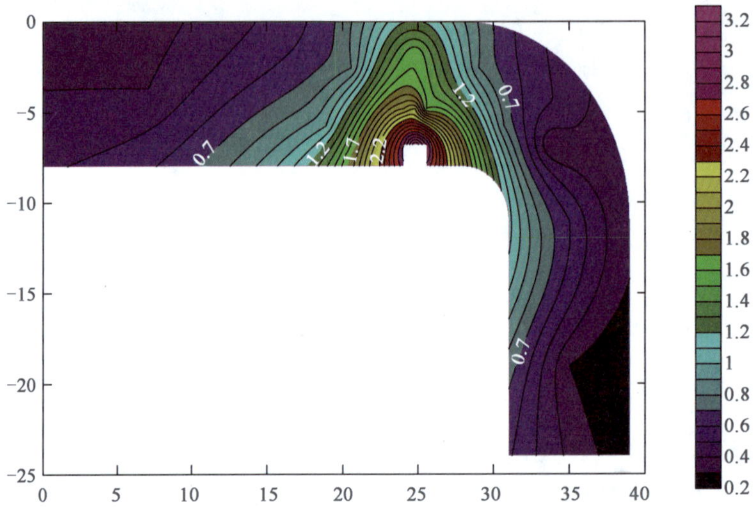

图6.1-12　工况16波高等值线图(单位:m)

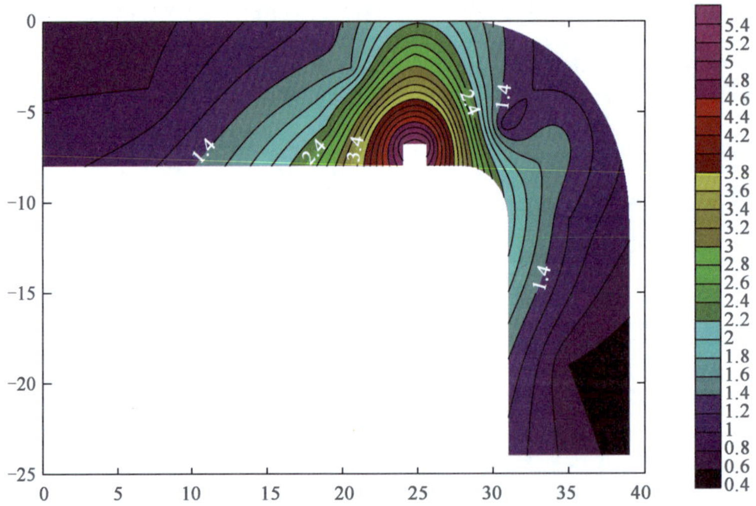

图6.1-13　工况17波高等值线图(单位:m)

通过等值线图可以看出,河道形态、滑坡体宽度对波浪的传播形态有很大的影响,随着滑坡体宽度的增大,涌浪传播的影响范围较大,涌浪衰减的程度也较缓。波高等值线在滑坡体宽度范围内直道、滑坡体宽度范围外直道、弯道衰减区域及过弯后的衰减形态和疏密程度都不相同。因此,通过弯曲河段波高等值线图的分析将沿程涌浪的波高的衰减分为四个区域,即:滑坡体宽度范围内衰减区域(B)、滑坡体宽度范围外直道衰减区域(A)、弯道衰减区域(C)、过弯后衰减区域(D),如图6.1-15所示。

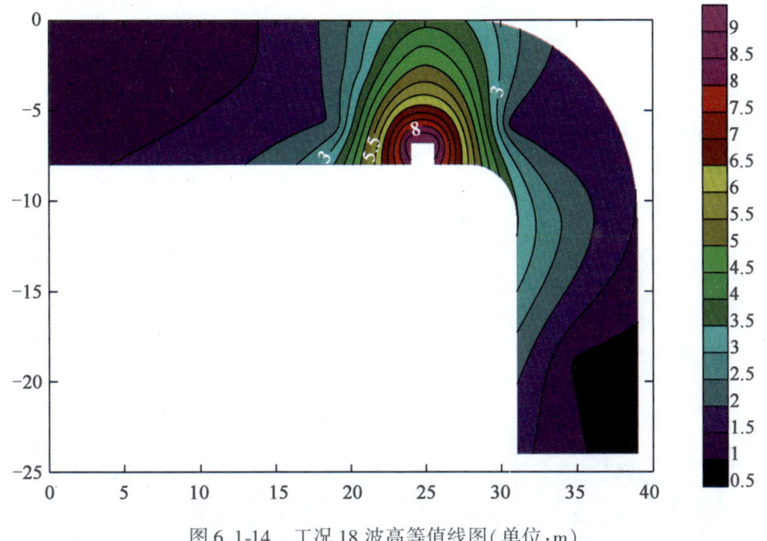

图 6.1-14　工况 18 波高等值线图(单位:m)

3)弯曲河道沿程涌浪波高的分析计算

涌浪在传播过程中其波高的大小受初始浪高、水深、能量交换程度、河流形态等因素的影响,且各因素之间又相互联系、相互影响。沿程涌浪波高的计算,主要是通过研究沿程涌浪波高与影响因素之间的关系得出沿程涌浪的衰减系数,在已知初始波高的情况下,通过衰减系数计算其波高值。在弯曲河道中,不同区域涌浪的波高衰减程度不同。因此,通过影响因素的研究和回归分析的方法确定沿程涌浪波高的经验计算公式。

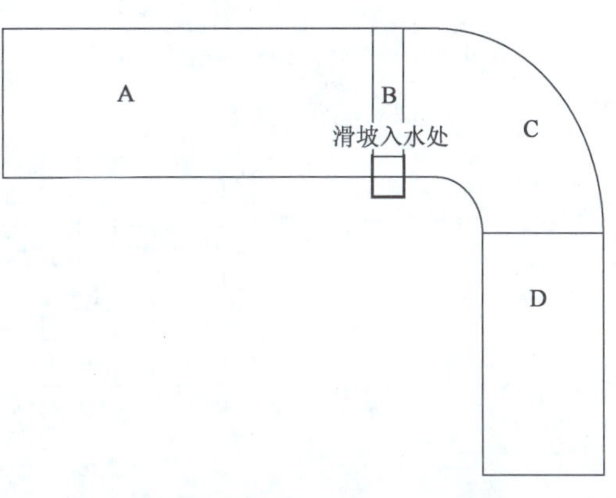

图 6.1-15　弯曲河道波高衰减区域图

(1)滑坡体宽度范围内波高衰减经验计算公式

滑坡体宽度范围内,滑坡体入水时水面急剧波动,由于受宽度的影响,在宽度范围内,能量交换最为充分,且不同滑面角度下,其能量交换程度不同。考虑影响滑坡体宽度范围内沿程涌浪波高的主要因素初始浪高 H、传播距离 x、水深 h 和滑面角度 β,通过对参数的无量纲化,采用多元回归的分析方法,得出滑坡体宽度范围内的衰减系数 $K_{直内}$:

$$K = 11.94\left(\frac{H}{h}\right)^{1.067}\left(\frac{x}{h}\right)^{-0.941}\beta^{-1.23} \tag{6.1-5}$$

$$K_{直内} = 3.346168\frac{H}{h} - 0.08797\frac{x}{h} - 0.659662703\beta + 0.953467 \tag{6.1-6}$$

$$K_{直内} = 1.26\mathrm{e}^{7.47\frac{H}{h}-0.19\frac{x}{h}-1.44\beta} \tag{6.1-7}$$

式中:$K_{直内}$——滑坡体宽度范围内波高的衰减系数;

H——初始涌浪的最大高度;

x——涌浪的传播距离;

h——库区水深；

β——滑面角度。

对多元回归分析计算得出的三个衰减系数计算公式进行分析和比较，见图6.1-16，确定公式(6.1-5)计算精度较高，即通过幂函数回归的衰减系数确定滑体宽度范围内的波高经验计算公式为：

$$H_{直内} = K_{直内} \cdot H \tag{6.1-8}$$

式中：$H_{直内}$——滑坡体宽度范围内沿程涌浪高度；

$K_{直内}$——滑坡体宽度范围内的衰减系数；

H——初始涌浪的最大高度。

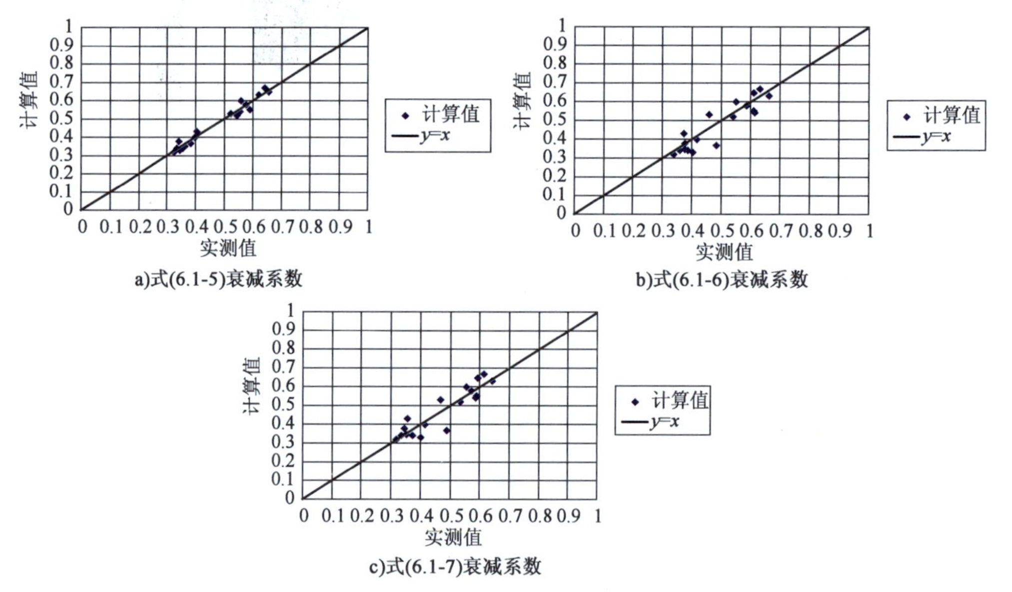

图6.1-16　滑坡体宽度范围内衰减系数计算值与试验值对比图

式(6.1-8)适用于初始浪高H的范围为0～15m，对于初始浪高值较大情况下的计算有一定的参考价值。

式(6.1-5)～式(6.1-7)平均相对误差和离差平方和见表6.1-8。

公式平均相对误差和离差平方和　　表6.1-8

公式	式(6.1-5)	式(6.1-6)	式(6.1-7)
平均相对误差(%)	6.8	15.6	12.3
离差平方和	0.13	0.34	0.23

(2)滑坡体宽度范围外波高衰减经验计算公式

在滑坡体两侧相对于前缘，相互作用较小，其波高的传播分为两部分：一部分是两侧的作用，还有一部分是前缘初始波向两边传播。因此，在宽度范围外的衰减进行单独计算。考虑影响滑坡体宽度范围外沿程涌浪波高的主要因素初始浪高H、传播距离x和水深h，通过对参数的无量纲化采用多元回归的分析方法，得出滑坡体宽度范围内的衰减系数$K_{直外}$：

$$K_{直外} = 2.11\left(\frac{H}{h}\right)^{-1.11}\left(\frac{x}{h}\right)^{-1.39} \tag{6.1-9}$$

$$K_{直外} = -0.19751\frac{H}{h} - 0.02317\frac{x}{h} + 0.395153 \tag{6.1-10}$$

$$K_{直外} = 0.66e^{-0.97\frac{H}{h}-0.16\frac{x}{h}} \tag{6.1-11}$$

式中：$K_{直外}$——滑坡体宽度范围外波高的衰减系数；

H——初始涌浪的最大高度；

x——涌浪的传播距离；

h——库区水深。

对多元回归分析计算得出的三个衰减系数计算公式进行分析和比较，见图6.1-17，确定公式(6.1-9)计算精度较高，即通过幂函数回归的衰减系数确定滑体宽度范围外的波高经验计算公式为

$$H_{直外} = K_{直外} \cdot H \tag{6.1-12}$$

式中：$H_{直外}$——滑坡体宽度范围外沿程涌浪高度；

$K_{直外}$——滑坡体宽度范围外波高的衰减系数；

H——初始涌浪的最大高度。

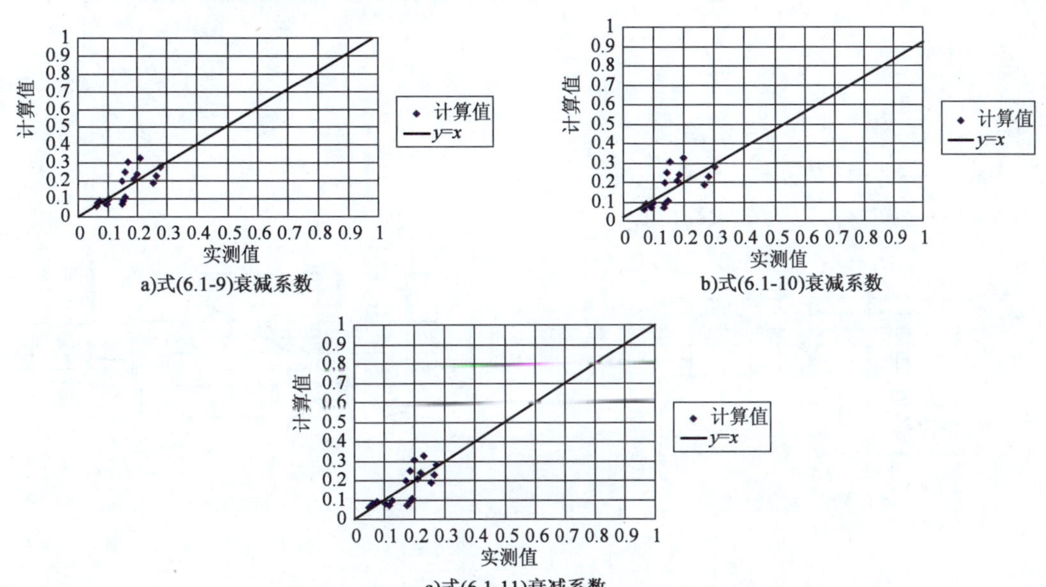

图6.1-17 滑坡体宽度范围外衰减系数计算值与试验值对比图

式(6.1-12)适用于初始浪高H的范围为0～15m，对于初始浪高值较大情况下的计算有一定的参考价值。

式(6.1-9)～式(6.1-11)平均相对误差和离差平方和见表6.1-9。

公式平均相对误差和离差平方和 表6.1-9

公式	式(6.1-9)	式(6.1-10)	式(6.1-11)
平均相对误差(%)	16	22	25
离差平方和	0.21	0.33	0.37

(3)弯道波高衰减经验计算公式

考虑影响滑坡体宽度范围外沿程涌浪波高 $H_{弯道}$ 的主要因素初始浪高 $H_{首浪}$、传播距离 x 和水深 h,通过对参数无量纲化采用多元回归的分析方法,得出滑坡体宽度范围内的衰减系数 $K_{弯道}$:

$$K_{弯道} = 0.35\left(\frac{H}{h}\right)^{-0.18}\left(\frac{x}{h}\right)^{-0.61} \tag{6.1-13}$$

$$K_{弯道} = -0.27956\frac{H}{h} - 0.01025\frac{x}{h} + 0.27614 \tag{6.1-14}$$

$$K_{弯道} = 0.32e^{-1.15\frac{H}{h}-0.07\frac{x}{h}} \tag{6.1-15}$$

式中:$K_{弯道}$——弯道中波高的衰减系数;

H——初始涌浪的最大高度;

x——涌浪的传播距离;

h——库区水深。

对多元回归分析计算得出的三个衰减系数计算公式进行分析和比较,见图6.1-18,确定公式(6.1-13)计算精度较高,即通过幂函数回归的衰减系数确定弯道沿程涌浪波高经验计算公式为:

$$H_{弯道} = K_{弯道} \cdot H \tag{6.1-16}$$

式中:$H_{弯道}$——滑弯道中沿程涌浪高度;

$K_{弯道}$——弯道中波高的衰减系数;

H——初始涌浪的最大高度。

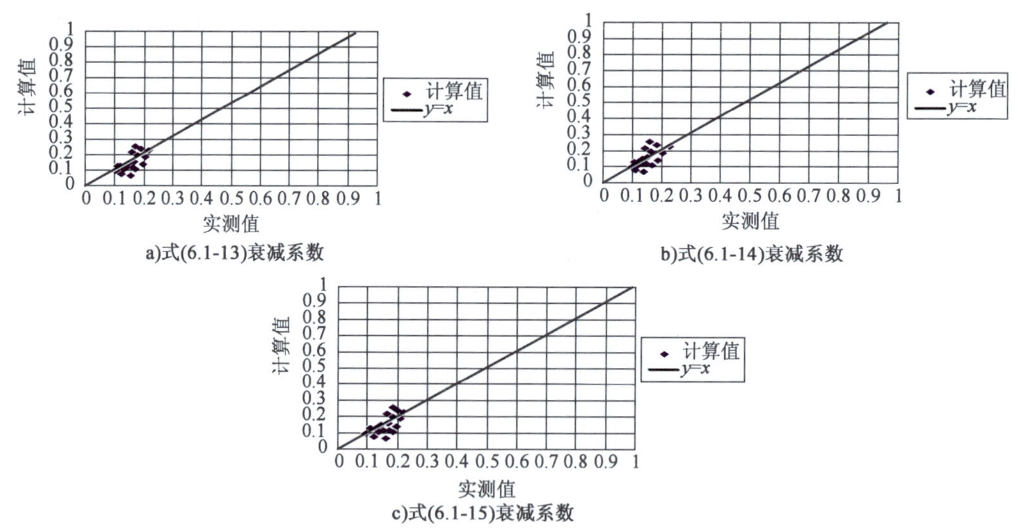

图6.1-18 弯道衰减系数计算值与试验值对比图

式(6.1-16)适用于初始浪高 H 的范围为0~15m,对于初始浪高值较大情况下的计算有一定的参考价值。

式(6.1-13)~式(6.1-15)平均相对误差和离差平方和见表6.1-10。

公式平均相对误差和离差平方和　　表6.1-10

公式	式(6.1-13)	式(6.1-14)	式(6.1-15)
平均相对误差(%)	13	16	20
离差平方和	0.13	0.19	0.23

(4)过弯后波高衰减经验计算公式

根据测点布置方案,选取14号、16号测点的波高作为过弯后的波高值,通过计算14号测点波高的衰减系数 K 范围在0.10~0.15,平均值为0.13。

选取过弯后衰减系数 $K=0.13$ 作为过弯后波浪衰减系数值,过弯后的波高:

$$H_{过弯} = 0.13H \tag{6.1-17}$$

式中:$H_{过弯}$——过弯后沿程涌浪高度;

H——初始涌浪的最大高度。

14号和16号测点间距为8m,通过计算16号测点波高较14号测点波高值衰减50%。说明过弯后波浪经过8m的传播,波高值衰减一半。

6.1.4　岩体滑坡爬高分析

试验一共布置4个爬高测量位置,其分布如图6.1-19所示,具体距离、断面坡度、位置等详情见表6.1-11。

爬高测量位置表　　表6.1-11

测点号	水深0.74m对应传播距离(m)	水深0.88m对应传播距离(m)	水深1.16m对应传播距离(m)	爬高测量处的断面坡度(°)	波浪的入射角度(°)
1号	4.00	4.00	4.00	20	0
2号	6.17	6.37	6.81	33	90
3号	10.46	10.79	11.54	25	27
4号	20.25	20.25	20.25	90	90

分别在4个爬高测量断面布置卷尺,撒细沙于卷尺上,通过读取由于滑坡体激起的涌浪冲走细沙的距离,再用所在断面的坡度进行换算得到爬高数据。

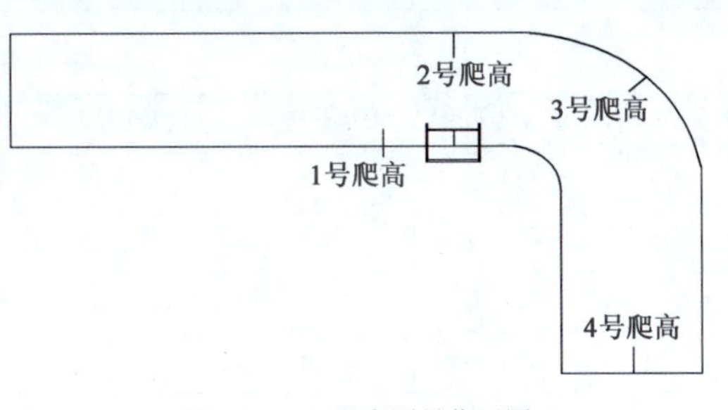

图6.1-19　爬高测量位置图

1)测量数据

涌浪爬高的确定在涌浪对岸坡和坝体危害预测中是一个很重要的参数,它直接影响岸坡和坝体自身结构的稳定性。表6.1-12汇总了81个工况的爬高测量数据。

由表6.1-12知:在滑坡处正对岸的2号爬高,其均值和最大值位列4个爬高测量处之首,说明2号爬高所在位置是最危险的。

爬高测量值表　　表6.1-12

测点号	模型值(cm)		原型值(m)	
	均值	范围	均值	最大值
1号	4.05	0.48～9.75	2.83	0.34～6.82
2号	4.5	0.65～11.17	3.15	0.46～7.82
3号	2.17	0.21～5.79	1.52	1.52～4.05
4号	1.31	0.20～4.10	0.92	0.14～2.87

2)影响因素的极差和方差分析

通过极差分析研究水深、滑槽角度、滑体厚度和宽度等对不同测点爬高的影响。爬高极差分析结果见表6.1-13。

爬高极差分析表　　表6.1-13

测点号	水深影响极差值(cm)	滑面角度影响极差值(cm)	厚度影响极差值(cm)	宽度影响极差值(cm)
1号	0.45	1.89	2.48	2.89
2号	1.21	2.4	2.08	4.01
3号	0.22	1.32	1.45	1.93
4号	0.47	0.63	0.99	1.12

由表6.1-13可以得出:1号、3号、4号爬高受各因素的影响的主次顺序是宽度、厚度、滑槽角度、水深;2号爬高受各因素的影响的主次顺序却是宽度、滑槽角度、厚度、水深。总之,宽度是影响各测点的爬高的最主要因素。

爬高方差分析结果见表6.1-14～表6.1-17。

1号测点爬高方差分析　　表6.1-14

影响因素	平方和	自由度	均方	F值	F_a	显著水平
宽度	212.42	3.00	115.49	21.20	F0.01(2,78)=4.89	* * *
厚度	244.85	3.00	83.05	13.22		* * *
滑槽角度	273.49	3.00	54.41	7.76		*
水深	324.83	3.00	3.07	0.37		不显著

2号测点爬高方差分析　　表6.1-15

影响因素	平方和	自由度	均方	F值	F_a	显著水平
宽度	270.30	3.00	221.91	32.01	F0.01(2,78)=4.89	* * *
厚度	433.66	3.00	58.55	5.27		*
滑槽角度	399.59	3.00	92.62	9.04		* *
水深	470.88	3.00	21.32	1.76		不显著

3号测点爬高方差分析　　表6.1-16

影响因素	平方和	自由度	均方	F值	F_a	显著水平
宽度	83.96	3.00	50.98	23.68	F0.01(2,78)=4.89	* * *
厚度	106.65	3.00	28.30	10.34		* *

续上表

影响因素	平方和	自由度	均方	F值	F_a	显著水平
滑槽角度	105.36	3.00	29.59	10.95		* *
水深	134.23	3.00	0.71	0.20		不显著

4 号测点爬高方差分析　　表 6.1-17

影响因素	平方和	自由度	均方	F值	F_a	显著水平
宽度	30.45	3.00	16.95	21.70	F0.01(2,78) =4.89	* * *
厚度	34.17	3.00	13.22	15.10		* * *
滑槽角度	41.61	3.00	5.78	5.42		*
水深	44.43	3.00	2.06	2.59		不显著

由表 6.1-14 ~ 表 6.1-17 可以得出:水深对 1 号、2 号、3 号、4 号爬高无显著影响,而滑槽角度、厚度、宽度对测点的爬高有显著影响。

3)单因素分析

(1)宽度

各测点爬高随宽度变化情况如图 6.1-20 所示。

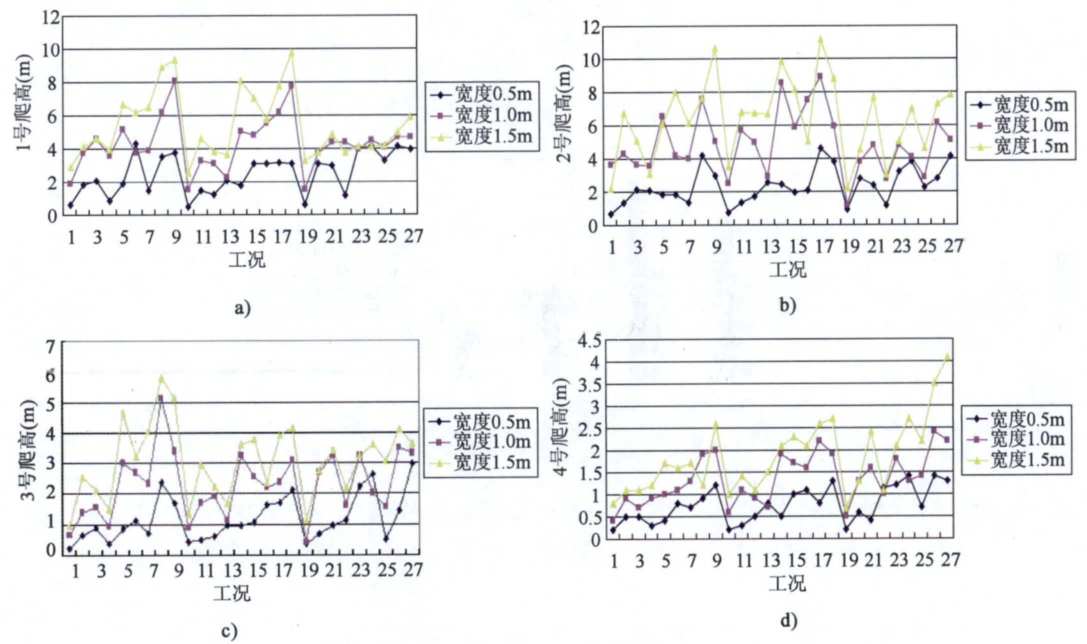

图 6.1-20　爬高随宽度变化图

由图 6.1-20 可以看出,在厚度、滑槽角度与水深条件相同时,测点爬高随着宽度的增大而增大。

(2)厚度

各测点爬高随厚度变化情况如图 6.1-21 所示。

由图 6.1-21 可以看出,在宽度、滑槽角度与水深条件相同时,测点爬高随着厚度的增大而增大。

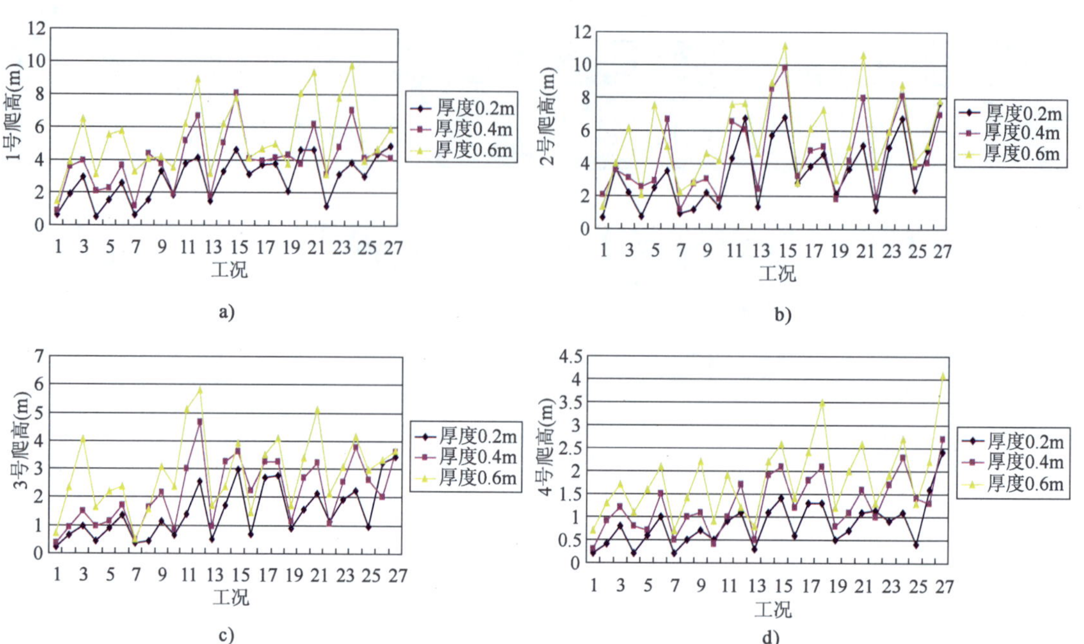

图 6.1-21　爬高随厚度变化图

(3)滑面角度

以滑面角度三个水平下的爬高实测值的平均值作图,见图 6.1-22。

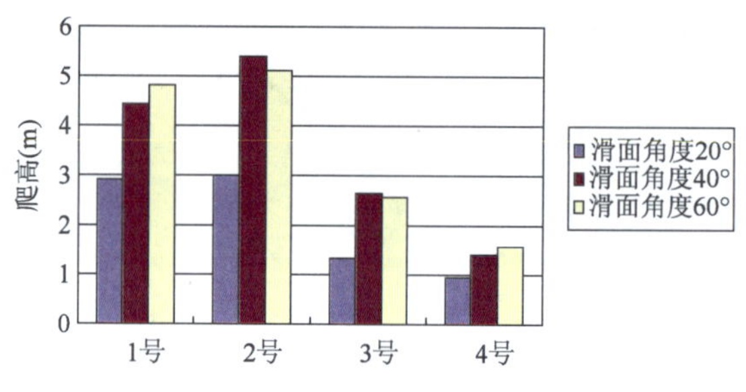

图 6.1-22　爬高随滑面角度变化图

分别对比每个滑面角度水平下爬高的平均值,得到 2 号爬高均值最大。同岸 1 号爬高均值随着滑面角度的增大而减小,对岸 2 号爬高在滑面角度 40°水平下均值最大。

(4)水深

以水深三个水平下的爬高实测值的平均值作图,见图 6.1-23。

分别对比每个水深下爬高的平均值,得到 2 号爬高均值最大,水深对爬高的影响不是很明显。同岸 1 号爬高均值随着水深的增大而减小,对岸 2 号爬高在水深 0.88m 水平下均值最大。

4)量纲分析与回归分析

(1)爬高规范公式

爬高的影响因素非常复杂,根据我国交通运输部《海港水文规范》(JTS 145-2—2013)中爬

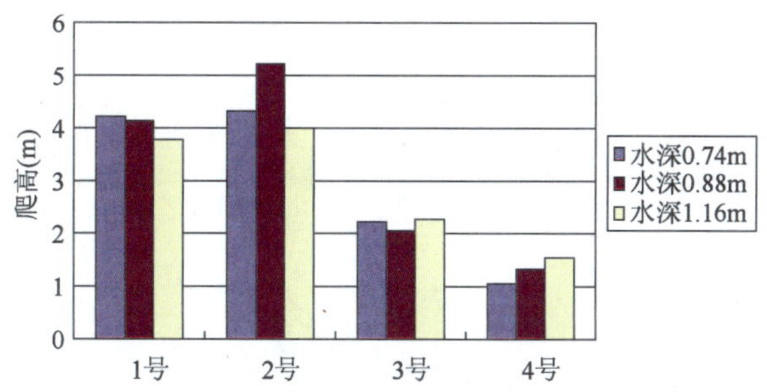

图 6.1-23 爬高随滑面角度变化图

高的计算公式为：

$$\frac{R}{H} = K_{\Delta} K_{d} R_{0} \tag{6.1-18}$$

式中：R——基于静水面的爬高垂直高度(图 6.1-24)；

H——坡前波高；

K_{Δ}——护面结构的糙渗参数，与护面材料特性有关；

K_{d}——与相对波高 H/h(H 为坡前波高，h 为水深)有关的系数；

R_0——单位爬高，与波陡 H/L(L 为坡前波长)及斜坡坡度 α 等有关。

则上述公式可以转换为：

$$\frac{R}{H} = A_1 K_{\Delta} \left(\frac{H}{h}\right)^{A_2} \left(\frac{H}{L}\right)^{A_3} \alpha^{A_4} \tag{6.1-19}$$

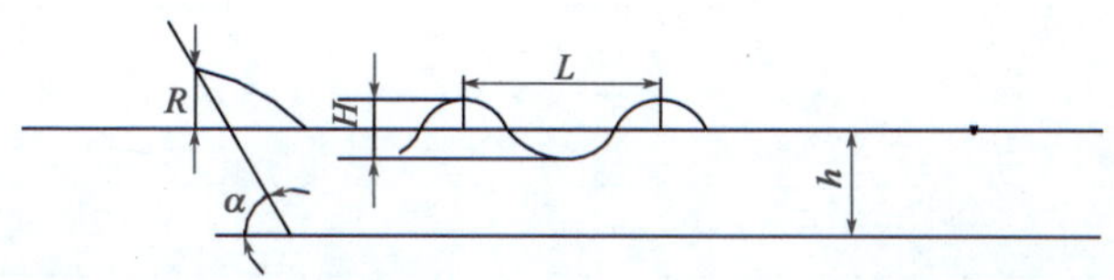

图 6.1-24 斜坡上的涌浪爬高

(2)涌浪作用下爬高的经验计算公式

滑坡涌浪作用下，1 号、2 号、3 号、4 号各测点爬高均与滑坡体宽度、滑坡体厚度、滑面角度、水深等影响因素密切有关，在规范公式中爬高与传播距离和斜坡坡度有关。考虑到滑坡体宽度、滑坡体厚度、滑面角度、水深四个因素直接影响滑坡体激起涌浪初始浪高，但水深还将影响涌浪的传播。因此综合考虑各影响因素的作用，可以得到爬高与初始浪高、水深、爬高测量点与滑坡体的入水点距离、爬高测量点岸坡坡度之间满足的关系式为：

$$f(R, H, L, D, \alpha) = 0 \tag{6.1-20}$$

经量纲分析得到：

$$\frac{R}{H} = f\left(\alpha, \frac{H}{L}, \frac{L}{D}\right) \tag{6.1-21}$$

式中：R——爬高(m)；

D——爬高点到入水点的距离(m)；

H——涌浪初始高度(m)；

L——水深(m)；

α——岸坡坡度(rad)。

分别采用线性函数、幂函数进行多元线性回归，可得到如下两个爬高的经验公式：

$$R = \left(-4.8532\frac{H}{L} - 0.0423\frac{L}{D} + 0.4781\alpha + 0.6028\right)H \tag{6.1-22}$$

$$R = 3.2169H\left(\frac{H}{L}\right)^{-0.0864}\left(\frac{L}{D}\right)^{-0.9030}\alpha^{0.9602} \tag{6.1-23}$$

运用上述两个公式计算所有工况下爬高值并与试验值进行对比(表6.1-18)。将结果绘制成图(图6.1-25、图6.1-26)，各点均匀分布在两侧，计算值与试验值较吻合。综合考虑，本节建议采用公式(6.1-22)计算爬高。

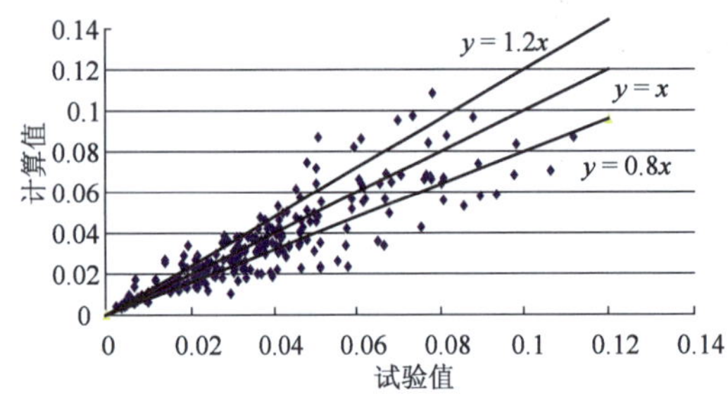

图6.1-25　公式(6.1-22)计算值与试验值对比图

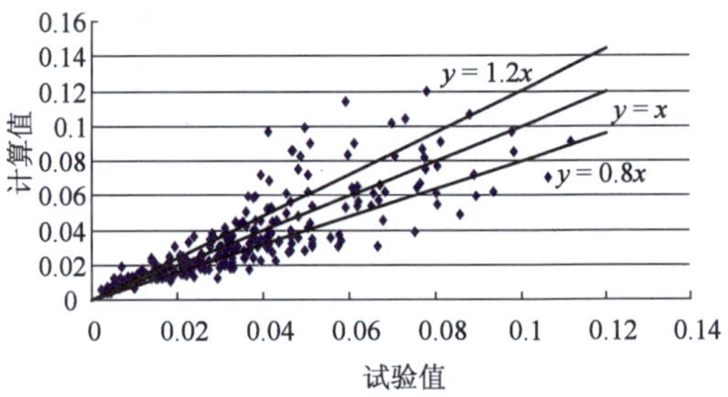

图6.1-26　公式(6.1-23)计算值与试验值对比图

爬高公式对比表　　　　表6.1-18

公式	式(6.1-22)	式(6.1-23)
平均相对误差(%)	13.74	15.04
离差平方和	0.039	0.048

6.1.5　大堰塘岩体滑坡实例计算

水布垭水利枢纽是湖北省清江流域开发的重要工程，水库正常蓄水位为400m，总库容为45.8×10^8m^3。2006年10月19日开始初期蓄水，于10月31日完成，水位由225m升至250m高程，2007年4月21日开始第2期蓄水。在水位上升和暴雨的联合作用下，2007年6月15日蓄水至342m时，位于清江左岸清太平镇的大堰塘滑坡发生大规模塌滑，入江体积达300×10^4m^3。大堰塘滑坡属于典型的岩体滑坡，体积属于中型滑坡，其所引起的涌浪传播范围广，破坏性大。滑坡区无一人伤亡，然而滑体入江造成的涌浪影响后果严重，滑坡对岸涌浪爬坡高达50m左右，河宽约100m，下游20.8km水布垭大坝处涌浪爬坡仍高4m左右，涌浪波及水布垭、金果坪、建始景阳三个乡镇，造成滑坡上游险区1km以外的对岸邻近乡镇1人死亡、3人下落不明，下游5km以外3人去向不明的严重后果。

1)大堰塘岩体滑坡空间形态

大堰塘滑坡位于清江左岸，平面形态呈簸箕形，如图6.1-27所示。西侧以小冲沟为界，东侧以庙梁子山脊西陡坎为界，滑坡后缘高程约为620m，前缘高程约为225m，坡度为35°~40°。

南北纵长约600m，前缘最宽处达900m，平均宽约500m，滑体平均厚度为10m，面积约为$30\times10^4m^2$，体积约为$300\times10^4m^3$。

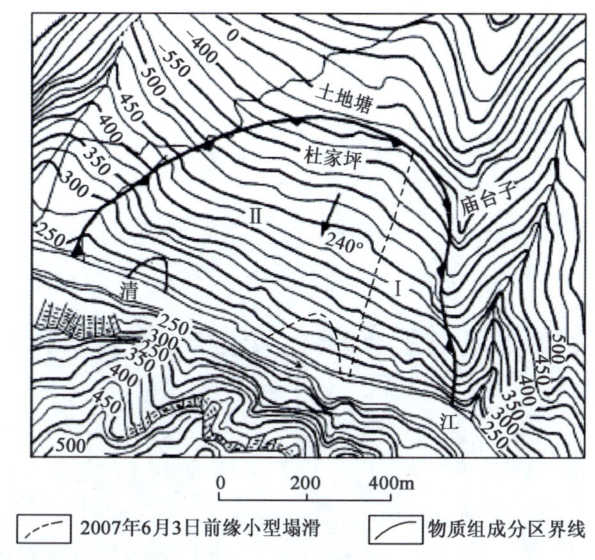

图6.1-27　大堰塘滑坡平面图

2）大堰塘岩体滑坡物质组成

按物质组成可将滑坡体分为两部分：①东侧为碎裂松散体的垮塌，其物质组成为中强风化作用和节理控制下形成的块裂状岩体（图6.1-27中Ⅰ区）；②西侧主要为由于风化及崩塌造成的碎块石土沿基岩表面的滑移，主要为残坡积、崩坡积碎（块）石土（图6.1-27中Ⅱ区）。碎块石含量达67%～78%，主要成分为灰岩、泥灰岩，最大粒径为12cm，块石直径一般大于0.5m，呈棱角状，黏性土含量少，结构松散。下伏基岩为三叠系中薄层大冶组泥质灰岩，产状为252°∠9°。主要发育两组陡倾角节理，一组节理面走向与主滑方向基本垂直，产状为170°∠81°，在清江水布垭库区水位上升的作用下，斜坡体于2007年5月26日出现裂缝，6月2日后缘裂缝宽达2～6cm，6月3日前缘出现小规模土体坍滑。6月13日起出现持续降雨，6月14日滑坡前缘发生$20\times10^4m^3$土体坍塌，后缘裂缝增宽至12～20cm，弧形裂缝基本形成，并于2007年6月15日下午4时56分发生大规模坍滑。

3）初始涌浪和爬高的计算验证

（1）初始涌浪高度计算

由以上资料可知，滑坡体宽度$b=500m$、厚度$w=10m$，水深$h=342-250=92m$，滑入角度为35°～40°，取其平均值37.5°。代入公式（6.1-3）：

$$\frac{H_{首浪}}{B}=0.2135\left(\frac{h}{b}\right)^{-0.5}\left(\frac{w}{b}\right)^{0.62}\beta^{0.77}$$

计算得到：$H_{首浪}=15.87987m$。

（2）爬高的计算

根据岩体滑坡涌浪爬高公式（6.1-22）：

$$R=3.2169H\left(\frac{H}{h}\right)^{-0.0864}\left(\frac{L}{D}\right)^{0.9030}\alpha^{0.9602}$$

式中：R——爬高（m）；

D——爬高点到入水点的距离（m）；

H——涌浪初始高度（m）；

L——水深（m）；

α——岸坡坡度（rad），本次取岸坡垂直情况。

爬高传到对岸时，河宽 $D=100\text{m}$ 时，$R=41.8812\text{m}$。而实测滑坡对岸涌浪爬坡高达 50m 左右，下游 20.8km 水布垭大坝处涌浪爬坡仍高 4m 左右，计算值比实测值偏小。

相对误差为$\frac{50-41.88}{50}\times100\%=16.24\%$。

6.2 滑坡涌浪对船舶航行安全的影响及预测技术

6.2.1 滑坡涌浪对船舶横摇的影响

1）船舶横摇特征

通过高清摄像机拍摄滑坡体入水后，船舶由静止到横向摇摆再到静止的全过程，观测整个过程中船体的运动规律随时间的变化过程。将录像按帧提出，把横摇过程照片导入 ARCGIS 并将其矢量化，得出横摇角度随时间的变化曲线，选取 6 组工况（工况 19、20、21、22、23、24），其时域图如图 6.2-1 所示，图中正值表示船舶重心向顺涌浪传播方向倾斜，负值表示船舶重心向逆涌浪传播方向倾斜。

通过对船舶横摇时域图的分析，结合试验观测，得出滑坡涌浪影响下船舶横摇特征：

（1）横摇的初始方向与波要素有关：波峰先到达时，船体会向顺波浪传播方向倾斜，波谷先到达时，船体向逆波浪传播方向倾斜。

（2）在原始波的持续作用下，横摇角度在短时间内达到最大值，之后迅速衰减，由于受到的作用力与阻力都是非线性的，其衰减规律也是非线性的。

（3）基于静止时船体竖中线的横摇左右幅值不对称：船体初始向左倾斜，则左侧的横摇幅值大于右侧；船体初始向右倾斜，则右侧的横摇幅值较大。

（4）横摇会引起集装箱的位移，甚至滑落入水，致使船体重心位置发生变化，影响船舶行驶稳定性。

（5）大幅度的横摇会使甲板上水，这会严重影响船员安全、货物安全和航行安全。

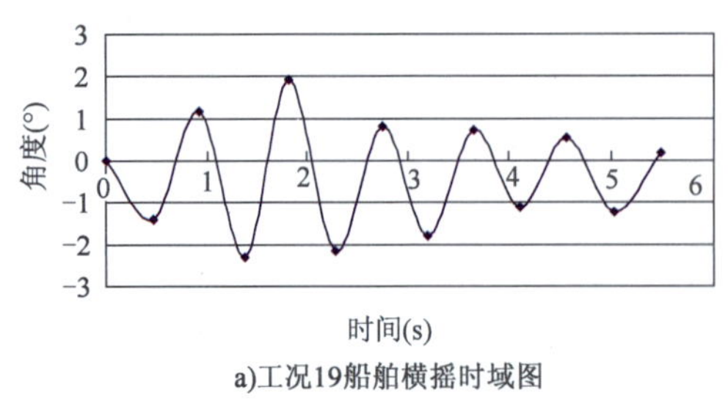

a)工况19船舶横摇时域图

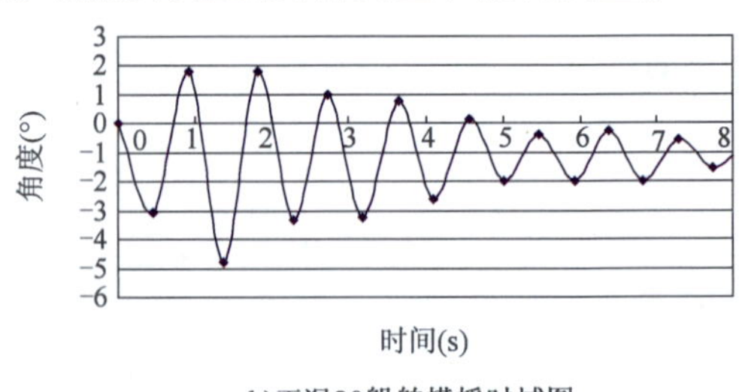

b)工况20船舶横摇时域图

图 6.2-1

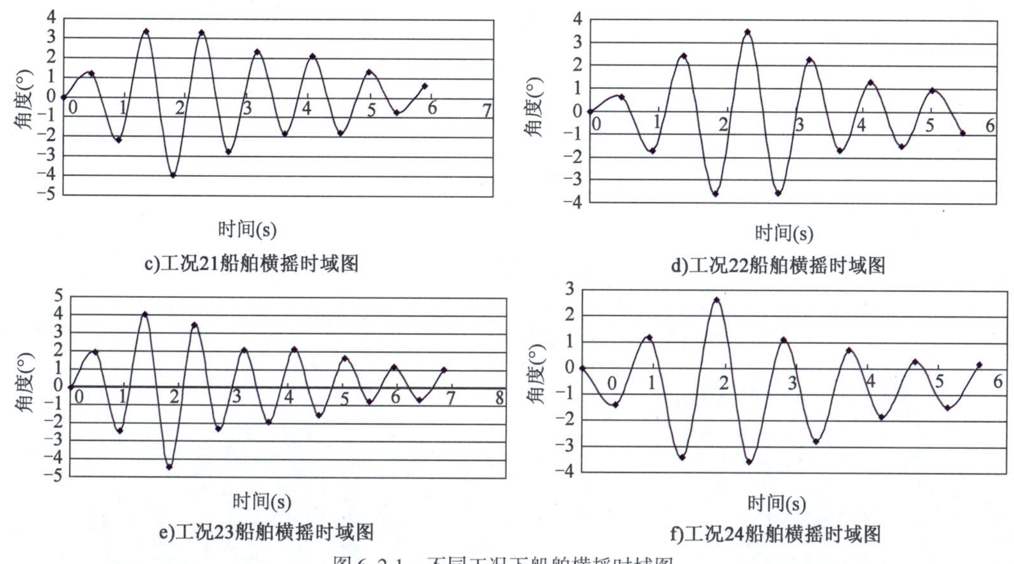

图6.2-1 不同工况下船舶横摇时域图

2)船舶最大横摇角度计算

最大横摇角度是船舶在随浪中航行安全的重要指标，国际海事组织对船舶在风浪中安全航行的极限横倾角度规定为40°，横摇角度大于40°时船舶的稳定特征发生变化，甚至导致灾难性的危害。为了防止货物移动和甲板上浪等问题，还需要考虑船舶进水角和最大动倾角，应取三者的最小值作为衡量船舶行船安全的标准，工程经验值为15°，即本次试验中船舶安全航行极限横摇角度为15°。

根据船舶横摇时域图，得出每组工况下船舶的最大横摇角度，其中原始波引起的最大横摇角度超过15°的工况约占2/3，最小为6.4°，最大为32.2°，如果船舶经过处发生类似滑坡，将严重影响船舶的安全航行。

通过对试验数据的处理，采用无量纲方法探讨最大横摇角度与相对涌浪高度H/h（船舶侧面涌浪高与水深的比值）、相对波长L/h（船舶侧面波长与水深的比值）之间的关系。

$$\alpha = A_1\left(\frac{H}{h}\right)^{A_2}\left(\frac{L}{h}\right)^{A_3} \tag{6.2-1}$$

式中：α——最大横摇角度（rad）；

H——船舶侧面波高（m）；

L——船舶侧面波长（m）；

h——水深（m）；

A_1、A_2、A_3——系数。

采用最小二乘法对式（6.2-1）的系数进行回归分析，得出计算方程为：

$$\alpha = 57.0917\left(\frac{H}{h}\right)^{1.7321}\left(\frac{L}{h}\right)^{0.4479} \tag{6.2-2}$$

3)实船横摇性能的预估

涌浪可以采用涌浪谱来描述，船舶在随机波中的不规则运动规律可以用运动谱来描述，谱分析方法就是建立涌浪谱与船舶运动谱之间的关系，通过对随机取样在频率区域内的谱分析，结合瑞利分布的特点，对船舶的不规则运动的统计值进行预报。

模型船舶横摇谱密度表达式为：

$$S_{\theta\xi}(\omega_m) = Y_{\theta\xi}^2(\omega_m)S_{\xi}(\omega_m) \tag{6.2-3}$$

式中：$S_{\theta\xi}(\omega_m)$——模型船舶的运动谱密度函数；

$Y_{\theta\xi}(\omega_m)$——模型船舶的频率响应函数；

$S_{\xi}(\omega_m)$——模型波浪的谱密度函数。

对于波浪的谱密度函数，采用国际船模试验池会议推荐的标准海浪谱计算公式[式(6.2-4)]。

$$S_{\xi}(\omega_m) = \frac{A}{\omega_m^5}\exp\left(-\frac{B}{\omega_m^4}\right)(m^2 \cdot s) \tag{6.2-4}$$

式中：$A = 8.10 \times 10^{-3}g^2 = 0.78$；

$B = \dfrac{3.11}{\bar{\xi}_{w\frac{1}{3}}^2}$；

$\bar{\xi}_{w\frac{1}{3}}$——有意义波高(m)；

ω_m——试验波浪圆频率(s^{-1})。

频率响应函数通过船舶横摇幅值 θ_a 与波高 ξ_w 的关系，由横摇幅值的测量结果绘制出放大因数曲线 $\theta_a/\partial_0 \sim \omega_m$，$\omega_m$ 为试验波浪圆频率。放大因数$\dfrac{\theta_a}{\partial_0}$即可由曲线查询得出，其中 $\partial_0 = 180°\dfrac{\xi_w}{\lambda}$，$\lambda$ 为试验波长。放大因数曲线如图 6.2-2 所示。

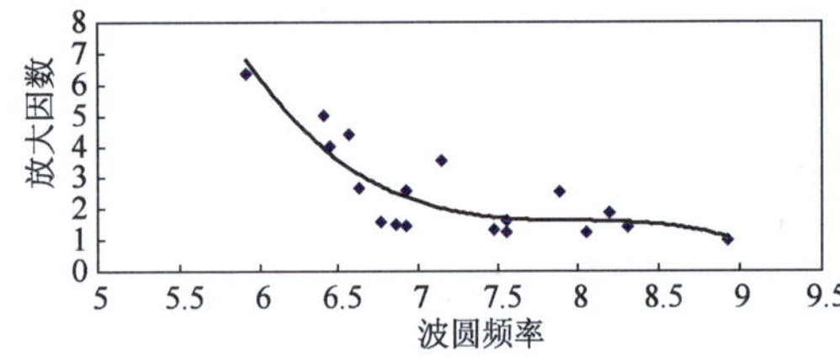

图 6.2-2 放大因数曲线

模型频率响应函数的表达式为：

$$Y_{\theta\xi}(\omega_m) = \frac{\theta_a}{\partial_0}(\omega_m)\frac{\omega_m^2}{g} \tag{6.2-5}$$

式中：ω_m——试验波浪圆频率(s^{-1})；

g——重力加速度(m/s^2)，取 $9.81m/s^2$；

$\dfrac{\theta_a}{\partial_0}(\omega_m)$——放大因数曲线表达式，通过 ω_m 值，得出$\dfrac{\theta_a}{\partial_0}$值。

频率响应函数的因次是 m^{-1}，由模型比尺，得出实船的频率响应函数为：

$$Y_{\theta\xi}(\omega_m) = \left[\frac{\theta_a}{\partial_0}(\omega_m)\frac{\omega_m^2}{g}\right] \times \frac{1}{70} \tag{6.2-6}$$

所以实船的横摇能谱为：

$$S_{\theta\xi}(\omega_m) = \left[\frac{\theta_a}{\partial_0}(\omega_m)\frac{\omega_m^2}{g}\right] \times \frac{1}{70^2} \times S_{\xi}(\omega) \tag{6.2-7}$$

6.2.2 船舶安全极限浪高的确定

在《内河通航标准》(GB 50139—2014)中，天然河流和渠化河流的航道水深通常按允许通过的最大船舶的设计吃水加上安全富裕水深计算确定。船舶的最大设计吃水也就是通常所说船舶满载时的设计吃水，这里用 d_{max} 表示。

考虑沿程涌浪对船舶安全的影响，我们用船舶安全极限浪高 h_{max}，表示涌浪对船舶的影响程度，也就是当船舶满载时涌浪高度对船舶安全的影响程度。定义船舶安全极限浪高 h_{max} 为船舶型深 D 与船舶满载吃水 d_{max}（也就是船舶设计吃水）之差，也就是船舶安全极限浪高可表示为：

$$h_{max} = D - d_{max} \tag{6.2-8}$$

通过对内河船型参数以及设计吃水的资料查阅统计（表 6.2-1），可以发现通航船舶极限浪高一般在 0.4 ~ 0.6m，与之前船闸泄水限定标准 0.5 ~ 0.6m 的范围基本一致。因此，将 0.5 ~ 0.6m 作为船舶安全行驶的极限浪高。当然，根据不同船型以及通航标准可以适当稍作修改。

内河船型参数及设计吃水统计　　表 6.2-1

序号	船队名称	船队尺度 $L\times B\times T$(m)	般队总排水量(t)	推轮			驳船			综合安全极限浪高(m)
				尺度 $L\times B\times T$(m)	设计吃水(m)	安全极限浪高(m)	尺度 $L\times B\times T$(m) 括号内为水线长	设计吃水(m)	安全极限浪高(m)	
1	2640HP 推轮 + 3000t 船	200 × 16.2 × 4.5	5628	90 × 16.2 × 4	3.5	0.5	110 × 16.2 × 4.5	3.5	1	0.5
2	2640HP 推轮 + 2000t 船	165 × 16.2 × 3.5	9937	75 × 16.2 × 3.5	2.6 ~ 3	0.5	90 × 16.2 × 3.5	2.6 ~ 3	0.5	0.5
3	2640HP 推轮 + 9 × 1000t 船队	271.87 × 32.25 × 2.90	14313	46(44) × 10 × 2.9	2 ~ 24	0.5	75.0(72.0) × 10.5 × 2.4	2 ~ 2.4		0.5
4	2250HP 推轮 + 6 × 1000t 船队	196.47 × 31.84 × 2.60	9796	45.8(44.3) × 10.5 × 2.6	2	0.6	75.0(72.0) × 10.5 × 2.4	2		0.6
5	2250HP 推轮 + 4 × 1500t 船队	214.0 × 26.60 × 2.60	8062	45.8(44.3) × 10.5 × 2.6	2	0.6	75.0(72.0) × 13.0 × 2.6	2		0.6
6	5400HP 推轮 + 6 × 1000t 船队	199.67 × 31.84 × 2.90	9843	49(46.2) × 10.5 × 2.9	2 ~ 2.4	0.5	75.0(72.0) × 10.5 × 2.4	2 ~ 2.4		0.5
7	5400HP 推轮 + 9 × 1000t 船队	274.87 × 32.25 × 2.90	14219	49(46.2) × 10.5 × 2.9	2 ~ 2.4	0.5	75.0(72.0) × 10.5 × 2.4	2 ~ 2.4		0.5
8	800HP 推轮 + 3 × 800t 船队	147.0 × 22.30 × 2.15	3461	36.5(35) × 7.6 × 1.8	1.3	0.5	64(61.9) × 11.0 × 2.15	1.3		0.5
9	140TEU 集装箱船	87.6 × 13.60 × 2.80	2396	87.6(82) × 13.60 × 2.80	2 ~ 2.4	0.4	—	—	—	0.4

6.2.3　涌浪过程下锚泊船舶锚链拉力变化规律

在涌浪的作用下，锚泊船舶会产生偏荡。此时锚链作用于船体的力，不仅时时变化，而且会出现脉冲力。由于在涌浪的作用下，涌浪附近锚泊船舶发生偏移，当偏移量达到锚链总长度时，一侧锚链迅速处于拉紧状态，船舶由于受到锚链作用力，向反向偏移，在双侧锚泊方式下，另一侧锚链在偏移量达到锚链总长度时，也立即迅速处于拉紧状态。在涌浪和锚链的作用下，船舶不断地偏移往复运动。

选取工况 7,由模型比尺反算至原型,绘制涌浪作用下滑坡附近锚泊船舶锚链拉力随时间变化的过程曲线,如图 6.2-3 所示。

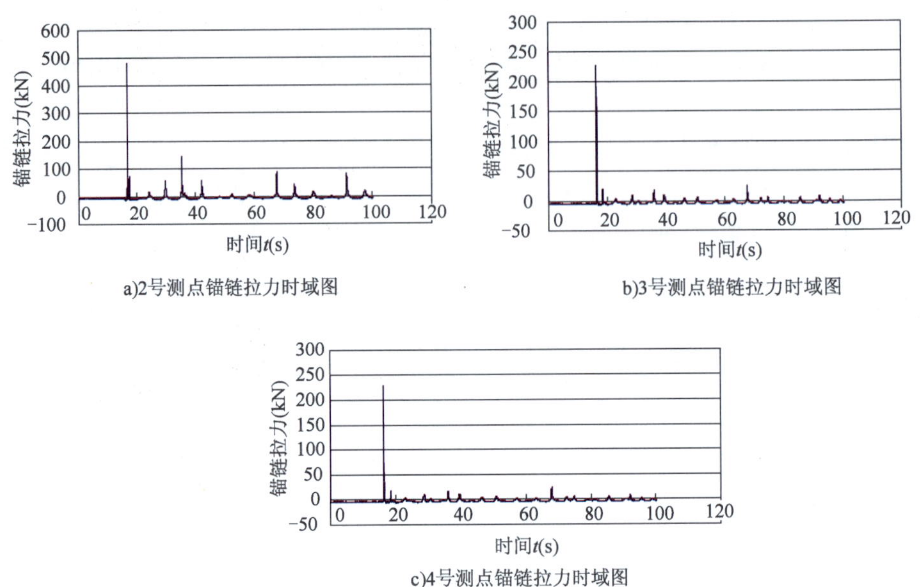

图 6.2-3 锚链拉力时域图

从滑坡附近 5m 处锚泊船舶锚链拉力时域图中可以看出,锚链拉力测量值均为脉冲值,且 1 号、2 号、3 号、4 号测点锚链拉力首个脉冲值均为极大值。随着时间的变化和涌浪的衰减,脉冲值均较大幅度减小且不规则地出现。涌浪作用下船首左舷 1 号测点和船尾左舷 2 号测点,脉冲值变化规律基本一致,在出现脉冲极大值之后会不断出现几个较大值,然后迅速减小。船首右舷 4 号和船尾右舷 3 号测点,在脉冲极大值出现之后,脉冲值直接迅速减小,且变化规律基本一致。这是由于滑坡附近 5m 处锚泊船舶,船体左舷正对涌浪入射方向,在涌浪作用下,船体向右舷一侧偏移,因此船首左舷 1 号测点和船尾左舷 2 号测点规律基本一致。

6.2.4 涌浪作用下锚泊船舶锚链拉力的影响规律

涌浪作用下对船舶锚链拉力的变化规律影响很复杂,其影响因素主要有波高、水深、波浪对船舶的入射角度等,此处分析了波高对船舶锚链拉力的影响规律。

1)波高对滑坡附近处锚泊船舶的影响

选取 20 组工况,根据比尺反算原型,选取模型波高范围在 1.2 ~ 20cm,绘制滑坡附近锚泊船舶 1 号、2 号、3 号、4 号测点锚链拉力随波高的变化曲线,如图 6.2-4 所示。

从图中可以看出,随着波高的增大,滑坡附近锚泊船舶 1 号、2 号、3 号、4 号测点锚链拉力整体均不断增大。初始波高在 0.5 ~ 3m 时,1 号、2 号、3 号、4 号测点锚链拉力增幅较为明显;初始波高在 4m 左右时,锚链拉力会出现一个波动值;当初始波高达到 6m 后,锚链拉力增幅较小。随着波高的增大,波能的增加,涌浪对船舶的作用也会增大,船舶在涌浪作用下偏移时的动能也相应增大,在船舶往复运动中锚链拉力不断增大。初始涌浪高对滑坡附近锚泊船舶的锚链拉力起着决定性的作用。

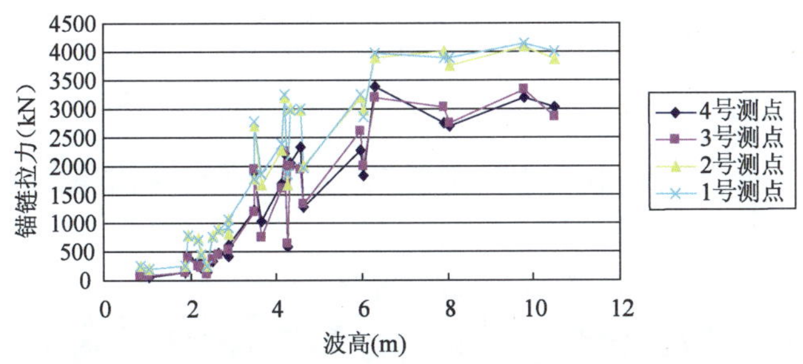

图 6.2-4 锚链拉力随波高变化图(滑坡附近处)

2)波高对弯道处锚泊船舶的影响

选取 20 组工况,根据比尺反算原型,选取模型波高范围在 1.2 ~20cm,绘制弯道锚泊船舶 5 号、6 号测点锚链拉力随波高的变化曲线,如图 6.2-5 所示。

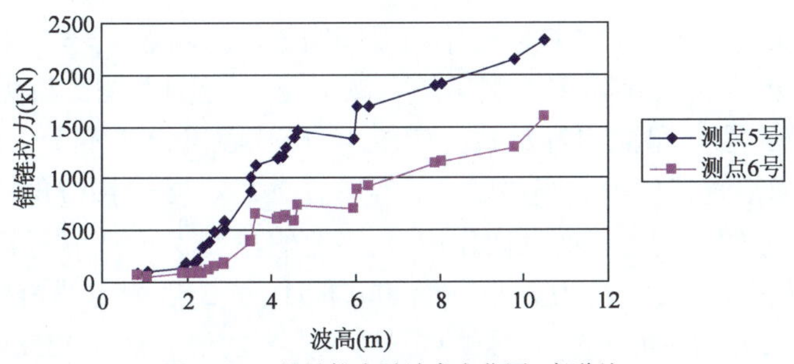

图 6.2-5 锚链拉力随波高变化图(弯道处)

从图 6.2-5 可以看出,随着波高的增大,弯道锚泊船舶 5 号、6 号测点锚链拉力整体均不断增大。初始波高在 0.5 ~3m 时,5 号、6 号测点锚链拉力增幅均不明显;初始波高在 2 ~5m 时,5 号、6 号测点锚链拉力增幅较大;当初始波高大于 5m 时,5 号、6 号测点锚链拉力增幅较小。6 号测点锚链拉力总体增幅较 5 号测点小。

3)波高对河道远端锚泊船舶的影响

选取 20 组工况,根据比尺反算原型,选取模型波高范围在 1.2 ~20cm,绘制远端锚泊船舶 7 号、8 号测点锚链拉力随波高的变化曲线,如图 6.2-6 所示。

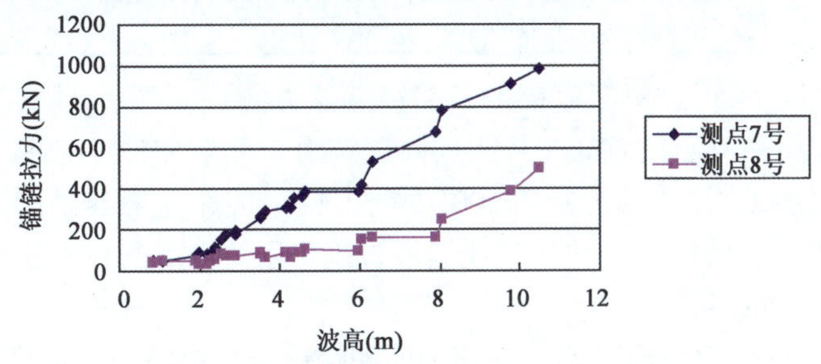

图 6.2-6 锚链拉力随波高变化图(河道远端)

从图 6.2-6 可以看出,随着波高的增大,弯道锚泊船舶 7 号、8 号测点锚链拉力整体均不断增大。初始波高在 0.5 ~2m 时,7 号测点锚链拉力增幅均不明显;初始波高在 0.5 ~8m 时,8 号测点锚链拉力增幅均不明显,8 号测点锚链拉力总体增幅较 7 号测点小。

6.2.5 不同位置处锚泊船舶锚链拉力对比分析

1)滑坡附近5m处锚泊船舶锚链拉力

在所有工况下,根据模型比尺,对滑坡附近5m处锚泊船舶锚链最大拉力进行反算,并进行统计分析,结果见表6.2-2。

滑坡附近锚泊船舶锚链拉力统计表　　表6.2-2

测　点	极大值(kN)	极小值(kN)	平均值(kN)
测点1号	4132	187	2012
测点2号	4078	189	1981
测点3号	3346	77	1358
测点4号	3390	66	1357

在所有81组工况下,通过对滑坡附近锚泊船舶锚链拉力测点1号、2号、3号、4号的最大拉力的统计结果可知,涌浪直接作用一侧船舶右舷1号、2号测点锚链拉力值较大,且其数值相差不大,船舶左舷3号、4号测点锚链拉力值较小,且其数值相差不大。这是由于涌浪作用下,船舶发生偏移,涌浪直接作用一侧船舶左舷船舶右舷1号、2号锚链迅速拉紧,当船舶再次向相反一侧偏移时,船舶受到涌浪的反向作用力,当船舶左舷3号、4号锚链迅速拉紧时,其作用力相对于右舷1号、2号锚链拉力较小。船舶右舷1号、2号测点锚链拉力平均值分别为2012.3kN、1981.7kN,船舶左舷3号、4号测点锚链拉力平均值分别为1358kN、1357kN,涌浪作用下船舶右舷锚链拉力约为船舶左舷锚链拉力的70%,也就是说滑坡附近锚泊船舶左舷一侧承受较大拉力。

2)弯道处锚泊船舶锚链拉力

在所有工况下,根据模型比尺,对弯道锚泊船舶锚链最大拉力进行反算,并进行统计分析,结果见表6.2-3。

弯道处锚泊船舶锚链拉力统计表　　表6.2-3

测　点	极大值(kN)	极小值(kN)	平均值(kN)
测点5号	2325	80	1001
测点6号	1588	45	521

在所有81组工况下,通过对弯道锚泊船舶锚链拉力测点5号、6号的最大拉力的统计结果可知,涌浪直接作用一侧船舶右舷5号测点锚链拉力较船舶左舷6号测点大。弯道锚泊船舶5号、6号测点锚链拉力平均值分别为1001kN、521kN,船舶左舷6号测点锚链拉力约为船舶右舷5号测点锚链拉力的50%,也就是说涌浪直接作用一侧承受较大拉力。

3)远端锚泊船舶锚链拉力

在所有工况下,根据模型比尺,对远端锚泊船舶锚链最大拉力进行反算,并进行统计分析,结果见表6.2-4。

在所有81组工况下,通过对远端锚泊船舶锚链拉力测点7号、8号的最大拉力的统计结果可知,涌浪直接作用一侧船首7号测点锚链拉力较船尾8号测点大。远端锚泊船舶7号、8号测点锚链拉力平均值分别为324kN、112kN,船尾8号测点锚链拉力约为船首7号测点锚链拉力的30%，也就是说涌浪直接作用一侧船首锚链承受较大拉力。

远端锚泊船舶锚链拉力统计表 表6.2-4

测 点	极大值(kN)	极小值(kN)	平均值(kN)
测点7号	985	48	324
测点8号	498	31	112

通过不同位置处锚链拉力值对比分析发现，弯道锚泊船舶锚链拉力值只有滑坡附近处锚泊船舶锚链拉力值的50%，远端锚泊船舶锚链拉力值只占滑坡附近处锚泊船舶锚链拉力值的1/7。因此，随着距滑坡处距离的增加，滑坡附近处锚泊船舶所受涌浪影响最大，弯道处次之，远端锚泊船舶所受涌浪影响最小。

6.2.6 涌浪作用下锚泊船舶锚链破断拉力的预估

由于本次试验中直径为40mm的无档锚链的破断拉力值为830kN，通过锚链破断拉力值对涌浪作用下允许波高的标准值进行预估。

1)滑坡附近锚泊船舶的额定波高值

选取28组工况，初始波高在0.84~11m，沿程波高在0.5~7m时，滑坡附近5m处锚泊船舶锚链拉力的最大值，见表6.2-5。

28组工况下滑坡附近处锚链拉力最大值 表6.2-5

工况	初始波高(m)	沿程波高(m)	测点1号(kN)	测点2号(kN)	测点3号(kN)	测点4号(kN)
19	0.84	0.49	257	248	77	99
10	1.05	0.63	187	189	84	66
1	1.89	1.4	261	248	141	149
20	1.96	1.54	778	770	397	377
21	2.17	1.1921	687	720	261	346
7	2.24	1.47	442	484	229	235
2	2.38	1.33	252	239	121	143
13	2.52	1.61	750	785	360	322
25	2.66	1.75	870	896	444	475
4	2.87	1.82	905	809	534	421
11	2.87	2.1	1050	1058	536	609
12	3.5	2.17	1780	1790	1193	1217
14	3.5	2.38	2789	2698	1952	1862
3	3.64	1.75	1855	1680	742	1025
16	4.13	2.03	2385	2285	1622	1691
23	4.2	3.05	3258	3189	2248	2232
8	4.27	2.1	1870	1680	635	585
24	4.34	2.64	2978	3012	1995	2048
17	4.55	2.87	2987	2980	1942	2324

续上表

工况	初始波高(m)	沿程波高(m)	测点1号(kN)	测点2号(kN)	测点3号(kN)	测点4号(kN)
5	4.62	2.94	1975	1987	1343	1292
15	5.95	4.2	3256	3189	2605	2264
6	6.02	3.57	2874	2985	2012	1839
18	6.3	4.62	3978	3897	3182	3390
59	7.91	4.13	3899	3987	3041	2751
31	8.05	2.64	3890	3756	2762	2704
43	9.8	9.08	4132	4078	3347	3181
70	10.5	3.85	3987	3867	2871	3016
9	11.2	7.07	4400	4487	3400	3258

从表中可以看出，当初始波高在2.5m，沿程波高在1.5m左右时，1号测点的锚链拉力值将超过其破断拉力值，也就是说锚链将会被拉断。因此，将1.5m波高作为滑坡附近处锚泊船舶的额定波高值。

2）弯道处锚泊船舶的额定波高值

选取28组工况，初始波高在0.84～11m，沿程波高在0.14～2.1m时，距滑坡入水点9m弯道处锚泊船舶锚链拉力的最大值，见表6.2-6。

28组工况下弯道处锚链拉力最大值　　表6.2-6

工　况	初始波高(m)	弯道波高(m)	测点5号(kN)	测点6号(kN)
19	0.84	0.14	80	70
10	1.05	0.21	98	45
1	1.89	0.28	132	80
20	1.96	0.42	186	90
21	2.17	0.43	190	80
7	2.24	0.56	212	100
2	2.38	0.63	336	90
13	2.52	0.42	385	110
25	2.66	0.74	489	150
4	2.87	0.70	595	168
11	2.87	0.35	495	178
12	3.50	0.49	878	380
14	3.51	0.70	1009	404
3	3.64	0.77	1125	653
16	4.13	1.12	1198	599
23	4.20	0.75	1208	616
8	4.27	1.19	1206	628
24	4.34	1.36	1289	630

续上表

工　况	初始波高(m)	弯道波高(m)	测点5号(kN)	测点6号(kN)
17	4.55	0.77	1389	583
5	4.62	0.70	1458	744
15	5.95	1.12	1369	712
6	6.02	1.19	1689	895
18	6.30	1.26	1701	919
59	7.91	1.35	1899	1139
31	8.05	0.47	1920	1152
43	9.80	1.89	2148	1289
70	10.50	0.97	2325	1588
9	11.20	2.10	2242	1866

从表中可以看出,当初始波高在3.5m,沿程波高在0.5m左右时,5号测点的锚链拉力值将超过其破断拉力值,也就是说锚链将会被拉断。因此,将0.5m沿程波高作为滑坡附近处锚泊船舶的额定波高值。

3)河道远端锚泊船舶的额定波高值

选取28组工况,初始波高在0.84～11.2m,沿程波高在0.07～1m时,距滑坡入水点18m处远端锚泊船舶锚链拉力的最大值,见表6.2-7。

28组工况下弯道处锚链拉力最大值　　表6.2-7

工　况	初始波高(m)	远端波高(m)	测点7号(kN)	测点8号(kN)
19	0.84	0.07	48	38
10	1.05	0.07	50	48
1	1.89	0.14	71	46
20	1.96	0.21	89	32
21	2.17	0.18	78	31
7	2.24	0.28	80	48
2	2.38	0.21	110	59
13	2.52	0.21	150	78
25	2.66	0.33	174	75
4	2.87	0.35	195	74
11	2.87	0.21	180	69
12	3.50	0.21	255	85
14	3.50	0.35	268	79
3	3.64	0.42	287	65
16	4.13	0.35	309	89
23	4.20	0.38	318	87
8	4.27	0.63	307	61

续上表

工　况	初始波高(m)	远端波高(m)	测点7号(kN)	测点8号(kN)
24	4.34	0.50	358	89
17	4.55	0.56	365	88
5	4.62	0.42	387	101
15	5.95	0.63	389	99
6	6.02	0.63	418	150
18	6.30	0.91	528	158
59	7.91	0.57	679	162
31	8.05	0.15	778	250
43	9.80	0.99	912	385
70	10.50	0.48	985	498
9	11.20	0.77	1026	616

从表中可以看出,当初始波高在8m,沿程波高在1m左右时,7号测点的锚链拉力值将超过其破断拉力值,也就是说锚链将会被拉断。因此,将1m沿程波高作为滑坡附近5m处锚泊船舶的额定波高值。

6.2.7　滑坡涌浪对航道危害程度的预防评价系统

系统界面采用当前主流RIBBON界面布局,界面美观,操作简单。系统界面主要分成菜单栏、图层管理、地图显示区和状态栏四个区域(图6.2-7)。其中,菜单栏包括了系统的主要操作功能按钮,如标准工具中的打开文档,地图导航中的全图、平移、放大、缩小功能,以及初始涌浪高度、涌浪传播与衰减、固流能量交换、涌浪爬高计算以及涌浪安全评估等专业功能。

由于陡岩体滑坡方量较小,其产生的涌浪对航道危害也较小,所以本系统主要针对滑坡体方量较大的岩体滑坡为研究对象进行开发。

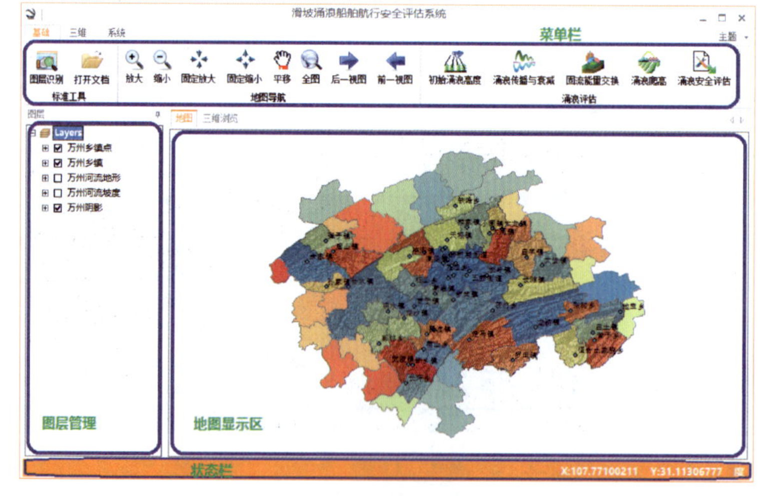

图6.2-7　系统界面图

系统总体功能如图 6.2-8 所示。

1)三维场景展示功能

该功能主要采用 Skyline 系列软件的 Terra Explorer Pro 产品,融合 6GB 海量遥感航测影像数据、高程和矢量数据创建研究河段有精确三维模型的地形数据库。

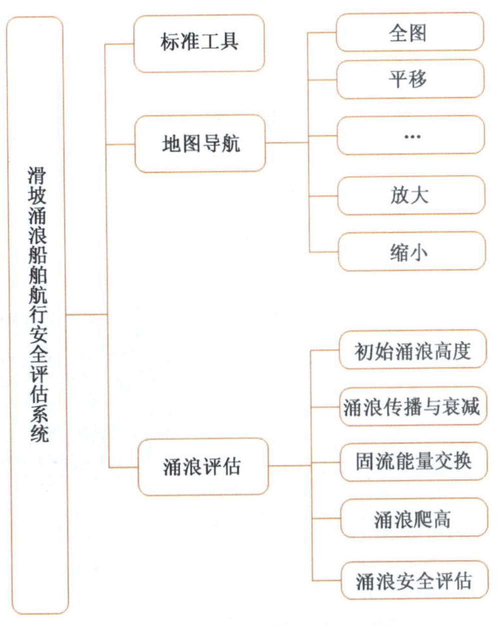

图 6.2-8　系统功能结构图

该功能主要展示研究河段内高分辨率影像地物的三维分布情况,通过路径飞行可动态查看虚拟现实的场景,给人身临其境的感觉,直观地表达研究河段区域内各现实地理要素(图 6.2-9)。

2)初始涌浪高度功能

(1)功能实现算法

初始涌浪高度功能的计算公式如下:

$$H = 21.35b\left(\frac{h}{b}\right)^{-0.5}\left(\frac{c}{b}\right)^{0.62} - \frac{\beta^{0.77}}{100} \tag{6.2-9}$$

式中:H——涌浪初始高度(m);

b——滑体宽度(m);

c——滑体厚度(m);

h——水深(h);

β——滑坡坡度(rad)。

如果考虑滑坡入水前缘角度,则需要在上述公式中添加一个系数 K,该系数的计算公式如下:

$$K = 2.276\ln A + 1.5575 \tag{6.2-10}$$

式中:A——滑坡入水前缘角度(rad)。

a)鸟瞰图

图　6.2-9

b)平视图

图 6.2-9 研究河段三维场景图

(2)功能实现逻辑流程

初始涌浪高度功能实现的逻辑流程如图 6.2-10 所示。

(3)功能界面与结果描述

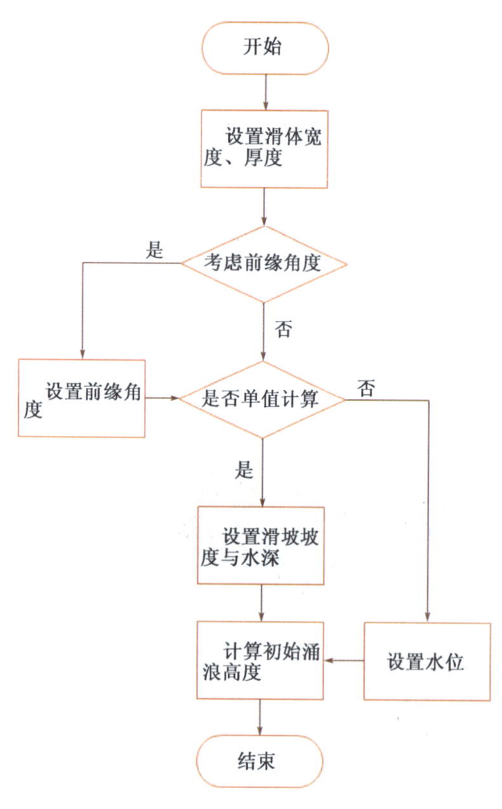

图 6.2-10 初始涌浪高度功能实现逻辑流程图

滑坡初始涌浪高度计算功能界面如图 6.2-11 所示。其中在不考虑滑坡入水角度变化时，仅需要输入滑体宽度、滑体厚度、滑坡坡度以及水深即可计算得到该滑坡产生的初始涌浪高度。如需要考虑滑坡入水角度变化时，则需要勾选考虑滑坡前缘角度，并输入滑坡前缘角度值参与初始涌浪高计算。

假如有某一方量规模的滑坡体在研究河段任一点发生，系统可进行滑坡初始涌浪高度的批量计算，即首先在功能界面中设置当前水位高度，通过提取河流地形高程参与差值计算，获取河段内任一点位的水深值；然后根据输入的滑体厚度和滑体宽度，点击地图分布按钮计算得到滑坡发生时研究河段内各点的初始涌浪高度；同时系统根据涌浪高度值进行分级渲染，渲染效果如图 6.2-12 所示。

3)涌浪传播与衰减功能

(1)功能实现算法

依据岩体滑坡模型试验结果，可将滑坡涌浪传播与衰减分为滑坡体宽度范围内区域、滑坡体宽度范围外直道区域、弯曲河道区域和过弯后河道区域四个区域。每一个区域涌浪传播与衰减的规律不同,功能实现的算法存在差异。

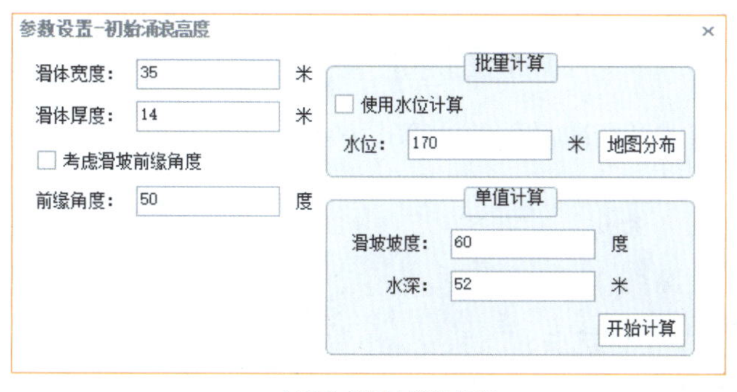

a)不考虑滑坡前缘角度

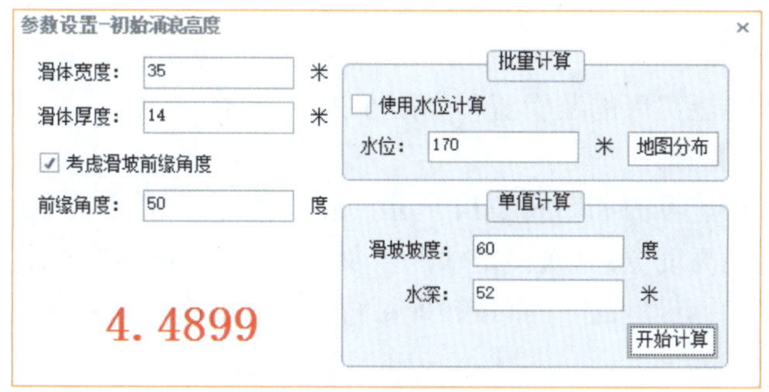

b)考虑滑坡前缘角度

图6.2-11 滑坡初始涌浪高度功能界面

图6.2-12 滑坡初始涌浪高度批量计算结果图

①滑坡体宽度范围内区域波高衰减系数的计算公式为:

$$K = \left(\frac{H}{h}\right)^{-0.52}\left(\frac{L}{h}\right)^{0.047}\beta^{-0.16} \tag{6.2-11}$$

②滑坡体宽度范围外直道区域波高衰减系数的计算公式为:

$$K = \left(\frac{H}{h}\right)^{-1.13}\left(\frac{L}{h}\right)^{-0.18} \tag{6.2-12}$$

③弯曲河道区域波高衰减系数的计算公式为:

$$K = \left(\frac{H}{h}\right)^{-0.92}\left(\frac{L}{h}\right)^{-0.016} \tag{6.2-13}$$

④过弯后河道区域波高衰减系数的计算式为:

$$K = 0.13 \tag{6.2-14}$$

以上式中:K——涌浪衰减系数;

H——初始波高(m);

L——传播距离(m);

h——水深(m);

β——滑坡入水角度(rad)。

(2)功能实现逻辑流程

涌浪传播与衰减功能实现的逻辑流程如图6.2-13所示。

(3)功能界面与结果描述

涌浪传播与衰减功能界面如图6.2-14所示。在单值计算时,首先输入滑坡的坡度和滑坡入水点产生的初始涌浪高度值;其次设定水深以及传播距离;最后选择计算涌浪高度的分区类型;设置好一系列参数后点按开始计算按钮即可得到涌浪传播衰减后的高度值。

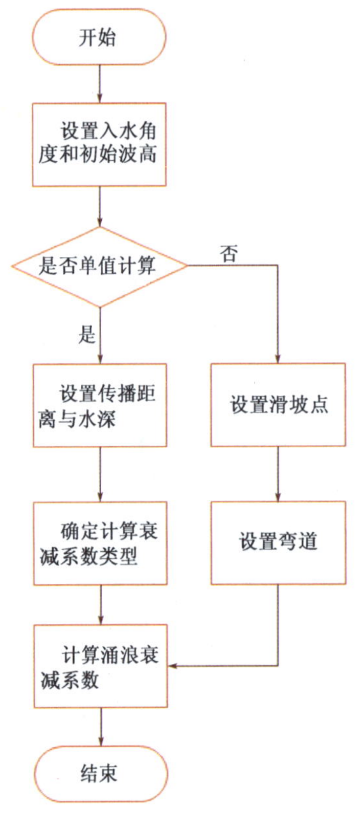

图6.2-13　涌浪传播与衰减功能实现流程图

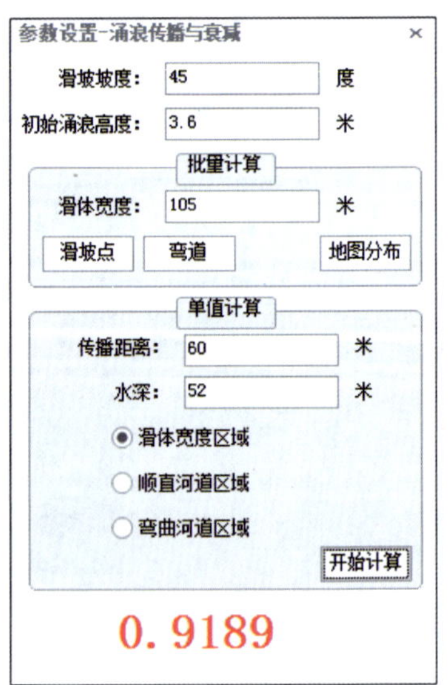

图6.2-14　滑坡涌浪传播衰减系数计算界面

如在研究河段任一点处发生滑坡时，需要获得滑坡产生的涌浪高度在整个研究河段内的传播与衰减分布情况，则需要进行批量计算。首先需要定位滑坡点滑落位置及方向，同时定义河段弯道点位置；然后输入滑坡体宽度、初始涌浪高度和滑坡坡度；点按地图分布按钮，系统即按照设置的参数自动进行涌浪传播与衰减规律空间分区，分别计算各区域衰减系数值，从而生成沿程滑坡涌浪高度分布图（图6.2-15）。

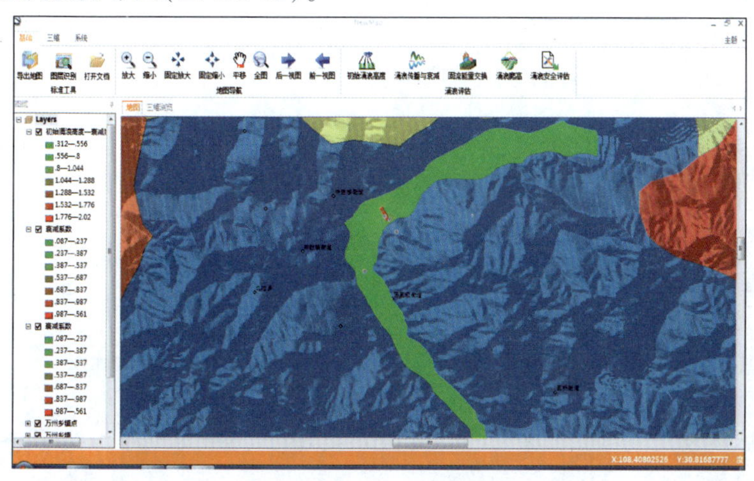

图6.2-15　沿程滑坡涌浪高度分布图

4）固流能量交换功能

（1）功能实现算法

固流能量交换系数的计算公式如下：

$$K = 0.00434e^{-0.09077\frac{h}{W}+2.267727\beta} \tag{6.2-15}$$

式中：K——能量交换系数；

W——滑体厚度（m）；

h——水深（m）；

β——滑坡坡度（rad）。

（2）功能实现逻辑流程

固流能量交换功能实现的逻辑流程如图6.2-16所示。

（3）功能界面与结果描述

固流能量交换功能界面如图6.2-17所示。进行单值计算时，在设置好滑坡体厚度和坡度的基础上，输入水深值点按开始计算即可得到固流能量交换系数值。如需要进行批量计算，则首先需要设置好滑坡体的厚度和坡度值；然后指定研究河段水位，利用水位值与河段地形高程进行差值计算得到各点水深；最后点按地图分布按钮，系统即可按照功能算法公式进行计算，并以地图的形式显示出来（图6.2-18）。

5）涌浪爬高计算功能

（1）功能实现算法

涌浪爬高的计算公式为：

$$R = \left(-4.8532\frac{H}{L} - 0.0423\frac{L}{D} + 0.4781\alpha + 0.6028\right)H \tag{6.2-16}$$

式中：R——涌浪爬高(m)；

H——涌浪初始波高(m)；

L——水深(m)；

α——岸坡坡度(rad)；

D——爬高测量点与滑坡体入水点距离(m)。

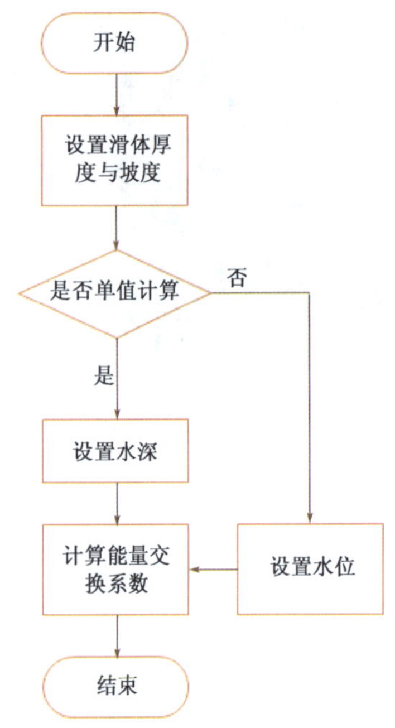

图 6.2-16　固流能量交换功能实现流程图

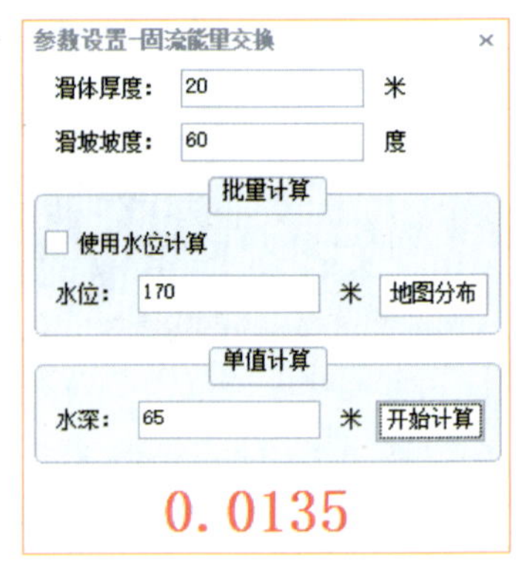

图 6.2-17　固流能量交换系数计算界面

图 6.2-18　固流能量交换系数分布图

(2)功能实现逻辑流程

涌浪爬高计算功能实现的逻辑流程如图6.2-19所示。

(3)功能界面与结果描述

涌浪爬高计算的功能界面如图6.2-20所示。采用单值计算时,首先设置初始涌浪高度、岸坡坡度和测点距离;然后输入水深值,点按开始计算即可得到涌浪爬高值。采用批量计算,则首先按照单值计算设置初始涌浪高度;然后利用滑坡点按钮在图上确定滑坡点位置并设置河道当前水位值。

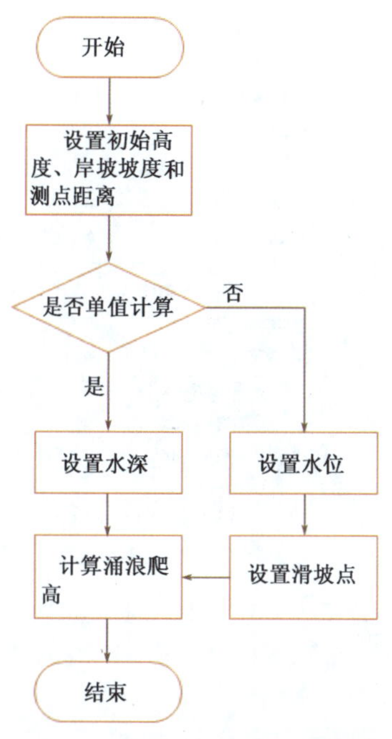

图6.2-19　涌浪爬高计算功能实现流程图

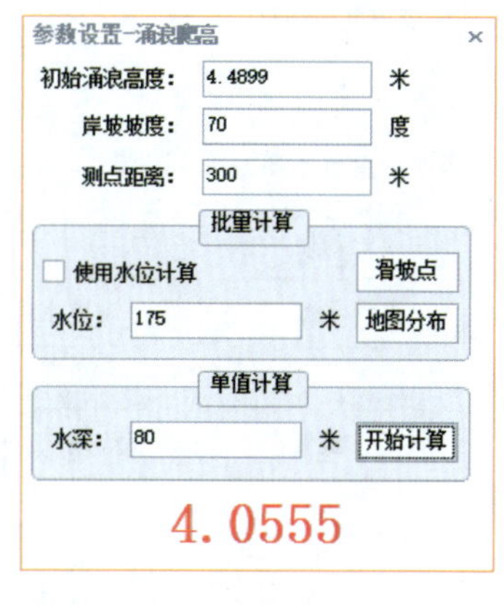

图6.2-20　涌浪爬高计算功能界面

6)涌浪安全评估功能

(1)功能实现算法

利用初始涌浪高度和涌浪传播与衰减功能计算出含涌浪衰减系数影响的涌浪高度分布图,通过设定船舶型深和船舶吃水参数确定安全涌浪高度,并在地图上展示各级高度分布图。

这里用表6.2-8说明涌浪高度等级划分情况。

涌浪高度等级划分情况　　表6.2-8

图层名	取值范围
衰减系数影响的涌浪高度分布图	≤船舶型深减去船舶吃水的值
	≤1
	≤1.5
	>1.5

(2)功能实现逻辑流程

涌浪安全评估功能实现的逻辑流程如图6.2-21所示。

(3)功能界面与结果描述

通过渲染受衰减系数影响的初始涌浪高度图层,按照指定级别进行等级渲染,用不同的颜色在地图展示出来,直观地展现河道中初始涌浪高度分布情况,并可迅速判断河道各位置安全情况,并得出评估结果,以辅助相关部门进行决策。

涌浪安全评估功能界面如图6.2-22所示。涌浪安全评估分布图如图6.2-23所示。

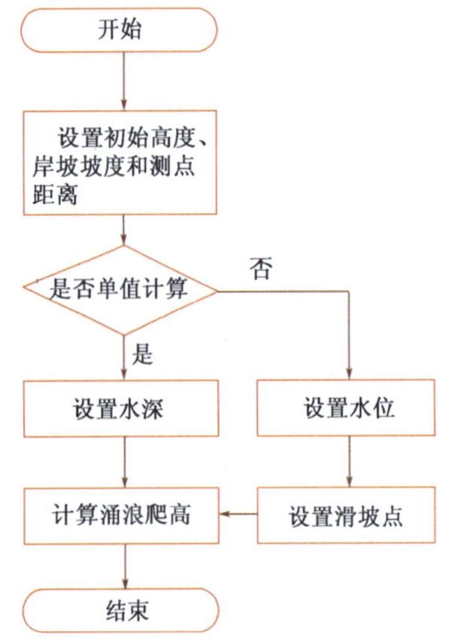

图6.2-21 滑坡涌浪安全评估功能实现逻辑流程图

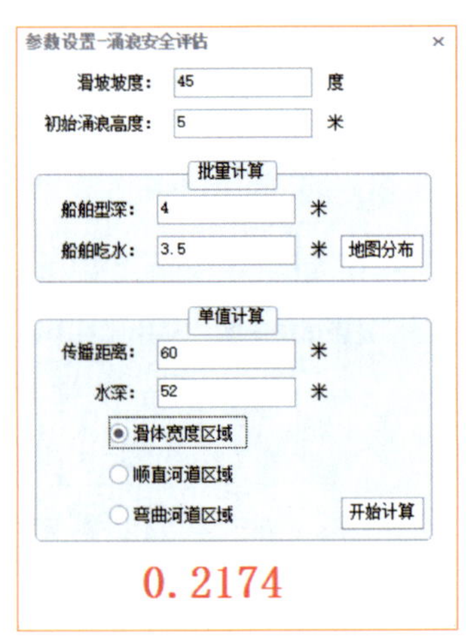

图6.2-22 涌浪安全评估功能界面

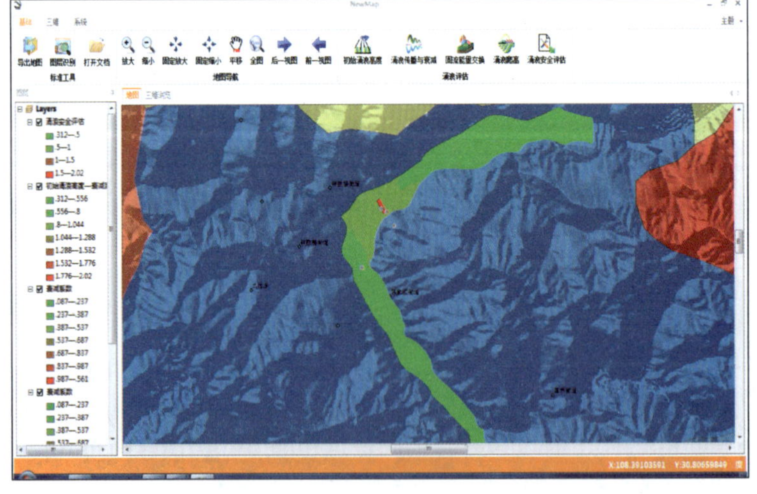

图6.2-23 涌浪安全评估分布图

6.3 滑坡涌浪对码头墩柱和船舶系缆作用力的影响

6.3.1 滑坡涌浪对架空直立式码头作用力影响

为了较准确地了解滑坡涌浪对架空直立式码头作用力的影响，本章主要结合概化模型试验数据，分别对滑坡涌浪产生的架空直立式码头结构正面波压力和平台上托力变化规律进行了详细的研究。由于当码头结构面临滑坡涌浪直接威胁时，所想达到的目的是第一时间能从滑坡体方量、滑坡体入水角度、水位等因素最快地估算码头所受作用力的大小，以用来计算码头结构的受力反应，评估滑坡涌浪对码头结构的影响，所以本节研究码头结构所受正面波压力和平台上托力将直接从引起滑坡涌浪的滑坡角度入手，来总结其变化规律。

1)码头波压变化规律

(1)波压时程变化特征

经试验观察与数据分析，对于对岸码头，从高中低三个测点位置数据可以看到波压的时程曲线有一个急速上升—急速下降—逐渐趋于平静的过程，即：随着滑坡体入水，水面迅速上升，产生较大的初始涌浪，波压有一个明显增大和减小的脉动趋势，然后迅速衰减，但由于滑坡体入水前后水位并没有大的增加，所以整个过程仍以动水压强变化为主。而这一过程与码头前实测波高变化几乎同时进行，其变化趋势也趋于一致。随机选取1组试验方案，绘制波压时程变化图，如图6.3-1所示。

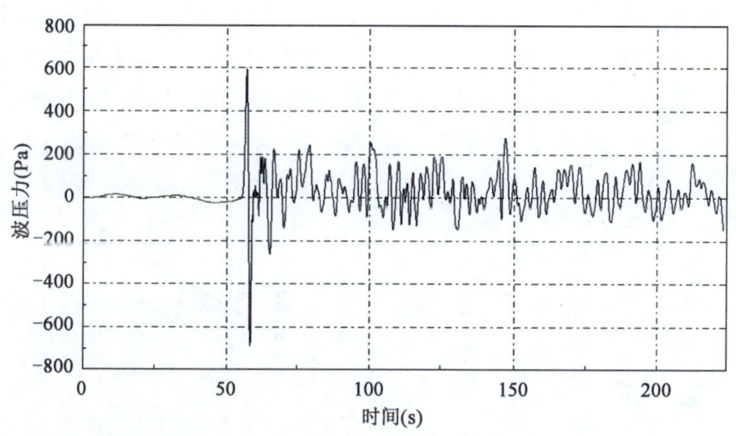

图6.3-1 63号方案(60°,74cm,1×1.5×0.6,10号)

从图中可以看到，滑坡涌浪波压值有一个瞬态突变，作为工程上最为关注的极值，本节主要对滑坡涌浪初始最大波压力值进行研究。

滑坡涌浪从形成机理而言不同于风浪，风浪是由风直接作用产生的水面波动，其影响范围较浅，能量聚于水体上部，其传播的方向始终与风向一致，而滑坡涌浪是滑坡所引起的，其影响范围较深，能量聚于整个交换的水体。

(2)波压影响因素分析

现对拟定的因素和水平对测得的初始最大波压力值进行极差分析，得到结果见表6.3-1。

极差分析表

表 6.3-1

分析指标	因素			
	A	B	C	D
K_{A1}	4.23	6.54	2.78	3.46
K_{A2}	6.87	6.41	5.96	5.92
K_{A3}	6.66	4.81	9.02	8.38
$\overline{K_{A1}}$	0.157	0.242	0.103	0.128
$\overline{K_{A2}}$	0.255	0.237	0.221	0.219
$\overline{K_{A3}}$	0.247	0.178	0.334	0.31
极差 R	0.098	0.064	0.231	0.182

极差值 R 反映了因素水平变动时，试验指标的变动幅度，极差值越大，表明该因素对试验指标的影响越大。通过对初始最大波压力值进行极差分析，从表可以看出，试验因素对初始最大波压力值影响的主次顺序为：滑坡体方量（宽度）、滑坡体方量（厚度）、滑坡体入水角度以及水深。

本次共进行了 9 种不同尺寸，6 种不同方量的试验，其中有 3 组不同宽厚但同方量的试验方案。为了研究各滑坡影响因素对初始最大波压力的影响，现选取以下六种滑坡方量：0.1m^3（1×0.5×0.2）、0.2m^3（1×0.5×0.4）、0.3m^3（1×0.5×0.6）、0.4m^3（1×1×0.4）、0.6m^3（1×1×0.6）、0.9m^3（1×1.5×0.6）进行研究。

从试验数据可以看到，无论在何种滑坡体入水角度、何种水深情况下，初始最大波压力值总是随着滑坡方量的增大而增大，这一关系十分明确。与此同时，同步测量的上中下三个测点的初始最大波压力随滑坡方量的变化也趋于一致，而初始波压力最大值始终出现在静水面附近，这与《海港水文规范》（JTS 145-2—2013）中波浪对桩柱结构作用力的分布规律十分吻合，为了验证上述结论，现任意选取 3 组测量方案，如图 6.3-2 ~ 图 6.3-4 所示。

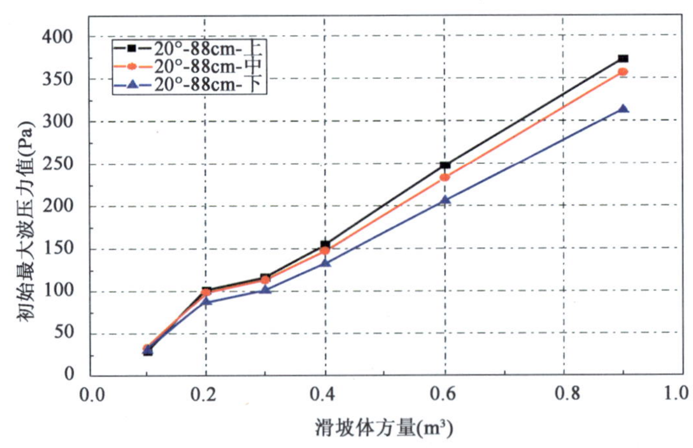

图 6.3-2　20°-155m 上中下测点随滑坡方量变化趋势

不难发现，在同一滑坡方量的作用下，滑坡入水角度与水深两者共同作用影响波压测值的大小，对于桩柱上的波压值而言，由于其相对位置处的初始最大波压力变化趋于一致，所以现只取静水面附近的波压传感器测值进行研究。现分别将三种滑坡体入水角度情况下，各水深测值随滑坡方量的变化图作出,如图 6.3-5 ~ 图 6.3-7 所示。三种水深情况下,各入水角度测值随滑坡方量的变化如图 6.3-8 ~ 图 6.3-10 所示。

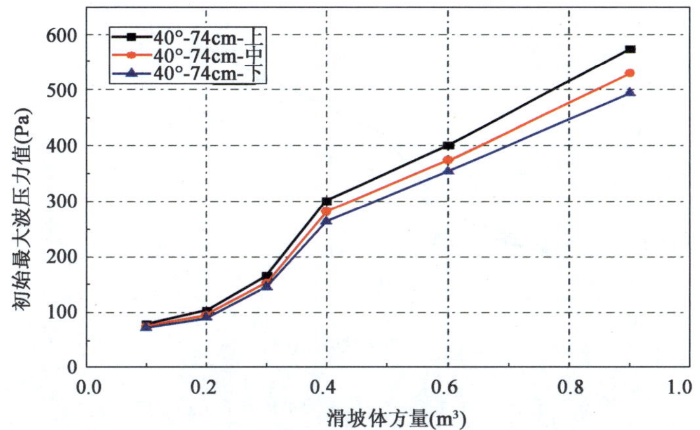

图 6.3-3　40°-145m 上中下测点随滑坡方量变化趋势

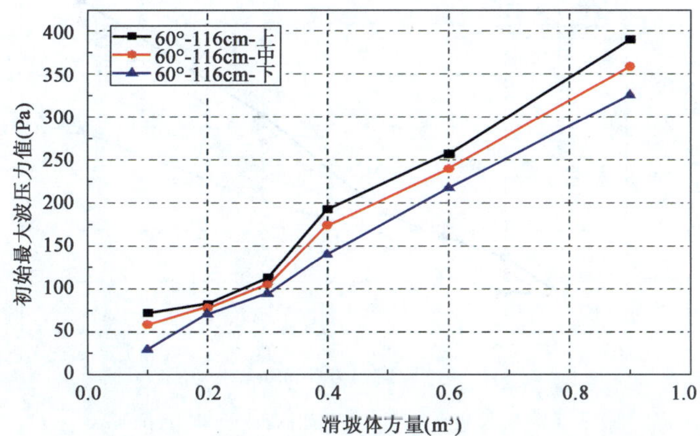

图 6.3-4　60°-175m 上中下测点随滑坡方量变化趋势

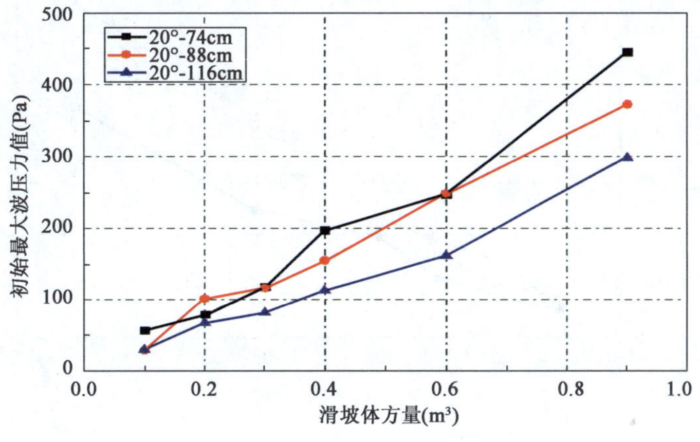

图 6.3-5　初始最大波压力在不同水深时的测值(20°时)

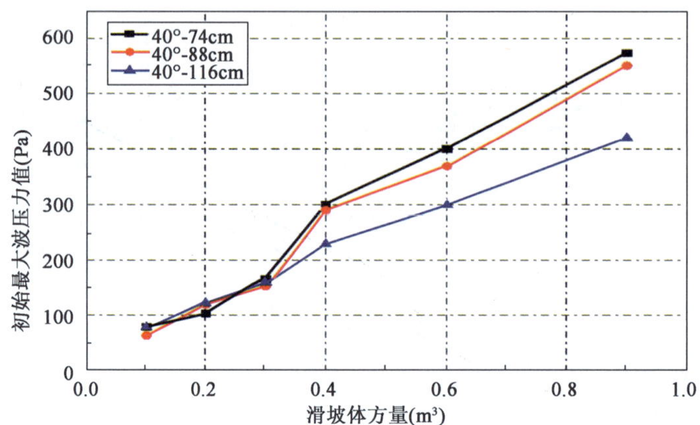

图 6.3-6　初始最大波压力在不同水深时的测值(40°时)

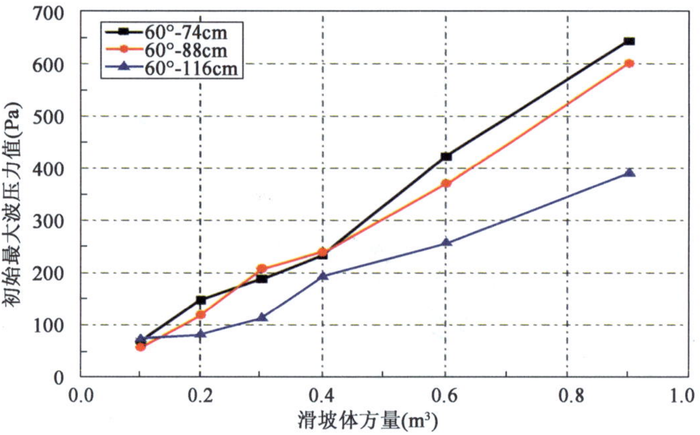

图 6.3-7　初始最大波压力在不同水深时的测值(60°时)

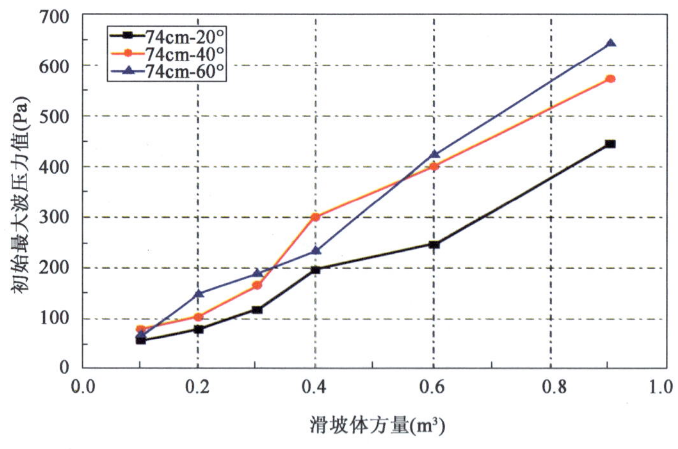

图 6.3-8　初始最大波压力在不同入水角度时的测值(74cm 时)

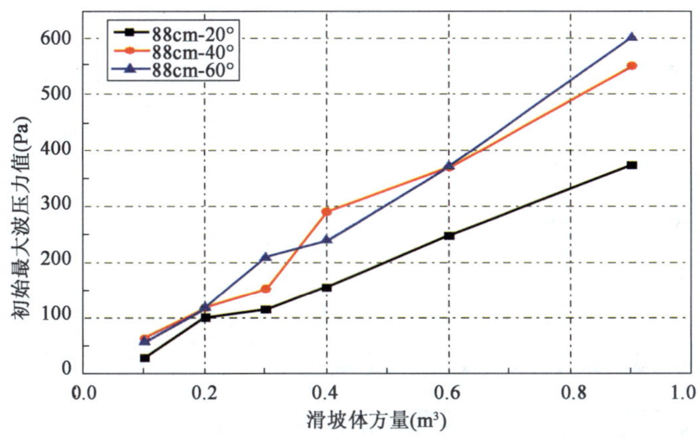

图6.3-9 初始最大波压力在不同入水角度时的测值(88cm时)

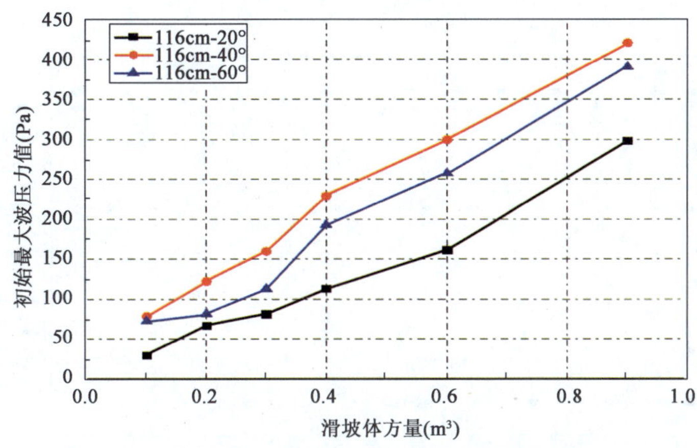

图6.3-10 初始最大波压力在不同入水角度时的测值(116cm时)

从图6.3-5～图6.3-7可以看到,同一滑坡体入水角度情况下,低水位初始最大波压力值明显大于高水位,但在中水位的情况下也有可能会取得最大的初始最大波压力值。而从图6.3-8～图6.3-10可以看到,在同一水位情况下,滑坡体入水角度较大所测得的初始最大波压力值明显大于入水角度较小的情况,而中间取值的角度(40°)也有可能取得最大值。在高水位下,最大的初始波压力值明显出现在入水角度为40°时,其原因在于滑坡涌浪是由于水体内部的能量交换所产生的,能量集聚于整个交换的水体,在水深较浅或者入水角度较大的情况下,滑坡体与整个水体的能量交换都比较充分,所以初始最大波压力的大值一般都在水深较浅处或入水角度较大处获得。

(3)同步波压分布及大小

由于本次试验压力传感器的布置随着水深的变化而变化,现将传感器的位置进行无量纲化(传感器到静水面距离 h_1/水深 h),绘制各水位情况下,初始最大波压力的分布图如图6.3-11～图6.3-13所示。

从图6.3-11～图6.3-13可以看出,在三种不同水位情况下,静水位以下的初始最大压强分布均接近线性分布,在水位较小时较为符合,但在高水位下,由于只有3个测点的原因,只能

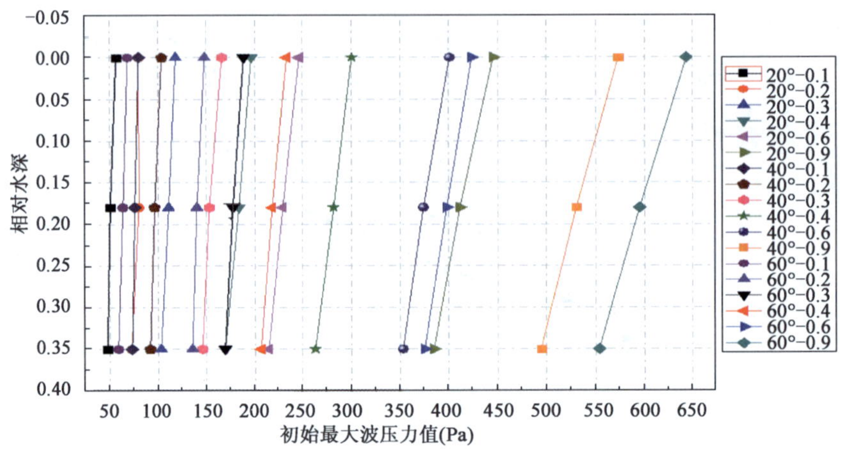

图 6.3-11　初始最大波压力分布图(74cm 水深时)

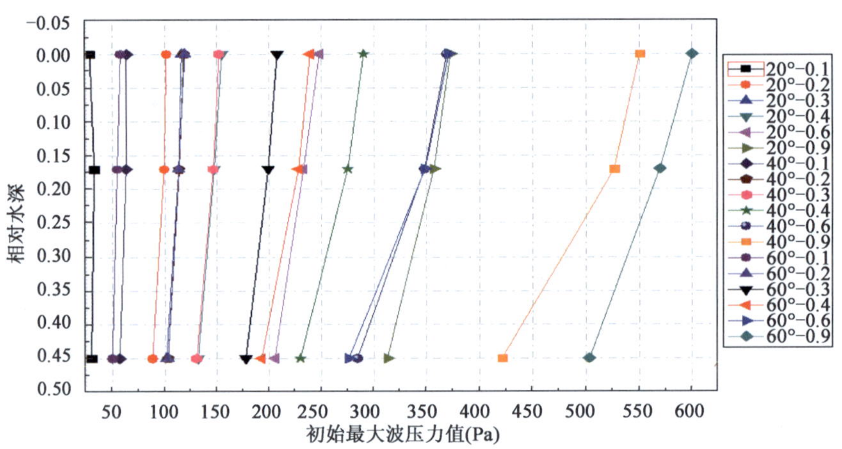

图 6.3-12　初始最大波压力分布图(88cm 水深时)

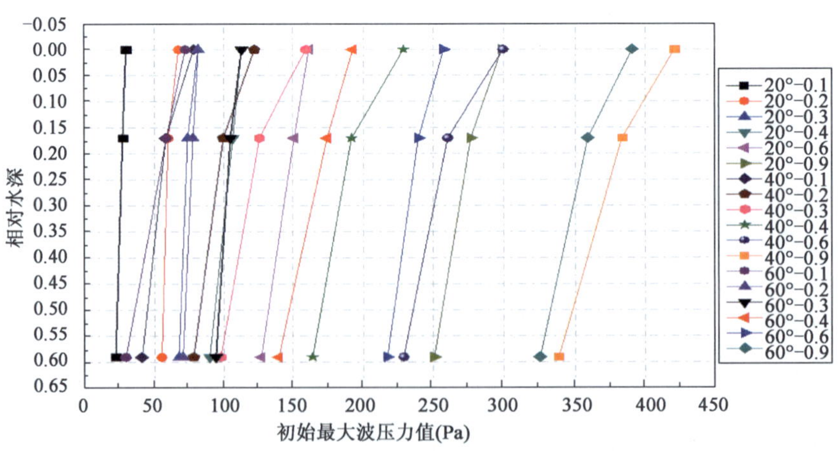

图 6.3-13　初始最大波压力分布图(116cm 水深时)

近似地将其视为线性分布。从图中还可以看出，初始波压力最大值始终出现在静水面附近，这与前人对海港结构波压分布研究成果一致，而上中下三个位置处的测值也呈现递减趋势，这与《海港水文规范》(JTS 145-2—2013)中波浪对桩柱结构作用力的分布规律也十分吻合，所以本节建议在静水面以下，滑坡涌浪对架空直立式码头的正向波压强度近似按直线分布进行计算。

对于实际工程来说，结构荷载除了需要知道其分布规律外，还需要知道荷载最值的大小，用以研究其对结构的作用，现将滑坡涌浪对架空直立式码头结构各水深下初始波压力最值汇总如表6.3-2所示。

各水深下初始最大波压力最值　　表6.3-2

水位(m)	水深(cm)	初始最大波压力值	方案编号	测点位置	模型测值(Pa)	原型值(Pa)
145	74	最大值	63号(60°,70m×105m×42m)	上	643.56	45049.19
				中	595.25	41667.17
				下	553.47	38742.59
		最小值	01号(20°,70m×35m×14m)	上	57.08	3995.72
				中	50.95	3566.82
				下	48.17	3371.59
155	88	最大值	72号(60°,70m×105m×42m)	上	600.62	42043.22
				中	569.38	39856.34
				下	502.92	35204.50
		最小值	10号(20°,70m×35m×14m)	上	29.28	2049.59
				中	33.16	2321.02
				下	30.44	2130.81
175	116	最大值	54号(40°,70m×105m×42m)	上	420.57	29439.90
				中	383.33	26833.14
				下	338.45	23691.39
		最小值	19号(20°,70m×35m×14m)	上	30.00	2100.00
				中	27.50	1925.00
				下	22.50	1575.00

(4)波压回归分析

采用多元回归分析方法讨论水面处初始最大波压力与滑坡体方量(长度、宽度、厚度)、入水角度和水深多个参数之间的关系，运用无量纲法进行研究。根据经验分别选取线性函数、幂函数、指数函数进行多元回归分析，得到初始最大波压力经验公式：

$$\frac{P}{\gamma h}=0.0563\beta^{0.464}\left(\frac{l}{d}\right)^{-0.822}\left(\frac{h}{b}\right)^{-1.158} \tag{6.3-1}$$

式中：P——水面初始最大波压力(Pa)；

γ——水的重度(N/m³)，值为9800N/m³；

h——水深(m)；

β——滑坡入水角度(rad)；

l——滑坡体长度(m);

b——滑坡体宽度(m);

d——滑坡体厚度(m)。

2)码头平台上托力变化规律

(1)码头平台底部涌浪压强的特征

根据试验实测数据表明,码头平台底部涌浪压强时程变化过程共有两种特点,第一种如图6.3-14a)~c)所示,具有首浪初始最大冲击压强,随着时间的推移码头平台底部涌浪压强逐渐衰减,这是由于在滑坡体方量和入水角度均较小时,与透空式码头平板类似,码头平台下部气体能顺利沿着空隙排出,并未形成封闭空气层;第二种也是在试验中测得的绝大多数滑坡涌浪对码头平台底部作用的时程变化特征,如图6.3-14d)~f)所示,当滑坡体方量较大时,波面壅高较大,由于码头平台与斜坡形成尾部封闭式结构形式,涌浪第一次冲击码头平台后,受到码头平台后部封闭墙体的多次反射冲击作用,同时由于码头平台下封存的气体不能从码头平台后部排出,所以最终形成连续的多个冲击极值。研究还发现,即使同样的试验方案和试验条件,码头平台底部由封闭空气层所引起的冲击压强峰值的大小也不一致,呈现出随机性,其变化规律极其复杂。

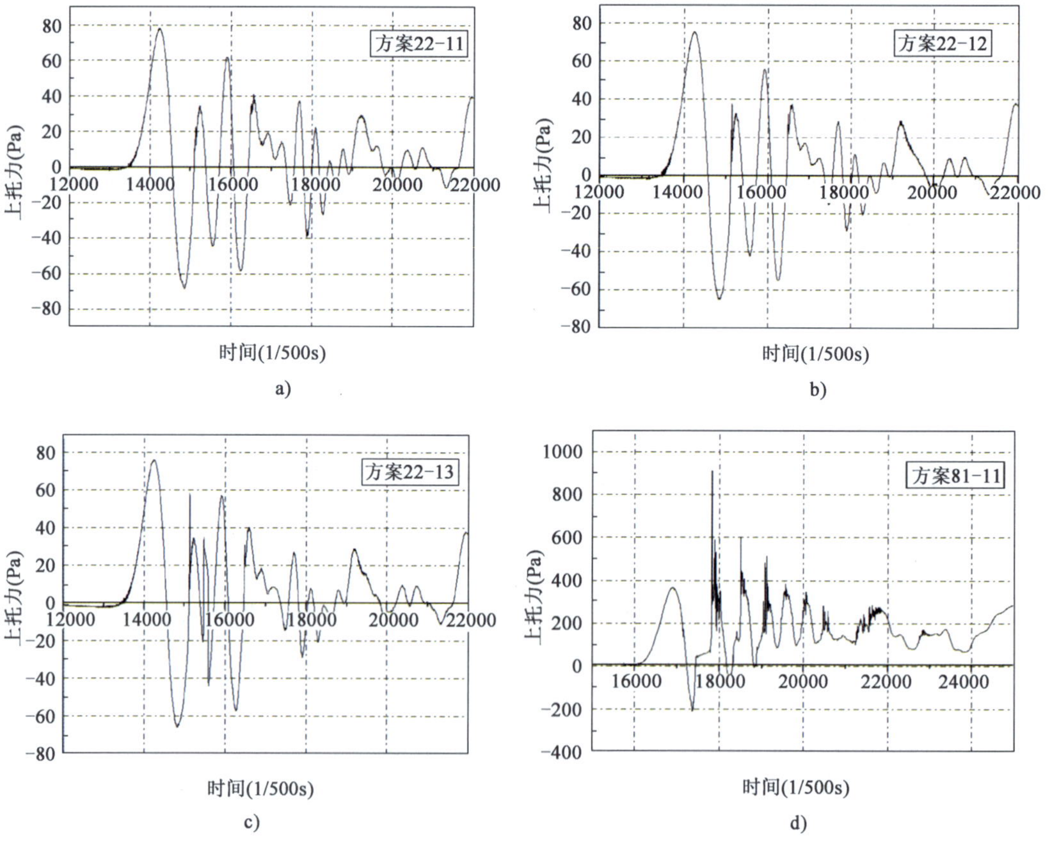

方案22-11

上托力(Pa)

时间(1/500s)

a)

方案22-12

上托力(Pa)

时间(1/500s)

b)

方案22-13

上托力(Pa)

时间(1/500s)

c)

方案81-11

上托力(Pa)

时间(1/500s)

d)

图 6.3-14

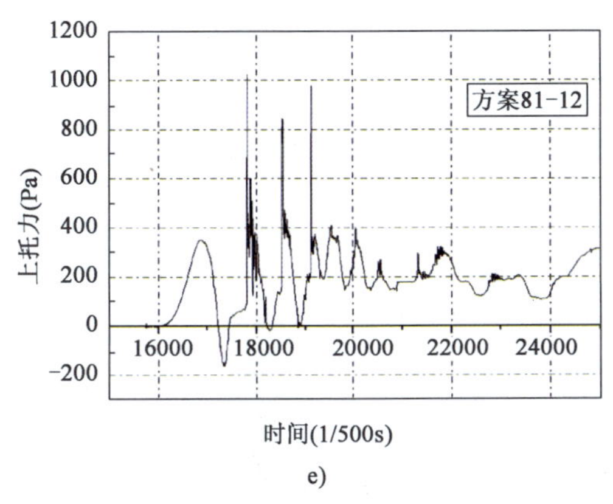

e)

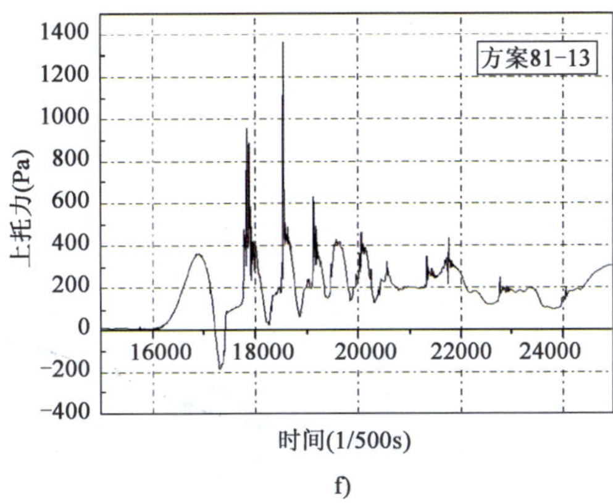

f)

图6.3-14　同一时刻板下各测点压强变化

(2)码头平台上托力影响因素分析

试验研究表明,方量较大的滑坡发生后,涌浪冲击码头平台将发生多个冲击极值,现对对应初始最大动水压强值的上托力的影响因素进行分析。试验所对应的上托力影响因素主要包括滑坡入水角度和滑坡体大小(宽度、厚度),包括3种因素、3种水平,因素水平表如表6.3-3所示,对测得的上托力初始最大值进行极差分析,得到结果如表6.3-4所示。

因素水平表　　表6.3-3

水平	入水角度 A(°)	宽度 B(m)	厚度 C(m)
1	20	0.5	0.2
2	40	1	0.4
3	60	1.5	0.6

极差分析表　　表6.3-4

分析指标	因素		
	入水角度 A(°)	宽度 B(m)	厚度 C(m)
K_{A1}	0.93	0.51	0.7
K_{A2}	0.87	1.33	1.1
K_{A3}	1.16	2.13	2.16
$\overline{K_{A1}}$	0.12	0.06	0.09
$\overline{K_{A2}}$	0.21	0.15	0.14
$\overline{K_{A3}}$	0.15	0.27	0.24
极差 R	0.03	0.2	0.1

由于极差值 R 越大表明该因素对试验指标的影响越大,通过对上托力初始最大值进行极差分析,从表6.3-4可以看出,试验因素对上托力初始最大值影响的主次顺序为:滑坡体方量(宽度)、滑坡体方量(厚度)、滑坡体入水角度。这一结论与滑坡涌浪对初始最大波压力值影响因素一致。

选取与研究初始最大波压力值相同的六组滑坡方量,对各滑坡入水角度下的面板上托力进行分析,如图6.3-15所示。

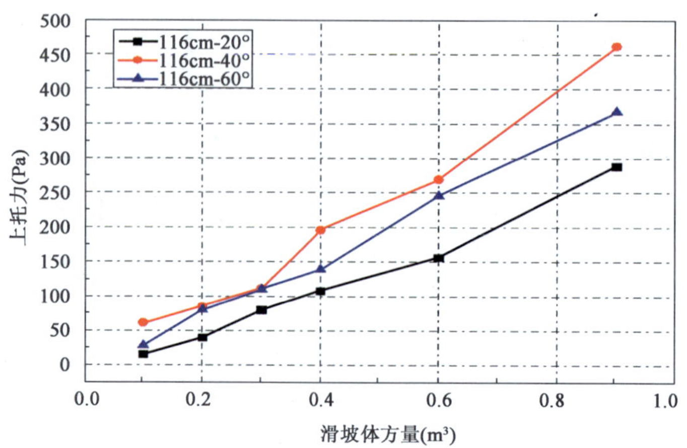

图 6.3-15　上托力在不同入水角度时的测值(116cm 时)

研究表明,高水位情况下,当滑坡入水角度为 40°时,上托力的初始最大值达到最大,与初始最大波压力最值的入水角度相同。

(3)码头平台底部涌浪压强分布

通过本次一系列模型试验表明,无论在哪种试验方案下,涌浪均能从码头平台前方传播到平台后部,这与单独研究规则波对斜坡封闭水平板波浪上托力有局部分布宽度不同,整个码头平台底部均受到涌浪压强的作用。当滑坡涌浪对码头平台发生冲击时,除上托力初始最大值相位差较小外,码头平台底部各点涌浪压强并不同时达到最大值,这与文献[53]结论一致。由于当滑坡涌浪开始接触码头的较短时间内,初始最大上托力并未受到封闭空气层的影响,码头平台面板底部受力较为均匀,根据文献[53]对上托力压强分布形式的分类,本试验研究表明,对应于码头平台上托力初始最大值取值时,滑坡涌浪对码头平台底部作用压强分布属于均匀型分布形式,上托力压强分布宽度取平台宽度。

(4)码头平台上托力回归分析

现对码头平台上托力进行回归分析,探讨上托力与滑坡体方量(长度、宽度、厚度)、入水角度和水深多个参数之间的关系,运用无量纲法进行研究。根据经验分别选取线性函数、幂函数、指数函数进行多元回归分析,得到码头平台初始最大上托力均值经验公式:

$$\frac{P}{\gamma h} = 0.0488\beta^{0.471}\left(\frac{l}{d}\right)^{-0.998}\left(\frac{h}{b}\right)^{-1.349} \tag{6.3-2}$$

式中:P——初始最大上托力均值(Pa);

γ——水的重度(N/m³),值为 9800N/m³;

h——水深(m);

β——滑坡入水角度(rad);

l——滑坡体长度(m);

b——滑坡体宽度(m);

d——滑坡体厚度(m)。

6.3.2　滑坡涌浪对船舶系缆力和撞击力的影响

1)滑坡涌浪对船舶系缆力的影响

(1)船舶系缆力随时间的变化规律

选取工况77,绘制涌浪作用下对岸码头船舶系缆力随时间变化的过程曲线图(图6.3-16)。

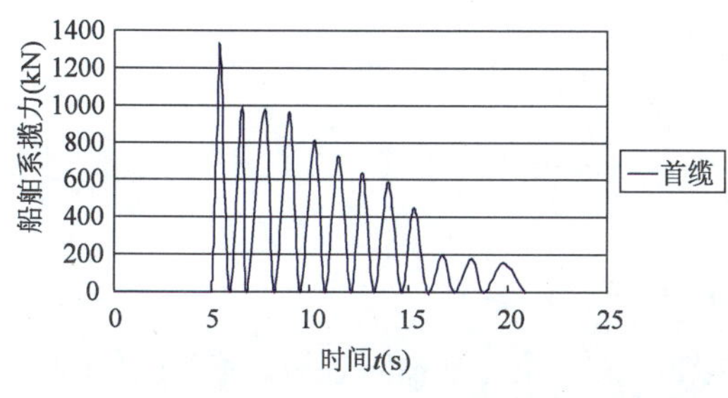

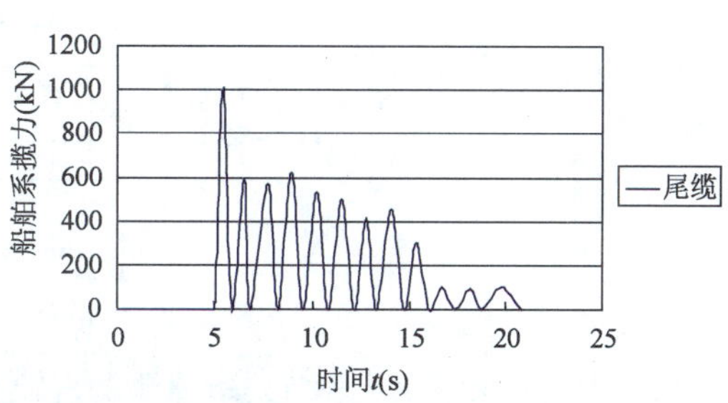

图6.3-16　对岸码头船舶系缆力时域图(工况77)

从图中可以看出,在涌浪正向入射作用下,对岸船舶缆绳首缆和尾缆的系缆力先会出现一个极大值,随着时间的变化和涌浪的衰减,首缆和尾缆的系缆力值均逐渐减小,且首缆和尾缆系缆力随时间的变化规律基本一致。由于是涌浪接近正向入射,初始波对船舶作用影响较大,随着初始波高和能量的衰减,船舶系缆力也不断减小。

选取工况64,绘制涌浪作用下同岸码头船舶系缆力随时间变化的过程曲线图(图6.3-17)。

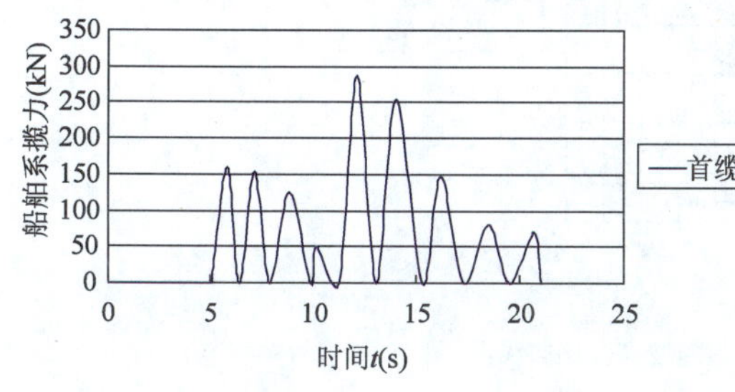

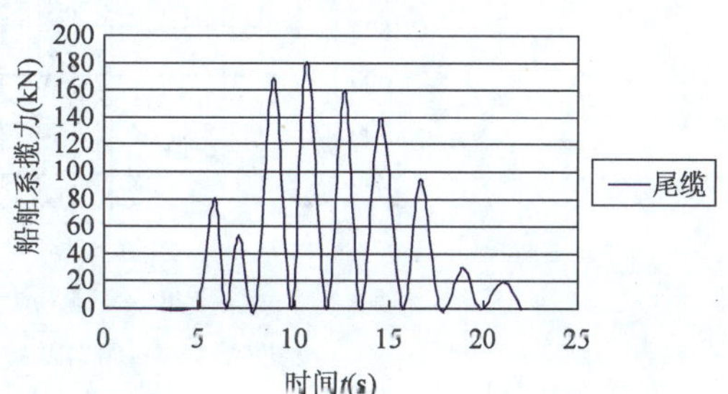

图6.3-17　同岸码头船舶系缆力时域图(工况64)

从图中可以看出,同岸船舶缆绳的系缆力最大值出现在多个周期以后,且不断出现较大值,随着时间的变化和涌浪的衰减,同岸码头系缆力不断减小,且同岸首缆和尾缆的变化规律基本一致。也就是说滑坡涌浪的初始波对同岸船舶系缆力的影响较小,涌浪经过反射和叠加形成的合成波所造成的影响要大。造成这种现象的原因是涌浪经过反射叠加后合成波对船舶作用的角度要远大于初始波对船舶作用角度。

(2)涌浪作用下船舶系缆力影响因素分析

涌浪作用下对船舶系缆力的影响因素较多,变化规律非常复杂,其影响因素主要有初始波高、周期、水深、波浪对船舶的入射角度等,本节主要分析初始波高、水深对船舶系缆力的影响规律。

①船舶系缆力随波高的变化规律。

选取23组工况,根据比尺反算原型,选取模型波高范围在1.5～20cm,原型波高0.84～

14m,绘制对岸码头船舶系缆力随波高的变化曲线图(图6.3-18)。

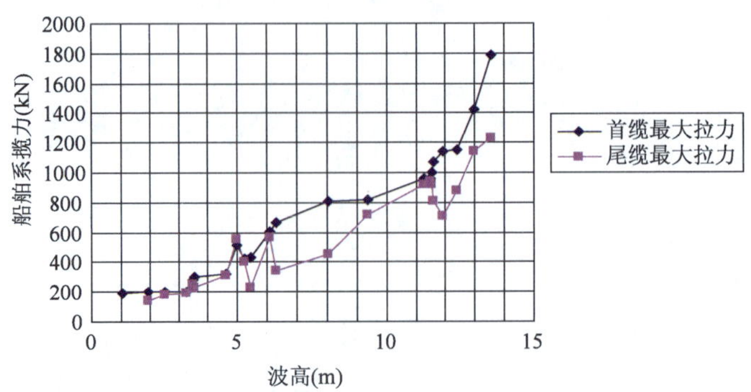

图6.3-18 对岸码头系缆力随波高变化曲线图

从图中可以看出,对岸码头系泊船舶首缆、尾缆的最大拉力基本随着初始涌浪高的增大而增大,首缆最大拉力均大于尾缆。对于对岸码头船舶系缆力的最大拉力值而言,初始涌浪高的大小起着重要的作用。

选取23组工况,模型波高范围在1.2~20cm,根据比尺反算原型波高为0.84~14m,绘制对岸码头船舶系缆力最大拉力随波高的变化曲线图(图6.3-19)。

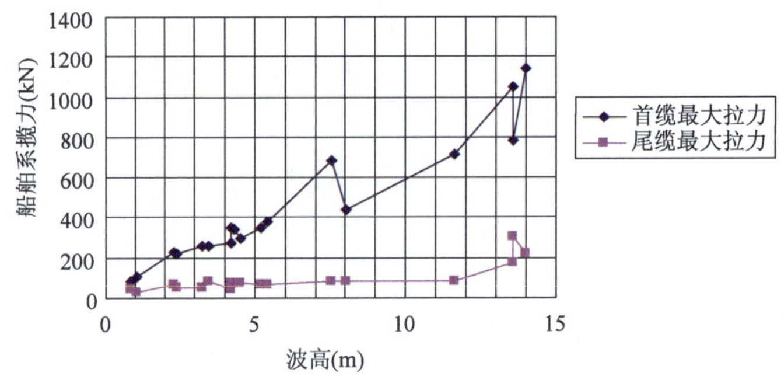

图6.3-19 同岸码头系缆力随波高变化曲线图

从图中可以看出,同岸码头系泊船舶首缆、尾缆的最大拉力随着初始涌浪高的增大而增大,尾缆的增幅不是很明显,首缆最大拉力均大于尾缆,随着初始涌浪高的增大,同岸码头船舶尾缆最大拉力值的增幅较首缆大。和对岸码头不同,由于涌浪顺向入射船首,船首缆绳承受较大拉力,增幅较为明显。

②船舶系缆力随水深的变化规律。

选取工况1、10、19,在同种块体下,水深分别为74cm、88cm、116cm,最大拉力随水深的变化关系如图6.3-20所示。

从图中可以看出,同岸码头和对岸码头的系缆力随水深的变化不是很明显,水深的变化对船舶系缆力的影响较小。也就是说对于库区深水高桩码头,在波高相同的情况下,水位的涨落,对于船舶系缆力的大小基本没有影响。

③不同位置船舶系缆力的对比分析。

在所有工况下,根据模型比尺,对船舶系缆力的最大拉力进行反算,并进行统计分析,结果见表6.3-5。

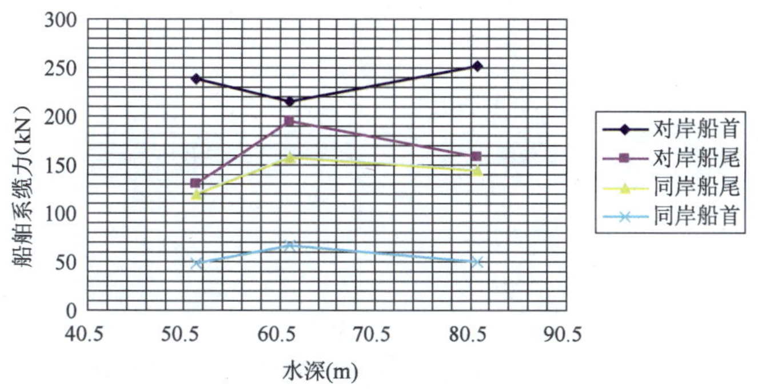

图6.3-20 不同水深船舶系缆力变化曲线图

系泊船舶系缆力数值统计 表6.3-5

船舶首/尾缆	极大值(kN)	极小值(kN)	平均值(kN)
对岸码头系泊船舶首缆	1787.03	137.20	668.85
对岸码头系泊船舶尾缆	1680.72	68.60	548.80
同岸码头系泊船舶首缆	308.71	41.16	137.00
同岸码头系泊船舶尾缆	960.40	44.00	445.10

在所有81组工况下，通过对岸码头系泊船舶首缆、尾缆的最大拉力的统计结果可知，对岸码头系泊船舶首缆最大拉力较尾缆大，首缆最大拉力平均值为668.85kN，尾缆最大拉力平均值为548.8kN，约为首缆最大拉力的80%；且在同一工况下，首缆的最大拉力均大于尾缆。说明在涌浪作用下，对岸码头系泊船舶首缆承担较大的拉力。

对于同岸码头系泊船舶，船舶首缆最大拉力远小于船舶尾缆最大拉力，且在同一工况下，船舶首缆最大拉力均远小于船舶尾缆最大拉力。同岸码头系泊船舶首缆最大拉力平均值为137kN，尾缆最大拉力平均值为445.1kN，尾揽最大拉力约为首缆最大拉力的30%。即在涌浪作用下，同岸码头系泊船舶尾缆承担更大部分的拉力。

对同岸码头和对岸码头系泊船舶系缆最大拉力值进行对比分析，同岸码头系泊船舶尾缆最大拉力约为对岸码头系泊船舶尾缆最大拉力平均值的80%，对岸码头系泊船舶首缆最大拉力约为对岸码头系泊船舶首缆最大拉力平均值的20%，且在同一工况下对岸码头系泊船舶最大拉力均大于同岸码头系泊船舶最大拉力。涌浪对对岸码头船舶系缆力的影响要远大于同岸码头，这是由于涌浪对系泊船舶作用的角度不同，对岸码头涌浪的入射角度接近90°。因此，在距滑坡入水点相同距离情况下，涌浪对对岸码头船舶系缆力的影响更大。

(3)船舶系缆力标准值的预估

在《港口工程荷载规范》(JTS 144-1—2010)中规定船舶系缆力的标准值不应大于缆绳的最大破断力。在涌浪的作用下，当涌浪对船舶作用力达到一定程度时，船舶系缆力值将超过船舶系缆力的额定值，缆绳就会被拉断，对船舶和码头造成极大的危害。涌浪作用下船舶系缆力标准值的预估，不仅对涌浪的预防预报提供一定的技术支持，还能对现有的码头设计规范提供一定的参考价值。

结合内河码头系泊的实际船型,在规范中可以确定不同吨位等级下系泊船舶系缆力的标准值,如表6.3-6所示。

内河货船、驳船系缆力标准值　　表6.3-6

船舶载重量DW(t)	系缆力标准值(kN)	船舶载重量DW(t)	系缆力标准值(kN)
DW≤100	30	1000 < DW≤2000	150
100 < DW≤500	50	2000 < DW≤3000	200
500 < DW≤1000	100	3000 < DW≤5000	250

缆绳破断力应按产品规格确定,当缺乏资料时对于聚丙烯尼龙缆绳其破断力可按下式计算:

$$N_p = 0.16D^2 \tag{6.3-3}$$

式中:N_p——聚丙烯尼龙缆绳的破断力;

D——尾缆绳直径。

选取23组工况,不同波高下,对岸码头船舶系缆力的最大值,见表6.3-7。

对岸码头船舶系缆力最大值　　表6.3-7

工　况	初始波高(m)	沿程波高(m)	首缆系缆力(kN)	尾缆系缆力(kN)
10	1.05	0.42	195.50	171.50
28	1.96	0.54	198.20	137.20
13	2.52	0.91	200.60	185.20
38	3.31	0.98	198.10	188.60
29	3.50	1.05	232.60	222.30
14	3.57	1.40	286.80	250.30
12	3.50	1.40	306.80	229.80
5	4.62	1.89	319.00	308.70
39	5.46	1.62	428.90	408.10
26	4.97	1.94	433.40	237.00
61	5.25	2.02	510.60	558.70
18	6.31	3.29	610.10	569.30
66	6.09	2.13	670.90	348.00
34	8.04	2.90	810.80	456.10
53	9.38	3.86	817.60	719.20
42	11.62	3.28	964.40	919.20
32	11.91	3.50	964.40	939.80
36	12.39	3.78	1002.80	915.80
60	11.27	3.91	1075.70	804.30
79	11.49	4.22	1137.30	705.80
33	11.55	3.59	1149.20	877.20
63	13.01	7.11	1422.00	1144.60
80	13.58	5.51	1788.30	1235.40

根据《港口工程荷载规范》(JTS 144-1—2010),3000t 船舶系缆力的标准值为 200kN,在初始波高为 3.3m 以上,沿程波高为 0.90m 以上时,对岸码头船舶首缆的系缆力均大于标准值,只有 1/8 的工况下没有超过系缆力的标准值。对于船舶尾缆,在初始波高为 3.5m 以上,沿程波高为 1.1m 以上时,其系缆力均大于标准值,只有 1/7 的工况下没有超过系缆力的标准值。因此,对于对岸码头,将 0.9m 的沿程波高值,作为船舶系缆力的额定波高值。

选取 18 组工况,不同波高下,同岸码头船舶系缆力的最大值,见表 6.3-8。

同岸码头船舶系缆力最大值　　表 6.3-8

工　况	初始波高(m)	沿程波高(m)	首缆系缆力(kN)	尾缆系缆力(kN)
19	0.84	0.21	85.70	41.90
10	1.05	0.42	102.90	31.10
73	2.45	0.92	219.50	54.20
64	2.31	0.91	224.60	66.60
29	3.28	0.91	258.80	56.70
37	3.51	0.93	261.70	85.70
56	4.22	1.26	277.20	43.00
40	4.55	1.28	297.40	78.20
24	4.34	1.21	344.70	78.30
61	5.25	1.33	347.3	71.00
49	4.23	1.61	347.70	77.10
39	5.01	1.62	383.00	68.60
31	8.05	1.68	438.60	84.90
41	7.56	1.73	685.70	87.10
42	11.62	2.17	714.20	85.70
80	13.58	2.52	784.20	300.90
69	13.57	2.87	1049.70	171.50
54	14.01	3.22	1143.40	222.20

通过表 6.3-8 可以看出,同岸码头船舶首缆系缆力只有 1/3 工况下满足船舶系缆力的标准值,而同岸码头船舶尾缆系缆力有一半以上的工况下,均满足船舶系缆力的标准值。同岸码头尾缆系缆力在初始波高和沿程波高分别为 2.45m 和 0.91m 以下时,均满足系缆力的标准值;同岸码头尾缆的初始波高和沿程波高额定值分别为 1.3m 和 2.87m。因此,将 0.9m 的沿程波高值作为同岸码头船舶系缆力的额定波高值。

2)滑坡涌浪对船舶撞击力和撞击能的影响

(1)涌浪过程中船舶撞击力变化规律

选取工况 38,绘制涌浪作用下对岸码头船舶撞击力随时间变化的过程曲线图,如图 6.3-21 所示。

从对岸码头撞击力时域图中可以看出,撞击力测量值均为脉冲值,且船首、船尾测点撞击力首个脉冲值均为极大值。随着时间的变化和涌浪的衰减,脉冲值均逐渐减小,且船首、船尾撞击力大小变化规律基本一致。由于传感器为悬臂梁且为弹性体,因此在恢复过程中会出现负值,在分析过程中将正值的最大值作为撞击力的最大值。

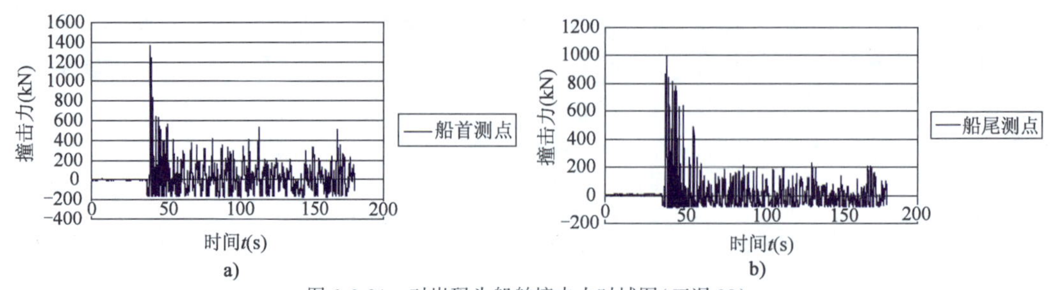

图 6.3-21 对岸码头船舶撞击力时域图(工况 38)

选取工况 38,绘制涌浪作用下同岸码头船舶撞击力随时间变化的过程曲线图,如图 6.3-22 所示。

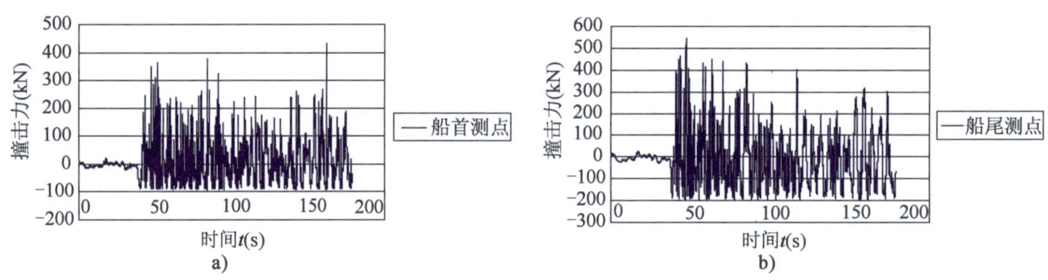

图 6.3-22 同岸码头船舶撞击力变化时域图

从同岸码头撞击力时域图中可以看出,撞击力测量值也均为脉冲值,最大撞击力出现在多个周期以后,且不断出现大值。随着涌浪的衰减,撞击力慢慢减小,且船首和船尾测点大小和变化规律基本一致。表明滑坡涌浪的初始涌浪对同岸船舶撞击力的影响较小,涌浪经过反射和叠加所造成的影响要大。造成这种现象的原因是涌浪经过反射叠加后对船舶作用的角度要大于初始涌浪对船舶作用角度。

(2)船舶撞击力和撞击能的影响规律

①船舶撞击力和撞击能随波高的变化规律。

选取 23 组工况,根据比尺反算原型,选取模型波高范围在 1.5 ~ 20cm,原型波高 0.84 ~ 14m,绘制对岸码头船舶撞击力和撞击能随波高的变化曲线图(图 6.3-23)。

从图中可以看出,对岸码头系泊船舶撞击力和撞击能均随着初始涌浪高的增大而增大,船首和船尾撞击力变化基本一致。由此可见,初始涌浪高的大小对对岸码头船舶撞击作用力(能)起着重要的作用。

选取 23 组工况,根据比尺反算原型,选取模型波高范围在 1.2 ~ 20cm,原型波高 0.84 ~ 14m,绘制同岸码头船舶撞击力和撞击能随波高的变化曲线图(图 6.3-24)。

对于对岸码头系泊船舶撞击力和撞击能均随着初始涌浪高的增大而增大,船首和船尾撞击力变化基本一致。说明初始涌浪高的大小对同岸码头船舶撞击力(能)起着重要的作用。

②船舶撞击力和撞击能随水深的变化规律。

选取工况 1、10、19,在同种块体下,水深分别为 74cm、88cm、116cm,最大拉力随水深的变化关系如图 6.3-25 所示。

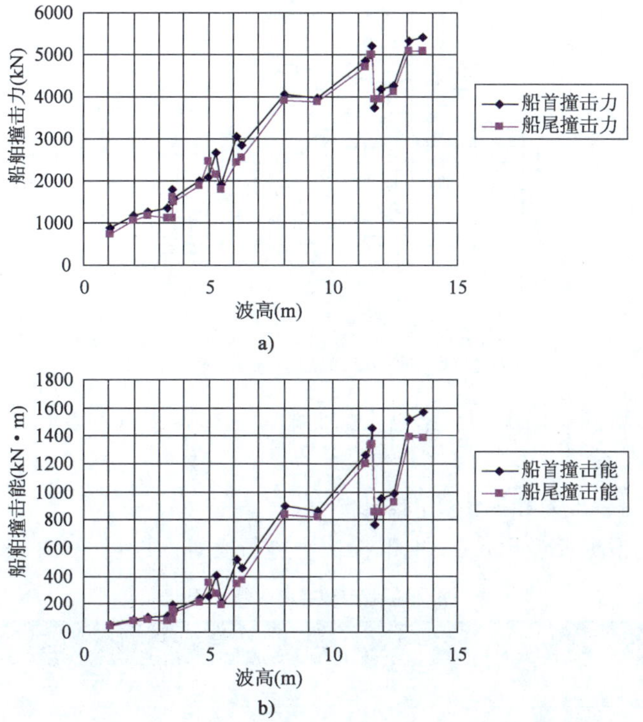

图 6.3-23　对岸码头船舶撞击力(能)随波高变化图

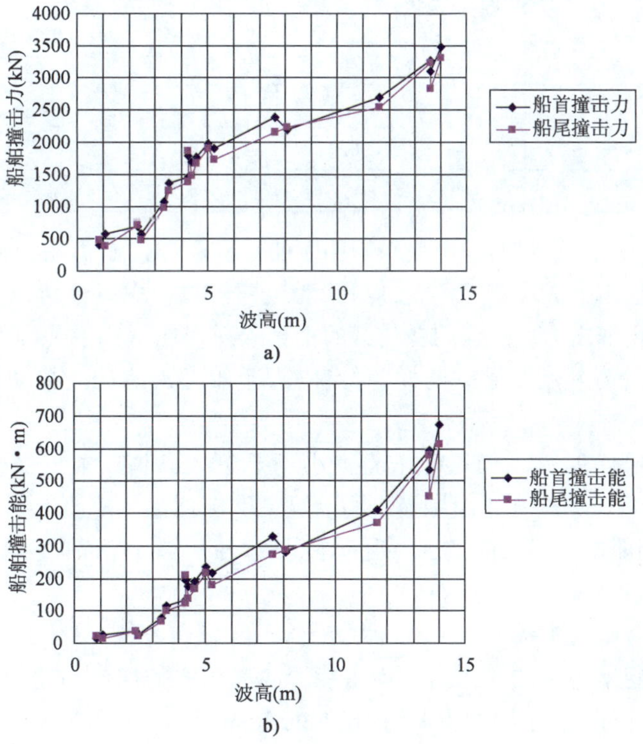

图 6.3-24　同岸码头船舶撞击力(能)随波高变化图

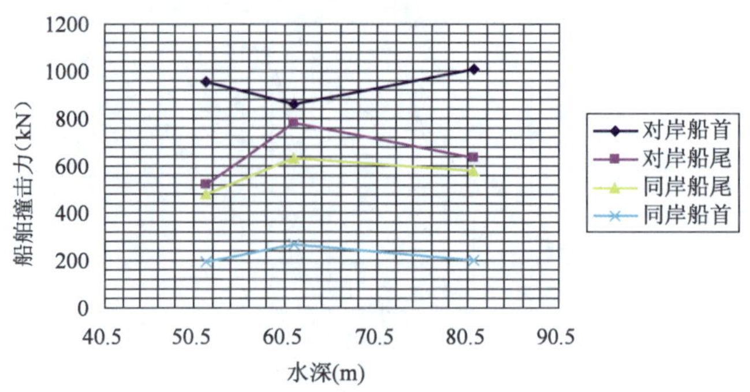

图 6.3-25 不同水深船舶撞击力随水深变化图

从图中可以看出,同岸码头和对岸码头的船舶撞击力随水深的变化不是很明显,水位的涨落对船舶撞击力的影响较小。

③不同位置船舶撞击力和撞击能的对比分析。

在所有工况下,根据模型比尺,对船舶撞击力进行反算,并进行统计分析,结果见表 6.3-9。

系泊船舶撞击力(能)数值统计　　表 6.3-9

系泊船舶撞击力(能)	极大值	极小值	平均值
对岸码头船首撞击力(kN)	5480	685	3047
对岸码头船尾撞击力(kN)	5080	587	2883
同岸码头船首撞击力(kN)	3489	413	1800
同岸码头船首撞击力(kN)	3317	389	1647
对岸码头船首撞击能(kN・m)	1570	56	633
对岸码头船尾撞击能(kN・m)	1396	41	581
同岸码头船首撞击能(kN・m)	673	16	237
同岸码头船首撞击能(kN・m)	612	14	206

在所有 81 组工况下,通过对岸码头系泊船舶船首和船尾撞击力的统计结果可知,对岸码头船舶船首和船尾撞击力大小相差不大,船首、船尾撞击力平均值分别为 3047kN、2883kN,船首撞击力略大于船尾撞击力。这说明在涌浪的垂直入射作用下和系缆绳的拉拽下,船舶船首和船尾对码头的撞击力基本一致。同样,对岸码头船舶撞击能的规律和撞击力的规律基本一致。

对于同岸码头船舶船首和船尾撞击力大小相差不大,船首、船尾撞击力平均值分别为 633kN、581kN,船首撞击力略大于船尾撞击力。这说明在涌浪的顺直入射作用下和系缆绳的拉拽下,船舶船首和船尾对码头的撞击力也基本一致。同样,同岸码头船舶撞击能的规律和撞击力的规律基本一致。

对同岸码头和对岸码头系泊船舶撞击力和撞击能值进行对比分析,发现对岸码头的撞击力和撞击能远大于同岸码头的撞击力和撞击能。同岸码头的撞击力约为对岸码头撞击力的 60%,而同岸码头的撞击能约为对岸码头撞击能的 50%。说明涌浪对对岸码头船舶系缆力的影响要远大于同岸码头,这是由于涌浪对系泊船舶作用的角度不同,对岸码头涌浪的入射角度接近 90°。因此，在距滑坡入水点相同距离情况下，涌浪对对岸码头船舶撞击力的影响更大。

(3)船舶撞击能标准值的预估

涌浪作用下船舶撞击能超过了码头橡胶护舷设计标准，船舶对码头的撞击就会对码头结构的稳定造成一定的毁坏。根据实际工程中江南沱口码头橡胶护舷设计标准，对系泊船舶撞击能的标准值进行预估。

《港口工程荷载规范》(JTS 144-1—2010)中船舶有效撞击能的计算公式为：

$$E_0 = \frac{1}{2}\rho M V_n \tag{6.3-4}$$

式中：E_0——船舶有效撞击能(kN·m)；

ρ——有效动能系数(取 0.7 ~0.8)；

M——船舶满载排水重量；

V_n——船舶法向撞击速度(m/s)。

当码头橡胶护舷完全吸收船舶的撞击能时，码头橡胶护舷设计标准值 $E_n = E_0$，本次试验按照码头橡胶护舷完全吸收船舶的撞击能考虑。

根据规范中河船方向靠岸速度的统计表，取 V_n =0.3。

通过计算，江南沱口码头橡胶护舷设计标准值 E_n =108kN。

选取 23 组工况，不同波高下，对岸码头船舶撞击力的最大值，见表 6.3-10。

对岸码头船舶系缆力最大值　　表 6.3-10

工况	初始波高(m)	沿程波高(m)	船首撞击力(kN)	船尾撞击力(kN)	船首撞击能(kN·m)	船尾撞击能(kN·m)
10	1.05	0.42	891.90	743.00	56.40	41.50
28	1.96	0.54	1171.70	1054.30	90.56	75.20
13	2.52	0.91	1256.20	1166.30	102.36	89.82
38	3.31	0.98	1342.70	1116.20	115.20	83.10
29	3.53	1.05	1489.00	1132.10	138.70	85.20
14	3.57	1.41	1598.30	1514.40	157.50	143.00
12	3.58	1.43	1789.80	1625.90	193.40	162.50
5	4.62	1.89	1987.20	1878.10	234.50	211.40
39	5.46	1.62	1899.70	1785.10	215.80	192.60
26	4.97	1.94	2095.30	2463.30	258.70	349.40
61	5.25	2.02	2667.60	2156.10	405.50	272.70
18	6.34	3.29	2846.00	2556.30	458.20	374.40
66	6.09	2.13	3051.10	2442.40	522.50	343.90
34	8.04	2.90	4056.80	3921.70	898.40	842.30
53	9.38	3.86	3982.10	3875.60	867.20	823.20
42	11.62	3.28	3744.30	3953.40	771.00	855.40
32	11.91	3.53	4177.90	3955.40	950.80	856.20

续上表

工况	初始波高(m)	沿程波高(m)	船首撞击力(kN)	船尾撞击力(kN)	船首撞击能(kN·m)	船尾撞击能(kN·m)
36	12.39	3.78	4256.30	4123.10	985.20	927.00
60	11.27	3.91	4839.50	4711.60	1261.50	1198.00
79	11.49	4.20	5000.50	4986.30	1343.50	1336.20
33	11.55	3.59	5210.10	4987.50	1454.60	1336.70
63	13.01	7.11	5321.60	5102.00	1515.10	1396.90
80	13.58	5.51	5420.30	5080.10	1570.10	1385.30

根据《港口工程荷载规范》(JTS 144-1—2010),江南沱口码头橡胶护舷设计标准值 E_n = 108kN,在初始波高为3.3m以上,沿程波高为0.90m以上时,对岸码头船首撞击能测点均大于橡胶护舷设计标准值,只有约1/8的工况下没有超过橡胶护舷设计标准值。对于船尾撞击能,在初始波高为3.5m以上,沿程波高为1.1m以上时,其撞击能均大于标准值,只有约1/7的工况下,没有超过橡胶护舷设计标准值。因此,对于对岸码头,将0.9m的沿程波高值,作为对岸码头船舶撞击能的额定波高值。

选取18组工况,不同波高下,同岸码头船舶撞击能的最大值,见表6.3-11。

同岸码头船舶系缆力最大值 表6.3-11

工况	初始波高(m)	沿程波高(m)	船首撞击力(kN)	船尾撞击力(kN)	船首撞击能(kN·m)	船尾撞击能(kN·m)
19	0.84	0.21	413.0	489.1	16.2	21.1
10	1.05	0.42	581.9	389.9	27.8	14.8
73	2.45	0.92	578.1	488.2	27.5	21.0
64	2.31	0.91	700.9	705.9	37.6	38.1
29	3.28	0.91	1078.4	986.1	78.3	67.0
37	3.50	0.93	1356.1	1249.6	117.2	101.3
56	4.20	1.26	1463.3	1389.3	134.3	122.4
40	4.55	1.28	1776.8	1665.4	191.0	169.7
24	4.34	1.21	1687.3	1489.7	173.8	138.7
61	5.25	1.33	1897.8	1726.6	215.4	181.2
49	4.20	1.61	1789.6	1874.4	193.4	210.6
39	5.00	1.62	1986.1	906.9	234.3	57.9
31	8.05	1.68	2189.4	2227.1	280.5	289.6
41	7.56	1.73	2381.5	2158.4	328.1	273.2
42	11.62	2.17	2685.0	2543.3	410.6	370.8
80	13.58	2.52	3091.0	2822.2	535.5	450.9
69	13.57	2.87	3270.4	3226.1	595.9	580.7
54	14.00	3.22	3489.6	3317.3	673.9	612.1

通过表6.3-11可以看出,同岸码头船首撞击能值只有1/3工况下满足橡胶护舷设计标准值,船尾撞击能值在2/3工况下,满足橡胶护舷设计标准值。同岸码头船首撞击能在初始波高和沿程浪高分别为2.45m和0.91m以下时,均满足橡胶护舷设计标准值;同岸码头船尾撞击作用的初始浪高和沿程浪高额定值分别为13m和2.87m。因此,对于同岸码头,将0.9m的沿程波高值,作为同岸码头船舶撞击能的额定波高值。

3)涌浪作用下船舶最大撞击能的分析计算

《港口工程荷载规范》(JTS 144-1—2010)中规定在横浪作用下,系泊船舶的有效撞击能量的公式为:

$$E = \alpha C_m MgH \frac{H}{L}\left(\frac{L}{B}\right)\left(\frac{d}{D}\right)^{2.5}\tanh\left(\frac{2\pi}{L}d\right) \tag{6.3-5}$$

式中:E——横浪作用下系泊船舶有效撞击能量(kN·m);

α——系数,采用橡胶护舷时为0.004;

C_m——船舶附加水体质量系数;

H——浪高(m);

B——船舶型宽(m);

D——船舶型深(m);

d——码头前沿水深(m)。

本次试验在高、中、低三个水位的运行下,发现当波高H一定时,水深d的变化并不能引起撞击力和撞击能的变化,且系泊船舶型深远小于水深d。也就是说当水深d达到一定程度时,水深d的变化并不能引起船舶撞击速度的变化,以及船舶撞击力和撞击能的变化。本节将《港口工程荷载规范》(JTS 144-1—2010)系泊船舶的有效撞击能量的公式中的水深d改为船舶型深D。

通过前面的分析表明,当初始涌浪传播至系泊船舶处,沿程涌浪的波高对系泊船舶撞击力和撞击能起着决定性的作用。因此,本节在固定船型参数以及船舶满载的情况下,主要考虑沿程涌浪的波高对船舶撞击能的影响。结合本次模型试验资料分析,参考以往研究的经验公式,对《港口工程荷载规范》(JTS 144-1—2010)系泊船舶的有效撞击能量的经验公式进行修正,确定滑坡涌浪作用下船舶撞击能的经验计算公式为:

$$E = \alpha C_m MgH \frac{H}{B}\left(\frac{D_0}{D}\right)^{2.5} \tag{6.3-6}$$

式中:D_0——船舶吃水深度。

由于同岸码头和对岸码头涌浪的入射方向不同,因此分别给出以下两个公式:

$$E_{对岸} = \alpha MgH \frac{H}{B}\left(\frac{D_0}{D}\right)^{2.5} \tag{6.3-7}$$

$$E_{同岸} = \alpha MgH \frac{H}{B}\left(\frac{D_0}{D}\right)^{2.5} \tag{6.3-8}$$

当初始浪高达到15m以上时,沿程涌浪在5m左右时,船舶发生严重横摇和倾覆。此时,系缆力和撞击力的数值已经不是真实数据。因此,此公式适用范围为沿程涌浪波高在0~5m之内。

通过对滑坡涌浪作用下的试验数据进行整理和分析，运用线性回归的方法确定参数 α，分别得出涌浪作用下同岸码头和对岸码头最大撞击能量的经验计算公式。

对岸码头最大撞击能量的经验计算公式：

$$E_{对岸} = 0.0232MgH_{沿程}\frac{H_{沿程}}{B}\left(\frac{D_0}{D}\right)^{2.5} \tag{6.3-9}$$

同岸码头最大撞击能量的经验计算公式：

$$E_{同岸} = 0.0255MgH_{沿程}\frac{H_{沿程}}{B}\left(\frac{D_0}{D}\right)^{2.5} \tag{6.3-10}$$

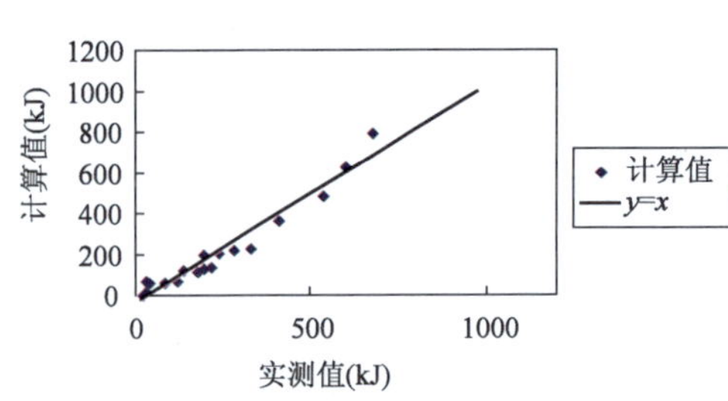

图 6.3-26　同岸码头船舶撞击能计算值与测量值对比图

对本次试验的实测值和公式中的计算值进行比较(图 6.3-26)，发现沿程涌浪在 0 ~ 5m 范围内，同岸码头系泊船撞击能的计算值和试验值具有较好的相关性，相关系数为 $R = 0.91$。

另外，由于公式(6.3-8)和公式(6.3-9)考虑了船舶型深、型宽和船舶吃水，对于涌浪作用下不同船型和载重度对码头撞击能的计算具有一定的适用价值。

4)涌浪作用下系泊船舶的影响程度及对策

鉴于滑坡涌浪对系泊船舶及库区港口的危害性，为了避免滑坡涌浪带来的灾害损失，在库区港口建设及运用过程中，必须对涌浪作用下系泊船舶的影响程度及对策进行研究。

目前，理论试验和实际规范中对于由风和水流产生的系缆力、挤靠力和撞击力研究较多，并对一般风和水流作用下对库区港口的影响程度做了较详细的规定。滑坡涌浪对库区船舶及港口的影响程度危害性及影响程度认识较少。

通过本次试验的实测数据表明，对于对岸码头有一半以上的工况的系泊船舶系缆力和撞击能值均超过其额定值，且其平均值超过额定值的 40% 以上；而对于同岸码头船舶撞击力和撞击能，也有将近 1/3 工况超过库区港口运行参数的额定值，且其平均值超过额定值的 20% 以上。

当初始浪高达到一定高度时，波浪对系泊船舶的作用力极大，系泊船舶将可能因为横摇的剧烈运动而导致缆绳崩断，从而引发船舶撞坏码头或者倾覆(图 6.3-27)。本次试验中发现，当初始浪高达到 15m 以上时，沿程涌浪在 5m 左右时，船舶发生严重横摇和倾覆。此时，系缆力和撞击力的数值已经不是真实数据。

图 6.3-27 中显示在涌浪作用下，船舶由于剧烈横摇而致集装箱翻入水中。因此，当初始涌浪在 15m 以上时，不仅对系泊船舶产生严重的危害，更重要的是可能对码头造成毁坏。当系泊船舶处于高水位时，有可能由于剧烈横摇而倾覆至码头面板之上，这对码头的危害极大。

因此，在滑坡涌浪作用下，现有的库区港口运行和设计规范已不能满足实际要求。实际库区港口运行中，为了减小滑坡涌浪对库区港口的危害程度，可采取以下措施：

(1)提高系泊船舶系缆绳强度等级。根据本次系泊船舶系缆力试验数据的研究，可针对类似的船舶类型提高船舶系缆绳强度 30% 左右。对于其他类型船舶的船舶系缆绳强度的提高，提供一定的参考。

图 6.3-27　涌浪作用下系泊船舶破坏图

(2)减小系泊船舶系缆力。为了减小涌浪作用下系泊船舶系缆力,在实际运行过程中,根据以往的实际经验可采取增大系缆绳的预张力。在条件允许的情况下,可以改变布缆方式,采取多缆的系缆方式,增加首缆、腰缆和尾缆。通过多缆的方式,将较大系泊船舶系缆力分散在不同位置的缆绳上。

(3)提高库区港口码头橡胶护舷设计标准。根据本次系泊船舶撞击能的实验数据,可提高库区港口码头橡胶护舷设计标准 30% 左右。

(4)改变库区港口码头橡胶护舷的布置方式。港口码头橡胶护舷的基本形式主要有连续布置和间断布置。在间断布置情况下,可考虑加大间断布置橡胶护舷的密度。

(5)当出现极具破坏性的滑坡涌浪波高时,应停止系泊船舶的作业,驶离码头,转到较安全区域。

第7章 滑坡涌浪数值模拟及可视化

7.1 滑坡涌浪的数学模型建立及验证

7.1.1 孔隙率模型

1)控制方程

Geng and Wang(2010)推导了平面二维的孔隙率浅水方程,如下:

$$\frac{\partial \boldsymbol{U}}{\partial t} + \frac{\partial \boldsymbol{E}}{\partial x} + \frac{\partial \boldsymbol{H}}{\partial y} = \boldsymbol{S}_0 + \boldsymbol{S}_{\mathrm{f}} \tag{7.1-1}$$

其中

$$\boldsymbol{U} = \begin{Bmatrix} \phi h \\ \phi hu \\ \phi hv \end{Bmatrix} = \begin{Bmatrix} m_1 \\ m_2 \\ m_2 \end{Bmatrix} \tag{7.1-2a}$$

$$\boldsymbol{E} = \begin{Bmatrix} m_2 \\ \dfrac{m_2^2}{m_1} + 0.5g\dfrac{m_1^2}{\phi} \\ \dfrac{m_2 m_3}{m_1} \end{Bmatrix}, \boldsymbol{H} = \begin{Bmatrix} m_3 \\ \dfrac{m_2 m_3}{m_1} \\ \dfrac{m_3^2}{m_1} + 0.5g\dfrac{m_1^2}{\phi} \end{Bmatrix} \tag{7.1-2b}$$

$$\boldsymbol{S}_0 = \begin{Bmatrix} 0 \\ -\phi gh\dfrac{\partial z_{\mathrm{b}}}{\partial x} + g\dfrac{h^2}{2}\dfrac{\partial \phi}{\partial x} \\ -\phi gh\dfrac{\partial z_{\mathrm{b}}}{\partial y} + g\dfrac{h^2}{2}\dfrac{\partial \phi}{\partial y} \end{Bmatrix} \tag{7.1-2c}$$

$$\boldsymbol{S}_{\mathrm{f}} = \begin{Bmatrix} 0 \\ -\phi gh\dfrac{n_{\mathrm{m}}^2\sqrt{u^2+v^2}u}{h^{4/3}} - (1-\phi)ghC_{\mathrm{s}}\sqrt{u^2+v^2}u \\ -\phi gh\dfrac{n_{\mathrm{m}}^2\sqrt{u^2+v^2}v}{h^{4/3}} - (1-\phi)ghC_{\mathrm{s}}\sqrt{u^2+v^2}v \end{Bmatrix} \tag{7.1-2d}$$

其中,孔隙率$\phi \in [0,1]$的定义为:在平面上取控制体$\Delta x \times \Delta y$(图7.1-1),假设控制体内均匀分布着面积为$\Delta x' \times \Delta y'$有阻水物(高于水面),则

$$\phi = \lim_{\Delta x \to 0, \Delta y \to 0} \frac{\Delta x' \Delta y' h}{\Delta x \Delta y h} \tag{7.1-3}$$

如使得方程(7.1-1)适用于滑坡激起涌浪,需要在方程(7.1-1)的推导过程中加入滑坡体对水体的作用力。根据对滑坡体受力分析可以得到滑坡体对水体的水平方向单位面积作用力 $\boldsymbol{F}$ 有:虚拟质量力和水体对滑坡体阻力的反作用力。

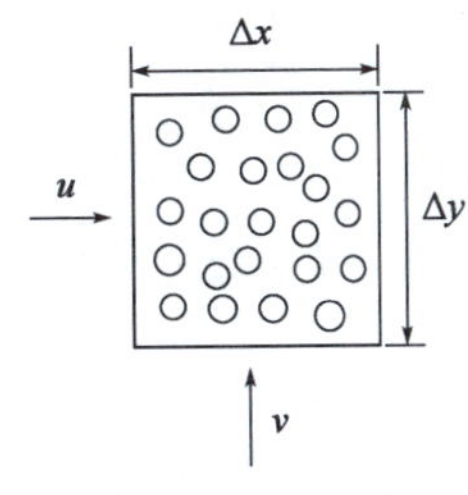

图 7.1-1 孔隙率方程推导的控制体

$$\boldsymbol{F} = \{F_x, F_y\} = \left[C_m m_0 \frac{\mathrm{d}^2 s}{\mathrm{d}t^2} + C_d l D \frac{\rho}{2}\left(\frac{\mathrm{d}s}{\mathrm{d}t}\right)^2\right]\frac{\cos\theta}{A_{ls}}\{\cos\beta, \sin\beta\} \tag{7.1-4}$$

式中:β——滑坡体运动轨迹与 x 轴的交角;

A_{ls}——滑块的俯视面积。

方程(7.1-1)的源项 $\boldsymbol{S}_f$ 可以改写为:

$$\boldsymbol{S}_f = \begin{Bmatrix} 0 \\ -\phi g h \dfrac{n_m^2\sqrt{u^2+v^2}u}{h^{4/3}} - (1-\phi) g h C_s\sqrt{u^2+v^2}u + F_x/h \\ -\phi g h \dfrac{n_m^2\sqrt{u^2+v^2}v}{h^{4/3}} - (1-\phi) g h C_s\sqrt{u^2+v^2}v + F_y/h \end{Bmatrix} \tag{7.1-5}$$

2)模型离散

模型采用无结构网格离散,变量布置在离散网格的中心,并假设变量在单元内为常数,如图7.1-2所示。单元编号为 i;结点编号为 m;边的编号为 j;构成单元 i 的结点为 $m(i,l)$;与边相邻的单元为 $j(i,1)$,$j(i,2)$;构成单元的边为 $j(i,l)$,$l\in[1,E_i]$,其中 E_i 为构成单元的结点或边数。

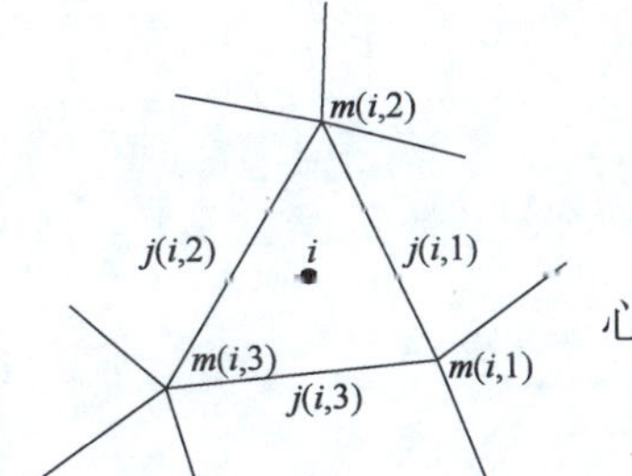

图 7.1-2 离散单元

把单元的边界为控制体,积分方程(7.1-1)在单元上积分有:

$$\int_{V_i}\left(\frac{\partial \boldsymbol{U}}{\partial t} + \nabla \boldsymbol{F}\right)\mathrm{d}V = \int_{V_i}\boldsymbol{S}_0(\boldsymbol{U})\mathrm{d}V + \int_{V_i}\boldsymbol{S}_f(\boldsymbol{U})\mathrm{d}V \tag{7.1-6}$$

其中,$\boldsymbol{F}=(\boldsymbol{E},\boldsymbol{H})$。$\boldsymbol{U}_i$ 为单元的平均值存储在单元的中心,即

$$\boldsymbol{U}_i = \frac{1}{A_i}\int_{\Omega_i}\boldsymbol{U}\mathrm{d}\Omega \tag{7.1-7}$$

式中:A_i——单元 i 的面积。

应用奥高公式把面积分转变为线积分,方程(7.1-6)可以写为:

$$\frac{\partial \boldsymbol{U}_i}{\partial t}A_i + \oint_{\partial\Omega_i}\boldsymbol{F}\cdot\boldsymbol{n}\mathrm{d}s = \boldsymbol{S}_0^* + \boldsymbol{S}_f^* \tag{7.1-8}$$

式中: $\boldsymbol{S}_0^*$——底坡和孔隙率源项单元积分值,采用特征分解方法离散;

$\boldsymbol{S}_f^*$——阻力项的离散;

$\boldsymbol{n}=\{n_x,n_y\}^{\mathrm{T}}$——边上的法向向量。

方程(7.1-8)中左边第二项可以描述为:

$$\oint_{\partial V_i} \boldsymbol{F}\cdot\boldsymbol{n}\mathrm{d}s = \sum_{l=1}^{E_i}\boldsymbol{F}_{nj(i,l)}l_{j(i,l)} \tag{7.1-9}$$

式中：$l_{j(i,l)}$——边 j 的长度；

$\boldsymbol{F}_n$——$\boldsymbol{F}_n=\boldsymbol{F}\cdot\boldsymbol{n}=\boldsymbol{E}n_x+\boldsymbol{H}n_y$，为通过第 i 单元的第 j 边的数值通量，计算采用通量重构和 Roe 格式的近似 Riemann 解计算。

由式(7.1-9)可知，界面通量 $\boldsymbol{F}_n$ 是守恒型变量 $\boldsymbol{U}$ 和孔隙率 ϕ 的非线性函数。由于假设变量在单元内为常数，因而在界面上形成了守恒型变量 $\boldsymbol{U}$ 和孔隙率 ϕ 的间断，即构成了 Riemann 问题：

$$\boldsymbol{U}(n_0,t_0)=\begin{cases}\boldsymbol{U}_{\mathrm{L}} & n_0<0\\ \boldsymbol{U}_{\mathrm{R}} & n_0>0\end{cases} \tag{7.1-10a}$$

$$\phi(n_0,t_0)=\begin{cases}\phi_{\mathrm{L}} & n_0<0\\ \phi_{\mathrm{R}} & n_0>0\end{cases} \tag{7.1-10b}$$

式中：n_0——界面的位置；

L、R——界面左侧和右侧的变量。

以 $j(i,l)$ 界面为例，如果取界面两侧的变量为单元平均变量，即 $\boldsymbol{U}_{\mathrm{L}}=\overline{\boldsymbol{U}}_{j1}$，$\boldsymbol{U}_{\mathrm{R}}=\overline{\boldsymbol{U}}_{j2}$，采用 Godunov 法离散方程(7.1-8)，数学模型在空间只具有一阶精度。假设变量在单元内为线性分布，采用状态插值法(MUSCL)可以获得空间二阶精度 TVD 模式。

为了采用 Godunov 法计算界面的通量，首先需要对 $\partial\boldsymbol{F}_n/\partial\boldsymbol{n}$ 进行线性化，即

$$\frac{\partial\boldsymbol{F}_n}{\partial\boldsymbol{n}}=\frac{\partial\boldsymbol{F}_n}{\partial\boldsymbol{U}}\frac{\partial\boldsymbol{U}}{\partial\boldsymbol{n}}+\frac{\partial\boldsymbol{F}_n}{\partial\phi}\frac{\partial\phi}{\partial\boldsymbol{n}}=\boldsymbol{A}\frac{\partial\boldsymbol{U}}{\partial\boldsymbol{n}}+\boldsymbol{B}\frac{\partial\phi}{\partial\boldsymbol{n}} \tag{7.1-11}$$

式中：

$$\boldsymbol{A}=\frac{\partial\boldsymbol{F}_n}{\partial\boldsymbol{U}}=\begin{Bmatrix}0 & n_x & n_y\\ (c^2-u^2)n_x-uvn_y & 2un_x+vn_y & un_y\\ -uv+(c^2-u^2)n_y & vn_x & un_x+2vn_y\end{Bmatrix} \tag{7.1-12}$$

$$\boldsymbol{B}=\frac{\partial\boldsymbol{F}_n}{\partial\phi}=\begin{Bmatrix}0\\ -0.5c^4/gn_x\\ -0.5c^4/gn_y\end{Bmatrix} \tag{7.1-13}$$

其中，$c=\sqrt{gh}$。

根据矩阵理论，矩阵 $\boldsymbol{A}$ 可以分解为：

$$\boldsymbol{A}=\boldsymbol{R}\boldsymbol{\Lambda}\boldsymbol{R}^{-1} \tag{7.1-14}$$

式中：

$$\boldsymbol{R}=[\boldsymbol{r}_1,\boldsymbol{r}_2,\boldsymbol{r}_3],\boldsymbol{\Lambda}=\begin{bmatrix}\lambda_1 & 0 & 0\\ 0 & \lambda_2 & 0\\ 0 & 0 & \lambda_3\end{bmatrix} \tag{7.1-15}$$

其中，$\boldsymbol{r}_{1,3}=\{1,u\pm cn_x,v\pm cn_y\}^{\mathrm{T}}$，$\boldsymbol{r}_2=\{1,-cn_y,cn_x\}^{\mathrm{T}}$ 为右特征向量；$\boldsymbol{R}^{-1}$ 为 $\boldsymbol{R}$ 的逆矩阵；$\lambda_{1,3}=un_x+vn_y\pm c$，$\lambda_2=un_x+vn_y$ 为矩阵 $\boldsymbol{A}$ 的特征值。

Riemann 问题[式(7.1-11)]的左侧数值通量为:

$$F_{LR}^{L}=\frac{1}{2}\left[F(U_L,\phi_L)+F(U_R,\phi_R)-\int_{U_L}^{U_R}|A(U)|\,\mathrm{d}U-\int_{\phi_L}^{\phi_R}\mathrm{sign}(\Lambda)B\mathrm{d}\phi\right] \tag{7.1-16}$$

式中,sign(·)为符号函数。不同的积分形式可以得到不同的近似 Riemann 解计算方式,本节采用 ROE 平均的方法近似计算:

$$\begin{aligned}F_{LR}^{L}&=\frac{1}{2}\left[F(U_L,\phi_L)+F(U_R,\phi_R)-|\hat{A}(U_R,U_L)|(U_R-U_L)-\int_{\phi_L}^{\phi_R}\mathrm{sign}(\Lambda)B\mathrm{d}\phi\right]\\&=\frac{1}{2}\left[F(U_L,\phi_L)+F(U_R,\phi_R)-\hat{R}|\hat{\Lambda}|\hat{R}^{-1}(U_R-U_L)-\mathrm{sign}(\hat{\Lambda})\hat{B}(\phi_R-\phi_L)\right]\end{aligned} \tag{7.1-17}$$

式中,$\hat{\cdot}$为 ROE 平均值、矩阵或向量。满足 ROE 条件的速度 $\hat{u}$、$\hat{v}$ 和波速 $\hat{c}$ 分别为:

$$\begin{cases}\hat{u}=\dfrac{\sqrt{\phi_R h_R}u_R+\sqrt{\phi_L h_L}u_L}{\sqrt{\phi_R h_R}+\sqrt{\phi_L h_L}}\\[2ex]\hat{v}=\dfrac{\sqrt{\phi_R h_R}v_R+\sqrt{\phi_L h_L}v_L}{\sqrt{\phi_R h_R}+\sqrt{\phi_L h_L}}\\[2ex]\hat{c}^2=g\left(\dfrac{\sqrt{\phi_R}h_R+\sqrt{\phi_L}h_L}{\sqrt{\phi_R}+\sqrt{\phi_L}}\right)\end{cases} \tag{7.1-18}$$

将 $\Delta U=U_R-U_L$ 和 $B\Delta\phi=B(\phi_R-\phi_L)$ 分别沿着特征方向 $\hat{r}_1$,$\hat{r}_2$ 和 $\hat{r}_3$,则

$$\begin{aligned}\Delta U&=\alpha_1\hat{r}_1+\alpha_2\hat{r}_2+\alpha_3\hat{r}_3\\B\Delta\phi&=\beta_1\hat{r}_1+\beta_2\hat{r}_2+\beta_3\hat{r}_3\end{aligned} \tag{7.1-19}$$

可得

$$\begin{cases}\alpha_{1,3}=\dfrac{\Delta(\phi h)}{2}\pm\dfrac{1}{2\hat{c}}\left[\Delta(\phi hu)n_x+\Delta(\phi hv)n_y-(\hat{u}n_x+\hat{v}n_y)\Delta(\phi h)\right]\\[2ex]\alpha_2=\dfrac{1}{\hat{c}}\{[\Delta(\phi hv)-\hat{v}\Delta(\phi h)]n_x-[\Delta(\phi hu)-\hat{u}\Delta(\phi h)]n_y\}\\[2ex]\beta_{1,3}=\mp\dfrac{1}{4g}\hat{c}^3\Delta\phi,\beta_2=0\end{cases} \tag{7.1-20}$$

将式(7.1-10)、式(7.1-19)带入式(7.1-17)整理得:

$$F_{LR}^{L}=\frac{1}{2}\left\{F(U_L,\phi_L)+F(U_R,\phi_R)-\sum_{k=0}^{3}\left[\alpha_k|\hat{\lambda}_k|+\mathrm{sign}(\hat{\lambda}_k)\beta_k\right]\hat{r}_k\right\} \tag{7.1-21}$$

底坡和孔隙率源项 S_0 是水深、底高程和孔隙率的函数,在界面上的间断为:

$$\begin{cases}h(x_0,t_0)=\begin{cases}h_L & n_0<0\\h_R & n_0>0\end{cases}\\[2ex]z_b(x_0)=\begin{cases}z_{bL} & n_0<0\\z_{bR} & n_0>0\end{cases}\\[2ex]\phi(x_0,t_0)=\begin{cases}\phi_L & n_0<0\\\phi_R & n_0>0\end{cases}\end{cases} \tag{7.1-22}$$

在界面上积分 $\boldsymbol{S}_0$ 可以得到

$$\boldsymbol{S}_{0\mathrm{LR}}^{*} = \begin{pmatrix} 0 \\ -\hat{\phi}\hat{c}^2\Delta z_{\mathrm{b}} n_x + \dfrac{0.5}{g}\hat{c}^4\Delta\phi n_x \\ -\hat{\phi}\hat{c}^2\Delta z_{\mathrm{b}} n_y + \dfrac{0.5}{g}\hat{c}^4\Delta\phi n_y \end{pmatrix} \tag{7.1-23}$$

同样将 $\boldsymbol{S}_{0\mathrm{LR}}^{*}$ 沿着特征方向 $\hat{\boldsymbol{r}}_1$,$\hat{\boldsymbol{r}}_2$ 和 $\hat{\boldsymbol{r}}_3$ 进行分解,则

$$\boldsymbol{S}_{0\mathrm{LR}}^{*} = \gamma_1\hat{\boldsymbol{r}}_1 + \gamma_2\hat{\boldsymbol{r}}_2 + \gamma_3\hat{\boldsymbol{r}}_3 \tag{7.1-24}$$

将式(7.1-24)带入式(7.1-23)可得:

$$\begin{cases} \gamma_1 = -\gamma_3 = \dfrac{1}{4g}\hat{c}_3\Delta\phi - \dfrac{1}{2}\hat{\phi}\hat{c}\Delta z_{\mathrm{b}} \\ \gamma_2 = 0 \end{cases} \tag{7.1-25}$$

将 $\boldsymbol{S}_{0\mathrm{LR}}^{*}$ 根据特征矩阵 $\boldsymbol{\Lambda}$ 分解为作用于左侧单元和右侧单元的源项,则

$$\begin{cases} \boldsymbol{S}_{0\mathrm{LR}}^{*\mathrm{L}} = \dfrac{1}{2}[\boldsymbol{I} - \mathrm{sign}(\boldsymbol{\Lambda})]\boldsymbol{\gamma}^{\mathrm{T}}\boldsymbol{R} \\ \boldsymbol{S}_{0\mathrm{LR}}^{*\mathrm{R}} = \dfrac{1}{2}[\boldsymbol{I} + \mathrm{sign}(\boldsymbol{\Lambda})]\boldsymbol{\gamma}^{\mathrm{T}}\boldsymbol{R} \end{cases} \tag{7.1-26}$$

式中:$\boldsymbol{I}$——单位对角线矩阵。

式(7.1-25)中界面平均的孔隙率 $\hat{\phi}$ 将根据离散格式的和谐性确定计算方法。

在静止的水中:

$$\begin{cases} h + z_{\mathrm{b}} = \eta = \mathrm{const} \\ u = v = 0 \end{cases} \tag{7.1-27}$$

界面上的流量通量为0,即

$$(\boldsymbol{F}_{\mathrm{LR}}^{\mathrm{L}} - \boldsymbol{S}_{0\mathrm{LR}}^{*\mathrm{L}})_{\mathrm{c}} = 0 \tag{7.1-28}$$

式中,下标 c 代表通量中连续方程分量。将式(7.1-19)和式(7.1-20)带入式(7.1-28)有:

$$-\Delta(\phi h) + \frac{1}{g}\hat{c}^2\Delta\phi + \hat{\phi}\Delta z_{\mathrm{b}} = 0 \tag{7.1-29}$$

可以得到界面平均孔隙率:

$$\hat{\phi} = \frac{\Delta(\phi h) - \hat{h}\Delta\phi}{\Delta z_{\mathrm{b}}} \tag{7.1-30}$$

式中,$\hat{h} = \hat{c}^2/g$。

在式(7.1-27)条件下,方程(7.1-1)中的动量方程为:

$$\frac{\partial(0.5\phi g h^2)}{\partial x} = -\phi g h\frac{\partial z_{\mathrm{b}}}{\partial x} + g\frac{h^2}{2}\frac{\partial\phi}{\partial x} \tag{7.1-31}$$

$$\frac{\partial(0.5\phi g h^2)}{\partial y} = -\phi g h\frac{\partial z_{\mathrm{b}}}{\partial y} + g\frac{h^2}{2}\frac{\partial\phi}{\partial y} \tag{7.1-32}$$

如果离散模型满足方程(7.1-31),则水流将保持静止,可以认为离散格式精确满足 C(Conservative)特性(Zhou 等,2001;Bremudez 等,1994)。由于单元内底高程为常数,根据动量方程的推导可以得到上述命题成立的充要条件为:界面上动量通量等于界面静水压力通量。

因而离散格式是否满足 C 特性的命题就转化为：

$$(\boldsymbol{F}_{\mathrm{LR}}^{\mathrm{L}}-\boldsymbol{S}_{0\mathrm{LR}}^{*\mathrm{L}})_{\mathrm{m}}=\{0.5g\phi_{\mathrm{L}}h_{\mathrm{L}}^{2}n_{x},0.5g\phi_{\mathrm{L}}h_{\mathrm{L}}^{2}n_{y}\} \tag{7.1-33}$$

式中，下标 m 代表通量中动量方程分量。将式(7.1-25)、式(7.1-30)中的动量方程分量带入，则式(7.1-31)易于得到证明。

7.1.2 非静水压力模型

1)控制方程

三维 N-S 方程为：

$$\frac{\partial u}{\partial x}+\frac{\partial v}{\partial y}+\frac{\partial w}{\partial z}=0 \tag{7.1-34}$$

$$\frac{\partial u}{\partial t}+u\frac{\partial u}{\partial x}+v\frac{\partial u}{\partial y}+w\frac{\partial u}{\partial y}=-\frac{1}{\rho}\frac{\partial p}{\partial x}+\gamma\left(\frac{\partial^2 u}{\partial x^2}+\frac{\partial^2 u}{\partial y^2}+\frac{\partial^2 u}{\partial z^2}\right) \tag{7.1-35}$$

$$\frac{\partial u}{\partial t}+u\frac{\partial v}{\partial x}+v\frac{\partial v}{\partial y}+w\frac{\partial v}{\partial y}=-\frac{1}{\rho}\frac{\partial p}{\partial y}+\gamma\left(\frac{\partial^2 v}{\partial x^2}+\frac{\partial^2 v}{\partial y^2}+\frac{\partial^2 v}{\partial z^2}\right) \tag{7.1-36}$$

$$\frac{\partial w}{\partial t}+u\frac{\partial w}{\partial x}+v\frac{\partial w}{\partial y}+w\frac{\partial w}{\partial y}=-\frac{1}{\rho}\frac{\partial p}{\partial z}+\gamma\left(\frac{\partial^2 w}{\partial x^2}+\frac{\partial^2 w}{\partial y^2}+\frac{\partial^2 w}{\partial z^2}\right)-g \tag{7.1-37}$$

自由表面和床面边界条件为：

$$w=\frac{\partial \xi}{\partial t}+u\frac{\partial \xi}{\partial x}+v\frac{\partial \xi}{\partial y}\qquad (z=\eta) \tag{7.1-38}$$

$$w=u\frac{\partial z_{\mathrm{b}}}{\partial x}+v\frac{\partial z_{\mathrm{b}}}{\partial y}\qquad (z=z_{\mathrm{b}}) \tag{7.1-39}$$

将压力分解为静水压力和非静水压力，有：

$$p=\rho g(\eta-z)+q' \tag{7.1-40}$$

式中：q'——非静水压力。

假设非静水压力沿垂向具有如下分布：

$$q'(x,y,z,t)=2q(x,y,t)\zeta(z) \tag{7.1-41}$$

式中：$\zeta(z)$——线性函数水深。

沿着水深积分方程(7.1-35)和方程(7.1-36)的非静水压力项有：

$$\int_{z_{\mathrm{b}}}^{\eta}\frac{\partial q'}{\partial x}\mathrm{d}z=\frac{\partial}{\partial x}\int_{z_{\mathrm{b}}}^{\eta}q'\mathrm{d}z-q'_{\eta}\frac{\partial \eta}{\partial x}+q'_{z_{\mathrm{b}}}\frac{\partial z_{\mathrm{b}}}{\partial x}=\frac{\partial hq}{\partial x}+2q\frac{\partial z_{\mathrm{b}}}{\partial x} \tag{7.1-42}$$

$$\int_{z_{\mathrm{b}}}^{\eta}\frac{\partial q'}{\partial y}\mathrm{d}z=\frac{\partial}{\partial y}\int_{z_{\mathrm{b}}}^{\eta}q'\mathrm{d}z-q'_{\eta}\frac{\partial \eta}{\partial y}+q'_{z_{\mathrm{b}}}\frac{\partial z_{\mathrm{b}}}{\partial y}=\frac{\partial hq}{\partial y}+2q\frac{\partial z_{\mathrm{b}}}{\partial y} \tag{7.1-43}$$

沿着水深方向积分式(7.1-35)和式(7.1-36)，有：

$$\frac{\partial h\bar{u}}{\partial t}+\frac{\partial h\bar{u}\,\bar{u}}{\partial x}+\frac{\partial h\bar{u}\,\bar{v}}{\partial y}=-gh\frac{\partial \eta}{\partial x}-g\frac{m^2h\bar{\boldsymbol{u}}\,||\,\bar{\boldsymbol{u}}\,||}{h^{4/3}}+$$

$$\frac{\partial}{\partial x}\left(\gamma h\frac{\partial \bar{u}}{\partial x}\right)+\frac{\partial}{\partial y}\left(\gamma h\frac{\partial \bar{u}}{\partial y}\right)-\frac{1}{\rho}\frac{\partial hq}{\partial x}-\frac{2q}{\rho}\frac{\partial z_{\mathrm{b}}}{\partial x} \tag{7.1-44}$$

$$\frac{\partial h\bar{v}}{\partial t}+\frac{\partial h\bar{u}\,\bar{v}}{\partial x}+\frac{\partial h\bar{v}\,\bar{v}}{\partial y}=-gh\frac{\partial \eta}{\partial y}-g\frac{m^2h\bar{v}\,||\,\bar{\boldsymbol{u}}\,||}{h^{4/3}}+$$

$$\frac{\partial}{\partial x}\left(\gamma h\frac{\partial \bar{v}}{\partial x}\right)+\frac{\partial}{\partial y}\left(\gamma h\frac{\partial \bar{v}}{\partial y}\right)-\frac{1}{\rho}\frac{\partial hq}{\partial y}-\frac{2q}{\rho}\frac{\partial z_b}{\partial y} \tag{7.1-45}$$

忽略方程(7.1-37)中的对流项和耗散项,沿水深积分有:

$$\frac{\partial \bar{w}}{\partial t}=\frac{2q}{\rho h} \tag{7.1-46}$$

积分连续方程(7.1-34)有:

$$\frac{\partial \eta}{\partial t}+\frac{\partial h\bar{u}}{\partial x}+\frac{\partial h\bar{v}}{\partial y}=0 \tag{7.1-47}$$

2)模型离散

模型采用分布离散方法进行求解,即首先求解静水压力模型,然后再求解非静水压力项,对静水压力结果进行修正。

模型计算网格为非结构的C网格,将水位、非静水压力和垂线流速定义在单元中心,水平方向流速定义在边的中心,如图7.1-3所示。

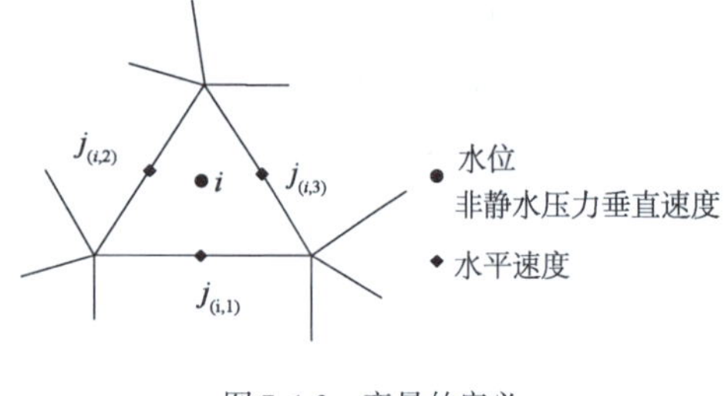

图7.1-3　变量的定义

(1)静水压力模型求解(Geng and Wang, 2012)

沿着边的法向方向有:

$$\frac{\partial hU}{\partial t}+\nabla\cdot(hU\bar{\boldsymbol{u}})-\nabla\cdot(\gamma h\nabla U)=-gh\left(\frac{\partial \eta}{\partial n}\right)-g\frac{m^2hU\|\bar{\boldsymbol{u}}\|}{h^{4/3}}-\frac{1}{\rho}\frac{\partial hq}{\partial n}-\frac{2q}{\rho}\frac{\partial z_b}{\partial n} \tag{7.1-48}$$

采用半隐式对静水压力项进行离散,隐式对阻力项进行离散,水平方向动量方程可以离散为:

$$(\widetilde{h}\widetilde{U})^{t+1}=kEX_m-k\theta gh\Delta t\left.\frac{\partial\widetilde{\eta}}{\partial n}\right|^{t+1} \tag{7.1-49}$$

其中

$$k=\frac{h^{4/3}}{h^{4/3}+g\Delta tm^2\|\widetilde{\boldsymbol{u}}\|} \tag{7.1-50}$$

$$EX_m=(hU)^t+\frac{\Delta t}{2}(3F_j^t-F_j^{t-1})-(1-\theta)gh\Delta t\left.\frac{\partial \eta}{\partial n}\right|^t \tag{7.1-51}$$

积分连续方程(7.1-47),有

$$A_i\left.\frac{\widetilde{\eta}^{t+1}-\eta^t}{\Delta t}\right|_i+\sum_{l=1}^{E_i}N_{j(i,l)}\left[(1-\theta)(hU)^t+\theta(\widetilde{h}\widetilde{U})^{t+1}\right]_{j(i,l)}L_{j(i,l)}=0 \tag{7.1-52}$$

将方程(7.1-49)带入上式有

$$A_i\widetilde{\eta}_i^{t+1}-g(\theta\Delta t)^2\sum_{j=1}^{E_i}kN_{j(i,l)}\left(h\left.\frac{\partial\widetilde{\eta}}{\partial n}\right|^{t+1}\right)_jL_j=A_i\eta_i^t-\Delta t\sum_{j=1}^{E_i}(1-\theta)N_{j(i,l)}(hU)_j^tL_j-\Delta t\sum_{j=1}^{E_i}k\theta N_{j(i,l)}(EX_m)_jL_j \tag{7.1-53}$$

(2)非静水压力模型求解

离散垂线动量方程(7.1-46)有:

$$\overline{w}^{t+1}-\overline{w}^{t}=\frac{1}{2}(w_{s}^{t+1}+w_{b}^{t+1})-\frac{1}{2}(w_{s}^{t}+w_{b}^{t})=\frac{2q^{t+1}}{\rho\tilde{h}}\Delta t \tag{7.1-54}$$

如是可以得到

$$w_{s}^{t+1}=\frac{4q^{t+1}}{\rho\tilde{h}}\Delta t+w_{s}^{t}+w_{b}^{t}-w_{b}^{t+1} \tag{7.1-55}$$

其中底部垂线流速为:

$$w_{b}^{t+1}=u_{b}^{t+1}\frac{\partial z_{b}}{\partial x}+v_{b}^{t+1}\frac{\partial z_{b}}{\partial y}\approx\tilde{u}^{t+1}\frac{\partial z_{b}}{\partial x}+\tilde{v}^{t+1}\frac{\partial z_{b}}{\partial y} \tag{7.1-56}$$

水平方向动量方程可以离散为

$$(hU)^{t+1}=(\tilde{h}\tilde{U})^{t+1}-\frac{\tilde{h}}{\rho}\left(\frac{\partial q}{\partial n}\right)^{t+1}-\frac{q^{t+1}}{\rho}\left(\frac{\partial\tilde{h}}{\partial n}-2\frac{\partial z_{b}}{\partial n}\right) \tag{7.1-57}$$

积分方程(7.1-34)有

$$\sum_{l=1}^{E_i}N_{j(i,l)}(hU)_{j(i,l)}^{t+1}L_{j(i,l)}+A_{i}(w_{s}^{t+1}-w_{b}^{t+1})_{i}=0 \tag{7.1-58}$$

将上述方程带入有

$$\frac{4A_{i}\Delta t}{\rho\tilde{h}_{i}}q_{i}^{t+1}-\sum_{l=1}^{E_i}\left[\frac{\tilde{h}}{\rho}\left(\frac{\partial q}{\partial n}\right)^{t+1}+\frac{q^{t+1}}{\rho}\left(\frac{\partial\tilde{h}}{\partial n}-2\frac{\partial z_{b}}{\partial n}\right)\right]_{j(i,l)}N_{j(i,l)}L_{j(i,l)}$$

$$=-\sum_{l=1}^{E_i}N_{j(i,l)}(\tilde{h}\tilde{U})^{t+1}L_{j(i,l)}-(w_{s}^{t}+w_{b}^{t}-2w_{b}^{t+1}) \tag{7.1-59}$$

7.1.3 模型的验证

1)床面滑块滑动产生的涌浪

为了检验模型首先对具有理论解的一维水槽底部滑块运动产生的涌浪传播进行模拟(Tinti et el, 2001; Harbitz et el, 1992)。模拟区域的长度为20000m,宽度为2m,底部有一个正弦形滑块以速度 u_s 滑行,即

$$B(x,t)=\begin{cases}A\sin\left[\dfrac{\pi(u_{s}t-x_{0})}{L_{s}}\right] & \left(0<\dfrac{u_{s}t-x_{0}}{L_{s}}<1\right)\\ 0 & \text{其他}\end{cases} \tag{7.1-60}$$

式中:B——运动床面高程;

A——滑块的最大高度;

u_s——滑块滑行速度;

t——滑块滑行时间;

L_s——滑块的长度。

在本次计算中 $A = 20\text{m}$；$L_s = 1500\text{m}$；$u_s = 5\text{m/s}$；$x_0 = 10000\text{m}$。水深为 $h + B = 100\text{m}$。

整个计算区域分为10000个 $2\text{m} \times 2\text{m}$ 的矩形网格，CFL = 0.9，计算中不考虑床面阻力和滑块对水体的作用力。图7.1-4给出 $t = 5\text{s}, 15\text{s}, 30\text{s}, 60\text{s}, 90\text{s}, 120\text{s}$ 时刻的计算和理论涌浪比较。从图中可以看出，计算结果和理论结果吻合较好。

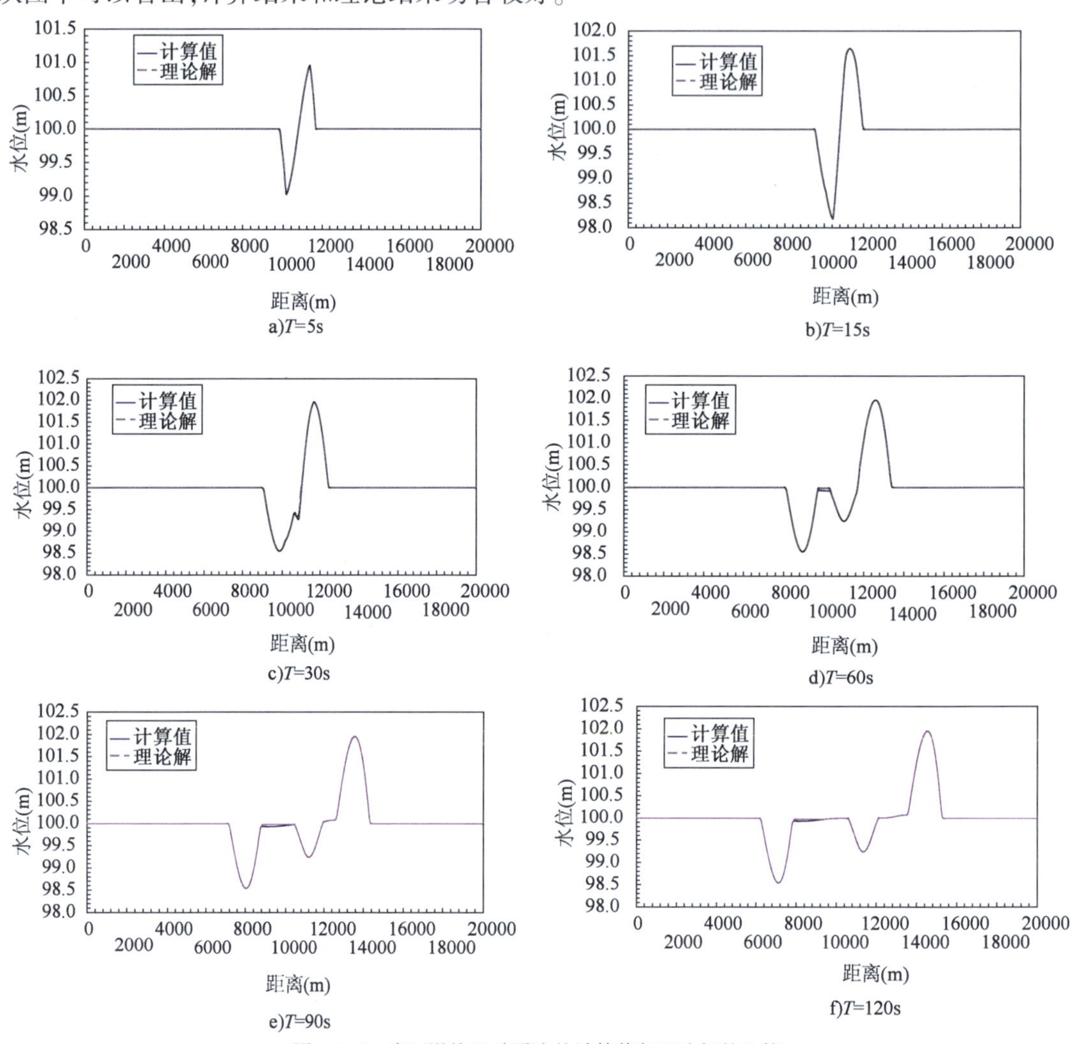

图7.1-4 床面滑块运动涌浪的计算值与理论解的比较

滑块运行产生的涌浪由三个波组成。其中两个为浅水长波，一个为重力内波。由于滑块的初始时刻的突然运动将产生一个正向传播和一个逆向传播的长波，正向和逆向长波以 $c = \pm\sqrt{gh}$ 的速度向两个方向传播。第三个波为与滑块一起运行的较小的内波。该波的产生与地形的变化有关，相当于滑块不动，水流以 $-u_s$ 运动产生波。

2）斜坡上滑块运动产生的涌浪

该算例主要是计算滑块在斜坡上运动产生的涌浪，与上面算例不同的是，斜坡上涌浪不仅受到水深变化的影响，并且产生近岸涌浪的爬坡，Liu等（2000）采用线性浅水方程推导出了该

问题的理论解。计算区域的长度为5000m,宽度2m。河床变化为:

$$z_b(x,t) = z_0(x) + \Delta z(x,t) \tag{7.1-61}$$

其中,$z_0(x) = -x\tan\theta$,Δz 为滑块引起的床面变化,在本算例中取滑块形状为高斯函数,即

$$\Delta z(x,t) = \delta\exp\left[-\left(\sqrt{\frac{x\mu^2}{\delta\tan\theta}} - \sqrt{\frac{g}{\delta}}\mu t\right)^2\right] \tag{7.1-62}$$

式中:θ——坡度;

δ——滑块的最大厚度;

μ——滑块的厚度与长度之比。

分两种工况进行计算:

工况一:$\tan\theta/\mu = 10, \mu = 0.01, \theta = 5.7°, \delta = 1\text{m}$。

工况二:$\tan\theta/\mu = 1, \mu = 0.1, \theta = 5.7°, \delta = 1\text{m}$。

其中工况一滑块为厚度和长度比较小,其激起涌浪传播的非线性比较弱;工况二滑块厚度和长度之比较工况一大10倍,其激起涌浪传播的非线性较强。

计算得CFL=0.9,不考虑底部摩擦力以及滑块对水体的作用力。图7.1-5和图7.1-6分别给出了工况一 $t'=0.5,1.0,1.5$ 和工况二 $t'=0.5,1,2,3,4,5$ 时的水面波动和近岸局部图,其中无量纲时间 $t' = \sqrt{g/\delta}\mu t$。从图中可以看出,由于工况一滑块较长,在 $t'=0.5,1.5$,由于滑块还是潜入水体的过程中,最厚断面还没有淹入水中,水面整体上处于抬起状态,到 $t'=1.5$、2.0时,滑块的最后断面已经进入水面,产生了向下波面,涌浪接近孤立波特征,波长接近2500m,波高接近0.9m;工况二滑块较短,形成涌浪的波长接近60m,波高接近1.3m。

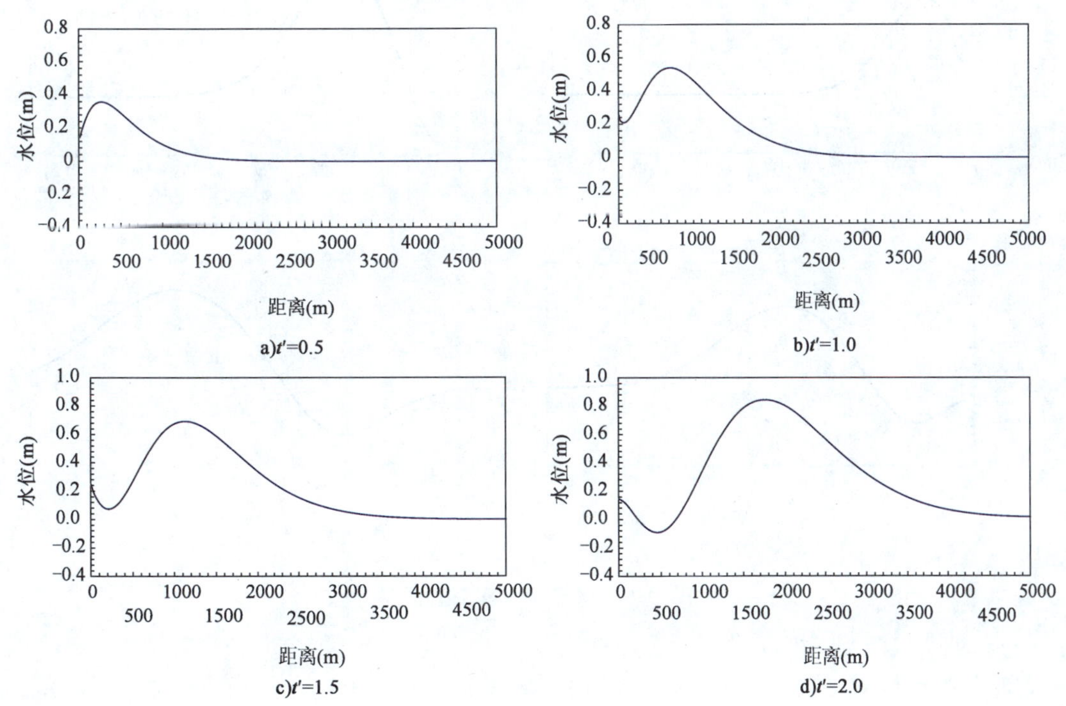

图 7.1-5

t'=0.5
t'=1.0
t'=1.5
t'=2.0
水位(m)
距离(m)

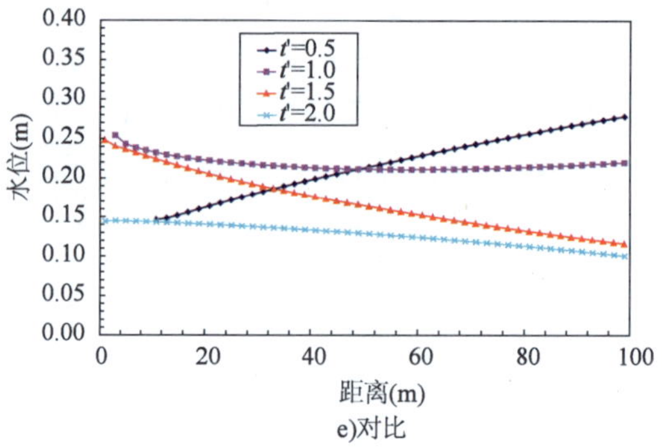

e)对比

图 7.1-5　工况一斜坡滑坡涌浪水面

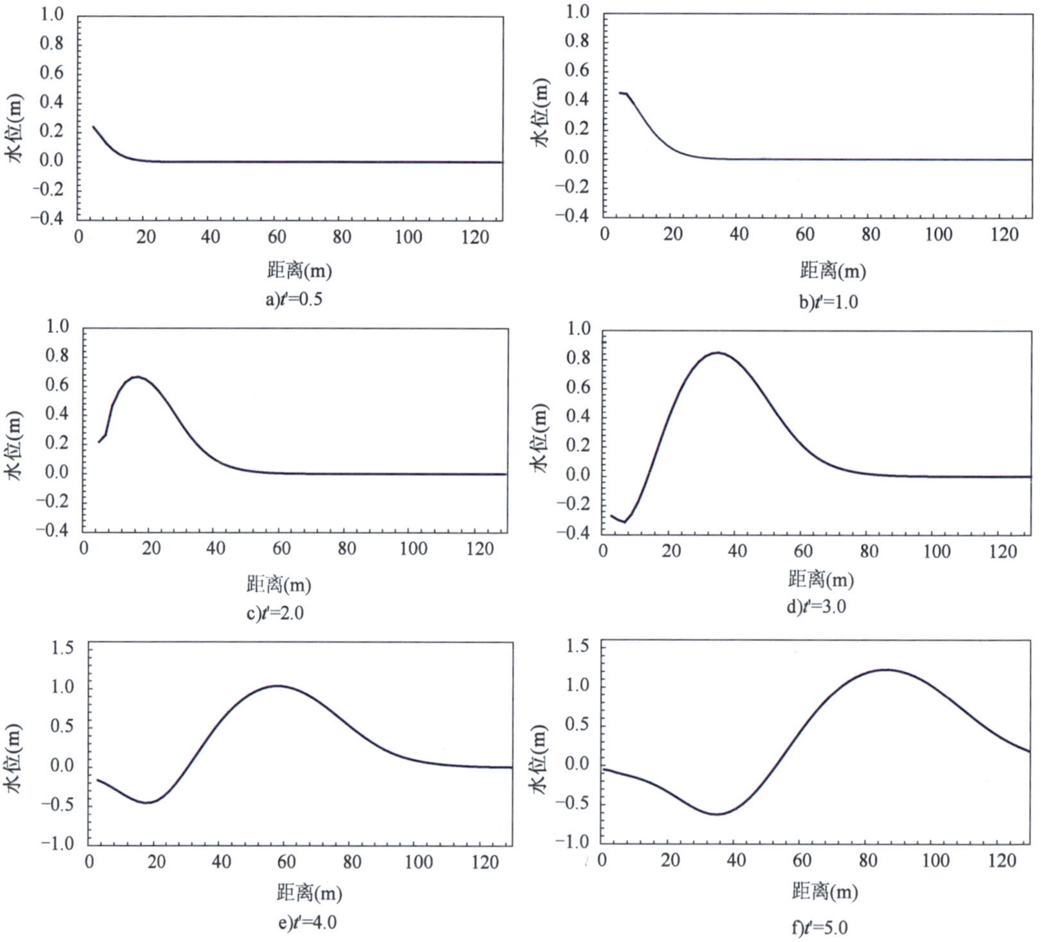

水位(m)
距离(m)
a)t'=0.5
b)t'=1.0
c)t'=2.0
d)t'=3.0
e)t'=4.0
f)t'=5.0

图 7.1-6　工况二斜坡滑坡涌浪水面

3）斜坡滑坡激起二维涌浪

为了检验模型二维滑坡涌浪的模拟能力，采用 LIU 等（2005）在俄勒冈州立大学（Oregon State University）的水槽中做了一个斜坡上滑坡涌浪的试验数据进行进一步检验。试验水槽长

104m，宽3.7m，深4.6m，斜坡的坡度为1∶2，斜坡位于水槽的一端，见图7.1-7。试验采用了两种形状的滑块分别为楔形和半球形，本节采用楔形滑块试验数据检验模型，楔形滑块尺寸见图7.1-7。计算区域取6.6m×3.7m（长×宽）。图7.1-8给出计算采用的计算网格，共有三角形网格33712个，最小边长0.006m，最大边长0.05m，其中滑块的起点位置网格较密，其他区域较粗。计算CFL=0.25。

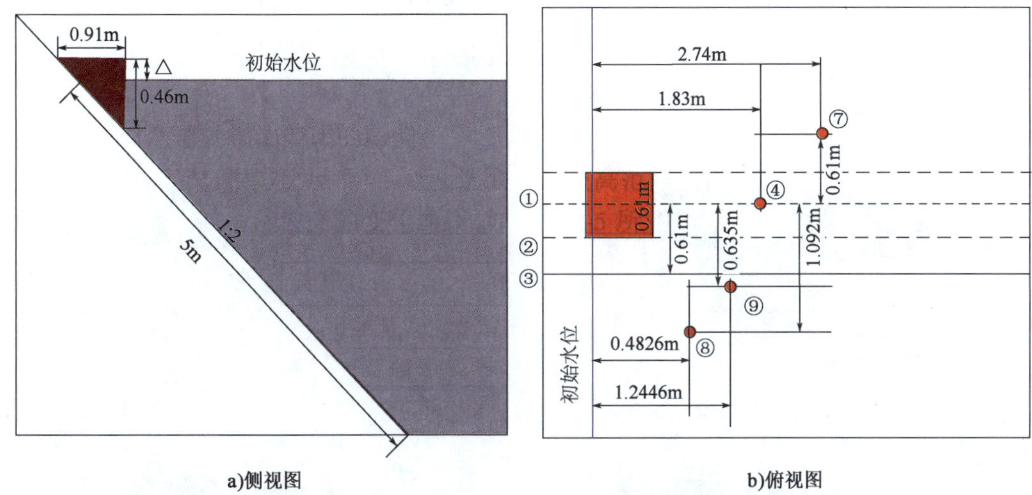

图7.1-7 斜坡上二维滑坡涌浪

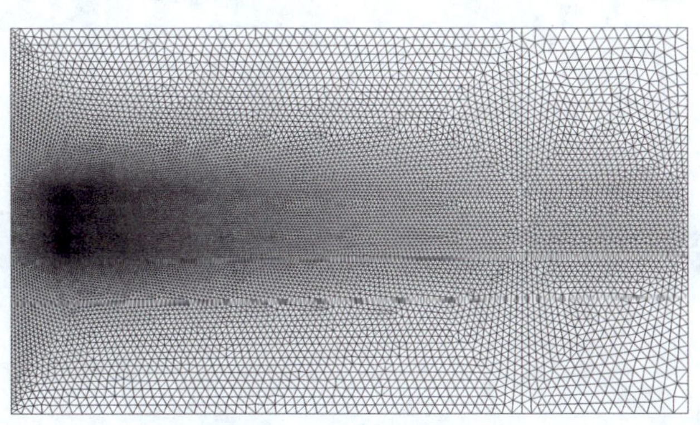

图7.1-8 斜坡滑坡涌浪计算网格

图7.1-9给出了t=0s、1.0s、1.5s、2.0s、2.5s、3.0s、3.5s、4.0s、4.5s和5.0s时刻的三维涌浪图。滑坡激起的涌浪据是固体与水体的相互作用产生，滑块滑动过程中周边产生较强的紊动，水流运动据有高度的三维特征，因而采用静水压力假定的平面二维模型模拟据有一定的困难。图7.1-10给出了测点④、⑦、⑧、⑨计算水位过程与实测水位过程的比较，测点位置见图7.1-7。虽然滑坡涌浪据有高度三维紊动特性，但从图中可以看出，平面二维模型计算的水位波动与测量值在最大涌浪的相位和波高上基本接近。

4）床面隆起激起的涌浪

Ward（2001）曾用来分析滑块运动速度对涌浪的影响，Ddlis等（2011）采用平面二维模型模拟了该算例。计算区域为200km×200km的矩形区域，水深1000m。滑块体大小为50km×

50km×1m(长×宽×高)位于计算区域的中心,以速度(u_x,v_s)隆起。模拟三种不同的隆起速度,分别为:(50m/s,0),(100m/s,0)和(250m/s,0)。整个区域分为400×400的矩形网格。

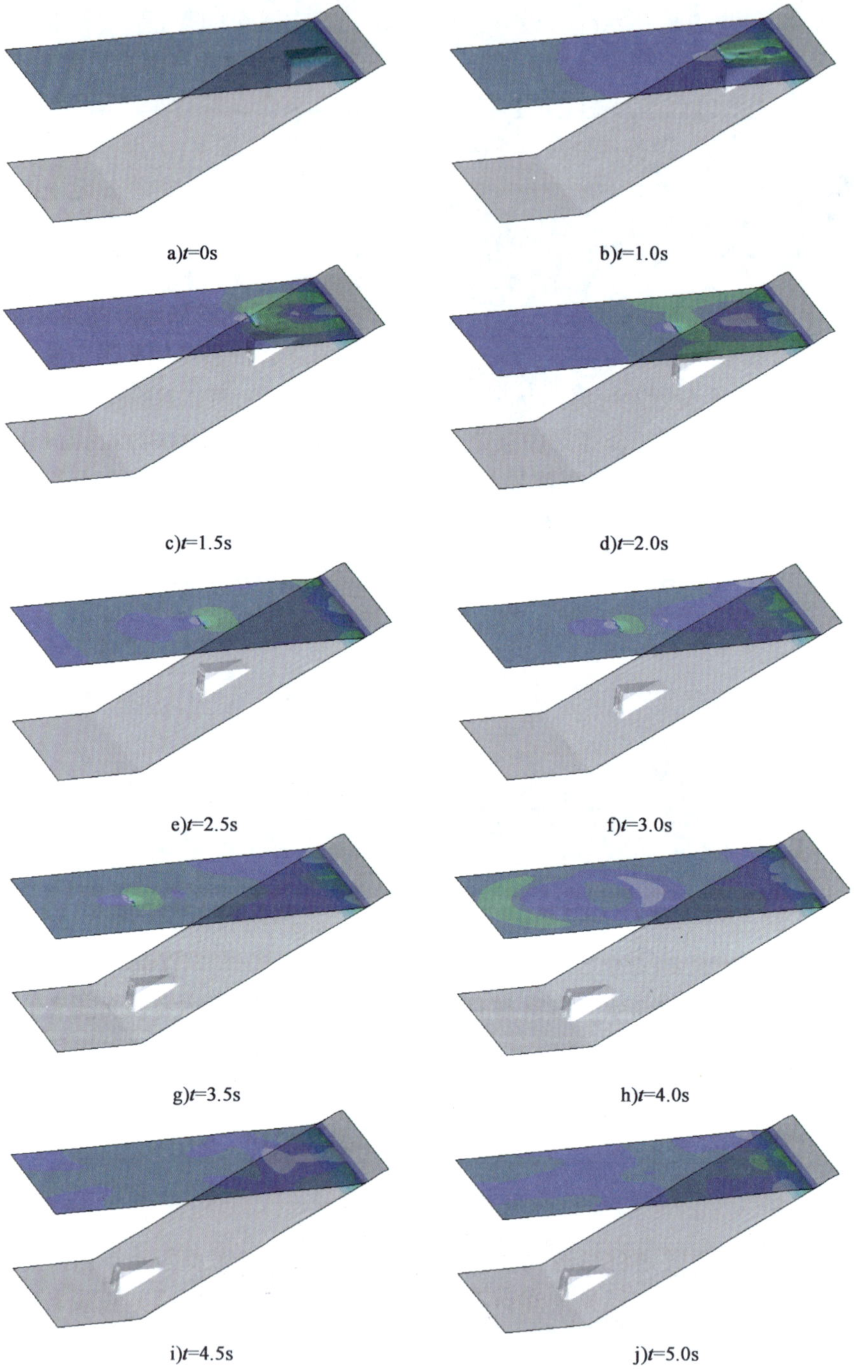

a)t=0s

b)t=1.0s

c)t=1.5s

d)t=2.0s

e)t=2.5s

f)t=3.0s

g)t=3.5s

h)t=4.0s

i)t=4.5s

j)t=5.0s

图7.1-9 斜坡滑坡涌浪三维图

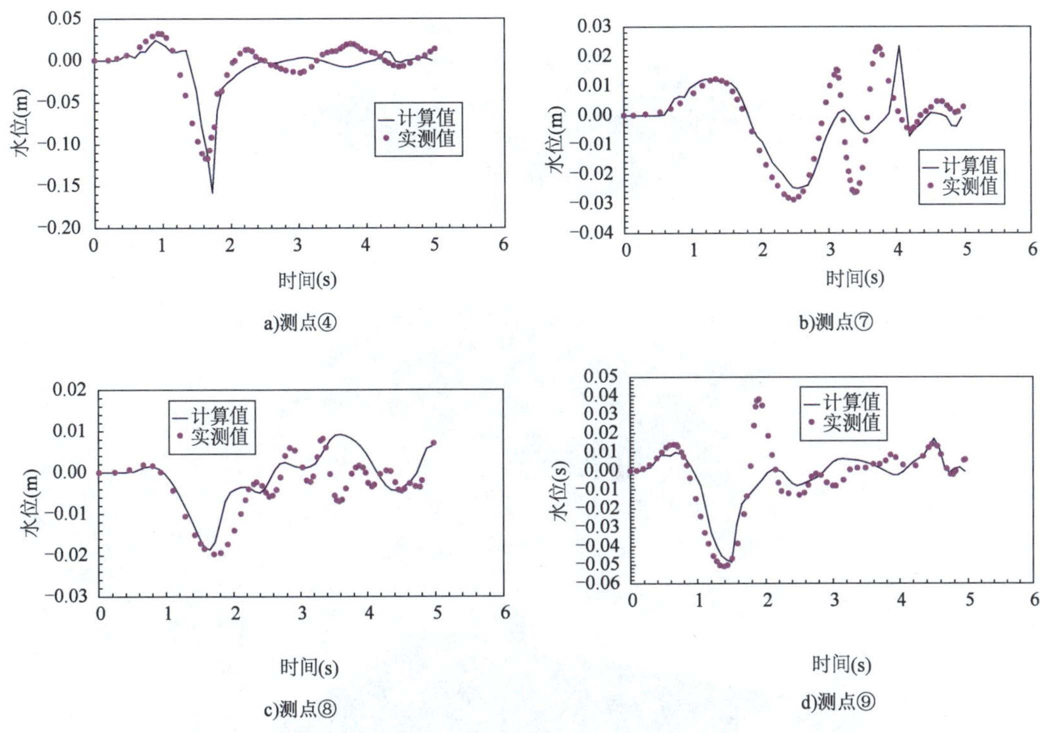

图 7.1-10 检测点计算水位与测量水位的比较

三种不同的隆起速度激起涌浪的计算结果见图 7.1-11。涌浪的传播速度近似为 $c=\sqrt{gh}\approx 99\mathrm{m/s}$,隆起速度较慢的工况一,形成涌浪较小;隆起速度接近涌浪传播速度的工况二形成较大的涌浪;隆起速度大于涌浪传播速度的工况三形成涌浪的高度和接近于隆起高度。可见床面隆起速度对形成涌浪据有较大的影响,当隆起速度接近涌浪传播速度时形成涌浪高度最大。

5)床面滑动激起的涌浪

上面的算例模拟了床面隆起激起涌浪,表明隆起速度与涌浪传播速度接近时涌浪高度最大。本算例通过对不同滑块运行速度对激起涌浪的影响。计算区域和上面算例相同,初始时在计算区域中心有一个 50km × 50km × 1m 的滑块,并以速度(50m/s,0),(100m/s,0)和(250m/s,0)滑动。

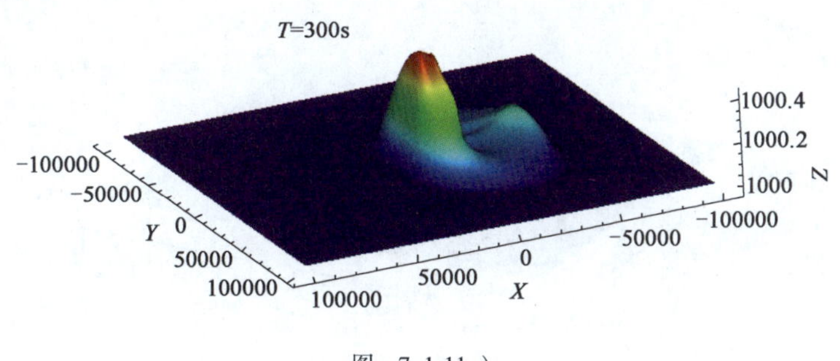

图 7.1-11a)

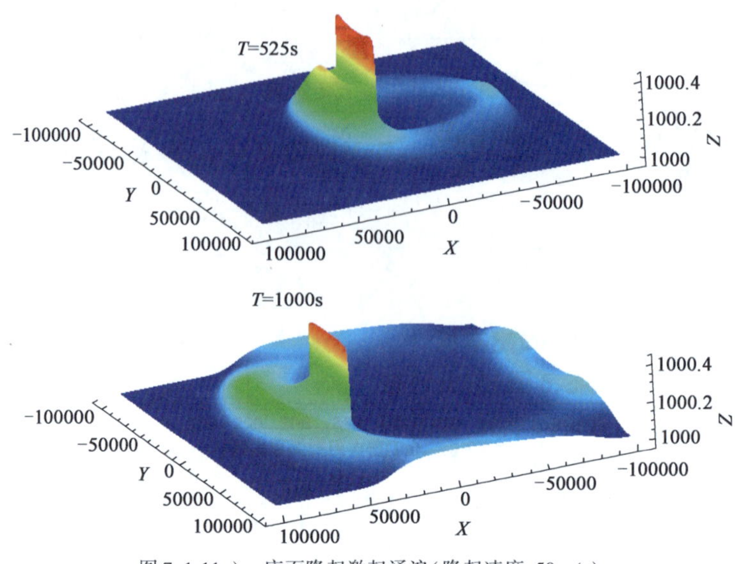

图 7.1-11a)　床面隆起激起涌浪(隆起速度:50m/s)

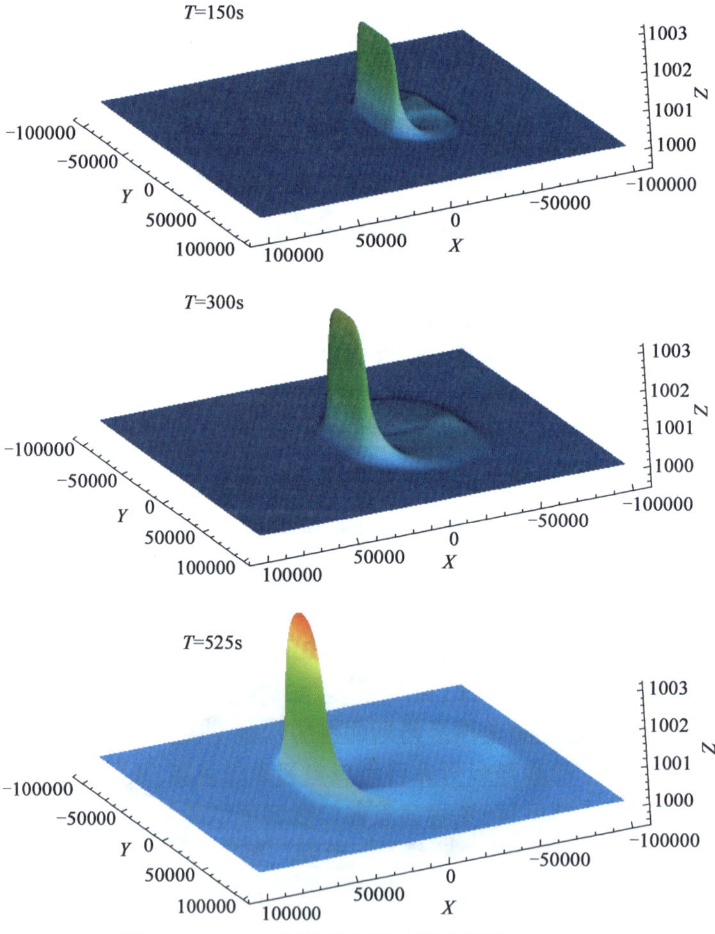

图 7.1-11b)　床面隆起激起涌浪(隆起速度:100m/s)

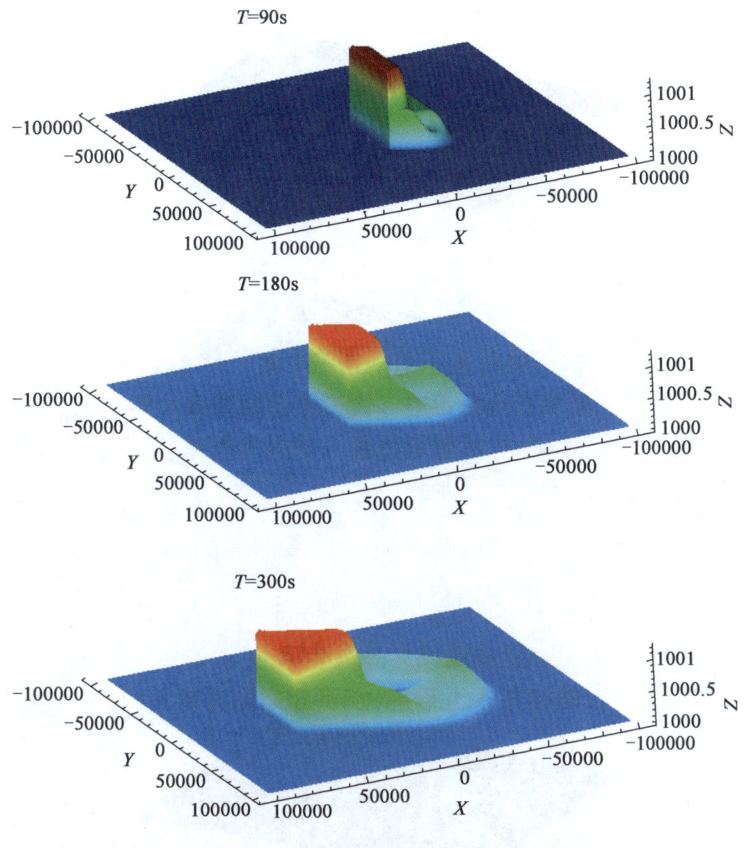

图 7.1-11c) 床面隆起激起涌浪(隆起速度:250m/s)

图 7.1-12 给出了三种滑块滑动速度激起涌浪图。可以看出滑动速度 50km/s 时形成的涌浪在 ±0.5m 左右;滑动速度 100m/s 时形成涌浪较大,并且随着时间的推进不断加大,525s 后达到了 ±6m 左右;滑动速度 250m/s 激起的涌浪在 ±1.0m 左右与滑块的高度接近。可见滑块滑动速度对激起涌浪的影响与床面隆起一样,滑动速度远小于涌浪传播速度时,形成的涌浪较小;滑动速度接近涌浪传播速度时产生较大的涌浪;滑动速度远大于涌浪传播速度时,形成涌浪的高度与滑块的厚度接近。

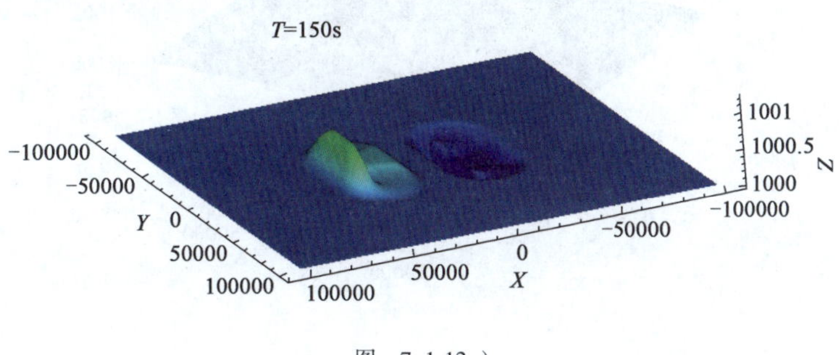

图 7.1-12a)

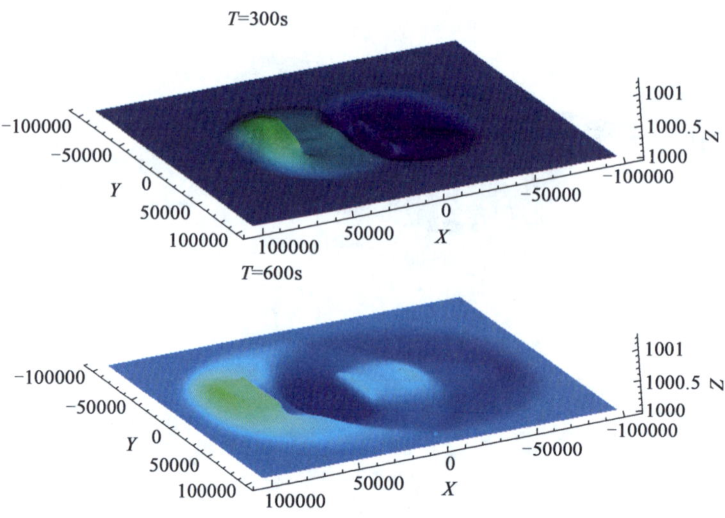

图 7.1-12a) 床面滑块滑动激起涌浪(滑动速度:50m/s)

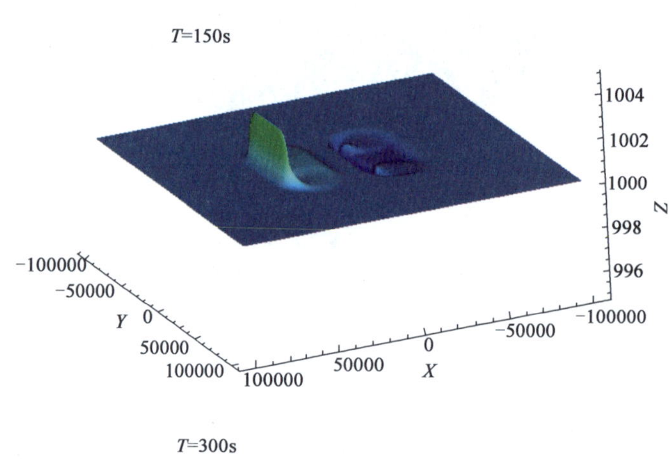

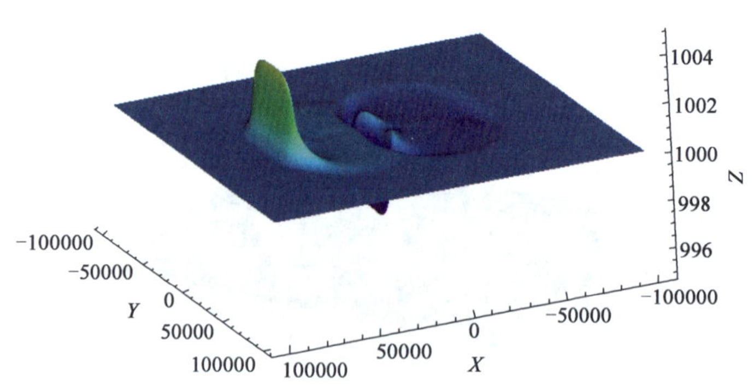

图 7.1-12b)

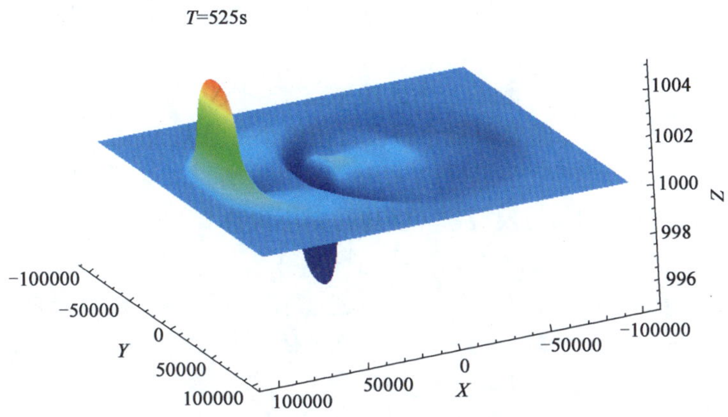

图 7.1-12b) 床面滑块滑动激起涌浪(滑动速度:100m/s)

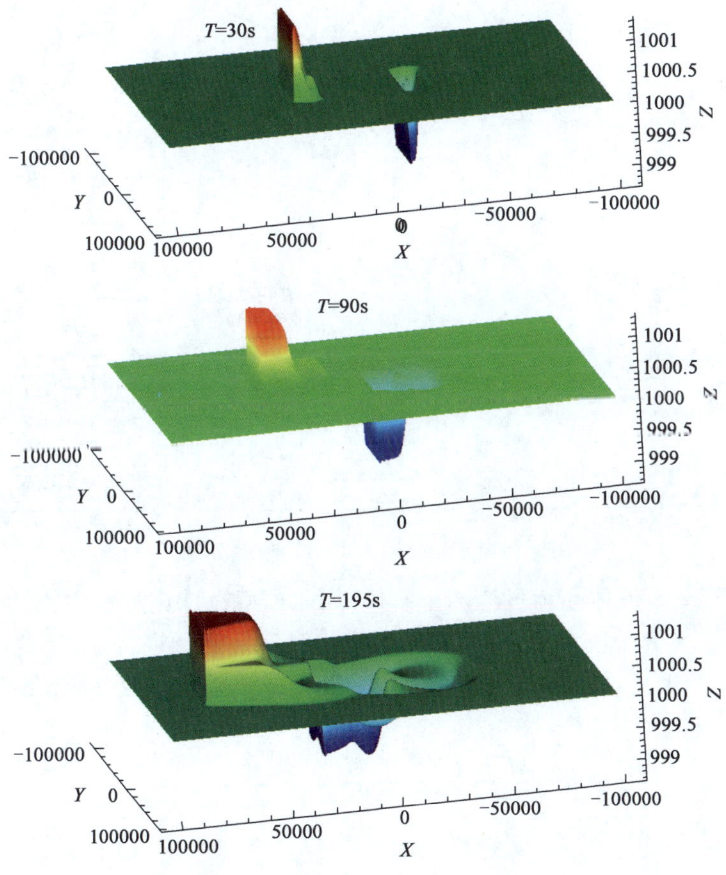

图 7.1-12c) 床面滑块滑动激起涌浪(滑动速度:200m/s)

7.2 长江上游万州河段滑坡涌浪数值计算

7.2.1 计算条件

根据本项目依托工程,建立了长江上游万州河段滑坡涌浪三维数学模型。模型计算范围:距宜昌航道里程324.5~341km。模型计算步长为2s,计算时间为500s。

计算地形采用万州河段2003年8月实测地形资料。

根据以往万州城区主要滑坡及变形体位置分布情况(图7.2-1),假定该河段共有2处滑坡体,其中左岸一处,右岸一处,模型计算了左岸滑坡体和右岸滑坡体分别滑坡、两岸滑坡体同时滑坡共3种情况。具体滑坡位置见图7.2-2。

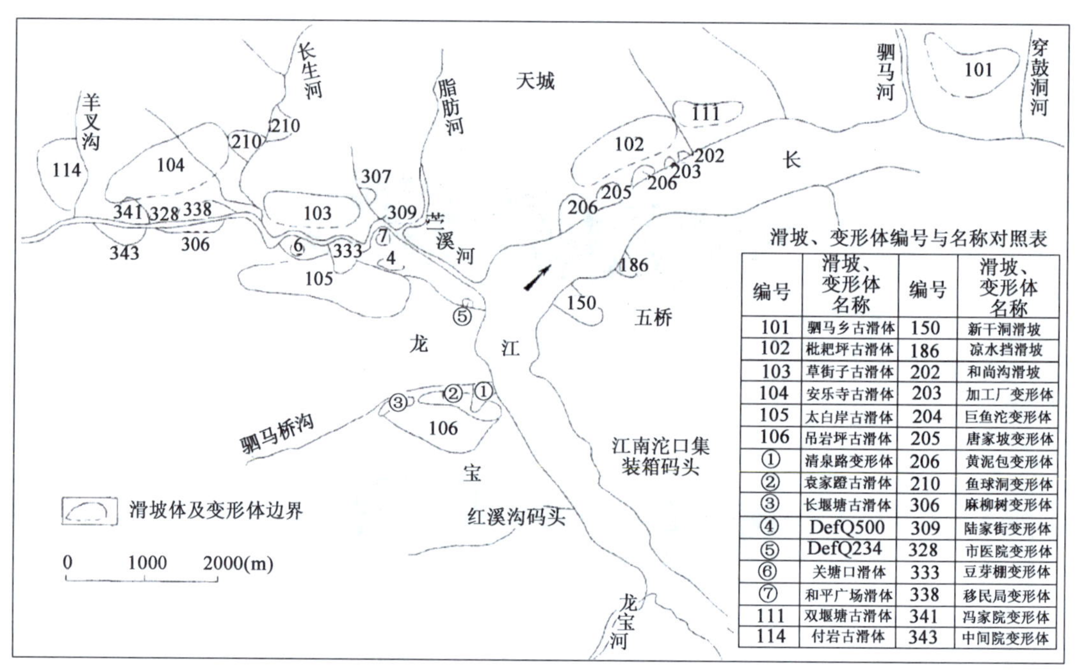

滑坡、变形体编号与名称对照表

编号	滑坡、变形体名称	编号	滑坡、变形体名称
101	驷马乡古滑体	150	新干洞滑坡
102	枇耙坪古滑体	186	凉水挡滑坡
103	草街子古滑体	202	和尚沟滑坡
104	安乐寺古滑体	203	加工厂变形体
105	太白岸古滑体	204	巨鱼沱变形体
106	吊岩坪古滑体	205	唐家坡变形体
①	清泉路变形体	206	黄泥包变形体
②	袁家蹬古滑体	210	鱼球洞变形体
③	长堰塘古滑体	306	麻柳树变形体
④	DefQ500	309	陆家街变形体
⑤	DefQ234	328	市医院变形体
⑥	关塘口滑体	333	豆芽棚变形体
⑦	和平广场滑体	338	移民局变形体
111	双堰塘古滑体	341	冯家院变形体
114	付岩古滑体	343	中间院变形体

图7.2-1 万州城区主要滑坡及变形体分布图

由于天然情况下滑坡体多为可变的土石体,因此模型在计算过程中,滑坡体按散粒体考虑。滑坡体运动按水下滑坡考虑,采用斜压力模式对滑块运行进行计算,即通过密度差(重力)驱动滑块运动。但由于散粒的滑坡体的运动具有宾汉姆体运动特征,在计算中加入了止动切应力τ,即

$$v\frac{\partial U}{\partial z} > t_0 \qquad v\frac{\partial U}{\partial z} = v\frac{\partial U}{\partial z} - t_0$$

$$v\frac{\partial U}{\partial z} < t_0 \qquad U = 0$$

由于该河段位于三峡库区,通过查阅相关资料五年一遇沱口水位比坝前只高0.1m左右,所以模型计算时的初始水位按坝前水位选取,具体见表7.2-1。

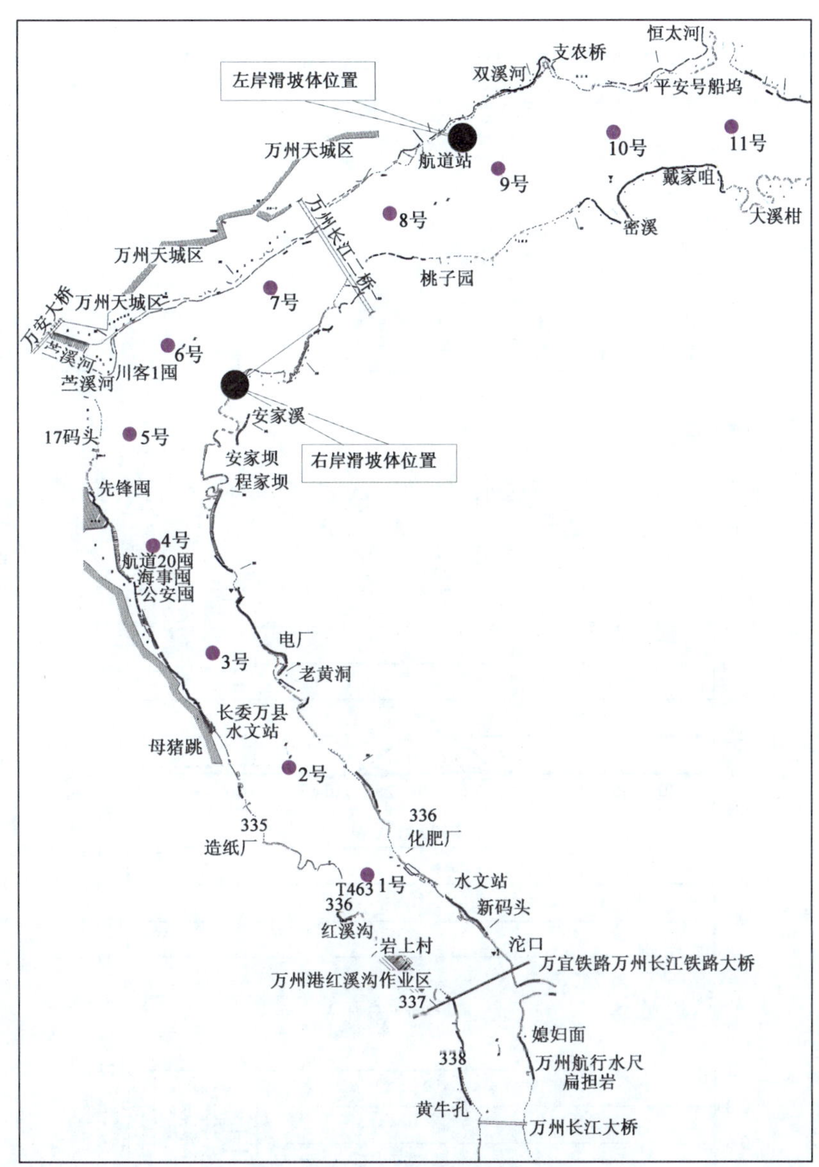

图7.2-2 滑坡位置及特征点位置示意图

计 算 条 件

表7.2-1

计算工况	库区水位(m)	滑面坡度	滑体宽度(m)	滑体厚度(m)	滑体长度(m)
工况1-1(右岸滑体滑落)	175	根据地形,按滑坡点实际坡度计算	63	35	70
工况1-2(左岸滑体滑落)					
工况1-3(两岸同时滑落)					

续上表

计算工况	库区水位(m)	滑面坡度	滑体宽度(m)	滑体厚度(m)	滑体长度(m)
工况 2-1(右岸滑体滑落)	155	根据地形,按滑坡点实际坡度计算	63	35	70
工况 2-2(左岸滑体滑落)					
工况 2-3(两岸同时滑落)					

7.2.2 计算结果

图 7.2-3、图 7.2-4 分别给出了库区水位为 175m 和 155m 时,3 种不同工况下各特征点位置水位、流速随时间变化过程。

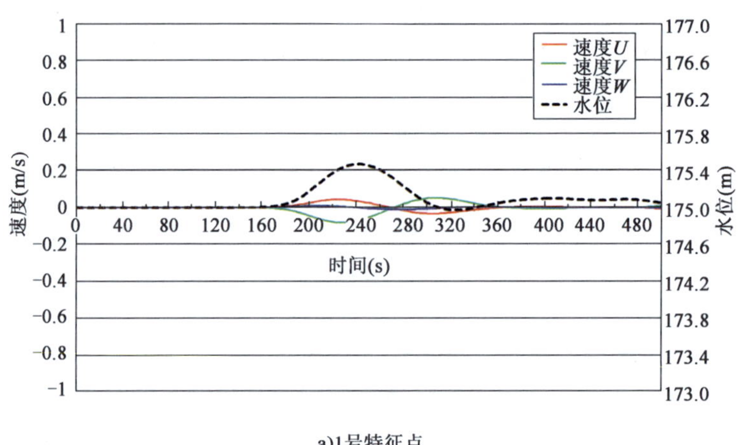

a)1号特征点

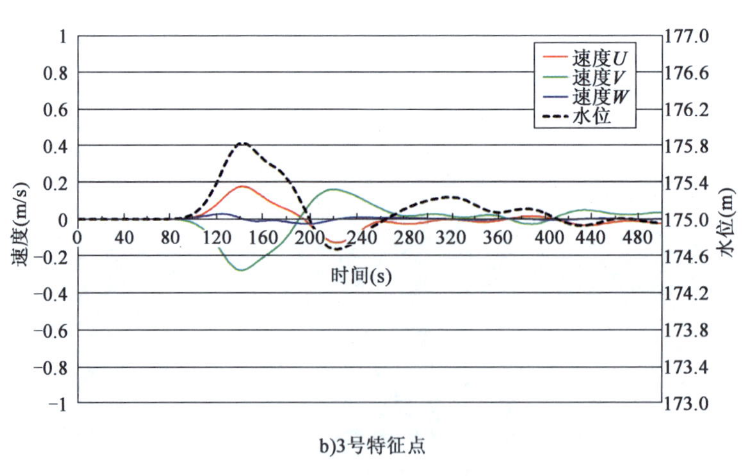

b)3号特征点

图 7.2-3a)

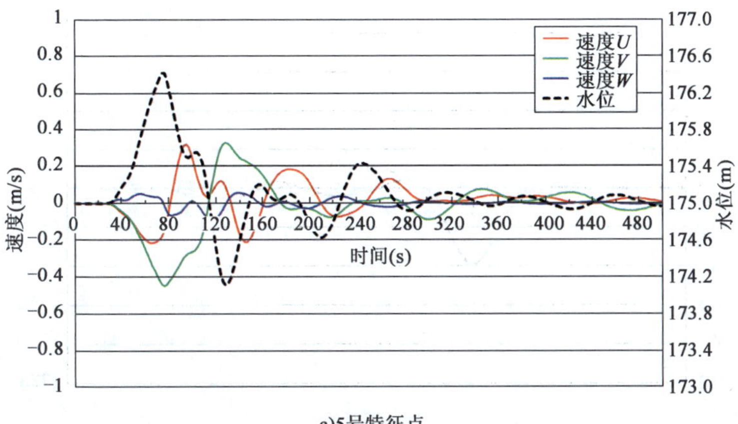

c)5号特征点

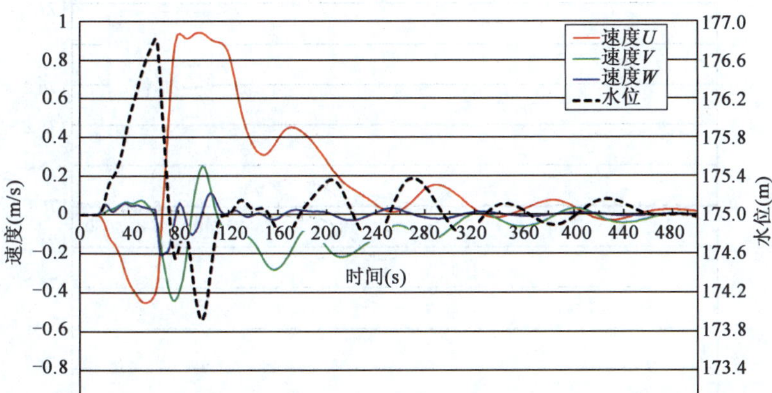

d)6号特征点

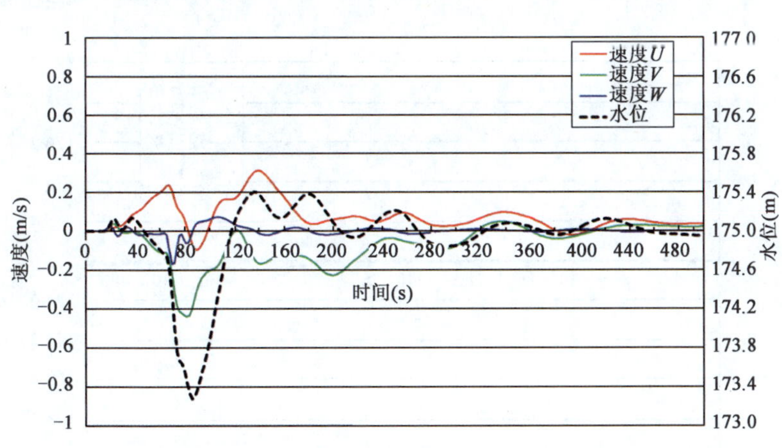

e)7号特征点

图 7.2-3a)

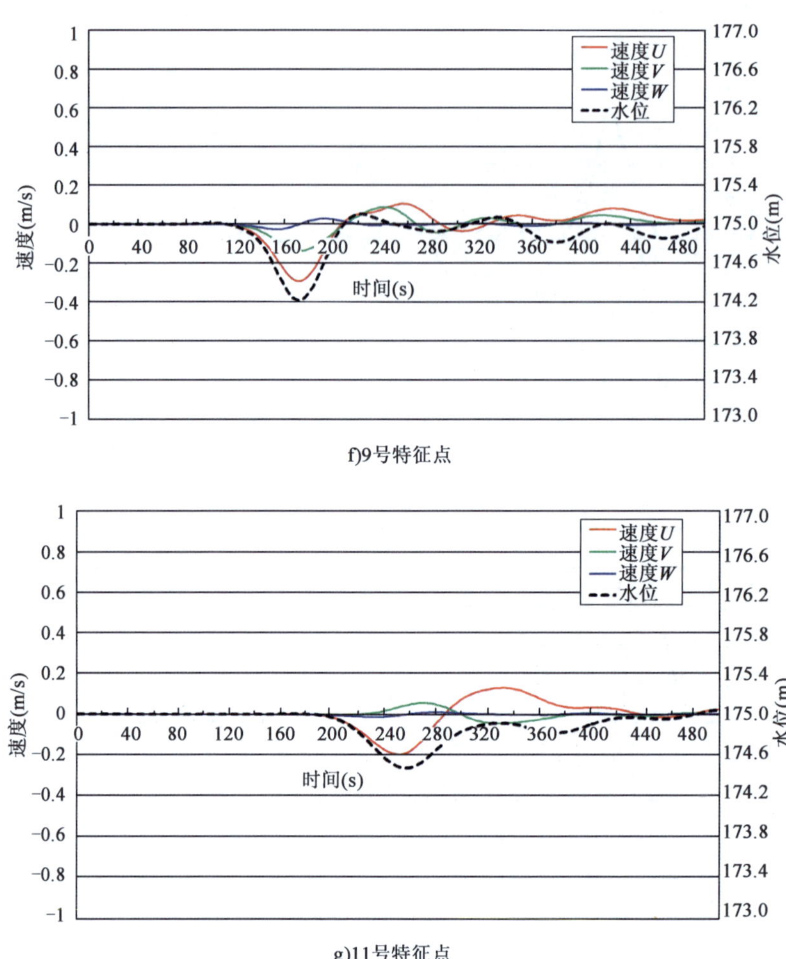

f)9号特征点

g)11号特征点

图 7.2-3a） 工况 1-1 各特征点位置水位、流速随时间变化过程

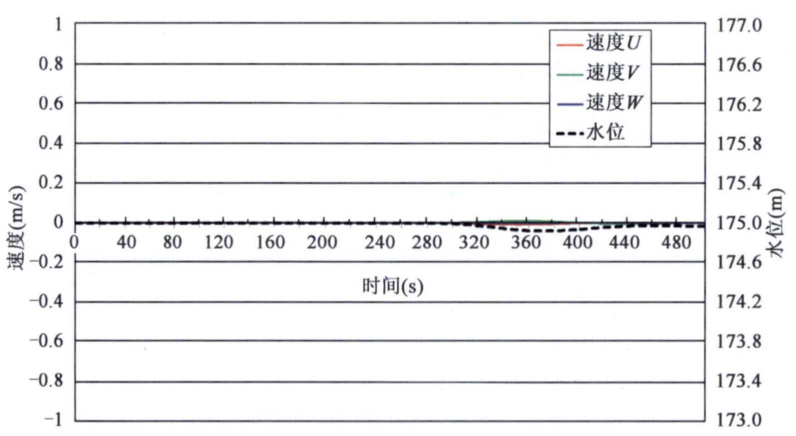

a)1号特征点

图 7.2-3b）

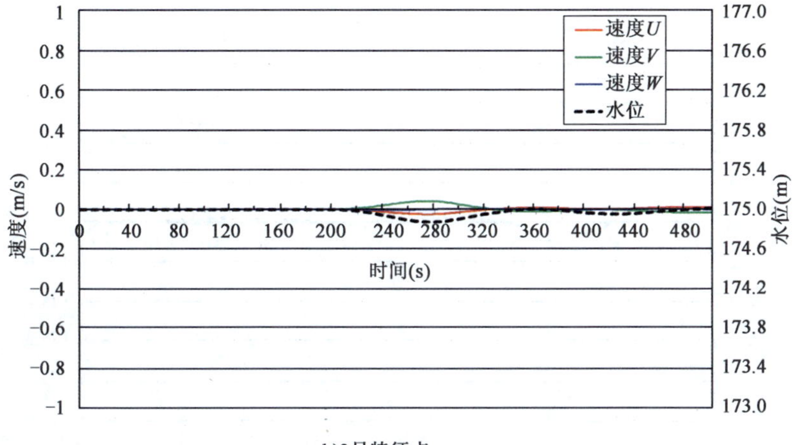

b)3号特征点

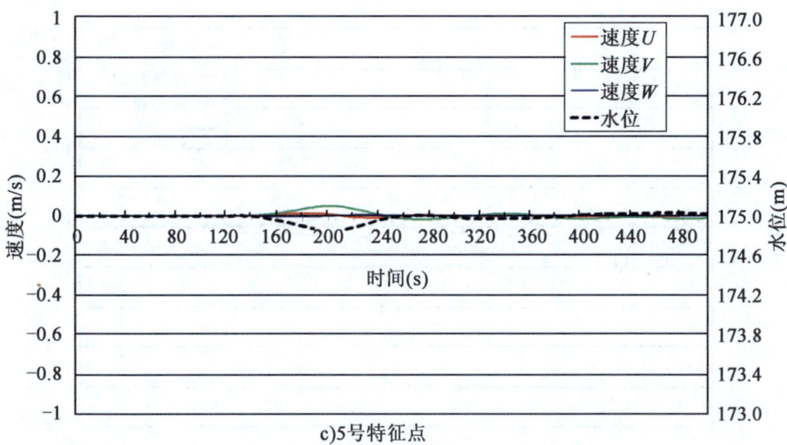

c)5号特征点

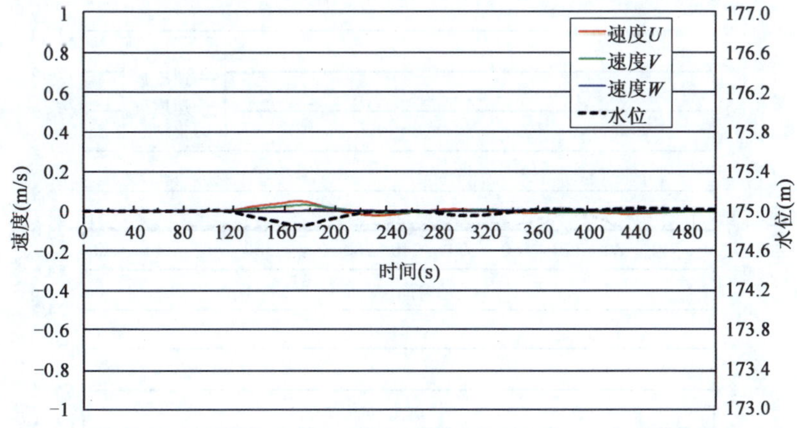

d)6号特征点

图 7.2-3b)

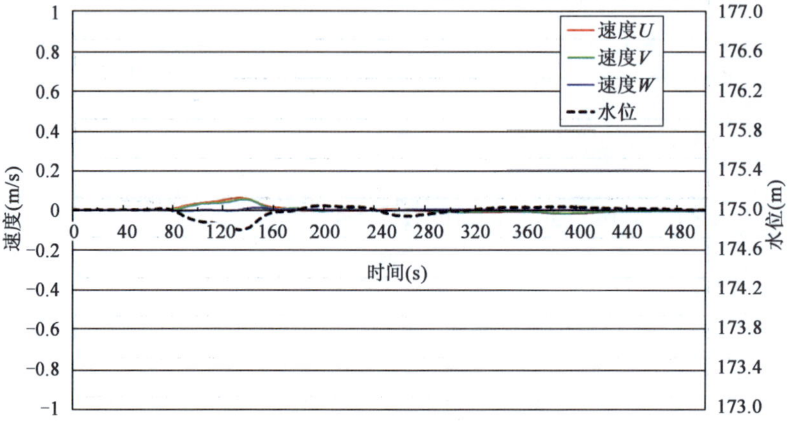

e)7号特征点

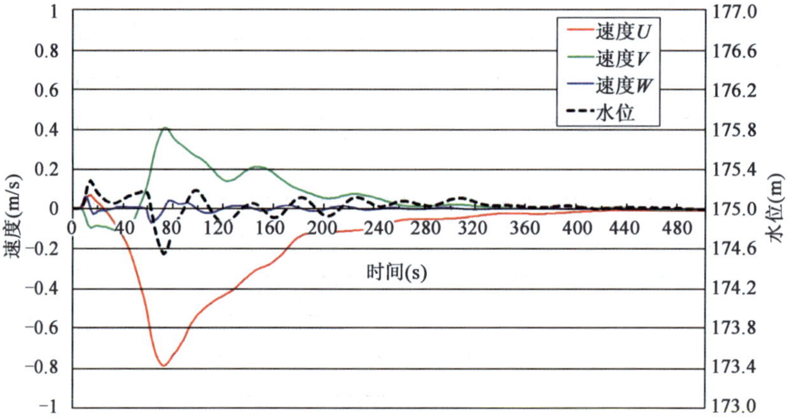

f)9号特征点

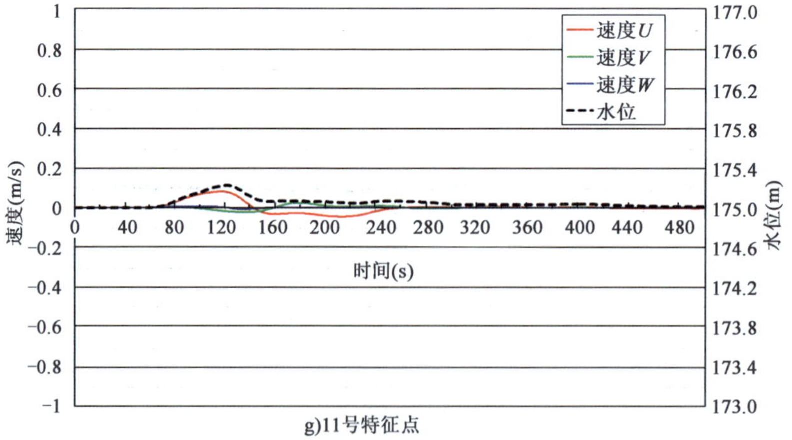

g)11号特征点

图 7.2-3b） 工况 1-2 各特征点位置水位、流速随时间变化过程

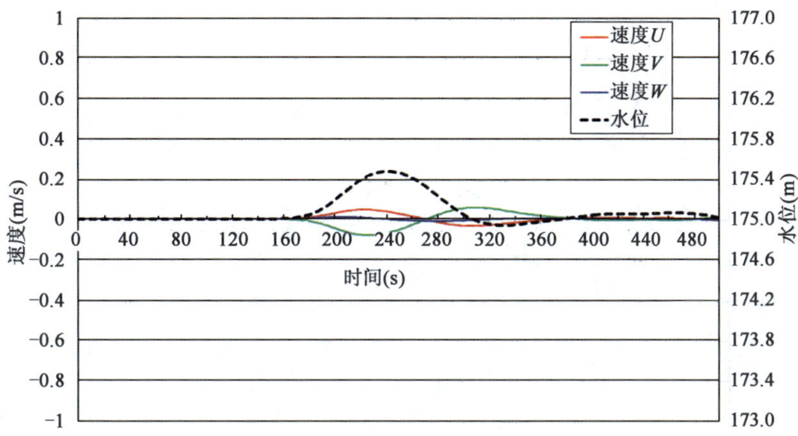

a)1号特征点

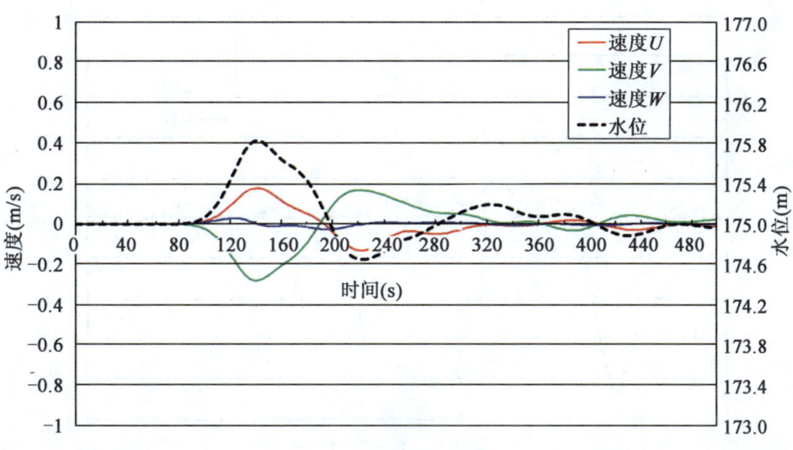

b)3号特征点

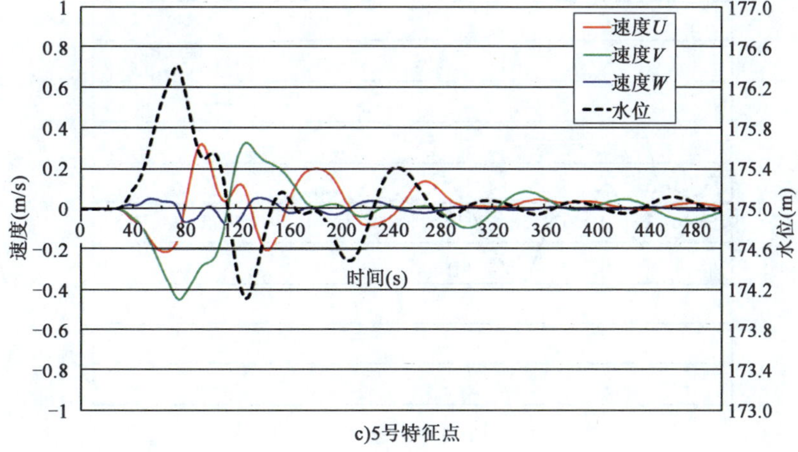

c)5号特征点

图 7.2-3c)

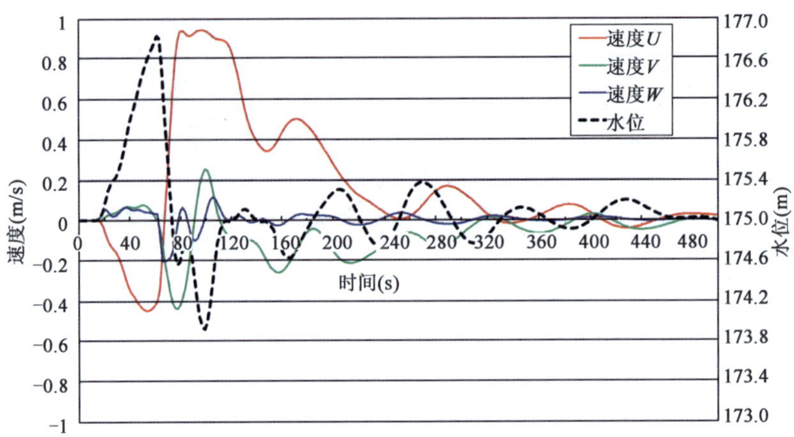

d)6号特征点

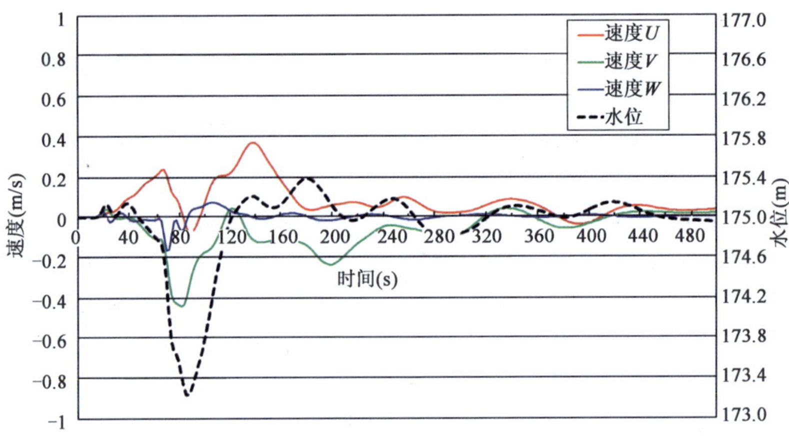

e)7号特征点

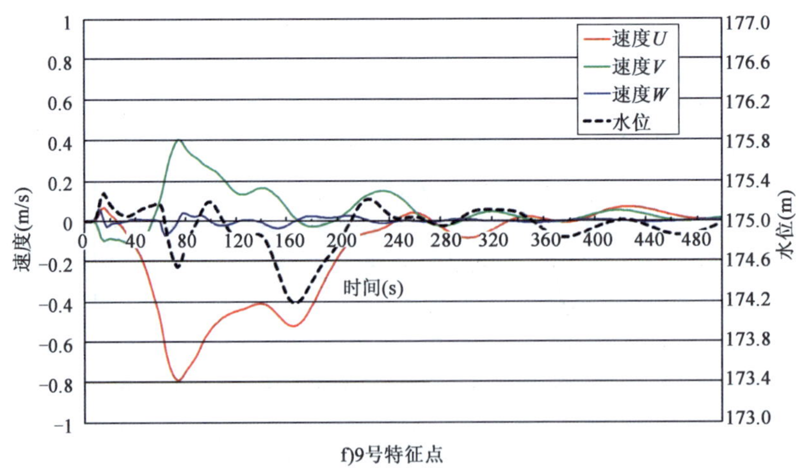

f)9号特征点

图 7.2-3c)

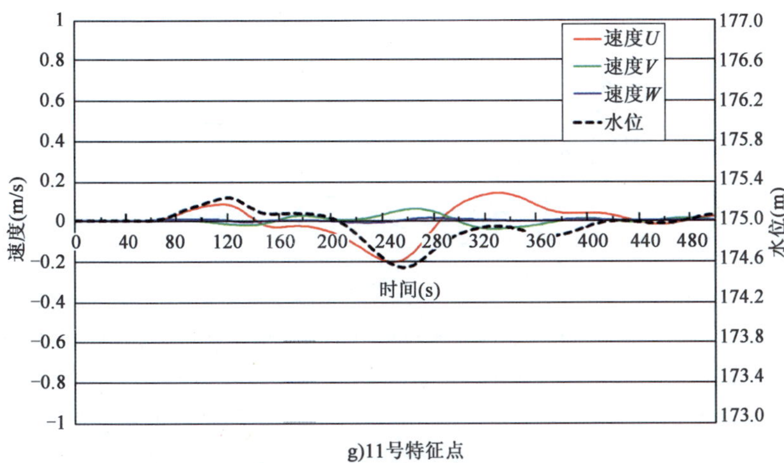

g)11号特征点

图 7.2-3c) 工况 1-3 各特征点位置水位、流速随时间变化过程

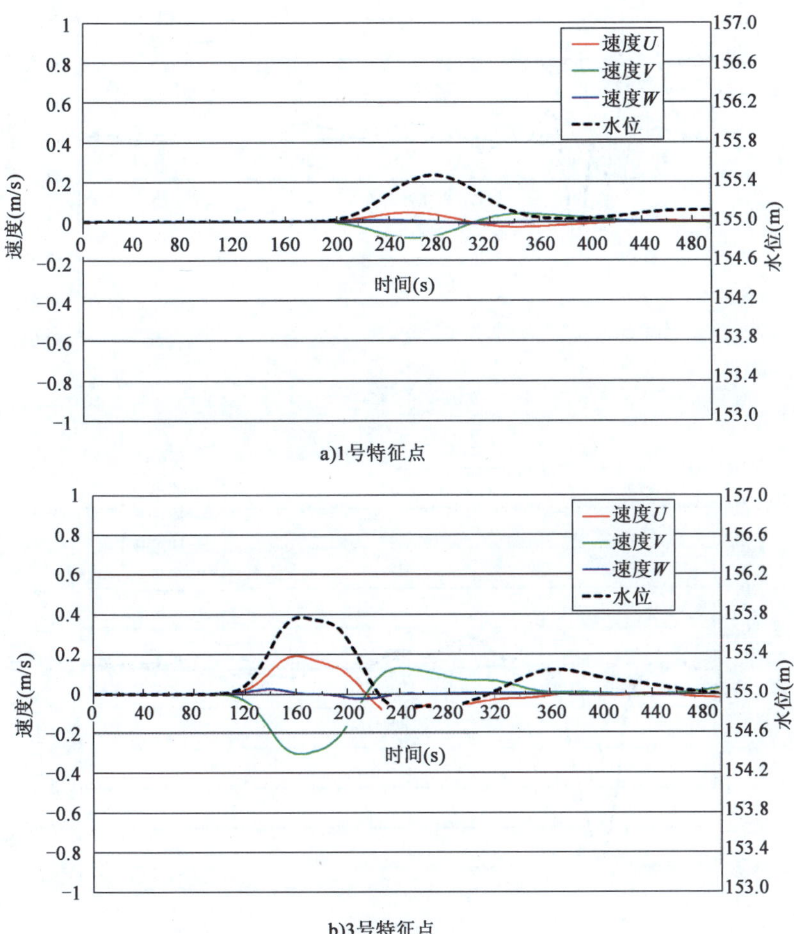

a)1号特征点

b)3号特征点

图 7.2-4a)

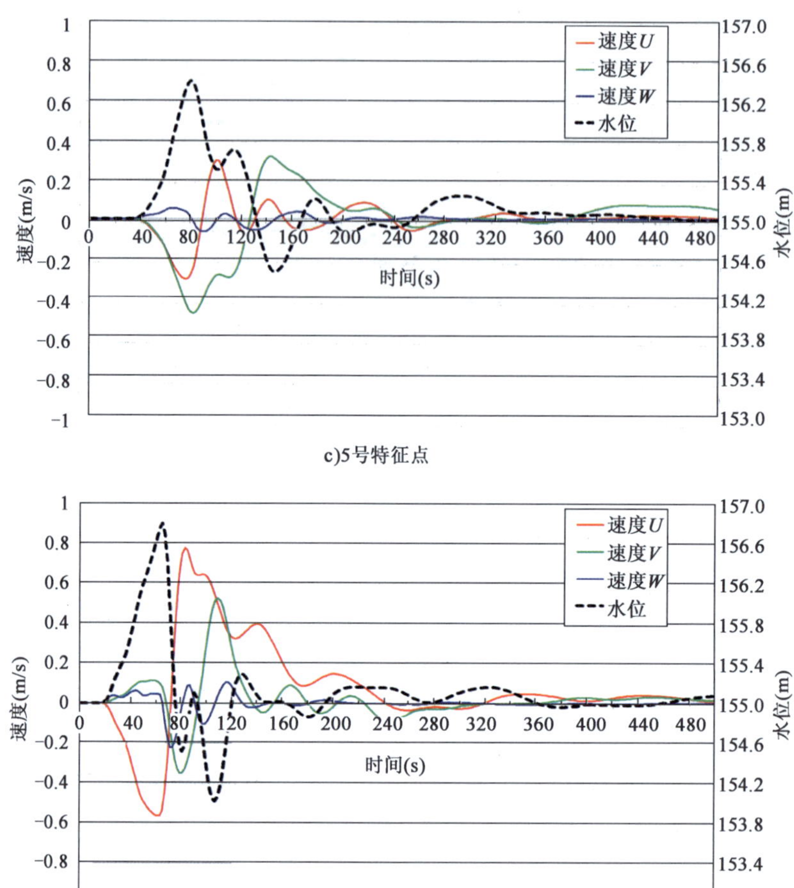

c)5号特征点

d)6号特征点

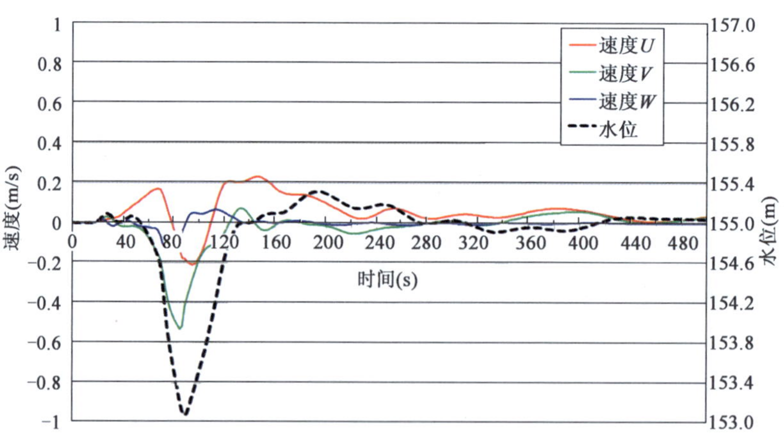

e)7号特征点

图 7.2-4a)

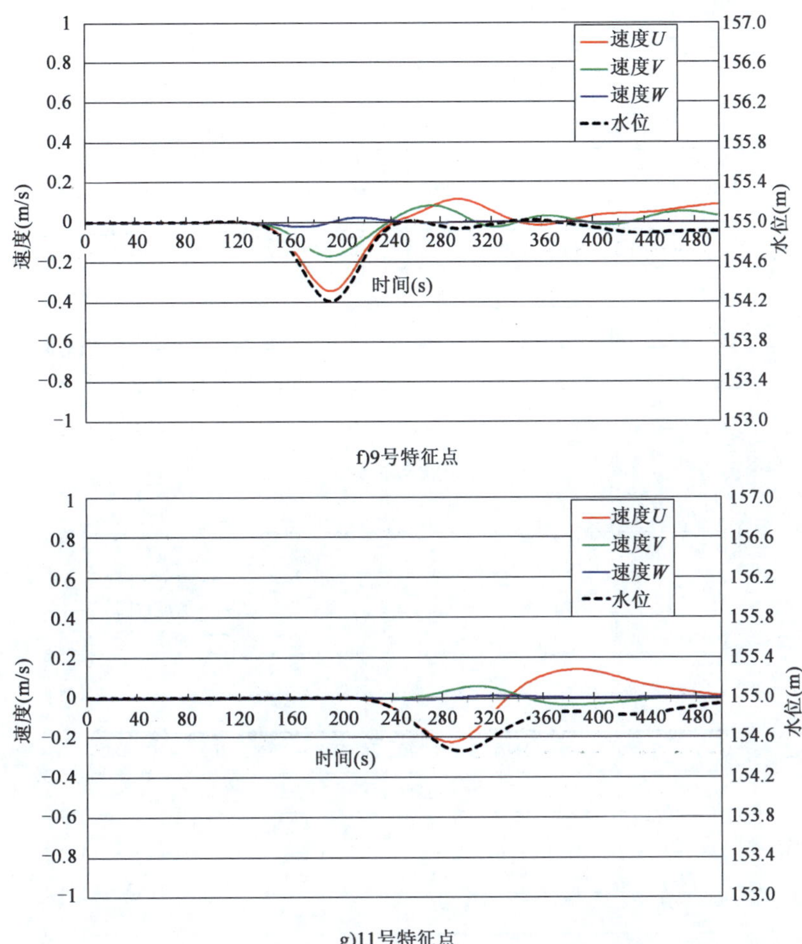

f)9号特征点

g)11号特征点

图7.2-4a) 工况2-1各特征点位置水位、流速随时间变化过程

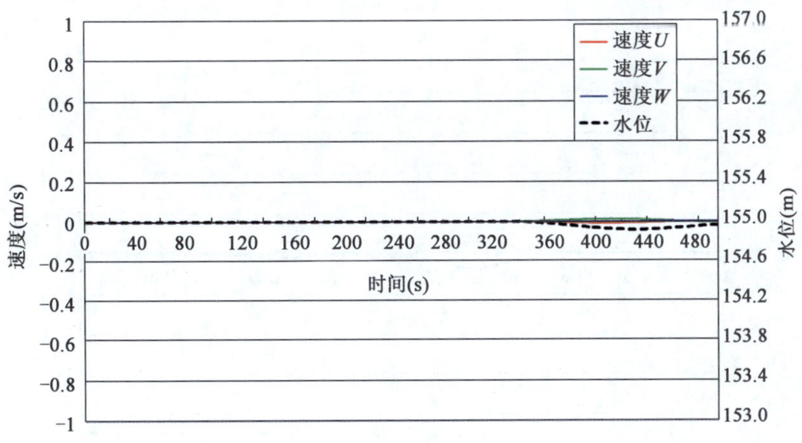

a)1号特征点

图 7.2-4b)

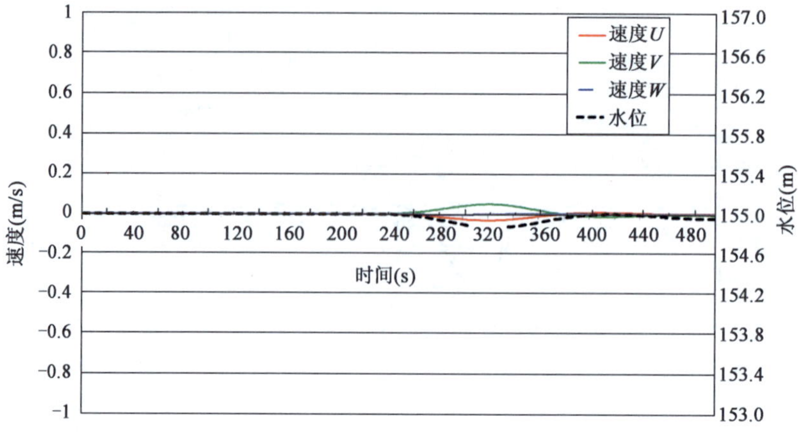

b)3号特征点

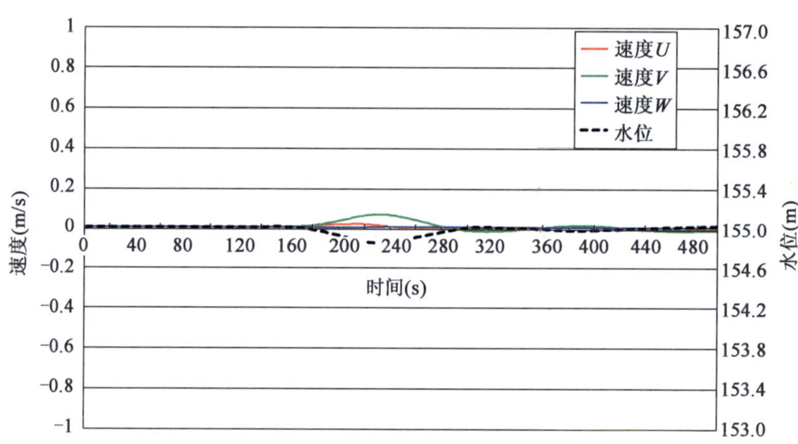

c)5号特征点

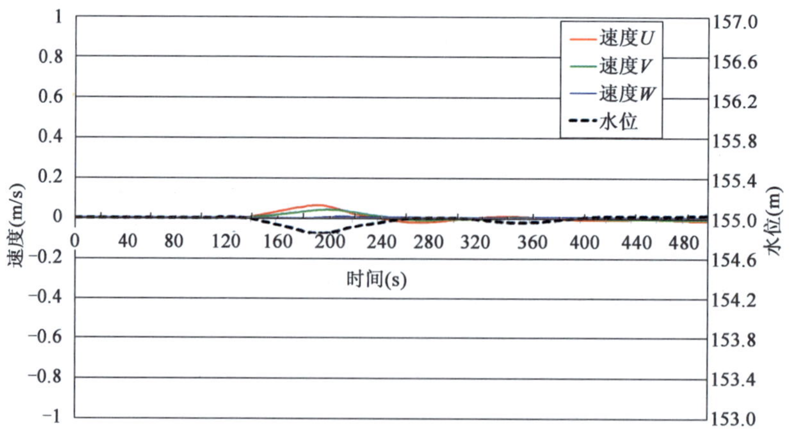

d)6号特征点

图 7.2-4b)

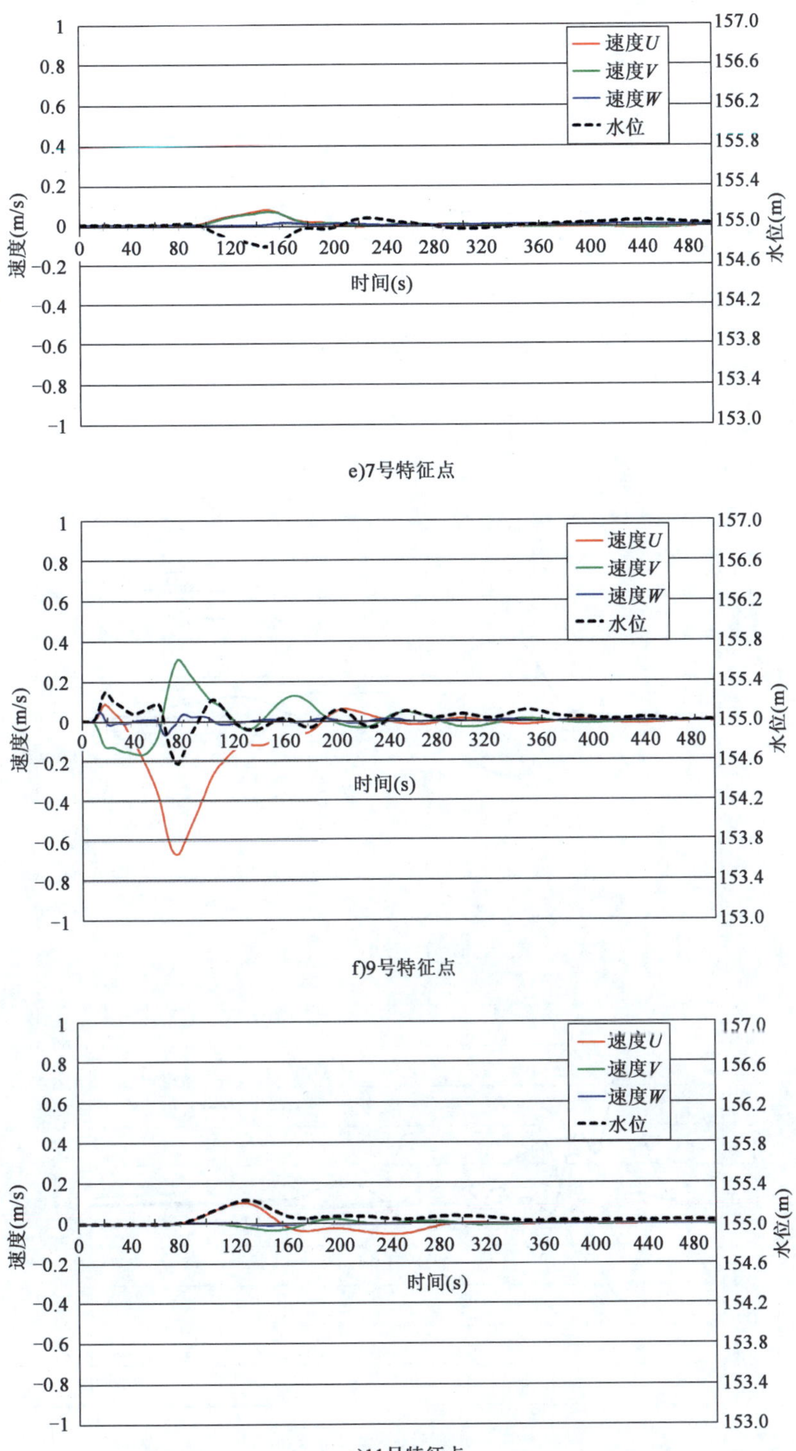

e)7号特征点

f)9号特征点

g)11号特征点

图 7.2-4b) 工况 2-2 各特征点位置水位、流速随时间变化过程

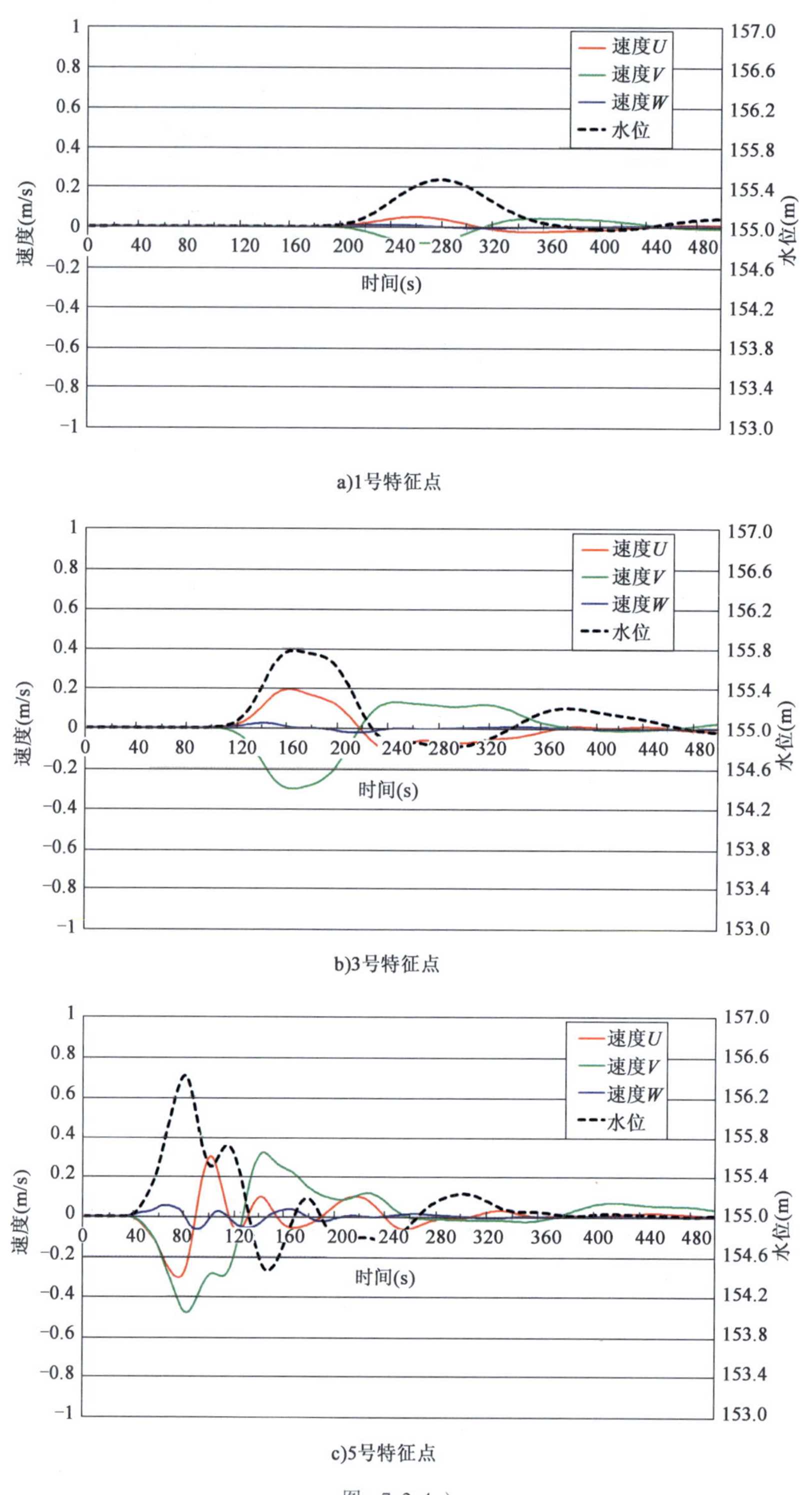

a)1号特征点

b)3号特征点

c)5号特征点

图 7.2-4c)

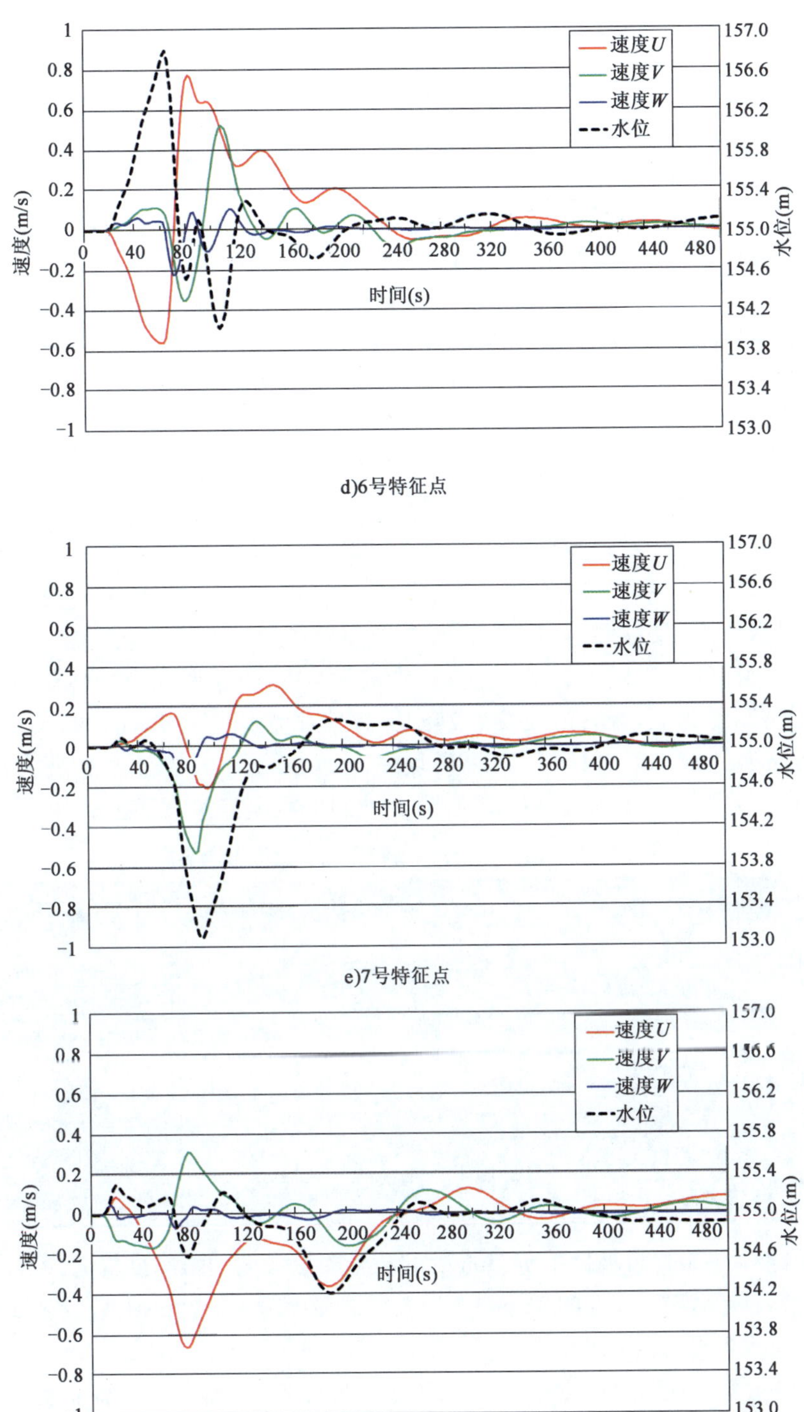

图 7.2-4c)

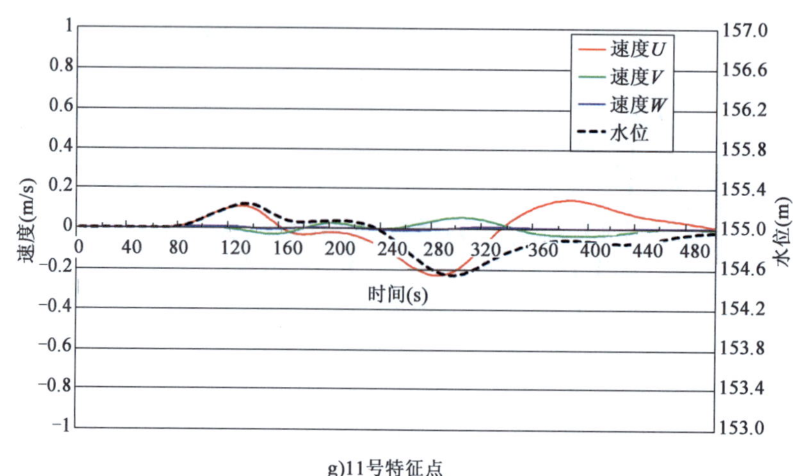

图 7.2-4c）　工况 2-3 各特征点位置水位、流速随时间变化过程

由图可知：

（1）当库区水位为 175m 时

右岸滑坡体滑落后（工况 1-1、表 7.2-2），滑坡发生 60s 后，距离滑坡体最近的 6 号测点监测到最大涌浪高度为 1.82m；滑坡发生 74s 后，距离滑坡体上游 1km 处的 5 号测点最大涌浪高度为 1.41m；滑坡发生 142s 后，距离滑坡体上游 3km 处的 3 号测点最大涌浪高度为 0.82m；滑坡发生 242s 后，距离滑坡体上游 5km 处的 1 号测点最大涌浪高度为 0.47m。

工况 1-1（右岸滑坡体滑落）**各特征点位置最大涌浪高度**　　表 7.2-2

特征点位置		涌浪传播时间(s)	最大涌浪高度(m)
1 号	滑坡体上游 5km	242	0.47
3 号	滑坡体上游 3km	142	0.82
5 号	滑坡体上游 1km	74	1.41
6 号	距离滑坡体约 610m	60	1.82
7 号	滑坡体下游 1km	84	-1.73
9 号	滑坡体下游 3km	170	-0.78
11 号	滑坡体下游 5km	256	-0.53

滑坡发生 84s 后，距离滑坡体下游 1km 处的 7 号测点最大涌浪高度为 -1.73m；滑坡发生 170s 后，距离滑坡体下游 3km 处的 9 号测点最大涌浪高度为 -0.78m；滑坡发生 256s 后，距离滑坡体下游 5km 处的 11 号测点最大涌浪高度为 -0.53m。

左岸滑坡体滑落后（工况 1-2、表 7.2-3），由于受地形影响，左岸滑坡体滑坡引起的最大涌浪高度明显小于右岸。其中，滑坡发生 72s 后，距离滑坡体最近的 9 号测点监测到最大涌浪高度为 -0.45m；滑坡发生 120s 后，距离滑坡体下游 2km 处的 11 号测点最大涌浪高度为 0.22m。

滑坡发生 132s 后，距离滑坡体上游 2km 处的 7 号测点最大涌浪高度为 -0.2m；滑坡发生 202s 后，距离滑坡体上游 4km 处的 5 号测点最大涌浪高度为 -0.15m。滑坡发生 372s 后，距离滑坡体上游 8km 处的 1 号测点最大涌浪高度为 -0.08m。

工况 1-2(左岸滑坡体滑落)各特征点位置最大涌浪高度 表 7.2-3

特征点位置		涌浪传播时间(s)	最大涌浪高度(m)
1 号	滑坡体上游 8km	372	-0.08
3 号	滑坡体上游 6km	276	-0.13
5 号	滑坡体上游 4km	202	-0.15
6 号	滑坡体上游 3km	170	-0.15
7 号	滑坡体上游 2km	132	-0.2
9 号	距滑坡体 400M	72	-0.45
11 号	滑坡体下游 2km	120	0.22

两岸滑坡体同时滑落后(工况 1-3、表 7.2-4),滑坡发生 60s 后,距离滑坡体最近的 6 号测点监测到最大涌浪高度为 1.82m;滑坡发生 74s 后,距离滑坡体上游 1km 处的 5 号测点最大涌浪高度为 1.41m;滑坡发生 142s 后,距离滑坡体上游 3km 处的 3 号测点最大涌浪高度为 0.82m;滑坡发生 242s 后,距离滑坡体上游 5km 处的 1 号测点最大涌浪高度为 0.47m。

滑坡发生 84s 后,距离滑坡体下游 1km 处的 7 号测点最大涌浪高度为 -1.76m;滑坡发生 166s 后,距离滑坡体下游 3km 处的 9 号测点最大涌浪高度为 -0.81m;滑坡发生 256s 后,距离滑坡体下游 5km 处的 11 号测点最大涌浪高度为 -0.47m。

工况 1-3(两岸滑坡体同时滑落)各特征点位置最大涌浪高度 表 7.2-4

特征点位置	涌浪传播时间(s)	最大涌浪高度(m)
1 号	242	0.47
3 号	142	0.82
5 号	74	1.41
6 号	60	1.82
7 号	84	-1.76
9 号	166	-0.81
11 号	256	-0.47

(2)当库区水位为 155m 时

右岸滑坡体滑落后(工况 2-1、表 7.2-5),滑坡发生 64s 后,距离滑坡体最近的 6 号测点监测到最大涌浪高度为 1.80m;滑坡发生 80s 后,距离滑坡体上游 1km 处的 5 号测点最大涌浪高度为 1.41m;滑坡发生 166s 后,距离滑坡体上游 3km 处的 3 号测点最大涌浪高度为 0.77m;滑坡发生 278s 后,距离滑坡体上游 5km 处的 1 号测点最大涌浪高度为 0.47m。

工况 2-1(右岸滑坡体滑落)各特征点位置最大涌浪高度 表 7.2-5

特征点位置		涌浪传播时间(s)	最大涌浪高度(m)
1 号	滑坡体上游 5km	278	0.47
3 号	滑坡体上游 3km	166	0.77
5 号	滑坡体上游 1km	80	1.41

续上表

特征点位置		涌浪传播时间(s)	最大涌浪高度(m)
6号	距滑坡体约610m	64	1.8
7号	离滑坡体下游1km	88	-1.92
9号	滑坡体下游3km	192	-0.79
11号	滑坡体下游5km	294	-0.54

滑坡发生88s后，距离滑坡体下游1km处的7号测点最大涌浪高度为-1.92m；滑坡发生192s后，距离滑坡体下游3km处的9号测点最大涌浪高度为-0.79m；滑坡发生294s后，距离滑坡体下游5km处的11号测点最大涌浪高度为-0.54m。

左岸滑坡体滑落后(工况2-2、表7.2-6)，滑坡发生76s后，距离滑坡体最近的9号测点最大涌浪高度为-0.43m；滑坡发生132s后，距离滑坡体下游2km处的11号测点最大涌浪高度为0.23m。

工况2-2(左岸滑坡体滑落)**各特征点位置最大涌浪高度** 表7.2-6

特征点位置		涌浪传播时间(s)	最大涌浪高度(m)
1号	滑坡体上游8km	432	-0.08
3号	滑坡体上游6km	324	-0.13
5号	滑坡体上游4km	232	-0.16
6号	滑坡体上游3km	194	-0.16
7号	滑坡体上游2km	148	-0.22
9号	距滑坡体400m	76	-0.43
11号	滑坡体下游2km	132	0.23

滑坡发生148s后，距离滑坡体上游2km处的7号测点最大涌浪高度为-0.22m；滑坡发生232s后，距离滑坡体上游4km处的5号测点最大涌浪高度为-0.16m。滑坡发生432s后，距离滑坡体上游8km处的1号测点最大涌浪高度为-0.08m。

两岸滑坡体同时滑落后(工况2-3、表7.2-7)，滑坡发生64s后，距离滑坡体最近的6号测点最大涌浪高度为1.80m；滑坡发生80s后，距离滑坡体上游1km处的5号测点最大涌浪高度为1.41m；滑坡发生166s后，距离滑坡体上游3km处的3号测点最大涌浪高度为0.77m；滑坡发生278s后，距离滑坡体上游5km处的1号测点最大涌浪高度为0.47m。

工况2-3(两岸滑坡体同时滑落)**各特征点位置最大涌浪高度** 表7.2-7

特征点位置	涌浪传播时间(s)	最大涌浪高度(m)
1号	278	0.47
3号	166	0.77
5号	80	1.41
6号	64	1.8
7号	88	-1.91
9号	186	-0.8
11号	292	-0.46

滑坡发生88s后,距离滑坡体下游1km处的7号测点最大涌浪高度为-1.91m;滑坡发生186s后,距离滑坡体下游3km处的9号测点最大涌浪高度为-0.8m;滑坡发生292s后,距离滑坡体下游5km处的11号测点最大涌浪高度为-0.46m。

7.2.3　小结

以依托工程为背景,建立了长江上游万州段滑坡涌浪三维数学模型。模拟了不同滑坡位置、不同方量、不同库区水位共6种工况下涌浪的沿程传播和衰减规律。

从各工况下,涌浪传播至各特征点处最大涌浪高度及传播时间可以看出,各特征点处不同方量、不同水位、不同滑坡位置的最大涌浪高度及涌浪向上下游传播的时间均有所不同,其中,滑坡体体积越大,向上下游传播的时间越快,右岸滑坡体激起的涌浪高度明显大于左岸,涌浪高度受库区初始水位影响较小。

7.3　涌浪传播可视化技术

三维水动力计算技术的发展,促进了对三维计算结果后处理及仿真模拟的进步。如何将大量的模拟计算数据直观地表现是水动力数值模拟研究的一个领域,以往对水面变化通过颜色改变描述,像Delft3D、Mike3等商业化软件等。随用户需求的提高及图形处理技术的进步,直接对三维水面变化的仿真成为可能。

直接对三维水面的显示,涉及真实三维场景的建立。所以支持三维地形建立是选择三维场景建立的最基本的条件。三维场景的建立需要慎重选择支持三维建模的软件平台,目前市场上有很多GIS平台产品支持三维建模,它们基本上侧重于地理信息系统的建设,在数据库支持、各种地形数据兼容上各有特色,但是它们都具有共同的缺点:为提高兼容性,平台过于庞大、运行效率低、价格昂贵,三维数据后处理只是需要能够建立三维场景即可,其他的功能可以通过开发自行完成,而不需要像数据库支持等附加功能,因为它们只能带来性能上的损失而对三维数据后处理没有任何帮助。基于以上分析,WPF(Windows Presentation Foundation)和OpenGL成为选择目标。

7.3.1　WPF与OpenGL

计算机三维图形处理实质上是指将用三维空间数据描述的场景通过计算,转换成二维图像并显示或打印出来的技术。

OpenGL是支持这种转换的程序库,它源于SGI公司为其图形工作站开发的IRIS GL,在跨平台移植过程中发展成为OpenGL。SGI在1992年7月发布1.0版,后成为工业标准,由成立于1992年的独立财团OpenGL Architecture Review Board(ARB)控制。SGI等ARB成员以投票方式产生标准,并制成规范文档(Specification)公布,各软硬件厂商据此开发自己系统上的实现。只有通过了ARB规范全部测试的实现才能称为OpenGL。1995年12月ARB批准了1.1版本,最新版规范是1999.5通过的1.2.1。OpenGL被设计成独立于硬件,独立于窗口系统的,在运行各种操作系统的各种计算机上都可用,并能在网络环境下以客户/服务器模式工作,是专业图形处理、科学计算等高端应用领域的标准图形库。由于OpenGL由来已久,有众多的用户,网络上可用资源较多,它有众多游戏开发用的函数,被广泛用来开发各种三维游戏。

微软为占领三维图形处理技术市场,先后发布了基于 Windows 平台的 MS-Direct3D、DirectX,由于两者使用复杂,应用受到限制。随 NET Framework 2.0 的发布,微软将 WPF 集成到其中,WPF 实现了对三维显示的支持,使得开发人员可以在 VS. NET 开发环境中进行三维图形开发,这对于广大 VS. NET 开发人员无疑是巨大的喜讯,因为以往在 VS. NET 环境下进行三维图形开发,如果利用 C++开发需要引入 OpenGL 函数库,如果利用 C#开发需要引入可托管的 CSGL,使用不方便,结合不紧密,而一旦具有了集成到. NET 中的三维图形开发功能,就可以实现. NET 下各种开发语言的共享,优势不言而喻。

WPF 为 Windows Presentation Foundation 的缩写,是微软新一代图形系统,运行在 MS. NET Framework 3.0 架构下,它基于 DIRECTX 技术,在文档、图形、图像、多媒体、动画等方面具有超强的优势。在 WPF 中可以进行三维图形模型定义,用于指定光源和摄像机位置信息,以构建真实的三维场景,可以完成与 OpenGL 相同的三维图形处理功能。两者相比较各有优势:OpenGL 作为专业的图形开发工具已有较长历史,具有跨平台特性、有着众多用户、积累了丰富的资源;WPF 由微软推出,具有与 Windows 操作系统紧密结合性,完全融合在 VS. NET 开发环境中,为 VB、C++、C 号开发语言所支持,可以使开发者快速入门,有效降低了三维图形开发的难度,与已有 VB、C++、C#程序兼容,移植成本低。

本系统只是用到了三维图形处理中的三维场景建立的功能,WPF 可以提供这个功能,相比较而言,OpenGL 有大量的用于游戏开发的功能函数,是一个“太胖”的平台,WPF 则较为精炼,更适合于三维流场模拟系统开发。

7.3.2 用 WPF 建立三维场景

WPF 三维图形处理功能提供了对三维的设计宗旨支持而不是提供功能齐全的游戏开发平台。通过 WPF 三维实现,开发人员可使用与该平台所提供给二维图形的相同的功能,对标记和过程代码中的三维图形进行绘制、转换和动画处理。WPF 中的三维图形内容封装在 Viewport3D 元素中,该元素可以参与二维元素结构,Viewport3D 充当三维场景中的一个窗口(视区),更准确地说,它是三维场景所投影到的图面。

WPF 提供了标准的构建三维场景的函数:三维坐标空间变换、照相机和投影、模型和网格基元、向模型应用材质、照亮场景、变换模型、对模型进行动画处理等,利用它们,可以从底层构建所需要的三维处理系统,灵活处理特定需求。

1)三维坐标空间

在三维坐标系中,WPF 定义原点位于呈现区域的中心,x 轴上的正值朝右,但是 y 轴上的正值朝上,z 轴上的正值从原点向外朝向观察者。

由这些轴定义的空间是三维对象在 WPF 中的固定参考框架。当在该空间中生成模型并创建光源和照相机以查看这些模型时,一定要在向每个模型应用变换时,将固定参考框架或“全局空间”与为该模型创建的局部参考框架区分开。另请记住,根据光源和照相机设置,全局空间中的对象可能会看上去完全不同或者根本不可见,但是照相机的位置不会改变对象在全局空间中的位置。

2）照相机和投影

创建三维场景时，实际上是要创建三维对象的二维表示形式。由于三维场景的外观会因观察者的观察位置不同而异，因此必须指定观察位置。可以使用 Camera 类来为三维场景指定观察位置。

三维场景在二维图面上表示其实就是将场景投影到观察表面上。WPF 提供了 PerspectiveCamera（透视投影）和 OrthographicCamera（正投影）两种方式的照相机，PerspectiveCamera 指定用来对场景进行透视收缩的投影，即消失点透视，越远离观察点，场景点越向消失点靠近；OrthographicCamera 指定三维模型到二维可视化图面上的正投影，它描述了一个侧面平行的取景框，而不是侧面汇集在场景中一点的取景框。

3）模型和网格基元

要生成三维场景，需要一些要查看的对象，目前，WPF 支持用 GeometryModel3D 对几何形状进行建模，构成场景图的对象。要生成模型，首先要生成一个基元或网格。三维基元是一系列构成单个三维实体的顶点，大多数三维系统都提供在最简单的闭合图（由三个顶点定义的三角形）上建模的基元，WPF 也一样。由于三角形的三个点在一个平面上，因此可以继续添加三角形，以便对网格这样较为复杂的形状建模。

为了呈现模型的图面，图形系统需要有关曲面在任何给定三角形上的朝向信息，图形系统使用此信息来针对该模型进行照明计算：直接朝向光源的图面比偏离光源的图面显得更亮，WPF 可以使用位置坐标来确定默认的法向量，但是开发者也可以指定不同的法向量来近似计算曲面的外观。

4）模型材质应用

为了使网格看上去像三维对象，必须向其应用纹理，以便覆盖由顶点和三角形定义的图面，从而使其可以由照相机照明和投影。三维对象的外观是照明模型的功能，而不只是应用于它们的颜色或图案。实际对象的图面质量不同，它们反射光的方式也会有所不同：光亮的图面与粗糙或不光滑的图面看上去不同，某些对象似乎可以吸收光，而某些对象似乎能够发光。可以向三维对象应用与应用于二维对象的完全相同的画笔，但是不能直接应用它们。

WPF 使用多种材质定义模型图面的特征：DiffuseMaterial 向模型应用好像漫射光来照亮的画笔，SpecularMaterial 向模型应用好像模型的表面坚硬或者光亮、能够反射光线一样的画笔，EmissiveMaterial 向模型应用好像模型自身发出的光与画笔的颜色相同的画笔，这不会使模型成为光源。

为进一步提高显示效果，可以指定模型的背面材质。为了实现某些图面质量（如发光或发射效果），可以向模型连续应用几个不同的画笔，即组合若干个不同的材质。

5）场景照亮

与实际光一样，三维图形中的光照能够使图面可见。更确切地说，光照确定了场景的哪个部分将包括在投影中。WPF 中的光照对象创建了各种光和阴影效果，而且是按照各种实际光的行为建模的。场景中必须至少包括一个光源，否则模型将不可见。

6）模型变换

模型创建时，它们在场景中具有特定的位置。为了在场景中移动、旋转这些模型或者更改这些模型的大小而更改用来定义模型本身的顶点是不切实际的，可以向模型应用转换。

每个模型对象都有一个可用来对模型进行移动、重定向或调整大小的 Transform 属性。当应用转换时,实际上是按照由转换功能指定的向量或值(以使用者为准)来有效地偏移模型的所有点。

7)WPF 构建三维场景的方法

通过以上介绍,知道了 WPF 建立三维模型的必要项,要想利用 WPF 构建三维场景,需要围绕 Viewport3D 对象,展开一系列模型参数定义方能实现。较为复杂的是如何构建包含三维模型的对象 ModeVisual3D,有了它,只要将其加入到 Viewport3D 对象,并向 Viewport3D 对象中添加光源(Light)、摄像机(Camera)、坐标变换(Transform)就基本可以完成三维投影显示。

构建 ModelVisual3D,首先需要将三维曲面(如三维地形曲面)用三角单元网格化,利用节点坐标和单元连接关系构建三角形基元 MeshGeometry3D,指定一种材质后生成三维模型 GeometryModel3D,将它赋值给可视三维模型 ModeVisual3D 的 Content 属性即可完成。

三维场景建立后,在 Viewport3D 对象视窗内可以看到三维场景投影得到的图面,相当于现实生活中用照相机对三维景物照了张相一样。接下来只要三维曲面数据发生变化,通过新的呈现,就会得到新的画面。所有这些画面的得到都是 WPF 自动通过渲染操作计算而得到的,用户不需要进行任何投影计算。WPF 对图形的渲染利用了显卡 GPU 的图形加速功能,大大提高了复杂三维图形的渲染速度。

8)三维曲面构建及显示

三维图形显示是较为复杂的过程,涉及三维模型建立、材质应用、坐标变换、光照设置、取景照相机设置等,要使显示内容大小适中、颜色合理,需要对以上各项进行复杂的设置。以下仅叙述最为简单的呈现三维内容的基本步骤。

三维曲面建模方式是三维图形处理最重要的部分,WPF 利用三角形构建三维网格曲面,这包括三维地形构建、建筑物表面构建、自由水面构建(波浪表面)、等温面构建、盐度锲入面构建等。

WPF 中,三维模型由 GeometryModel3D 建立,三维模型以 MeshGeometry3D 构建几何形状,MeshGeometry3D 包含 Positions 和 TriangleIndices 两个属性,交代了指定三角形顶点坐标和三角单元顶点之间的连接关系,如果需要还可以用 TextureCoordinates 指定表面材质的平面坐标用于精确显示表面材质。

要利用 WPF 显示三维图形,首先需要将三维物体表面三角形网格化,记录网格化后的每个顶点的三维坐标值(x,y,z)到 Positions 中,然后将这些顶点连接成三维曲面按顺序(一个单元三个顶点,按逆时针顺序排列)存储到 TRIANGLEINDICES 中,这样基本上就明确了三维曲面的几何构成,加上表面材质的定义,也就是三维曲面表面是核材料,从而完成三维模型 GeometryModel3D 的建立。

为了提高性能和便于管理,可以将若干个 GeometryModel3D 模型集合成一个大的三维模型组,称为 Model3DGroup,将其作为三维可视模型 ModeVisual3D 的内容最终添加到为三维可视内容提供呈现图面的 Viewport3D 对象中。当然,指定 Model3DGroup 的三维变换矩阵是必需的,这样可以将三维模型正确地显示到屏幕区域。

完成以上操作后,向 Viewport3D 对象中添加光源 Light 和照相机 Camera,以照亮模型区域并正确投影到显示区域。

9）三维场景控制

三维场景时间变换在三维显示中是十分重要的。根据需要，使用者会要求对显示的三维图形进行平移、缩放、旋转等三维变换操作，这主要涉及对三维模型和照相机的三维转换（包括平移、旋转和缩放转换）。由于显示出来的三维图形实际上是经过多重变换后进行投影得到的二维平面上的图像，要想准确地对此时的图形进行各种三维变换操作是较为复杂的过程。

场景中显示的内容不会是一个，往往会有若干个，为保证视角变换过程中投影显示的一致性，需要设计三维模型的全局变换矩阵，这样的话，某变换操作改变全局变换矩阵的值会影响场景内所有三维模型对象，保证了各个三维显示对象的缩放一致性。

基本的三维图形操作包括平移操作、缩放操作、仰角变换、三维旋转、推拉镜头等，分别叙述如下：

（1）平移操作

三维图形平移操作要求完成 x、y、z 三个方向上的平移操作，操作进行时，整个三维图形要完全随鼠标移动，而且尽可能达到在移动过程中鼠标初始点击位置始终跟踪鼠标运动轨迹。要达到这种效果，首先要在鼠标左键点击的同时，利用 VisualTreeHelper. HitTest( ) 得到并记录该初始位置的现场坐标，当鼠标移动时，得到新鼠标位置的现场坐标，新位置现场坐标减去初始位置现场坐标得到三维平移矢量，将平移矢量插入到全局变换矩阵前面 Matrix3D. TranslatePrepend( )，刷新全局变换矩阵的值，于是影响了显示，达到平移操作效果。

WPF 提供了命中测试函数 VisualTreeHelper. HitTest( )，利用该函数，可以确定几何图形或点坐标值是否位于给定对象（如控件或图形元素）的呈现内容内，一般情况下以地形曲面作为获取现场坐标的对象，所以平移操作整个过程都需要根据鼠标位置获取现场坐标值，于是当鼠标不处于地形曲面区域时将不发生平移操作，即平移操作失效。

（2）缩放操作

缩放操作以屏幕中心点坐标为中心，进行三维放大或缩小操作。当屏幕中心不在模型域内时，取模型域中心点作为三维缩放操作的中心位置。

缩放操作比例根据用户鼠标在 y 方向的移动幅度 Δy 决定，在此取_scale = exp($\Delta y/100$)。在 x、y、z 三个方向上采用同样的比例，并把缩放转换添加到全局变换矩阵前面 Matrix3D. ScaleAtPrepend( )，刷新全局变换矩阵的值，完成缩放操作。

（3）仰角变换

仰角变换是以通过屏幕中心点所对应的现场坐标点且垂直于视线和现场 z 轴所在的平面的轴线而进行旋转的。屏幕坐标是二维坐标，要得到三维旋转操作的角度 A、旋转围绕的轴 $\vec{V}$、旋转轴通过的空间点坐标 $P0$，需要用二维屏幕坐标构建虚拟的三维变量。

设想屏幕显示区域的中心点为三维坐标系的原点，水平方向向右为 x 轴，垂直向上为 y 轴，垂直屏幕向外为 z 轴，屏幕显示区域 x、y 量值均为[−1，1]。构建如此坐标系后，考察当前鼠标坐标位置所对应的（x，y）坐标值应该落在[−1，1]内，设 $z_2=1-x_2-y_2$，即可得到 z 值（若 $z_2<0, z=0$），这样就得到了虚构的三维旋转坐标矢量。鼠标移动前后两个矢量间的角度加上两次 y 坐标值差值的符号即为旋转操作的角度 A；用照相机拍摄方向矢量和现场坐标的 z 轴方向矢量进行叉乘得到旋转轴并进行规范化得到 $\vec{V}$；仰角变换以屏幕中心点坐标为原点，进行三

维旋转操作，当屏幕中心不在模型域内时，取模型域中心点作为三维缩放操作的原点位置 $P0$。

利用以上得到的 A、$\vec{V}$、$P0$ 构建代表三维旋转的 Quaternion 四维向量，然后对全局变换矩阵进行三维旋转追加操作 Matrix3D. RotateAt[Quaternion($\vec{V}$, A, $P0$)]，完成仰角变换操作。

(4)三维旋转

三维旋转操作类似于仰角变换，所不同的是它可以完成全方位三维旋转操作。每次旋转操作所围绕的轴 $\vec{V}$ 变成鼠标移动前后两个三维矢量叉乘得到的方向矢量，其他两个变量 A、$P0$ 同上。

(5)推拉镜头

推拉镜头操作只需要沿着指定方向平移照相机。平移照相机的方向可以是照相机的拍摄方向，也可以是照相机位置与屏幕中心位置所对应的现场坐标点的连线 $\vec{M}$ 的方向。每次鼠标滚轮操作移动的量值定义为 $\vec{M}$ 矢量长度的 5%，位移符号取决于滚轮转动方向。

7.3.3 三维曲面及水面动态模拟

三维空间中，地形是以三维曲面方式表达的。利用 WPF 构建三维地形，首先要在程序界面的 xaml 窗口中加入 Viewport3D 控件，它是联系三维场景和二维平面上的投影显示的关键，通过给 Viewport3D 定义赋值，最终显示三维空间几何体。

1)三维地形构造

开始前，必须明确几个坐标空间概念。同 GDI + 一样，WPF 使用三个坐标空间：世界、页面和设备。世界坐标是用于建立特殊图形世界模型的坐标系，也是在 .NET Framework 中传递给方法的坐标系。页面坐标系是指绘图图面(如窗体或控件)使用的坐标系。设备坐标系是在其上进行绘制的物理设备(如屏幕或纸张)所使用的坐标系。一种称为“世界变换”的变换可将世界坐标转换为页面坐标，而另一种称为“页面变换”的变换可将页面坐标转换为设备坐标。

二维显示图形的 WPF 坐标系将原点定位在呈现区域(通常是屏幕)的左上角。在二维系统中，x 轴上的正值朝右，y 轴上的正值朝下。但是，在三维坐标系中，原点位于呈现区域的中心，x 轴上的正值朝右，但是 y 轴上的正值朝上，z 轴上的正值从原点向外朝向观察者，如图 7.3-1 所示。

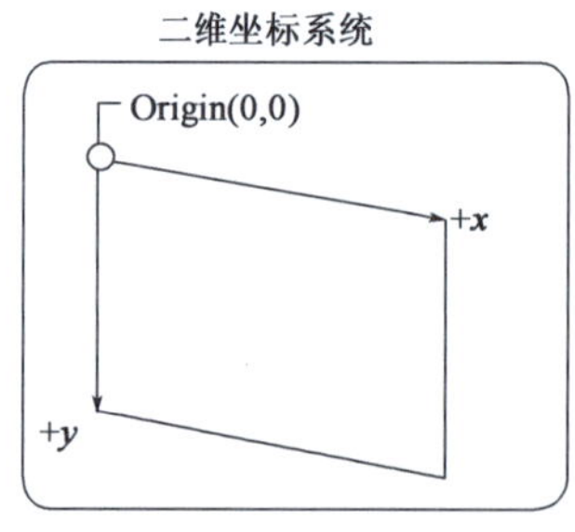

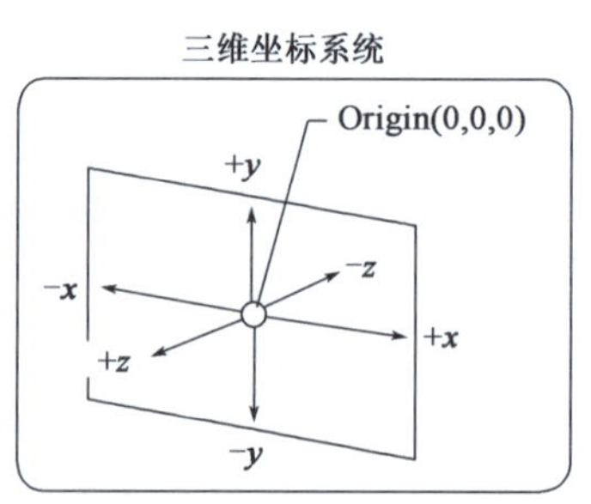

图 7.3-1 传统的二维和三维坐标系表示形式

建立三维几何模型是在世界坐标系中完成的，如某海区地形数据以高斯坐标 x、y、z 表示，它记录了现场测量点的坐标值,用它们构造几何图形。当您创建模型时,它们在场景中具有特定的位置。为了在屏幕中移动、旋转这些模型或者更改这些模型的大小而更改用来定义模型本身的顶点是不切实际的,它是通过向模型应用坐标变换实现的。

每个模型对象都有一个可用来对模型进行移动、重定向或调整大小的 Transform 属性。当应用变换时,实际上是按照由变换功能指定的向量或值来平移、缩放、旋转模型的所有点以适应显示需求。

以下叙述三维地形构造的步骤:

(1)网格化所有散点

在 WPF 中,三维几何模型的建立都是通过三角形网格构建的。所有的地形数据要么通过散点 Delaunay 生成平面三角形网格,要么通过在指定区域内进行三角单元离散化并进行空间插值得到节点地形高程,无论哪种方法,最终目的就是要得到地形表面的三维网格,用于指定地形几何属性。

完成地形网格化后,得到了网格节点坐标 nodePoints 及三角单元的节点连接关系 meshRelation,依此生成三维形状的三角形基元 MeshGeometry3D。这通过设置 MeshGeometry3D. Positions = nodePoints 及 MeshGeometry3D. TriangleIndices = meshRelation 完成。

(2)建立三维地形模型

创建并指定网格基元的材料,就可以构造三维地形模型 GeometryModel3D。基元材料可以是指定的某种颜色或位图文件,材料可以是反光材料、散射材料、自发光材料等,另外可以将若干种材料组合形成合成材料赋值给基元。注意当指定为图文件时,需要给出三角基元的纹理坐标集合,纹理坐标集合是用于指定如何将位图文件附着在网格基元上的。

可以将若干个 GeometryModel3D 组合,形成一个三维模型集合 Model3DGroup,便于管理。

(3)对三维模型应用变换矩阵

对用世界坐标建立的三维模型集合,必须对其进行必要的坐标变换方能换算到屏幕视图中。三维变换矩阵可以是若干个变换矩阵的组合 Transform3DGroup,例如三维平移变换 TranslateTransform3D、二维缩放变换 ScaleTransform3D、三维旋转变换 RotateTransform3D。

(4)创建三维可视对象并加入 Viewpot3D

将三维模型赋值给具有提供呈现支持的可视对象 ModeVisual3D 的 Content,并把 ModeVisual3D 加入到 Viewpot3D 就完成了模型建立。

2)三维地形显示

三维地形模型已经建立,要想真正在视区内显示三维地形,还需要完成以下步骤:

(1)照亮模型

创建光源用于照亮已创建的三维模型。三维模型在二维平面中的显示,是通过投影和光照计算而得到的,光源的影响十分重要。

可以加入不同种类的光源,甚至可以加入多个光源以达到更好的显示效果。DirectionalLight 是沿指定方向投射的平行光源、PointLight 是空间中的点光源、SpotLight 是沿指定方向投射的点光源、AmbientLight 是相当于散射效果的光源。

(2)放置照相机

要观察到被照亮的模型,必须在场景中放置一台照相机 Camera。Camera 在世界坐标系中放置的位置、观察方向及头部倾斜角度都会影响场景观察效果。另外，两种投影效果的 Camera 可以应用透视投影照相机 PerspectiveCamera 和正交投影照相机 OrthographicCamera。

为使场景显示更加美观，对非有效区域（即陆地区域）作自动处理，采用封闭曲面显示陆地。开口边界处，采用半透明截面表达，它是根据每个时刻的边界水面高程和对应节点处水底高程，再加上人为自主构造侧里面而形成。

图 7.3-2 展示了海区模型试验的三维地形，图中采用了单一的平行白光作为场景光源，透视投影照相机作为观察相机，水深采用由蓝到橙色渐变色作为材质，岛屿、陆地表面采用青色材质。

3）水面变化动态模拟

对水面变化（如波浪运动）的三维动态模拟本质上是交替呈现各时刻水面曲面的过程，用 WPF 三维显示技术可以较为容易地实现。为提高显示精度，在两个时刻间可进行二次插值计算，减小两幅画面的切换时间间隔。

图 7.3-3 显示了某时刻波浪模拟的截图。

WPF 利用显卡的硬件加速，处理复杂三维图形的速度很快。实践证明，采用 P4 主频 2.4G，内存 2G，显卡 RadeonX1300 的计算机，处理 93000 个节点的波浪动态模拟，实时显示画面流畅，在模拟过程中可以及时响应用户发出的视角变换指令，效果理想。

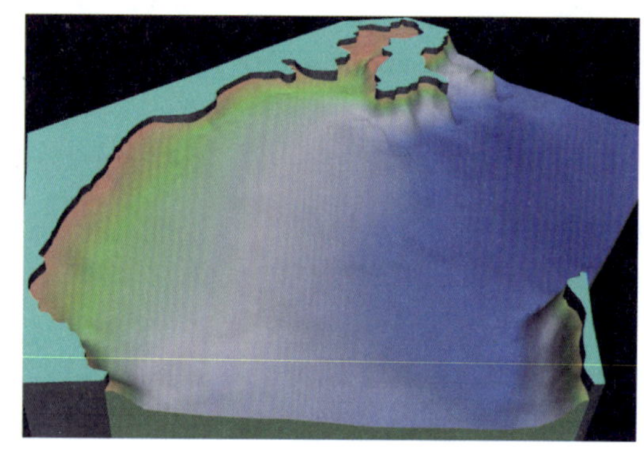

图 7.3-2　某海区模型试验地形图

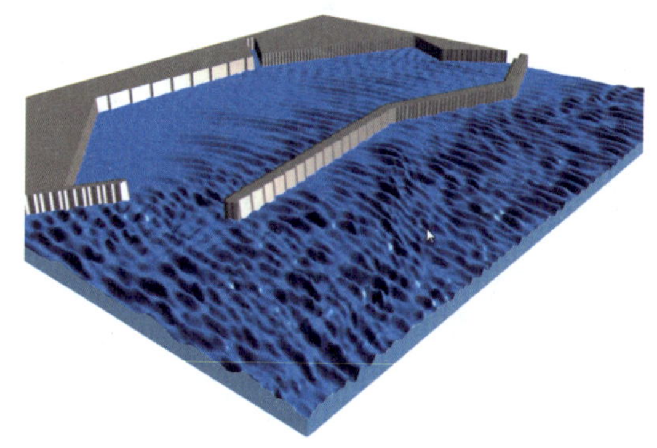

图 7.3-3　某港口规划建设波浪场模拟

4）物理量的时空插值

受限制于存储文件大小，模型流场计算结果往往被指定一定的时间间隔来存储，如每隔一小时存储一个时刻的流场节点数据 u、v。而我们在显示动态流场时，不能只每一小时刷新一幅画面，而需要在该时间段内对更小的时间间隔时刻的流场进行插值，同时，由于质点运动不会永远落在节点上，必须在每一时刻对质点进行空间插值方能得到质点准确的物理量值，保证模拟精度。

（1）时间插值

非恒定流场内质点运动是连续变化的，而我们在对流场进行模拟时往往会人为给定一个演示时间间隔来逼近实际情况，由于演示时间间隔不可能无限制地减小，所以流场动画模拟通常会存在误差。

一般情况下，我们假设在模拟时间间隔内，质点以起始位置处的流速匀速运动，到下一时间间隔，重新计算各个质点新的流速值，使质点又以新的流速匀速运动，如此反复，得到流场内的质点运动轨迹，这称为一阶时间精度的流场模拟。此方法简单，计算量小，当给定的演示时间间隔较短且在质点行进范围内流速变化不大时，对质点运动轨迹的模拟是可行的。一阶精度采用线性插值方式，把大时间段划分为若干小时间段，插值时刻的各节点流速大小结算出来以后，在足够小的时间段内认为质点匀速直线运动，可见，这实质上是将质点的曲线运动以小的直线段来代替，如果时间间隔足够小，线段足够短，模拟精度就可以保证，这类似于曲线积分。

当流场模拟区域具有较大的物理量变化梯度时，提高时间精度显得十分必要。为提高演示时间精度，采用二阶 Runge-Kutta 法对每一时间间隔后新的质点位置进行预测——校正法求解。其基本原理是：设 t_n 时刻某质点的位置 P_0，物理量值为 Q_n，用欧拉向前格式计算经过 Δt 时间间隔后 t_{n+1}时刻的位置 P^*，插值得到 P^* 位置处的物理量 Q^*，用 Q_n 和 Q^* 平均得到 $\Delta t/2$ 时刻的物理量 $Q_{n+1/2}$，对后一个 $\Delta t/2$ 进行校正，最终得到 t_{n+1}时刻质点的新物理量 Q。

采用二阶精度的演示时间格式，会增加一次对新位置物理量的插值计算，同时，如果质点最终位置落在了与预测位置不同的单元时，会增加对新位置所在单元的定位，总体上没有增加太多计算量。在不增加太多计算量的条件下将时间精度由一阶提高到二阶，效率提高是十分明显的。

如图 7.3-4 为某时间间隔两种时间插值方式的质点运动位置示意图。

(2)空间插值

设运动质点 P 在某一时刻落在平面单元 E 内，单元三个顶点为 A、B、C。如图 7.3-5 所示，空间插值假设一个单元内变量为线性分布，即单元内任意一点的某变量大小一定在三个顶点的变量大小所决定的平面内。此时 P 点的变量大小由它到三个顶点的距离决定，计算时以 P 在某顶点的变量值加上它与另外两个顶点所围成的三角形面积为权重加权平均而得。设顶点 A、B、C 变量的值为 V_A、V_B、V_C，$\triangle PBC$、$\triangle PCA$、$\triangle PAB$ 的面积为 S_A、S_B、S_C，则 P 点的插值结果为：

$$V_P = \frac{V_A S_A + V_B S_B + V_C S_C}{V_A + V_B + V_C}$$

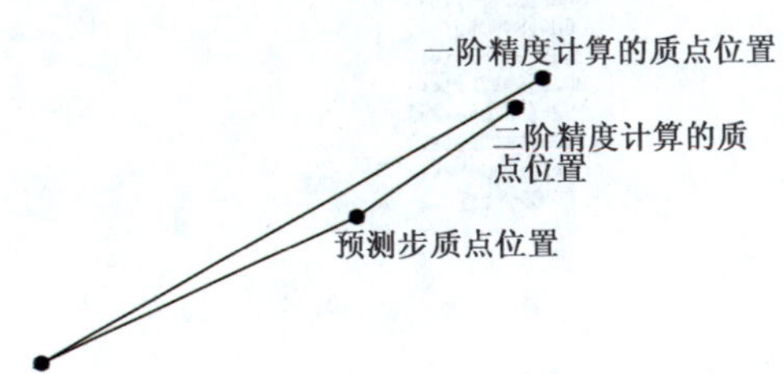

图 7.3-4 物理量时间插值方式

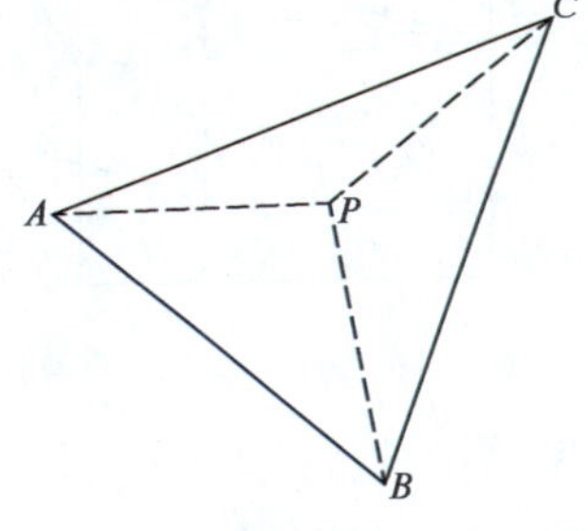

图 7.3-5 物理量空间插值示意图

(3)三维物理量插值

假使有图 7.3-6 所示的某质点 P 所处的空间位置示意图。图中质点 P 位于垂向两层间，$A_dB_dC_d$ 和 $A_uB_uC_u$ 是下面和上面两层的两个三角单元，假设有一条垂直线通过 P 点与两个三

角单元交点 P_d、P_u，那么由于两个三角单元的顶点上的物理量值是知道的，通过二维情况下的面积加权法可以求出 P_d、P_u 点的物理量值和坐标值，根据 P 点所处 P_dP_u 线段的位置，按比例插值可求出 P 点的物理量值。由此看出，三维空间的物理量插值计算是在二维插值计算基础上实现的，它只是在垂向增加了插值计算，基本算法与二维相同。

当物理量的值是定义在每层中间时（图 7.3-6），如流速变量，需要通过简单的变换计算，以相似的方式进行物理量空间插值计算。时间插值与二维计算相同。

5）影像文件的生成

通过以上过程，可以实现时间连续的一系列的图像文件的生成。将这些文件连续播放，即生成流场动画。可以通过研究影像文件格式，编制程序自动生成影像文件。在此以 AVI 影像文件生成为例。

AVI 的英文全称为 Audio Video Interleaved，即音频视频交错格式，是将语音和影像同步组合在一起的文件格式。AVI 于 1992 年被 Microsoft 公司推出，随 Windows3.1 一起被人们所认识和熟知。AVI 文件格式多用于音视频捕捉、编辑、回放等应用程序中。通常情况下，一个 AVI 文件可以包含多个不同类型的媒体流（典型的情况下有一个音频流和一个视频流），不过含有单一音频流或单一视频流的 AVI 文件也是合法的。AVI 可以算是 Windows 操作系统上最基本的、也是最常用的一种媒体文件格式。

AVI 文件具有标准结构格式。如图 7.3-7 所示，整个 AVI 文件的结构为：一个 RIFF 头 + 两个列表（一个用于描述媒体流格式、一个用于保存媒体流数据） + 一个可选的索引块 + 一个 JUNK 块。

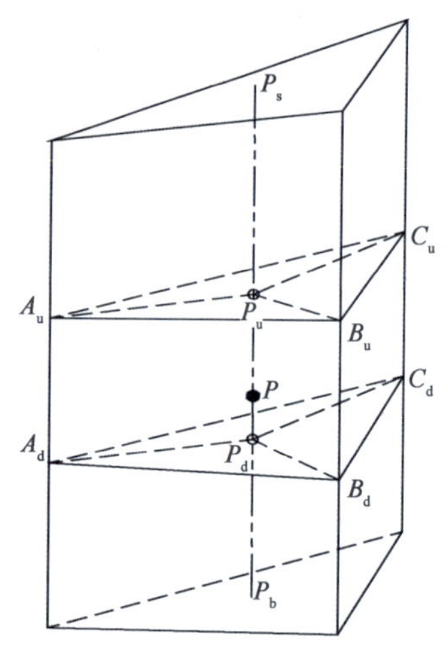

图 7.3-6　分层三维网格垂向分布

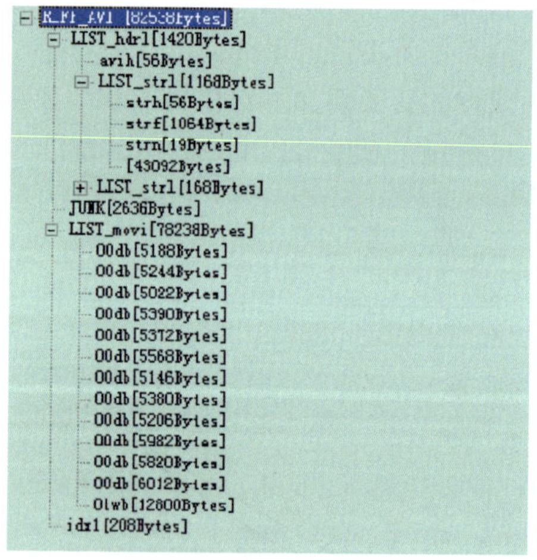

图 7.3-7　AVI 文件结构

首先，RIFF_AVI 表征了 AVI 文件类型。然后就是 AVI 文件必需的第一个列表——‘hdrl’列表，用于描述 AVI 文件中各个流的格式信息（AVI 文件中的每一路媒体数据都称为一个流）。‘hdrl’列表嵌套了一系列块和子列表。首先是一个‘avih’块，用于记录 AVI 文件的全局信息。然后，就是一个或多个‘strl’子列表。文件中有多少个流，这里就对应有多少个‘strl’子列表，示例 clock.avi 文件有两路流，既音频流和视频流。

当 AVI 文件中的所有流都使用一个'strl'子列表说明了以后[注意:'strl'子列表出现的顺序与媒体流的编号是对应的,比如第一个'strl'子列表说明的是第一个流(Stream 0),第二个'strl'子列表说明的是第二个流(Stream 1),以此类推],'hdrl'列表的任务也就完成了,随后跟着的就是 AVI 文件必需的第二个列表——'movi'列表,用于保存真正的媒体流数据(视频图像帧数据或音频采样数据等)。

最后,紧跟在'hdrl'列表和'movi'列表之后的,就是 AVI 文件可选的索引块。这个索引块为 AVI 文件中每一个媒体数据块进行索引,并且记录它们在文件中的偏移(可能相对于'movi'列表,也可能相对于 AVI 文件开头)。

图 7.3-6 中还有一种特殊的数据块,用一个四字符码'JUNK'来表征,它用于内部数据的队齐(填充),应用程序应该忽略这些数据块的实际意义。

'avih'块,用于记录 AVI 文件的全局信息,比如流的数量、视频图像的宽和高等,可以使用一个 AVIMAINHEADER 数据结构来操作:

```
typedef struct _avimainheader {
FOURCC fcc;   // 必须为'avih'
DWORD   cb;     // 本数据结构的大小,不包括最初的 8 个字节(fcc 和 cb 两个域)
DWORD   dwMicroSecPerFrame;   // 视频帧间隔时间(以毫秒为单位)
DWORD   dwMaxBytesPerSec;     // 这个 AVI 文件的最大数据率
DWORD   dwPaddingGranularity; // 数据填充的粒度
DWORD   dwFlage;              // AVI 文件的全局标记,比如是否含有索引块等
DWORD   dwTotalFrames;   // 总帧数
DWORD   dwInitialFrames; // 为交互格式指定初始帧数(非交互格式应该指定为 0)
DWORD   dwStreams;            // 本文件包含的流的个数
DWORD   dwSuggestedBufferSize; // 建议读取本文件的缓存大小(应能容纳最大的块)
DWORD   dwWidth;              // 视频图像的宽(以像素为单位)
DWORD   dwHeight;             // 视频图像的高(以像素为单位)
DWORD   dwReserved[4];   // 保留
} AVIMAINHEADER;
```

'strl'子列表。每个'strl'子列表至少包含一个'strh'块和一个'strf'块,而'strd'块(保存编解码器需要的一些配置信息)和'strn'块(保存流的名字)是可选的。首先是'strh'块,用于说明这个流的头信息,可以使用一个 AVIStreamHEADER 数据结构来操作:

```
typedef struct _Avistreamheader {
FOURCC fcc;  // 必须为'strh'
DWORD   cb;   // 本数据结构的大小,不包括最初的 8 个字节(fcc 和 cb 两个域)
FOURCC fccType;      // 流的类型:'auds'(音频流)、'vids'(视频流)、
                     //'mids'(MIDI 流)、'txts'(文字流)
FOURCC fccHandler; // 指定流的处理者,对于音视频来说就是解码器
DWORD   dwFlags;     // 标记:是否允许这个流输出? 调色板是否变化?
WORD    wPriority;  // 流的优先级(当有多个相同类型的流时优先级最高的为默认流)
```

```
WORD    wLanguage;
DWORD   dwInitalFrames; // 为交互格式指定初始帧数
DWORD   dwScale;    // 这个流使用的时间尺度
DWORD   dwRate;
DWORD   dwStart;    // 流的开始时间
DWORD   dwLengtg;   // 流的长度(单位与 dwScale 和 dwRate 的定义有关)
DWORD   dwSuggestedBufferSize; // 读取这个流数据建议使用的缓存大小
DWORD   dwQuality;      // 流数据的质量指标(0 ~ 10,000)
DWORD   dwSampleSize; // Sample 的大小
struct {
    short int left;
    short int top;
    short int right;
    short int bottom;
}   rcFrame;  // 指定这个流(视频流或文字流)在视频主窗口中的显示位置
// 视频主窗口由 AVIMAINHEADER 结构中的 dwWidth 和 dwHeight 决定
} AVIStreamHEADER;
```

然后是'strf'块,用于说明流的具体格式。如果是视频流,则使用一个 BITMAPINFO 数据结构来描述;如果是音频流,则使用一个 WAVEFORMATEX 数据结构来描述。

'movi'列表。'movi'列表保存的是真正的媒体流数据,其数据组织方式有两种。可以将数据块直接嵌在'movi'列表里面,也可以将几个数据块分组成一个'rec'列表后再编排进'movi'列表。

当 AVI 文件中包含有多个流的时候,数据块与数据块之间如何来区别呢?数据块使用了一个四字符码来表征它的类型,这个四字符码由 2 个字节的类型码和 2 个字节的流编号组成。标准的类型码定义如下:'db'(非压缩视频帧)、'dc'(压缩视频帧)、'pc'(改用新的调色板)、'wb'(音缩视频)。比如第一个流(Stream 0)是音频,则表征音频数据块的四字符码为'00wb';第二个流(Stream 1)是视频,则表征视频数据块的四字符码为'00db'或'00dc'。对于视频数据来说,在 AVI 数据序列中间还可以定义一个新的调色板,每个改变的调色板数据块用'xxpc'来表征,新的调色板使用一个数据结构 AVIPALCHANGE 来定义。(注意:如果一个流的调色板中途可能改变,则应在这个流格式的描述中,也就是 AVISTREAMHEADER 结构的 dwFlags 中包含一个 AVISF_VIDEO_PALCHANGES 标记)。另外,文字流数据块可以使用随意的类型码表征。

AVI 索引块。索引块使用一个四字符码'idx1'来表征,索引信息使用一个数据结构 AVIOLDINDEX 来定义。

```
typedef struct _avioldindex {
FOURCC   fcc;  // 必须为'idx1'
DWORD    cb;   // 本数据结构的大小,不包括最初的 8 个字节(fcc 和 cb 两个域)
struct _avioldindex_entry {
```

```
    DWORD    dwChunkId;    // 表征本数据块的四字符码
    DWORD    dwFlags;      // 说明本数据块是不是关键帧、是不是'rec '列表等信息
    DWORD    dwOffset;     // 本数据块在文件中的偏移量
    DWORD    dwSize;       // 本数据块的大小
} aIbdex[];                // 这是一个数组!为每个媒体数据块都定义一个索引信息
} AVIOLDINDEX;
```

注意:如果一个 AVI 文件包含有索引块,则应在主 AVI 信息头的描述中,也就是 AVIMAINHEADER 结构的 DwFlags 中包含一个 AVIF_HASINDEX 标记。

知道 AVI 文件格式后,将动画文件信息写入各自位置,然后将动画每祯媒体流数据写入 movi 块,可以生成未压缩的 avi 文件。

生成的标准 avi 映像文件一般会很大,为减小文件大小,需要对 avi 文件进行压缩。影像压缩技术较为复杂,应该采用成熟的商业化支持的压缩编码器。

7.3.4 涌浪传播动态模拟

对依托工程河段——万州段滑坡涌浪传播进行了可视化显示,图 7.3-8 ~ 图 7.3-10 给出了工况 1-1 下,52s、72s、100s 共 3 个时刻涌浪传播位置示意图。图 7.3-11、图 7.3-12 给出了工况 1-3 下,40s、80s 共 2 个时刻涌浪传播位置示意图。

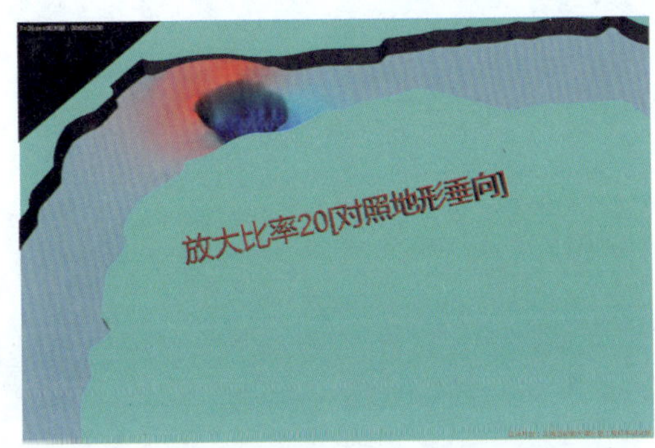

图 7.3-8 涌浪传播——工况 1-1、水位 175m、垂向附加放大比率 20、时刻 52s

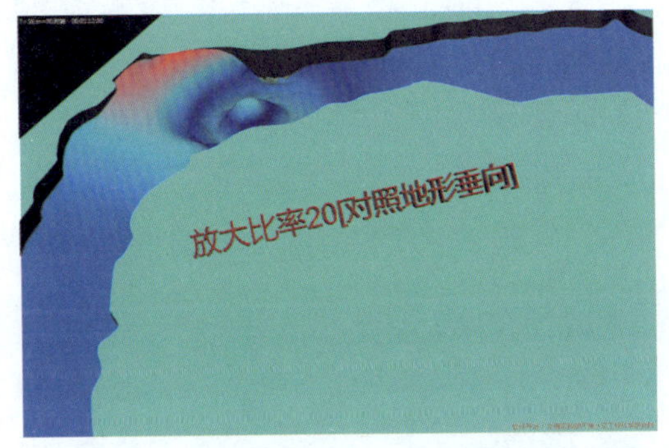

图 7.3-9 涌浪传播——工况 1-1、水位 175m、垂向附加放大比率 20、时刻 72s

图 7.3-10 涌浪传播——工况 1-1、水位 175m、垂向附加放大比率 20、时刻 100s

图 7.3-11 涌浪传播——工况 1-3、水位 175m、垂向附加放大比率 30、时刻 40s

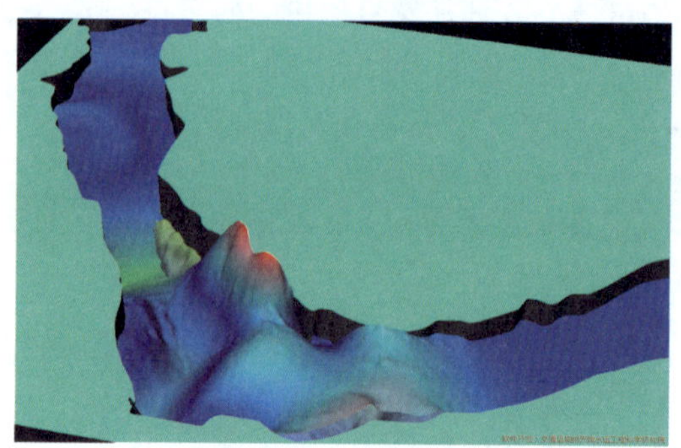

图 7.3-12　涌浪传播——工况 1-3、水位 175m、垂向附加放大比率 30、时刻 80s

参考文献

[1] 中村浩之.论水库滑坡[J].水土保持通报,1990,10(1):53-64.

[2] 王思敬,马凤山,杜永康.水库地区的水岩作用及其地质环境影响[J].工程地质学报,1996,4(3):1-9.

[3] 王士天,刘汉超,张倬元,等.大型水域水岩相互作用及其环境效应研究[J].地质灾害与环境保护,1997,8(1):69-89.

[4] 邓伯强,程昌华.三峡水库库岸坍塌试验研究及防护工程研究报告[D].1996.

[5] 蔡耀军,郭麒麟,余永志.水库诱发岸坡失稳的机制及其预测[J].湖北地矿,2002,16(4):4-8.

[6] 严福章,王思敬,徐瑞春.清江隔河岩水库蓄水后茅坪滑坡的变形机理及其发展趋势研究[J].工程地质学报,2003,11(1):15-24.

[7] Edward. Noda. Wateraves Generated by Landslides. Journal of the Waterways[J]. Harbors and Coastal Enineering Division,1970,96(4):835-855.

[8] P. Heinrich,S. Guibourge,A. Mangeney,et al. Numerical modeling of a landslide-generated tsunami following a potential explosion of the montserrat volcano[J]. Earrh,1999,24(2):163-168.

[9] Giorgio Bellotti,Andrea Panizzo,Paolo De Girolamo. Application of wavelet transform analysis to landslide generated waves[J]. Coastal Engineering,2002,(44):321-338.

[10] Gerald F. Wieezorek,Matthias Jakob,Roman J. Motyka,et al. Preliminary assessment of landslide-induced wave hazards:Tidal Inlet,Glacier Bay National Park[J]. Center for Integrated Data Analytics Wisconsin Science Center,2013.

[11] H. M. FritZ,W. H. Hager,H. E. Minor. Near field characteristiss of landslide generated impulse waves[J]. Journal of the waterway Port Coastal and Ocean Division,ASCE,2004,130(6):287-302.

[12] Philip Watts,Stephan T. Grilli,David R. Tappin,et al. Tsunami generation by submarine mass failure. II:Predietive equations and case studies[J]. Journal of the Waterway port Coastal and Ocean Division,ASCE,2005,131(6):298-310.

[13] G. Perezl,P. Garcia-Navarro,M. E. Vaquez-Cendon. One-dimensional model of shallow water surface waves generated by landslides[J]. Journal of Hydraulic Engineering,ASCE,2006,132(5):462-473.

[14] J. W. KamPhis,R. J. Bowering. Impulse waves generated by landslides[J]. ASCE,Coastal Engineering,1972,1(12):575-588.

[15] Rudy Slingerland,Barry VoightPaolo. Evaluating hazard of landslide-Induced water waves[J]. Journal of the Waterway Port Coastal and Oeean Division,1982,108(4):504-512.

[16] H. M. Fritz,W. H. Hager,H – E. Minor. Landslide generated impulse waves[J]. Journal of the

Experiments in Fluids,2003,35(1):505-519.

[17] Rita Fernandes de Carvalho. Landslides into reservoirs and their impacts on banks[J]. Journal of the Environ Fluid Meeh,2007,7(2):481-493.

[18] B. Ataie-Ashtiani, A. Nik-Khah. Impulsive waves caused by subaerial landslides[J]. Journal of the Environ Fluid Mech,2008,8(7):263-280.

[19] ValeniinHeller, WilliH. Hager, Hans-ErwinMinor. Seale effects in subaerial landslide generated impulse waves[J]. Exp Fluids,2008,44(5):691-703.

[20] M. Di Riso, P. DeGirolamo, GBellotti. Landslide-generated tsunamis runup at the coast of a conical island: New Physical model experiments[J]. Journal of geophysical research,2009,114(C1):1-16.

[21] Marcello Di Riso, Giorgio Bellotti, Andrea Panizzo. Three-dimensional experiments on landslide generated waves at a sloping coast[J]. Coastal Engineering,2009,56(5):659-671.

[22] 黄种为,董兴林.水库库岸滑坡激起涌浪的试验研究[A].水利水电科学研究院科学研究论文集第13集(水力学)[C].北京:水利出版社,1983,157-170.

[23] 王育林,陈凤云,齐华林.危岩体崩滑对航道影响及滑坡涌浪特征研究[J].中国地质灾害与防治学报,1994,5(3):95-100.

[24] 陶孝铨.李家峡水库正常运行期的滑坡涌浪试验研究[J].西北水电,1994,47(1):42-45.

[25] 余仁福.黄河龙羊峡工程近坝库岸滑坡涌浪及滑坡预警研究[J].水力发电,1995,(3):14-16.

[26] 中国水利水电科学研究院.SL 165—2010 滑坡涌浪模拟试验规程[S].北京:中国水利水电出版社,2010.

[27] 赵根,李学海,吴新霞,等.三峡三期RCC围堰倾倒法拆除涌浪测试模型试验[J].爆破,2006,23(3):1-4.

[28] 潘家铮.建筑物的抗滑稳定和滑坡分析[M].北京:水利出版社,1980.

[29] 哈秋聆,胡维德.水库滑坡涌浪计算[J].人民长江,1987,18(2):30-36.

[30] 汪洋,殷坤龙.水库库岸滑坡的运动过程分析及初始涌浪计算[J].地球科学,2003,28(5):579-582.

[31] 三峡库区地质灾害防治工作指挥部.三峡库区三期地质灾害防治工程地质勘察技术要求[R].2004.

[32] 殷坤龙.三峡库区三期地质灾害防治监测预警工程专业监测崩塌滑坡灾害点涌浪分析与危害评估研究报告[R].武汉:中国地质大学,2008.

[33] 胡小卫.山区河道型水库滑坡涌浪特性研究[D].重庆:重庆交通大学,2010.

[34] 任坤杰,韩继斌,陆虹.滑坡涌浪首浪高度试验研究[J].人民长江,2012,43(2):43-47.

[35] 任坤杰,韩继斌.散体滑坡体首浪高度模型试验研究[J].人民长江,2011,42(24):69-75.

[36] 邹志利.港口内靠码头系泊船运动的计算[J].海洋工程,1995(3):2-36.

[37] 向溢,等.码头系泊缆绳张力的蒙特卡洛算法[J].上海交通大学学报,2001,35(4).

[38] 向溢,等.码头系泊船舶缆绳张力的混沌解法[J].上海交通大学学报,2001,25(1).
[39] 交通部第一航务工程勘察设计院.海港工程设计手册[M].北京:人民交通出版社,1994.
[40] 谢世楞.波浪作用下船舶对码头的撞击力[R].天津:交通部一航局设计研究院,1971.
[41] 大连工学院海洋工程研究所油轮靠泊力研究组.规则波作用下系泊油轮撞击能量的试验研究[J].大连理工大学学报,1979(4).
[42] 大连工学院港工专业科研组.波浪作用下油轮系泊码头动力状态的若干问题[J].大连理工大学学报,1976(4):99-110.
[43] 大连工学院港工专业科研组.涌浪作用下的油轮撞击力[J].大连理工大学学报,1977(4):78-84.
[44] 大连工学院水利系港工专业科研组.在波浪作用下大型油轮码头防冲设施的设计探讨[J].大连理工大学学报,1973(2):65-78.
[45] 高明,赵颖,黄根芳.规则波作用下2万~20万吨级船舶荷载试验综合分析与建议计算式[R].南京水利科学研究院,1988.
[46] 中华人民共和国行业标准.JTS 144-1—2010 港口工程荷载规范[S].北京:人民交通出版社,2011.
[47] 单圣涤,李云飞.悬索曲线理论及其应用[M].湖南:科学技术出版社,1983.
[48] 白辅中.船舶多锚链系泊稳定性计算[J].河海大学学报,1993,(3):21-27.
[49] 李天习,周崇庆,刘土光,等.风浪冲击下锚泊渔船的链动力负荷[J].华中理工大学学报,1998(9):97-99.
[50] 滨村建治,余昭允.锚链曲线和锚链抛出长度[J].船舶,1998(3):54-58.
[51] 中华人民共和国交通部.海港工程设计手册(上)[M].北京:人民交通出版社,2001:688-714.
[52] 林焰,邢殿录,纪卓尚,等.船舶随浪运动稳性仿真计算[J].海洋工程,1994,12(3):32-37.
[53] 陈洪凯.三峡库区危岩链式规律的地貌学解译[J].重庆交通大学学报,2008,27(1):91-95.
[54] 陈洪凯,唐红梅,王蓉.三峡库区危岩稳定性计算方法及应用[J].岩土力学与工程学报,2004,23(4):614-619.
[55] 庞昌俊.二维斜滑坡涌浪的试验研究明[J].水利学报,1985,(L1):54-59.
[56] 易夏玮,雷国平,周探.万州天生成危岩成因分析及稳定性评价[J].山西建筑,2010,36(31):113-117.
[57] 胡显明,晏鄂川,杨建国,等.巫溪南门湾危岩体稳定性分区研究[J].工程地质学报,2011,19(3):338-342.
[58] 蔡晓禹.波浪对三峡库岸路基边坡的侵蚀作用及边坡坍塌破坏机理[D].重庆:重庆交通学院,2004.
[59] 华艳茹.波浪正向入射对直立式防波堤的作用力[D].重庆:重庆交通学院,2008.
[60] Keinosuke HONDA, Hiroyuki SADAKANE. Model experiment on rolling of boat in ship-gener-

ated waves[J]. Journal of Japan Institute of Navigation, 1990, 83: 169-175.

[61] 王红梅,钱育华,朱振海,等. 船行波的近景摄影测量及其模拟[J]. 测绘学报,1999,11(4):360-364.

[62] Masayoshi KUBO, Katsuhiko SAITO, Shinji MIZUI, et al. An experimental study on simulation of irregular waves using ship-generated waves[J]. Journal of Japan institute of navigation, 1996, 95: 253-254.

[63] 蒋宗燕,潘宝雄. 船行波的研究和研究趋势[J].中国港湾建设,2000,12(6):34-38.

[64] 项芬,石根娣. 天然航道船行波波高计算方法[J]. 河海大学学报,1994,3:45-50.

[65] 郝军. 船行波与复式防波堤之间的相互作用[D]. 大连:大连理工大学,2001.

[66] 李世漠. 兴波阻力理论基础[M]. 北京:人民交通出版社,1986.

[67] 王献孚. 船行波[J]. 力学学报,1975,1:55-56.

[68] 程昌华,邓伯强. 重庆地区兴建水库港面临的水动力学问题及其工程措施研究报告[R]. 2000.

[69] 徐青. 水利水电工程滑坡稳定性研究及灾害评价[D]. 南京:河海大学,2005,12.

[70] 陈学德. 水库滑坡涌浪研究的综合评述闭[J]. 水电科研与实践,1984,1(L):78-96.

[71] 严骏龙. 水库库岸滑坡涌浪的二维有限元分析方法[J]. 水利学报,1983,(7):41-46.

[72] 王晓鸿,刘汉超,张倬元. 滑坡涌浪的二维有限元分析[J]. 地质灾害与环境保护,1996,7(4):19-22.

[73] 袁银忠,陈青生. 滑坡涌浪的数值计算及试验研究[J]. 河海大学学报,1990,18(5):46-53.

[74] 杨学堂,刘斯凤,杨耀. 黄腊石滑坡群石榴树包滑坡涌浪数值计算[J]. 武汉水利电力大学(宜昌)学报,1998,20(3):51-55.

[75] 刘建秀. 流体力学滑坡涌浪区的样条边界元法阴[J]. 黄淮学刊,1994,10(3):35-38.

[76] 吴时强,王煌. 水电站非正常运行下库区涌浪数值模拟[J]. 水利水运科学研究,1999,(4):321-328.

[77] 郭洪巍,吴葸葸. 水库滑坡涌浪的数学模型及其应用[J]. 华北水利水电学院学报,2000,21(L):24-27.

[78] 刘儒勋,王志峰. 数值模拟方法和运动界面追踪[M]. 合肥:中国科学技术大学出版社, 2001.

[79] 王国玉,王永学,李广伟. 多层水平板透空式防波堤消浪性能试验研究[J]. 大连理工大学学报,2005(6).

[80] 周益人,陈国平,黄海龙,等. 透空式水平板波浪上托力分布[J]. 海洋工程,2003(4).

[81] 肖越,王言英. 浮体锚泊系统计算分析[J]. 大连理工大学学报,2005(5).

[82] 刘扬. 超大型无动力船舶防台系泊浮筒试验工程在宁波—舟山港应用的必要性分析[J]. 中国水运(下半月),2011(4).

[83] 刘成勇,郭国平,甘浪雄. 大型无动力船舶码头系泊防台风安全研究[J]. 船海工程,2009(2).

[84] 周益人,陈国平,黄海龙,等. 斜坡上封闭水平板波浪上托力试验研究[J]. 水动力学研究

与进展(A 辑),2004(5).

[85] 任冰,王永学.不规则波对透空式建筑物上部结构冲击作用时域分析[J].大连理工大学学报,2003(6).

[86] 邵利民,俞聿修.斜向不规则波入、反射波分离的实验研究[J].海洋学报(中文版),2002(3).

[87] 任冰.随机波浪对不同接岸型式码头上部结构的冲击作用研究[D].大连:大连理工大学,2003.

[88] 陈际丰,刘强,牛恩宗.波浪作用下船舶撞击力计算参数的选择[J].水运工程,2007(11).

[89] 邹志利,张日向,张宁川,等.风浪流作用下系泊船系缆力和碰撞力的数值模拟[J].中国海洋平台,2002(2).

[90] 于洋,洪碧光.码头系泊船水动力特性的研究[J].大连海事大学学报,1999(3).

[91] 杨世殊,范焱斌.靠船桩船舶撞击力的计算[J].湖南交通科技,2003(2).

[92] 王向坚.高桩码头在船舶撞击下的动力分析[J].水利学报,1988(10).

[93] 宗绍利.船舶撞击力及系泊船舶波浪作用下的撞击力研究[D].重庆:重庆交通大学,2008.

[94] 侯建军,东昉,石爱国,等.锚泊状态下锚链作用力的计算方法[J].大连海事大学学报,2005(4).

[95] 黄剑,朱克强.半潜式平台两种锚泊系统的静力分析与比较[J].华东船舶工业学院学报(自然科学版),2004(3).

[96] 钟于祥.锚泊船舶出链长度及张力估算[J].淮阴工学院学报,2004(3).

[97] 周剑华.水库滑坡涌浪灾害的数值研究[J].长江科学院院报,2003,20(2):7-9.

[98] 周冠伦.航道工程手册[M].北京:人民交通出版社,2004.

[99] 周冠伦.川江航道整治[M].北京:人民交通出版社,1997.

[100] 交通部三峡办.长江三峡工程泥沙与航运研究成果汇编[R].1997.

[101] 冯树仁,丰定祥,葛修润,等.边坡稳定性的三维极限平衡分析方法及应用[J].岩土工程学报,1999,2L(6):657-661.

[102] 姜清辉,王笑海,丰定祥,等.三维边坡稳定性极限平衡分析系统软件 SLOPE 的设计及应用[J].岩石力学与工程学报,2003,22(7):1121-1125.

[103] 陈祖煜.土质边坡稳定分析——原理方法程序[M].北京:中国水利水电出版社,2003.

[104] 陈祖煜,汪小刚,杨健,等.岩质边坡稳定分析——原理方法程序[M].北京:中国水利水电出版社,2003.

[105] 中国岩石力学与工程学会地面岩石工程专业委员会,中国地质学会工程地质专业委员会.中国典型滑坡[M].北京:科学出版社,1988.

[106] 钟立勋.意大利瓦依昂水库滑坡事件的启示[J].中国地质灾害与防治学报,1993,5(2):77-84.

[107] 殷坤龙,杜娟,汪洋.清江水布娅库区大堰塘滑坡涌浪分析[M].岩土力学,2003,29(12):3266-3270.

[108] 汪洋.水库库岸滑坡速度及其涌浪灾害研究[D].武汉:中国地质大学,2005.

[109] AssierRvadkiewicz,C. Marietti, P. Heinrieh. Modelling of submarine landslides and generated water waves[J]. Earth,1996,21(12):7-12.

[110] D. Donalde Davidson,Bruce L. McCartney. Water waves generated by landslides in reservoirs [J]. Journal of the Hydraulics Division,1975,101(12):1489-1501.

[111] DonaldC. Raney,H. LeeButler. Landslide generated water wave model[J]. Journal of the Hydraulics Division,1976,102(9):1269-1282.

[112] Richard L. Cooley,Syed Afaq Moin. Finite element solution of saint-venant equations[J]. Journal of the Hydraulics Division,1976,102(6):759-775.

[113] Christopher G. Koutitas,Bruce L. Finite element approach to waves due to landslides[J]. Journal of the Hydraulics Division,1976,103(9):1021-1029.

[114] P. Heinrivh. Nonlinear water waves generated by submarine and aerial landslides[J]. Journal of Waterway,Port,Coastal and Oeean Engineering,1992,118(3):249-266.

[115] C. B. Harbitz,GPedersen,B. ojevik. Numerieal simulations of large water waves due to landslides[J]. Journal of Hydraulic Engineering,1993,119(12):1325-1342.

[116] Jin Jen Lee,Fredrie Raichlen,Catherine Petroff. The generation of waves by a landslide:skagway,alaska-a case study[J]. Coastal Engineering Conferenee proceeding,1996:1293-1306.

[117] P. Watts,S. T. Grilli. Modeling of waves generated by a moving submerged body. Applications to underwater landslides[J]. Engineering Analysis with Boundary Elements,2000,23(8):645-656.

[118] Weoncheol Koo,Moo-HyunKim. Numerical modeling and analysis of waves induced by submerged and aerial-sub-aerial landslides[J]. KSCE Journal of Civil Engineering,2008,12(2):77-83.

[119] B. Ataie-Ashtiani,G. Shobeyri. Numerical simulation of landslide impulsive waves by incompressible smoothed particle hydrodynamics[J]. Int. Journal of Numer Meth Fluids,2010,56(2):209-232.

[120] 陈学德.水库滑坡涌浪的经验算法及程序设计[R].长沙:水利电力部中南勘测设计院科研所,1984.

[121] 廖元庆.黄河李家峡水电站Ⅱ号滑坡稳定性分析研究[D].西安:西安理工大学,2002.

[122] 胡杰,王道熊,胡斌.库岸滑坡灾害及其涌浪分析[J].华东交通大学学报,2003,20(5):26-29.

[123] 朱继良.金沙江溪洛渡水电站马家河坝断层上盘孤立岩体稳定性研究[D].成都:成都理工大学,2001.

[124] 李树武,刘惠军.某水电站库区滑坡滑速涌浪预测[J].地质灾害与环境保护,2006,17(L):74-77.

[125] 汪洋,殷坤龙.水库库岸滑坡初始涌浪叠加的摄动方法[J].岩石力学与工程学报,2004,23(5):717-720.

[126] 李未. 滑坡涌浪的产生与传播波形分析[D]. 南京:河海大学,2003.
[127] 李未,王如云,刘向阳. 滑坡涌浪的产生与传播波形分析[J]. 浙江水利水电专科学校学报,2003,5(L):1-3.
[128] 李未,王如云,张长宽. 滑坡涌浪的产生与传播波形分析与计算[J]. 水科学进展,2004,15(L):45-49.
[129] 姜治兵. 水库滑坡涌浪灾害的数值模拟[D]. 武汉:长江科学院,2004.
[130] 姜治兵,金峰,盛君. 滑坡涌浪的数值模拟[J]. 长江科学院院报,2005,22(5):1-3.
[131] 任坤杰,金峰,徐勤勤. 滑坡涌浪垂面二维数值模拟[J]. 长江科学院院报,2006,23(2):L-4.
[132] 杜小强,吴卫,龚凯,等. 二维滑坡涌浪的SPH方法数值模拟[J]. 水动力学研究与进展,2006,21(5):579-586.
[133] 李颖,王平义,胡小卫. 山区河道型水库滑坡涌浪的计算研究[J]. 重庆交通大学学报(自然科学版),2011,30(2):295-299.